中等职业教育国家规划教材
全国中等职业教育教材审定委员会审定

矿山机械

(第3版)

主　编　吴义珍
副主编　赵长义
主　审　刘胜利

应急管理出版社
·北　京·

内 容 提 要

本书以液压传动基本知识为基础，介绍了矿山采掘机械、运输提升机械及流体机械的类型、用途、工作原理、主要结构、性能参数等基本知识以及设备安装、操作、维护与运行等方面的基本技能。本书以应用为目的，理论适度，内容充实，注重技能训练，突出应用性和实践性。

本书是中等职业学校采矿技术、煤矿电气化专业的教学用书，也可作为相关培训机构的培训用书，同时可作为从事矿山生产的工程技术人员的参考用书。

前　言

为了满足中等职业学校培养煤矿应用型技术人才的需要，结合煤矿企业生产过程以及对应用型技术人才的需要，对《矿山机械》教材第3版的内容定位、结构体系进行了较大的调整，使本书具有以下特点：①按机械设备的作用和特点分模块编写，每个模块又分为若干个项目。②在每个项目中，按该项目的学习目标（包括知识目标和技能目标）、基本知识、基本技能、技能训练、教学考核以及复习与思考题的顺序编排。③根据中职生在煤矿岗位上的需要，确定教材的知识结构和技能结构，努力缩短教学与职业岗位的距离。④内容选择设计注重知识的合理性、实用性、针对性、先进性，将理论知识与职业岗位技能训练有机结合，重视理论与实践、知识与能力、基本要求与个性发展等方面的关系，内容由易到难、由浅入深，充分体现中职教育的特点。使学生在牢固掌握采矿技术专业必需的文化知识和专业知识的基础上，具有综合职业技能和全面素质，具有继续学习、创业创新的能力。⑤加强了技能训练的内容，并给出了考核标准，较好地处理了理论教学与技能训练的关系，有利于帮助学生掌握知识，形成技能，增强动手能力。⑥适当增加设备整体直观立体图片，进一步加强直观教学。⑦增加PPT课件，方便教学。⑧进一步删减理论性强的内容，突出实践性和应用性的知识点。

本次修订过程中，参照2013年9月6日国家安全监管总局发布的《金属非金属矿山禁止使用的设备及工艺目录》《国家安全监管总局国家煤矿安监局关于发布禁止井工煤矿使用的设备及工艺》、煤炭工业出版社出版的《煤矿安全规程》2016版和国家安全生产监督管理总局信息研究院组织编写的《煤矿安全生产标准化与煤矿安全质量标准化》，删除书中的淘汰设备，进一步更新了煤矿现用设备，修订了设备安装、操作、使用与维护等方面的规程，使教材内容与煤矿现场实际及时对接。

《矿山机械》教材第1版于2005年6月出版。为适应新的背景下采矿技术、煤矿电气化技术、矿山机电管理等专业教学需要，在编排上将原来分为四部教材内容的液压传动基础、煤矿采掘机械、矿山提升运输机械、矿山流体机械统编在一部教材中。较全面地介绍了液压传动基础知识和应用，采煤机、液压支架、采掘和装载机械、矿山运输和采区提升机械以及排水、通风、压气、矿山流体机械。在编写上力求内容完整、技术先进、保证实用性和系统性相统一，同时兼顾中等职业教育人才培养的基本规格和对知识、能力、素质等综合要求的特点，增强了学生从事生产实践能力的培养。

《矿山机械》教材第2版于2014年4月出版。依据职业教育改革精神和中职学生培养要求，对教材内容和编排方式进行了较大幅度的调整。教材主要特点如下：①采用模块化项目式编写，便于根据不同专业和学时变化，采用“任务驱动”的方式组织教学；每个教学项目都有明确的知识目标、技能目标和考核内容。②液压传动部分以够用为度，力求反映我国液压传动技术的应用和发展，在内容编排上尽量贴近矿山机械、工程机械的实际应用，简化了部分概念的表述。③本着降低难度、淡化理论、突出技能应用的原则，本版教材删除了1版中的流体力学基础、电机车运行理论、采区提升设备的运行计算等内容。④鉴于近年来国产采掘机械发展较快，在生产应用上已形成了一系列国产固定型号为主的趋势，在编写中改变了以往教材中，用较多篇幅分别介绍国内外不同型号设备特点的方式，重点概述了常用设备的共性部分，选取先进且具有代表意义的型号进行了系统介绍，引用了较多的新设备，突出了教材内容主干。⑤教材中对应原理图插入了大量实物外形或结构图，并对机械设备的应用发展和配套设备进行了一定介绍，能够提高学生的职业意识和职业能力，培养学生的学习精神和创新精神。

《矿山机械》第3版是采矿技术专业中等职业教育国家规划教材中的一本，由甘肃能源化工职业学院吴义珍担任主编并编写了模块三、模块五、模块六、模块七，甘肃能源化工职业学院赵长义担任副主编并编写了模块一、模块二、模块四，甘肃能源化工职业学院刘胜利担任主审。在此，对本教材成书过程中提供帮助的人士表示感谢。

由于编者水平有限，书中可能存在错误之处，欢迎读者批评指正。

编　者

2018年10月

目　次

模块一　液　压　传　动

液压传动是在密封工作条件下利用液体的压力能传递力和运动的一种传动方式。随着现代科学技术和制造技术的快速发展，液压传动技术在机械制造、化工、冶金、建筑机械、农业机械、矿山机械及船舶、航空、航天等众动多的工业领域均有着广泛的应用。

项目一　液压传动基础知识

【学习目标】

知识目标：理解液压传动的基本概念、工作原理和特点，掌握液压传动系统的组成和作用。

技能目标：掌握液压传动所使用工作液体的种类和选择方法、控制污染的主要措施，初步掌握液压系统的阅读方法。

【基本知识】

一、液压传动系统的组成

手动液压千斤顶是一种简单的起重设备，其特点是结构紧凑，能平稳顶升重物。下面以液压千斤顶工作过程为例，简述液压传动组成和工作原理。

如图 1－1 所示，手动液压千斤顶主要由手柄、柱塞、小液压缸、大活塞、大液压缸等部件组成。工作时用手柄带动柱塞上行，则小液压缸内的工作容积扩大，形成负压，油箱中的油液在大气压作用下推开吸液阀进入缸内，此时排液阀关闭，完成一个吸油过程。当压下手柄带动柱塞下行时，液压缸内工作容积变小，下腔液体受压后压力升高，吸液阀关闭、排液阀被推开，高压液体经管路进入大液压缸下腔，推动大活塞使重物上升。反复上、下摇动手柄，小液压缸不断工作，便可将重物逐渐升到所需高度。当手柄不动时，吸、排液阀均关闭，重物稳定在升起位置。系统工作时截止阀关闭。工作完毕后，打开截止阀，大液压缸内的液体流回油箱，在自重和外力作用下大活塞顶杆回程。

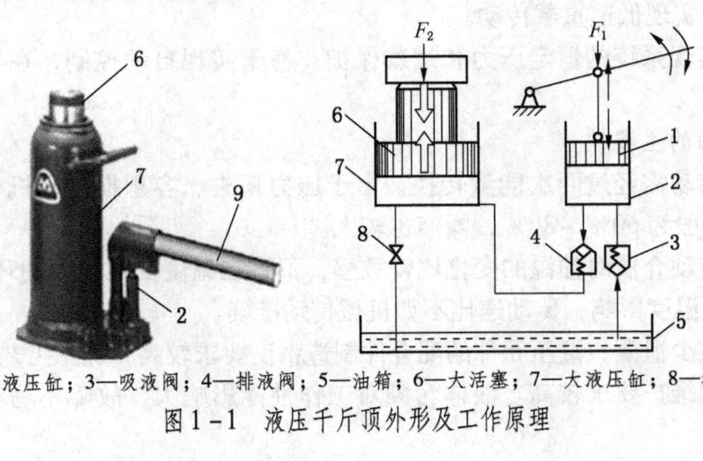

1—柱塞；2—小液压缸；3—吸液阀；4—排液阀；5—油箱；6—大活塞；7—大液压缸；8—截止阀；9—手柄

图 1－1　液压千斤顶外形及工作原理

由手动液压千斤顶的工作过程可知，一个完整的液压系统由液压动力元件、液动机、控制阀、辅助元件、工作液体组成。液压动力元件是将原动机供给的机械能转变为液压能输出的元件，一般称为液压泵或油泵。液动机也称液压执行元件，它将液压能转变为机械能，驱动工作机构做功，包括液压缸和液压马达两类。控制阀用来控制液体的流动方向、压力和流量。辅助元件包括油管、管接头、油箱、冷却器、蓄能器、滤油器和各种监测仪表等。工作液体是传递能量的介质，也是液压元件的润滑剂。

二、液压传动的工作原理、特性和工作参数

1. 工作原理

从液压千斤顶的工作过程可归纳出液压传动系统工作原理是，液压泵将输入的机械能变为液压能，经密封的管道传给液压缸（或液压马达），再将液压能转变为机械能输出，带动工作机构做功。由于能量的转换是通过密封工作容积的变化来实现的，故又称容积式液压传动。在液压传动中，不但可以传递力，而且通过液体作用面积的变化，实现力的放大，这就是千斤顶能以较小的力顶起较重载荷的原因。

2. 特性

（1）系统中液体的压力决定于负载大小。有负载系统中的液体才会有压力，压力大小随负载变化而变化。负载包括外负载和液体流动阻力。

（2）液动机（液压缸和液压马达）的运动速度取决于输入流量大小，而与压力无关。如图 1－1 所示，大活塞的上升速度取决于小液压缸输出的液体流量。

3. 工作参数

液压传动常用的工作参数为压力和流量。压力是指液体单位面积上所受的法向作用力，在液压传动中简称压力，用符号 P 表示，单位为 Pa。流量是指单位时间内流过过流断面的流体体积，用符号 Q 表示，单位为 m^3/s 或 L/min。

三、液压传动的优缺点

1. 液压传动的主要优点

（1）液压传动传递的功率大；与电气传动相比，在输出功率相同的条件下，液压动力元件重量轻、体积小、结构紧凑。

（2）液压传动速度、转矩和功率均可无级调节，易于改变运动方向和调节速度大小，调速范围宽，可实现低速重载传动。

（3）易于实现系统的恒定压力和过载保护，易于实现自动控制，在机电一体化技术中应用广泛。

2. 液压传动的主要缺点

（1）液压传动需经过两次能量转换，由于压力损失、容积损失和机械损失，因此传动效率较低，一般为 60%～80%，噪声也较大。

（2）液压传动介质对油温的变化比较敏感，不宜在温度变化很大的环境条件下工作。由于液体泄漏和温度影响，传动速比不如机械传动准确。

（3）为了减少泄漏，液压元件的配合件制造精度要求较高，加工工艺较复杂。

（4）使用和维护要求较高。液体污染对工作性能影响大，故障不易查找和排除。油

液泄漏也易造成环境污染。

四、工作液体主要的物理性质

液体具有易于流动、无固定形状（始终同容器保持一致）、抗压等特性。流体的物理性质是决定其平衡和运动规律的内在原因。

（一）密度与重度

密度是表示流体具有惯性的物理量。对于均质流体，单位体积的流体所具有的质量称为密度，用ρ来表示，单位是kg/m^3。计算公式为

$$\rho = \frac{m}{V} \tag{1-1}$$

式中　m——流体的质量，kg；

　　　V——流体的体积，m^3。

重度是表示流体具有重力特性的物理量。对于均质流体，作用于单位体积流体的重力称为重度，用γ来表示，单位是N/m^3。计算公式为

$$\gamma = \frac{G}{V} \tag{1-2}$$

式中　G——流体的重力，N；

　　　V——流体的体积，m^3。

根据$G = mg$的关系式，两端同除以体积V，则得重度与密度的关系式

$$\gamma = \rho g \tag{1-3}$$

式中　g——重力加速度，m/s^2。

（二）压缩性和膨胀性

液体受压力作用而发生体积变化的性质称可压缩性。液体的压缩性和膨胀性很小，当压力和温度变化不大时，液体的体积变化很小，可忽略不计。在实际应用中可以认为，液体体积既不可压缩又不膨胀。

（三）黏性和黏度

1. 概念

流体流动时内部质点间或流层因相对运动而产生内摩擦力的性质，称为黏性。黏性是由于流体与固体壁面间的附着力、分子运动及分子内聚力的存在而产生，它对流体的运动起着拖阻作用。

不同性质的液体，具有不同的黏性。如用木棍搅动几种不同的液体，会感到阻力不同，这表明它们的黏性不同，阻力大的液体黏性大，流动性差；反之则黏性小、流动性好。液体黏性的大小用黏度来表示，通常有动力黏度、运动黏度、相对黏度3种计量和表示方法。

2. 影响因素

压力和温度对流体的黏性都有影响。流体的黏性随压力的升高而增大，但在压力不很高时，其黏性变化很小，可以忽略。而温度的变化对液体的黏性影响较大，温度升高，油液变稀，即液体的黏度降低，流动性增强，同时系统泄漏增大；而温度降低液法的黏度增大，流动性减小，摩擦增大。

五、液压系统工作液体的种类

液压系统工作液体的种类繁多，具体分类见《润滑剂、工业用油和相关产品（L类）的分类第二部分：H组（液压系统）》（GB 7631.2—2003）。但就其化学组成和可燃性而言，可归纳为矿物油型液压油和难燃液压油。

（一）矿物油型液压油

GB 7631.2—2003 规定的产品符号举例：

L - HM 32

- 32——黏度等级，即油的牌号
- M——改善了防锈、抗氧化、抗磨性能的精制矿物油
- H——H为L类产品所属组别，其应用场合为液压系统
- L——润滑剂

1. L - HH 液压油

本产品不含或含有少量抗氧化剂的精制矿物油，其黏度等级（牌号）有15、22、32、46、68、100、150等7种。可用于7 MPa以下的中、低压液压系统和轻负荷机械的一般循环润滑系统。

2. L - HL 液压油

本产品为改善了防锈、抗氧化性的精制矿物油，性能比L - HL液压油优越，其黏度等级有15、22、32、46、68、100等6种。常用于7 MPa以下的要求较高的中、低压液压系统和要求换油期较长的轻负荷机械的油浴式润滑系统。

3. L - HM 液压油

本产品是在L - HL油的基础上改善了抗磨性的矿物油，又称抗磨液压油，其黏度等级（牌号）有15、22、32、46、68、100、150等7种。适用于中、低、高压液压系统和中等负荷机械的润滑系统。

（二）难燃液压油

国标GB 7631.2—2003将难燃液压液分成8类，现仅介绍水包油（O/W）型和油包水（W/O）型乳化液。

1. 水包油型乳化液

按分类体系，水包油型乳化液的产品符号为L - HFAE液压液，它是由水和乳化油混合而成的稳定液体，一般含水80%以上。这类乳化液低温性、黏温性和润滑性较差，但难燃性好，价格便宜，对人体皮肤无刺激无损害，具有一定的润滑性，其黏度基本上与水的黏度一样，特别适用于煤矿液压支护设备和其他不要求回收、对润滑性要求不高的机械设备的传动系统。

煤矿液压支架使用的乳化液水占95%、乳化油占5%，而单体液压支柱使用的乳化液中水占98%、乳化油仅占2%。乳化油是以矿物油为基础油，加入乳化剂、防锈剂和其他添加剂组合而成的可溶性油。国产SM - 10和MDT乳化油，是液压支架的专用油。

2. 油包水型乳化液

油包水（W/O）型乳化液（HFB）通常含油60%以上，其余为水和添加剂，低温性差，难燃性比磷酸酯无水合成液较差。适用于冶金、煤矿等工业的中、高压和高温、易燃

场合液压机械的传动系统。

3. 乳化液的配制要求

（1）乳化液用水必须清洁无污染，水的 pH 值应在 6 ~ 9。

（2）配液应掌握好乳化油和水的比例。

（3）配制前要先搅拌乳化油，然后将乳化油慢慢倒入水中，并要不停地搅拌。油滴愈小，乳化液愈透明，也愈稳定。

（4）要采用同一牌号、同一厂家生产的乳化油，不可混用。乳化油属于易燃品，储存、运输时应注意防火，储存期一般以 1 a 为限。

【基本技能】

一、液压传动工作液体的选择

1. 工作液体类别的选择

选择类型应根据液压系统的工作环境和载荷条件，同时考虑经济性，即价格、货源、使用寿命以及安全运行周期等。

一般机械都使用矿物油型液压油。对于中、低压系统宜选用 L－HL 液压油，当要求不高时也可选用 L－HH 型液压油；对于高压系统宜选用 L－HM 液压油。井下采煤机、掘进机、装载机等采掘机械由于载荷大、工作环境差，主要使用抗磨液压油；液压支架、单体支柱等液压支护设备，由于用量大以及要求无污染、抗燃，而采用乳化液。

2. 工作液体黏度等级（牌号）的选择

工作液体类别确定后，还应该选择合适的黏度等级，其目的在于使摩擦力和泄漏所引起的功率损失之和尽可能小。油液的黏度值对液压传动有很大影响。黏度太大，液压系统内摩擦力大，容易引起发热，还会引起液压元件的动作迟缓，甚至动作失调；黏度太小，油液容易从元件的缝隙中泄漏，系统效率降低，甚至压力上不去。

一般液动机运动速度高，宜采用较低黏度，以减少摩擦损失；工作压力大或温度高时，宜采用较高黏度，以减少泄漏。

在液压系统中，液压泵的运转速度、工作压力和温度比其他元件都高，它是系统中对黏度最敏感的元件，所以通常根据泵的要求来选择黏度。各类液压泵适用的黏度见表1－1。

表 1－1　按液压泵类型推荐的工作液体黏度

液压泵类型		适用黏度/($mm^2 \cdot s^{-1}$)	
		工作温度 5 ~ 40 ℃	工作温度 40 ~ 80 ℃
叶片泵	$p \leq 7$ MPa	30 ~ 50	40 ~ 75
	$p > 7$ MPa	50 ~ 70	55 ~ 90
齿轮泵		30 ~ 70	95 ~ 165
径向柱塞泵		30 ~ 80	65 ~ 240
轴向柱塞泵		40 ~ 75	70 ~ 150

采煤机牵引部、掘进机、装岩机的液压系统因普遍采用柱塞泵，其工作压力大多在10 MPa以上，系统工作温度变化较大，井下环境潮湿，常常有水侵入，则要求液压油应有合适的黏度，良好的抗磨性、黏温性、防锈性、抗乳化性、抗氧化性及抗泡性。实际工作中，应根据功率大小使用L－HM68、L－HM100或L－HM150液压油。

二、工作液体污染控制

1. 工作液体污染途径

工作液体的污染主要通过外部侵入污染和内部再生污染两种途径。

外部侵入污染是指工作液体运输、储存过程中侵入异种油、污染物和水分，液压元件中残留或混入污染物，液压系统在工作过程中由于密封不完善或密封损坏而混入污染物和水分等造成的污染。

内部再生污染主要是工作液体的氧化变质和零件磨损产生的污染物造成的污染。

2. 工作液体污染的危害

工作液体污染是造成液压传动系统故障的一个主要原因。液体污染后，特别是含有固体颗粒时，会使运动副磨损加剧，并可能堵塞液压元件的工作小孔和间隙，使动作失灵；同时使工作液体加速变质，性能变差，缩短元件的使用寿命，造成液压系统各种故障。

3. 工作液体污染控制措施

（1）加强工作液体的管理。不能混装混用，注入新油必须过滤。

（2）新安装或检修后的液压系统，必须进行系统冲洗。将实际用液加入油箱，空载断续开车，使工作液体在系统内部循环流动，将系统内的残留物冲洗出来，再将冲洗用液排除干净，重新加入工作用液。

（3）油箱和液压系统应密封良好，防止水分和其他杂质侵入。一般情况下在井下工作面不允许打开油箱盖，当必须打开检查时，应采取可靠的防护措施，防止煤岩碎屑落入油箱。

（4）定期清洗或更换液压系统的过滤器，充分发挥过滤作用，避免杂质进入系统内部。

（5）控制工作液体的温升，减缓油液的氧化变质速度。

（6）及时更换变质的工作液体，一是规定固定的换油期，如采煤机在正常情况下，第一次加油工作1个月后全部更换，以后每隔6个月或者工作600 h后再全部更换；二是根据经验换油，如油液变质后，其颜色、气味都要起变化，由此决定是否换油（判定标准见表1－2），每周抽样检查；三是规定换油标准，利用化验结果来决定是否换油。井下现场判定液压油污染的标准见表1－2。

表1－2　井下现场判定液压油污染的标准

外观	气味	处理
透明、澄清	良好	照常使用
透明、有小黑点	良好	过滤后使用
乳白色	良好	更换新油
黑褐色	恶臭	更换新油

三、液压元件图形符号和系统图绘制要求

1. 职能符号

液压元件可用结构原理图和职能符号图表示。结构原理图近似于实物剖面，能直观地表示元件的工作原理和功能，以利于故障分析，但绘制较麻烦，尤其是对于复杂液压系统，故已趋于淘汰；职能符号图采用国家规定的图形符号绘制，凡是功能相同的元件，尽管其结构和工作原理不同，均用同一种符号表示。图形符号简洁标准，绘制方便，功能清楚，保密性强，得到广泛应用。

机械设备的液压系统组成和工作原理可以通过液压系统图表示。如图 1 - 2 所示为一个简化的磨床工作台系统图，其中图 1 - 2a 所示为结构原理图，图 1 - 2c 所示为用职能符号表示的系统工作图，两图中各元件的标号相同。系统工作过程如下：液压泵在电动机（图中未画出）驱动下，经滤油器从油箱吸油后，经节流阀、二位四通手动换向阀，给双杆双作用液压缸供油，由于液压缸缸体固定，活塞在高压油作用下带动工作台往复运动。将换向阀打在左位（图 1 - 2a 中换向阀位置）时，液压缸左侧进油、右侧回油，活塞杆带动工作台向右移动；换向阀打在右位（图 1 - 2b）时，液压缸右侧进油、左侧回油，活塞杆带动工作台向左移动。节流阀在溢流阀的配合下，通过调节系统流量大小，可控制工作台的移动速度。在节流调速时，溢流阀将油泵排油口多余的油液在一定压力下溢回油箱。

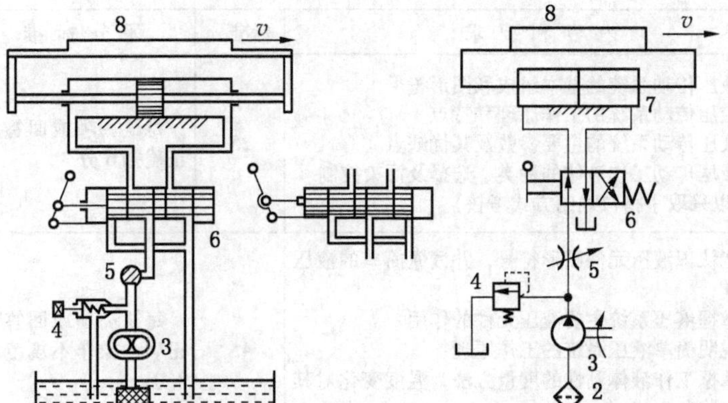

(a) 结构原理图　　(b) 结构原理图　　(c) 职能符号图

1—油箱；2—滤油器；3—液压泵；4—溢流阀；5—节流阀；6—二位四通手动换向阀；7—双杆双作用液压缸；8—工作台

图 1 - 2　机床工作台液压传动系统

2. 绘制和阅读符号图的注意事项

（1）符号图只表示元件的职能作用和彼此的连接关系，不表示元件的具体结构和参数，也不表示具体的安装位置。

（2）符号若无特别说明，符号均表示元件处于静止位置或零位置。

（3）符号在系统图中的位置，除有方向性元件符号（如油箱、仪表等）以外，均可根据具体情况，水平或垂直绘制。

（4）凡未列入标准的图形符号，可根据标准的原则和所列图例的规律性进行派生，当无法直接引用及派生时，或者有必要特别说明某一元件的结构和工作原理时，允许局部采用结构简图表示。

【技能训练】

（1）在教师指导下，通过液压传动实验，由学生分析液压传动系统的基本组成、各元件的作用和相互关系。

（2）学生分组启动液压传动实验台典型回路，分析验证液压传动工作过程和液压传动的工作特性（负载变化与系统工作压力、泵输出的排量与执行元件运动速度的关系）。

【教学考核】

考核评价表见表1－3。

表1－3 考核评价表

项目名称	液压传动基础知识			
学生姓名	班级		考核时间	
评价方式	学生分组及组别□□ 自我□ 教师□			
评价地点	实训现场□ 教学做一体化教室□ 普通教室□			
设备、工具	液压传动试验台或仿真液压系统、常用液压元件			
考核项目	内容和要求	标准分	评分标准	得分
基本知识	1. 液压传动系统的基本组成和图形符号 2. 液压传动系统的工作原理和特点 3. 液压传动系统的主要参数及其优缺点 4. 液压传动工作液体的种类、选择及污染控制 （可以采取手指口述的方式考核）	25	每缺一项或回答不正确扣6分	
基本技能	1. 能认识液压元件图形符号，并读懂简单的液压系统图 2. 掌握液压系统主要液压元件的作用 3. 说明简单液压系统的工作原理 4. 掌握工作液体黏性的度量方法，温度变化对其黏性的影响 5. 掌握工作液体选择及污染控制的方法	45	每缺一项或回答不正确，操作不规范扣9分	
职业素质	1. 热爱劳动，积极参加 2. 同学之间协作学习 3. 口述表达准确流畅 4. 能正确使用常用工具 5. 能收集教材以外的资料 6. 注重工作现场整洁	30	每缺一项或工作达不到要求扣5分	
总分				

考核评价人签字：

年 月 日

复习思考题

1. 液压传动各部分的作用是什么？
2. 压力的大小取决于什么？液动机的运动速度与什么有关？
3. 液压传动的工作液体有哪两类？怎样选择工作液体？
4. 液压支架和单体液压支柱用的乳化液配比是多少？

项目二 液 压 泵

【学习目标】

知识目标：理解液压泵的分类，掌握常用液压泵的结构组成、工作原理及应用和优缺点。

技能目标：理解常用液压泵的用途，掌握液压泵的主要零部件的作用、常见泵的拆装方法以及一般故障的分析和处理方法。

【基本知识】

液压泵是液压传动系统中的动力元件。它将原动机输出的机械能转化为工作液体的压力能，向系统提供一定流量的压力液体。由于大多数工作液体都是矿物油类产品，故液压泵又称为油泵。

一、工作原理和性能参数

（一）工作原理

液压泵属于容积式泵，都是通过密封容积的变化工作的。图1－3所示为单柱塞泵的工作原理图，电动机通过曲轴连杆机构带动柱塞在缸孔中作往复运动。当柱塞向右运动时，密封容积A由小变大，形成局部真空。油箱中的油液在大气压力的作用下，打开吸液阀进入A腔，这一过程称为吸液过程。吸液过程中，排液阀关闭，将低压密封容积与排液管隔开；当柱塞向左运动时，密封容积A变小，腔内的油液压力增加，排液阀打开，经排液管向液压系统排液，这一过程称为排液过程。排液过程中，吸液阀关闭，将高压密封腔与低压侧分开。

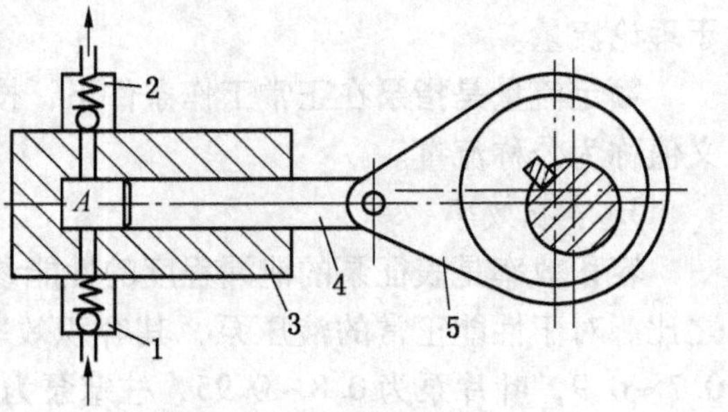

1—吸液阀；2—排液阀；3—缸体；4—柱塞；5—曲轴连杆

图1－3 单柱塞泵工作原理

电动机不断旋转，柱塞泵周期吸液和排液，向液压系统输送具有一定压力和一定流量的工作液体。周而复始，将电动机的机械能转化为工作液体的压力能。

单柱塞泵的吸、排液过程是通过密封容积的变化，并借助于吸、排液单向阀的动作来实现的，吸、排液单向阀又称单柱塞泵的配油机构。液压传动中其他类型的液压泵亦都是通过密封容积的变化借助于配油机构完成吸、排液的。泵的结构不同，配油机构也不相同，有配油盘、配油轴、配油阀3种。单柱塞泵的配油机构为配油阀。

液压泵正常工作要满足以下条件：必须具有大小交替变化的密闭容积腔；有吸、排油配油机构，能使密闭容积腔在增大时和吸油侧相通、减小时和排油侧相同通，高低压油不能相通；保证有良好的密封，且开式系统油箱液面要与大气相通，闭式系统要及时补油。

（二）性能参数

液压泵的性能参数有压力、排量和流量、容积效率等。

1. 压力

液压泵的压力有工作压力、额定压力和最高压力。

工作压力是指泵在工作时所达到的实际压力值，主要由液压执行机构所驱动的负载决定，一般是不确定的。负载增大时，泵的压力升高；负载减小时，泵的压力降低。如果负载因故障无限增大，泵的压力也不断升高，直至机件破坏或原动机停止，这是液压泵的一个重要性能特点，因此在液压系统中常需要设置安全阀限制泵的最大压力，起过载保护作用。

额定压力是指泵在连续运转情况下允许使用的最大压力，在这个压力下可以保证泵有较高的容积效率和使用寿命。考虑到压力波动的影响，实际使用的压力总是低于额定压力，使泵具有一定的压力储备。

最高压力是指泵在短时间内超载所允许的极限压力。

2. 排量和流量

排量是指泵每转一转所排出液体的体积，即每转工作容积的变化量。排量取决于泵的结构参数，而与其工况无关，它是衡量和比较不同泵的供液能力的统一标准，是液压泵的一个特征参数。

流量分为理论流量、实际流量、额定流量。

理论流量是指不考虑泄漏的理想情况下泵在单位时间内排出的液体的体积。理论流量等于排量与转速的乘积。

实际流量是指泵在单位时间内实际输出的液体体积。在液压泵工作中实际流量总是小于理论流量。

额定流量是指泵在正常工作条件下，按试验标准规定必须保证的流量。额定流量的名义值称为公称流量。

3. 容积效率

容积效率是表征泵的泄漏程度的性能参数，它等于泵的实际输出功率与理论输出功率之比。对于性能正常的液压泵，其容积效率大小随泵的结构类型不同而异，如齿轮泵为0.7～0.9，叶片泵为0.8～0.95，柱塞泵为0.9～0.95。

二、液压泵的分类

矿山机械中常用的液压泵按结构可分为齿轮泵（包括外啮合齿轮泵和内啮合转子泵）、叶片泵（包括单作用叶片泵和双作用叶片泵）和柱塞泵（包括径向柱塞泵和轴向柱塞泵）。根据其排量和排液方向能否改变又可分为单向定量泵、双向定量泵、单向变量泵和双向变量泵。液压泵的图形符号见表1－4。

表1-4 液压泵的图形符号

职能	单向定量	双向定量	单向变量	双向变量
符号图				

三、常用液压泵的工作性能分析

（一）齿轮泵

以外啮合齿轮泵为例进行介绍。

1. 外啮合齿轮泵的工作原理

外啮合齿轮泵是由两个参数相同的渐开线齿轮以及泵体、端盖、传动轴等零件组成。其基本结构及工作原理如图1-4所示。齿顶圆与泵体内表面、齿端面与端盖之间间隙都很小，因此，齿轮的啮合线将齿轮两侧分成两个相互隔离的密封容积A和B。当主动齿轮由电动机带动按图示方向旋转时，从动齿轮按相反方向转动。在A腔，轮齿逐渐退出啮合，密封容积A逐渐增大，形成局部真空，油箱中的油液在大气压力的作用下从吸液口进入A腔。随着齿轮的旋转，A腔中的油液由齿谷带到B腔。而在B腔，轮齿逐渐进入啮合，密封容积逐渐减小，油液受到挤压，压力升高经排液口排出。当齿轮连续旋转时，A腔和B腔将连续不断地吸液和排液。

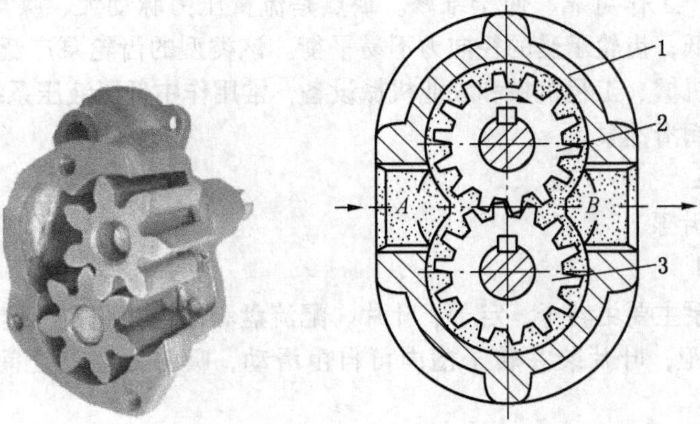

(a) 结构图　　(b) 工作原理

1—泵体；2—主动齿轮；3—从动齿轮

图1-4 外啮合齿轮泵的工作原理

齿轮泵在工作过程中，轮齿的啮合线一直起着分隔高、低压腔的作用。因此，在齿轮泵中不需要设置专门的配流机构，这是齿轮泵与其他容积式液压泵的不同之处。所以，齿轮泵的结构较其他类型的容积式液压泵简单。

2. 外啮合齿轮泵的结构和性能分析

由于齿轮泵结构上的原因，在工作过程中主要存在间隙泄漏、径向力不平衡和困油现象3个问题。

1）间隙泄漏

齿轮泵内部泄漏主要是由齿轮端面与前后盖的轴向间隙和齿轮齿顶与泵体间的径向间隙产生的，前者的泄漏量约占总泄漏量的75%～80%。间隙泄漏降低了齿轮泵的容积效率，要改善齿轮泵的工作状况，必须要减小齿轮泵的轴向间隙，选择合理的结构，来提高齿轮泵的效率。

2）径向力不平衡

齿轮运转时，排油腔的压力大于吸油腔的压力，从排油腔到吸油腔沿齿轮顶圆圆周径向液压力是逐步变小的，所以在齿轮轴上产生了不平衡的径向力，使轴承的磨损增大，并影响齿轮泵的使用寿命。

径向力不平衡是制约齿轮泵提高压力的主要因素，为了减小径向力不平衡对液压泵寿命的影响，常采取缩小排液口尺寸、开径向力平衡槽和使用承载能力较大的滑动轴承或滚针轴承的途径来解决。

3）困油现象

齿轮泵运转时，两齿轮齿间的闭死容积会在某一小段时间内，既不和吸油腔相通，也不和排油腔相通，而闭死容积的大小都在变化，造成其内部液体压力急剧上升或降低的现象，称为困油现象。困油会使液压泵产生强烈的振动和噪音，发生"气蚀"。通常采取在两侧端盖或轴承端面上开设两个卸荷槽来解决。

3. 外啮合齿轮泵的优缺点及适用范围

外啮合齿轮泵的优点是结构简单，制造成本低，体积小、重量轻；自吸能力较强，对油液污染不敏感，工作可靠、便于维修。缺点是流量压力脉动大、噪声大，排量不可调节，容积效率较低，齿轮承受的径向力不易平衡。该类型的齿轮泵广泛应用于矿山机械、冶金机械、建筑机械、工程机械和农业机械设备，常用作中低压液压系统的主液压泵及辅助泵、补油泵和润滑油泵。

（二）叶片泵

1. 单作用叶片泵

1）工作原理

单作用叶片泵主要由转子、定子、叶片、配流盘和端盖等组成。定子内表面为圆形，与转子有一偏心距，叶片装在转子槽内可自由滑动，吸排液窗口之间的区段为过渡密封区。

单作用叶片泵结构及工作原理如图1－5所示，当转子旋转时，叶片受离心力或底槽压力液的作用，紧贴在定子内表面。这样在每相邻叶片间就构成一个密封的工作容积。当转子按图示方向旋转时，右半部的各密封容积不断增大，形成局部真空，从配流盘的吸液窗口吸液；左半部的各密封容积不断缩小，压力液体经配流盘的排液窗口排出。转子每转一周，各密封容积完成一次吸排液循环，故称单作用叶片泵。

若改变偏心距的大小，则可以调节泵的排量，所以单作用叶片泵通常作为变量泵使用，变量方式有手动调节和自动调节两种。为利于叶片泵依靠离心力的外伸运动，通常将叶片相对旋转方向后倾一个角度安装，后倾斜角一般在20°左右，但这种泵只能单向旋转。

(a) 结构图

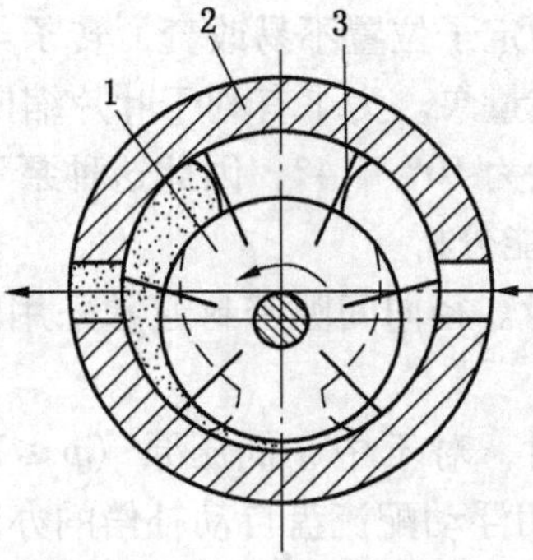

(b) 工作原理图

1—转子；2—定子；3—叶片

图1-5　单作用叶片泵的工作原理

2）结构和性能分析

（1）间隙密封。叶片泵工作时，排液腔的压力液有可能通过径向间隙和轴向间隙向吸液腔泄漏，所以保证这两处间隙的密封是提高叶片泵容积效率的必然途径。轴向间隙是转子和端盖之间的间隙，径向间隙是指叶片顶端与定子内表面的间隙。

（2）径向力不平衡。单作用叶片泵一侧为排液腔，另一侧为吸液腔，始终存在径向力不平衡的问题，使泵轴和轴承要承受很大的径向载荷，所以单作用叶片泵又称非卸荷泵。因此单作用叶片泵通常为中低压泵，其压力一般不超过 7 MPa。

2. 双作用叶片泵

1）工作原理

双作用叶片泵主要由定子、转子、叶片、配流盘和端盖等组成，如图 1-6 所示。转子与定子同心，定子内表面近似呈椭圆状，由 4 段圆弧和 4 段过渡曲线组成。当转子旋转时，叶片受离心力和底槽压力液的作用，紧贴在定子内表面上。当叶片由短半径向长半径方向转动时，叶片之间的工作容积逐渐增大而吸液；当叶片从长半径向短半径方向转动时，其工作容积逐渐变小而排液。转子每旋转一周，每个工作容积完成两次吸排液循环，故称为双作用叶片泵。

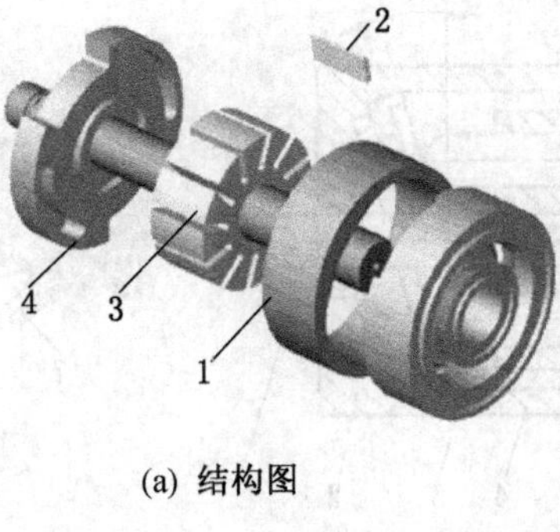

(a) 结构图

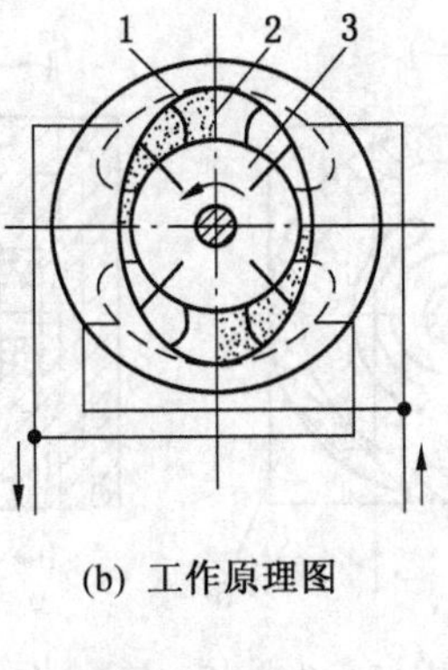

(b) 工作原理图

1—定子；2—叶片；3—转子；4—配油盘

图1-6　双作用叶片泵的工作原理

由于这种泵的定子位置不易改变，转子与定子同心，不能用改变偏心距的方法来改变流量，所以都是定量泵。为了有利于叶片缩回运动，通常将叶片相对旋转方向前倾一个角度安放，倾角一般为10°~14°，因此这种泵不能反转使用。

2）结构和性能分析

（1）间隙密封。径向间隙密封通常采用向叶片底槽通入压力液的办法而使叶片紧贴定子。

轴向间隙密封，对于中、低压泵（$p \leqslant 7$ MPa）直接由配合公差保证；对于高压泵（$p > 7$ MPa），采用浮动配流盘自动补偿的办法，来保证良好的密封性能。

（2）径向力平衡。双作用叶片泵的两个排液腔对称于转子中心，两个吸液腔也如此，所以转子所受的径向力是平衡的，又称卸荷式叶片泵。双作用泵的压力一般比单作用泵高，如果在结构上采取一些措施，可成为中、高压泵。

（3）过渡密封区与液压冲击。为了消除液压冲击与过渡密封区存在的困油现象，一般在配流盘的排液窗口一端开有尖角槽，使闭死容积内在液体在还没有接通排液区前就通过尖角槽与压力液相通，尖角槽尺寸一般由试验确定。

叶片泵具有流量脉动小、运转平稳、噪声小、结构紧凑、体积小、重量轻等优点。缺点是结构较复杂、制造工艺要求高、对油液的污染较敏感、油液的自吸能力较差。叶片泵主要用于机床、工程机械、船舶和冶金机械设备中，常用作中、低压液压系统的主流泵及辅助泵和润滑泵。

（三）柱塞泵

柱塞泵依靠柱塞在缸体中做往复运动，使液压缸工作容积发生变化，从而完成吸油和排油工作。按柱塞数目可将柱塞泵分为单柱塞泵和多柱塞泵，按柱塞和传动轴（主轴）的相对位置可分为轴向式柱塞泵和径向式柱塞泵两大类。

1. 斜盘式轴向柱塞泵

1）工作原理

如图1-7所示，斜盘式轴向柱塞泵主要由主轴、缸体、柱塞、斜盘、配油盘、外壳等组成。斜盘与缸体斜交，柱塞（多为5个或7个）安装在沿缸体周围方向均布的轴向缸孔中，靠弹簧力和液压力使端部始终与斜盘接触。配油盘与缸体贴紧，并形成端面密封。

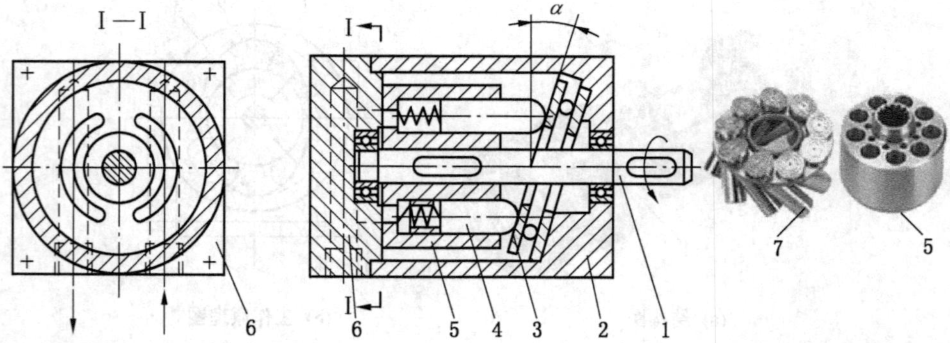

1—主轴；2—外壳；3—斜盘；4—点接触柱塞；5—缸体；6—配油盘；7—带滑履的柱塞

图1-7 斜盘式轴向柱塞泵

当主轴带动缸体如图 1 -7 所示方向旋转时，在Ⅰ—Ⅰ断面的右半部，柱塞逐渐伸出，容积增大，经配油盘（不动）右边的吸液窗口吸液；在Ⅰ—Ⅰ断面左半部，斜盘使柱塞逐渐缩回，容积变小，经配油盘左边的排液窗口排液。当柱塞位于图中的最高点时容积最大，位于最低点时容积最小。在这两处，缸孔与吸排液窗口均不相通，即为过渡密封区。主轴每转一周，每个柱塞都往复运动一次，进行一次吸液和排液，柱塞数愈多，流量脉动愈小。

若泵斜盘倾角 α 固定不变，则为定量泵；若斜盘倾角 α 可调，则为变量泵；若改变斜盘倾斜方向，就可变换排液方向，故该类泵多按双向变量泵使用。

2）主要结构和性能分析

（1）柱塞与斜盘的接触形式。柱塞与斜盘的接触形式有点接触式和滑履式两种。

点接触式如图 1 -7 所示，图中柱塞端头直接与斜盘接触。因接触面很小，挤压应力很高，接触面磨损与发热都相当严重，所以点接触式只用于压力不太高的小流量液压泵。

滑履式是柱塞通过滑履与斜盘接触，如图 1 -7 中带滑履的柱塞，与斜盘为平面接触。由于接触面大，所以压应力小。同时为减小接触面的磨损采用了向接触面引入液压油的静压支承方式，目前高压大流量泵多采用这种接触形式。

（2）缸体与配流盘。缸体的结构如图 1 -7 所示。每个柱塞孔的底部有腰形通液口，其宽度与配油盘吸排液窗口的宽度相适应。柱塞排液时，压力液进入缸体与配油盘的接触面之间形成承载油膜，同时压力液作用于柱塞孔底部，将缸体压向配油盘。当泵刚开始工作尚未产生压力时，为保证初始密封，缸体还受到弹簧力的作用。液压作用力与弹簧力共同产生压紧力（液压作用力是主要的），适当地确定配流盘的结构尺寸，使缸体与配流盘接触面间油膜的承载力略小于压紧力，既可保证接触面的密封性，还可避免压紧力过大使油膜破坏而出现过大的磨损。所以，缸体与配流盘之间采用不完全平衡静压支承。

2. 斜轴式轴向柱塞泵

1）工作原理

斜轴式轴向柱塞泵的外形及结构如图 1 -8 所示，由主轴、连杆、缸体、柱塞、配油盘等主要零件组成。主轴中心线与缸体中心线斜交，连杆的一端通过球铰和主轴的传动盘相连，另一端通过球铰与柱塞相连。柱塞沿圆周方向均布于缸体上的柱塞孔中，依靠液压力和弹簧力（图上未画出）使缸体贴紧配油盘，配油原理和工作特性与斜盘式泵相同。

(a) 外形图

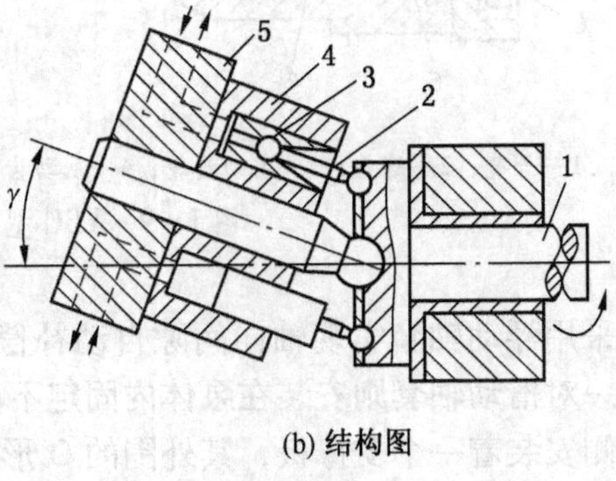

(b) 结构图

1—主轴；2—连杆；3—柱塞；4—缸体；5—配油盘

图 1 -8　斜轴式轴向柱塞泵

当主轴旋转时，连杆通过与之铰接的柱塞拨动缸体转动，同时柱塞在缸孔中做往复运动，通过配油盘吸、排油液。配油盘与回转缸体的端面之间形成油膜接触，保持静压平衡。中心连杆仅起定心作用。

此种泵可利用缸体的摆动使缸体倾角和倾斜方向改变，实现排量和吸排油方向的改变。

2）柱塞泵的优缺点及应用范围

柱塞与缸孔的配合表面为圆柱面，工艺性能好，容易取得较高的配合精度，所以具有泄漏小、容积效率高、柱塞和缸体的受力状况好、强度大、承受的压力高、容易实现变量等优点。缺点是对零件的材质和工艺要求高，抗污染能力差。

柱塞泵广泛应用于矿山机械、冶金机械、船舶等大型机械设备，常用作中、高压液压系统的主油泵。

【基本技能】

一、常用液压泵

（一）YBC 型齿轮泵

YBC 型齿轮泵是矿山机械中常用的一种高压齿轮泵，其额定压力为 8 MPa，最高允许压力为 12 MPa，额定转速为 1500 r/min，流量从 5 L/min 到 125 L/min 分为 9 种规格。

YBC 型齿轮泵结构由主动齿轮、从动齿轮、端盖、外壳（泵体）、两对滑动轴套（轴承）以及支撑板等组成，如图 1-9 所示。

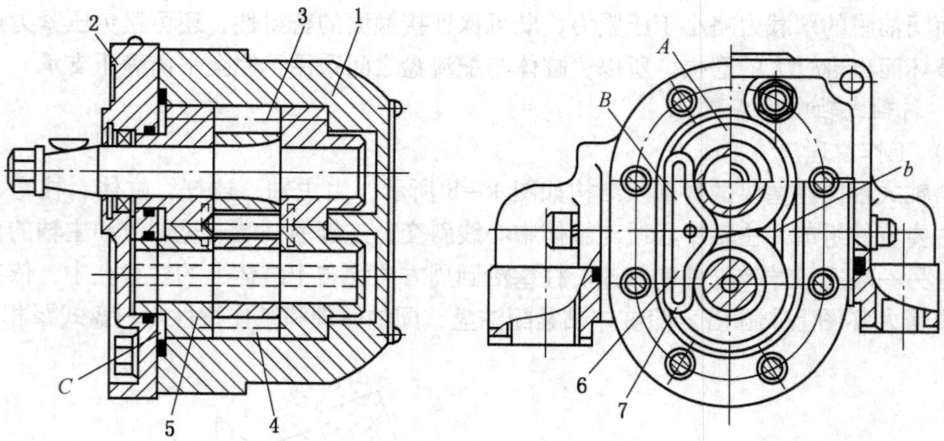

1—外壳；2—端盖；3—主动齿轮；4—从动齿轮；5—滑动轴套；6—支撑板；7—密封圈

图 1-9　YBC 型齿轮泵的结构

该泵采用浮动轴套实现轴向间隙自动补偿。左侧一对滑动轴套可在齿轮轴上轴向浮动，右侧一对滑动轴套则安装在泵体内固定不动。在轴承与端盖之间留有空腔 C，其中靠吸液腔一侧安装着一个支撑板，其外围的 O 形密封圈（厚度大于支撑板）把空腔 C 分隔成 A 腔和 B 腔两部分，A 腔经三角形通道 b 与排液腔相通，B 腔则通过支撑板上的小孔与吸液腔相通。因此，浮动轴套在 A 腔液压力作用下紧靠齿轮端面，浮动轴套另一侧还同时受到轴向间隙油膜与齿谷液压力所产生的推开力作用，合理确定支撑板的尺寸以改变 A 腔面积，可使压紧力略大于推开力，保证良好的轴向间隙密封，当接触面磨损后，通过轴套的移动使轴向间隙自动缩小，减小轴向泄漏，提高容积效率。

另外，支撑板外围的 O 形密封圈被端盖压紧在浮动轴套的外端面上，使轴套贴向齿轮端面，保证轴向间隙的初始密封。支撑板除了能保证压紧力的大小外，还可使压紧力的作用点向排液腔一侧偏移，与推开力近似地作用在同一直线上（方向相反），避免浮动轴套偏斜造成不均匀磨损或卡死。

YBC 型泵两端轴套的端面开有对称布置的卸荷槽，以消除困油现象。泵的排液口比吸液口小，以减小不平衡的径向力。

端盖上的两个轴承孔用小孔连通，泄漏到此处的液体经从动轴中心孔到达泵体另一端的固定轴承安装孔内，再经一凹槽和三角形通道进入吸液腔。

为了便于装配轴套，两个轴套的结合面之间留有 0.1 mm 间隙。待装入泵体后，在两侧弹簧丝的作用下自行回转一角度，即可将此间隙消除。

由于 YBC 型泵结构上的特点，不能反转使用。否则，轴向间隙的自动补偿失效，泄漏量增大，而且不平衡径向力也将更趋严重。

（二）CY14－1B 型轴向柱塞泵

CY14－1B 型直轴式轴向柱塞泵如图 1－10 所示。该机型由 CY14－1 型泵改进而成，其额定压力有 19.6 MPa 和 31.5 MPa 两种，排量 3.49～422 mL/r，分 7 种规格，此种泵由主体部分和变量机构两部分组成。

(a) 外形图

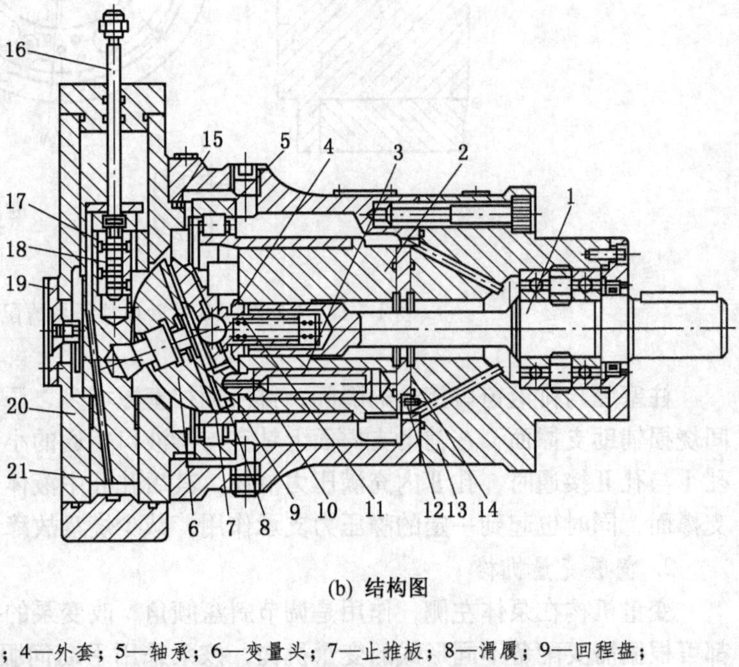

(b) 结构图

1—主轴；2—缸体；3—柱塞；4—外套；5—轴承；6—变量头；7—止推板；8—滑履；9—回程盘；
10—内套；11—中心弹簧；12—定位销；13—泵盖；14—配油盘；15—泵体；
16—拉杆；17—伺服阀；18—阀套；19—指示盘；20—变量壳体；21—变量活塞

图 1－10　CY14－1B 型轴向柱塞泵

1. 主体部分

缸体上均布有7个带滑履的柱塞，回程盘套装在每个滑履上，中心弹簧通过内套、钢球和回程盘将滑履压紧在止推板（斜盘）上，止推板浮动地安装在变量头上，以减小变量头和滑履间的磨损。中心弹簧同时通过外套将缸体压在配油盘上，起初始密封作用。当主轴通过花键带动缸体旋转时，吸液侧柱塞靠中心弹簧及回程盘推出而吸液，排液侧柱塞靠止推板强制压回而排液。

缸体的一端用大轴承支撑在泵体上，用来承受斜盘对滑履推力而产生的作用于缸体上的径向力。滑履副和配流副都采用静压支承，以减小摩擦和磨损，提高机械效率。斜盘最大倾角为20°。

定位销用来固定配油盘位置。该泵的配油盘为非对称负封闭型，如图1－11所示。安装配油盘时，使其中心线N－N相对斜盘中心线M－M向缸体旋转方向偏转6°。在过渡密封区，采用阻尼孔代替尖角槽来消除困油现象。过渡密封区有5个盲孔，起储油和润滑作用。此配油盘的工作特性与前述相同。

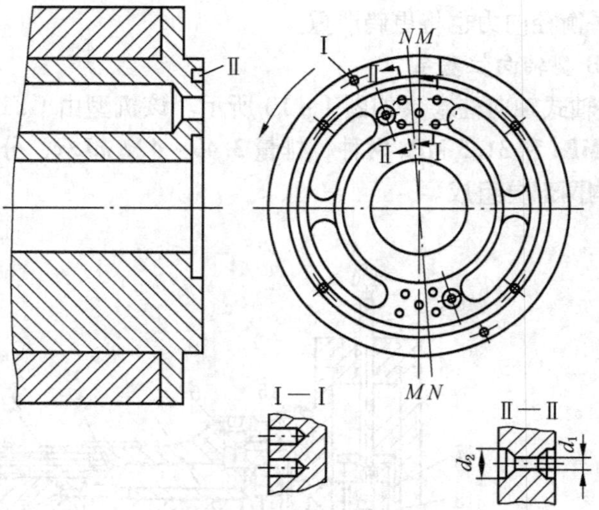

图1－11　CY14－1B型轴向柱塞泵的配油盘

柱塞腔与排液窗口接通的瞬间，排液侧柱塞数增多，压紧力骤然增大，为避免在此瞬间烧损辅助支撑面，在辅助支撑面上钻有与排液口相通的小孔Ⅰ，缸体上开有盲孔Ⅱ。当孔Ⅰ与孔Ⅱ接通时，孔Ⅱ内充满压力液体，其后孔Ⅱ中液体因弹性作用而放出以润滑辅助支撑面，同时也起到一定的静压力支承作用，减少烧盘故障。

2. 伺服变量机构

变量机构在泵体左侧，作用是调节斜盘倾角，改变泵的排量。每一种规格的主体部分都可根据需要配备不同形式的变量机构，该泵采用手动伺服变量机构。如图1－10所示，手动伺服变量机构由手轮拉杆、伺服阀、阀套、变量活塞、变量壳体及指示盘等组成。变量活塞与阀套固定在一起，并与泵的斜盘铰接。当变量活塞上、下移动时，斜盘倾角随之发生变化，泵的排量相应改变。

3. 液压伺服变量原理

如图 1－12 所示，原理图（图 1－12a）将伺服阀与变量活塞分离开来，与职能符号图（图 1－12b）相比较，其上、下环形槽的位置发生了变化。

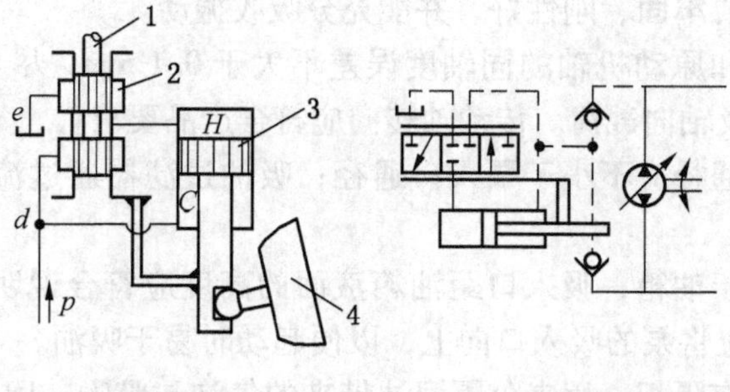

(a) 结构原理图　　(b) 职能符号图

1—拉杆；2—滑阀（三位三通）；3—变量活塞；4—斜盘

图 1－12　伺服变量机构的结构原理及职能符号图

变量活塞为差动结构，上端面积大于下端面积，液压泵工作时由配油盘排液窗口引入的高压液体经泵体上的孔及单向阀进入活塞下腔 C，始终作用于活塞下端面，活塞上腔 H 的通液状况则由伺服滑阀控制。未操作拉杆（图示位置）时，阀套的上环形槽被伺服阀遮盖，因此活塞上腔处于封闭状态，变量活塞不动。

若将拉杆下推使伺服滑阀下移，阀套的上环形槽开启，压力液体经活塞上的孔道 d 进入活塞上腔 H。由于上腔作用面积大，故变量活塞下移，带动斜盘逆时针摆动，使其倾角 α 增大，泵的排量增加。与此同时，阀套也随活塞下移，直到将上环形槽封闭为止，其位移量等于伺服阀的位移量，斜盘倾角固定新的位置上。

当拉杆带动伺服阀上移时，阀套的下环形槽打开，活塞上腔液体经活塞上的孔道和下环形槽及泵体上的泄液口 e 回液，变量活塞在下腔压力作用下上移，斜盘倾角减小，泵的排量减小，直到又把下环形槽封闭，斜盘倾角又固定在某一位置上。若继续上移伺服芯，斜盘倾角为零时，排量为零；超过零位而反方向增大时，液压泵排液方向改变。

由上述变量过程可知，带动斜盘的变量活塞（执行元件）跟随伺服阀（控制元件）而动作。变量活塞动作后，又使伺服阀回到新的平衡位置（反馈作用），这种机构称伺服机构，又称随动机构。液压伺服机构可作为液压牵引式采煤机的调速机构，在其他矿山机械、工程械中有着广泛的应用。

液压伺服机构实质上也是一个液压放大器，在操作时只需要输入很小的力，使拉杆和伺服阀移动，液压力作用在活塞上，以较大的作用力带动斜盘倾角变化实现变量。其操作反应灵敏，而且能通过反馈精确地控制排量变化。

图 1－12b 所示为伺服变量机构的职能符号图。图中三位三通阀表示滑阀，差动液压缸活塞杆与阀套连接，手动或机动推动滑阀阀芯移动，即将位移信号转变为活塞的动作，推动斜盘倾角大小或倾斜方向的改变，从而实现液压泵流量和吸排油方向的改变。

二、常用液压泵的使用与维护

（一）液压泵的安装与使用

1. 安装

（1）泵的支架座要牢固、刚性好，并能充分吸收振动。

（2）泵的传动轴和原动机轴的同轴度误差不大于 0.1 mm，尽可能采用柔性联轴器，以避免泵轴承受弯矩及轴向载荷。传动轴转向应符合产品要求。

（3）泵的吸油管通径应不小于泵入口通径；吸油过滤器通过流量应不小于泵额定流量的两倍。

（4）若泵安装高于油箱，吸入口距油箱液面的高度应符合说明书的规定。若泵的工作转速较低，安装时应将泵的吸入口向上，以便起动时易于吸油。

（5）油箱内应设有隔板，用来分隔回油带来的气泡与脏物。回油管应伸到液面以下，不得直接和泵的入口连接，防止回油飞溅引起气泡。

2. 启动

（1）在泵启动前，应检查进、出口和转向，泵的旋转方向应与产品标牌指示方向一致。

（2）初次启动最好向泵里注满油液，并用手转动联轴器。旋转力量应感觉均匀、灵活。

（3）在初次工作或长期停机后再启动时，会产生吸空现象，所以应在输出口端安装排气阀，或稍微松动出口法兰，以排除空气，并尽可能地在空载情况下进行试运转。

3. 维护

（1）暂不使用的新泵，应将内部注入防锈油，并把外露表面涂防锈油脂，然后盖好油口防尘盖，妥善保存。

（2）配管时注意清除残留在油箱及管道中的铁屑、残渣及棉纱等异物，以免导致故障。

（3）液压系统中的溢流阀压力不能调得过高，一般应不大于泵额定压力的 1.25 倍。

（4）应避免泵在过高或过低温度下连续运转，必要时可通过设置冷却器和加热器来调节油温。

（5）应保持正常的油箱液位高度，及时进行补油；要定期检查油液性能，达不到规定要求时要及时予以更换并清洗油箱。

（6）应经常检查和清洗过滤器，以保证泵能够通畅地吸入油液。

（7）泵工作一段时间后，因为振动可能引起安装螺钉或进出油口法兰螺钉松动，要注意检查，并拧紧防松螺钉。

（8）对于有泵芯备件的叶片泵，正常维修只需要更换泵芯即可。更换时应注意检查密封圈是否平整，防止切边。拧紧外壳件联接螺钉时，应按对角线方向逐渐拧紧，用力要均匀。

（二）液压泵的常见故障及处理方法

外啮合齿轮油泵的常见故障及处理方法见表 1－5。轴向柱塞泵的常见故障及处理方法见表 1－6。

表1-5 外啮合齿轮油泵的常见故障原因与排除方法

故障特征	主要原因	处理方法
不排油或输油量不足、排油压力低	1. 电动机转向错误 2. 吸油管道或滤油器堵塞 3. 轴向间隙、径向间隙过大 4. 各连接处泄漏而引起空气混入 5. 油液黏度太大或油液温升太高	1. 纠正电动机转向 2. 疏通管道，清洗滤油器，除去堵物，更换新油 3. 更换有关零件并调整间隙 4. 紧固各连接处螺钉，避免泄漏，严防空气混入 5. 油液应根据温升变化选用
噪声大及压力波动大	1. 吸油管及滤油器部分堵塞或入口滤油器容量小 2. 从吸油管或泵轴密封处吸入空气，或油中有气泡 3. 泵与联轴节不同心或擦伤 4. 齿轮齿形精度不高 5. CB型齿轮液压泵骨架式油封损坏，或装轴时骨架油封内弹簧脱落	1. 除去脏物，或换用容量合适的滤油器 2. 拧紧接头处或更换密封圈，检查回油管出口是否符合要求 3. 调整同心度，排除擦伤 4. 更换齿轮或对研修整 5. 检查维修或更换骨架油封
液压泵旋转不灵活或咬死	1. 轴向间隙及径向间隙过小 2. 装配不良，CB型盖板—轴的同心度不好，长轴的弹簧固紧脚太长，滚针套质量较差 3. 泵和电动机的联轴器同心度不符合要求 4. 油液中杂质被吸入泵体内	1. 修配有关零件并调整间隙 2. 根据要求重新进行装配 3. 调整其同心度 4. 维修油泵，更换油液

表1-6 轴向柱塞泵的常见故障原因及排除方法

故障特征	主要原因	处理方法
流量不够	1. 油箱油面过低，油管及滤油器堵塞或阻力太大以及漏气等 2. 泵壳内预先没有充满油，留有空气 3. 液压泵中心弹簧折断，使柱塞回程不够或不能回程，引起缸体和配油盘之间失去密封性能 4. 配油盘及缸体或柱塞与缸体之间磨损 5. 对于变量泵有两种可能，如为低压，可能是液压泵内部摩擦等原因，使变量机构不能达到极限位置造成偏角小所致；如为高压，可能是调整误差所致 6. 油温太高或太低	1. 检查贮油量并加油，排除油管堵塞，清洗滤油器，紧固各连接处螺纹，排除漏气 2. 排除泵内空气 3. 更换中心弹簧 4. 磨平配油盘与缸体的接触面，单缸配研，更换柱塞 5. 低压时，使变量活塞及变量头活动自如；高压时，纠正调整误差 6. 根据温升选用合适的油液
压力脉动	1. 配油盘与缸体或柱塞与缸体之间磨损，内泄或外漏过大 2. 对于变量泵可能由于变量机构的偏角太小，使流量过小，内漏相对增大，不能连续对外供油 3. 伺服活塞与变量活塞运动不协调，出现偶尔或经常性的脉动 4. 进油管堵塞，阻力大以及漏气	1. 磨平配油盘与缸体接触面，单缸研配，更换柱塞，紧固各连接处螺纹，排除漏损 2. 适当加大变量机构的偏角，排除内部漏损 3. 偶尔脉动，多因油脏，可更换新油；经常脉动，可能是配合件研伤或别劲，应拆下修研 4. 疏通进油管及清洗进口滤油器，紧固进油管段的连接螺纹
噪声	1. 泵体内留有空气 2. 油箱油面过低，吸油管堵塞或阻力大，以及漏气等 3. 泵和电动机不同心，使泵和传动轴受径向力	1. 排除泵内的空气 2. 按规定加足油液，疏通进油管，清洗滤油器，紧固进油管段的连接螺纹 3. 重新调整，使电动机与泵同心

表1-6（续）

故障特征	主要原因	处理方法
发热	1. 内部漏损过大 2. 运动件磨损	1. 修研各密封配合面 2. 修复或更换磨损件
漏损	1. 轴承回转密封圈损坏 2. 各接合处O形密封圈损坏 3. 配油盘与缸体或柱塞与缸体之间磨损（会引起回油管外漏增加，也会引起高、低压腔之间内漏） 4. 变量活塞或伺服活塞磨损	1. 检查密封圈及各密封环节，排除内漏 2. 更换O形密封圈 3. 磨平接触面，配研缸体，单配柱塞 4. 严重时更换
变量机构失灵	1. 控制油道上的单向阀弹簧折断 2. 变量头与变量壳体磨损 3. 伺服活塞、变量活塞以及弹簧芯轴卡死 4. 个别通油道堵塞	1. 更换弹簧 2. 修括配研两者的圆弧配合面 3. 机械卡死时，用研磨的方法使各运动件灵活 4. 排除油道堵塞，油脏时，更换新油
泵不能转动(卡死)	1. 柱塞与油缸卡死（可能是油脏或油温变化引起的） 2. 滑履脱落（可能是柱塞卡死，或带负载起动引起的） 3. 柱塞球头折断（可能是柱塞卡死，或带负载起动引起的）	1. 油脏时，更换新油；油温太低时，更换黏度较小的机械油 2. 更换或重新装配滑履 3. 更换零件

【技能训练】

（1）在教师演示和指导下，拆装YBC型外啮合齿轮泵，熟悉液压泵拆装的基本方法。

（2）拆装CY14-1B型轴向柱塞泵，分析其结构和变量原理、熟悉常用工具的使用方法。

【教学考核】

考核评价表见表1-7。

表1-7　考核评价表

项目名称	液压泵				
学生姓名	班级		考核时间		
评价方式	学生分组及组别□□　　自我□　　教师□				
评价地点	实训现场□　　教学做一体化教室□　　普通教室				
设备、工具	齿轮泵、叶片泵、柱塞泵若干台，专用工具和扳手				
考核项目	内容和要求	标准分	评分标准	得分	
基本知识	1. 说明液压泵的分类方式 2. 画出液压泵的职能符号 3. 常用液压泵的适应条件和范围 4. 说明液压泵的基本组成 5. 说明液压泵的工作原理	25	采取手指口述的方式考核，每缺一项或回答不正确扣5分		
基本技能	1. 能读懂液压泵的结构图 2. 说明齿轮式液压泵主要结构和特点 3. 说明轴向柱塞泵的主要结构和特点 4. 说明液压泵拆卸安装要求 5. 说明液压泵常见故障及处理方法	45	每缺一项或回答不正确，操作不规范扣9分		

表1-7（续）

考核项目	内容和要求	标准分	评分标准	得分
职业素质	1. 热爱劳动，积极参加学习训练 2. 学生之间协作学习 3. 口述表达准确流畅 4. 能正确使用常用工具 5. 能收集教材以外的资料 6. 注重工作现场整洁	30	每缺一项或工作达不到要求扣5分	
总分				

考核评价人签字：

年 月 日

复习思考题

1. 液压泵配油的方式有哪几种？
2. 何为液压泵的排量和流量？
3. 液压泵的额定压力和工作压力有何区别？
4. 什么是齿轮泵的困油现象？采用什么措施来消除困油现象？
5. 试述单作用叶片泵的工作原理。
6. 斜轴式轴向柱塞泵与斜盘式轴向柱塞泵相比有何优点？

项目三 液压马达与液压缸

【学习目标】

知识目标：理解液压马达和液压缸的分类、性能参数，掌握常用液压马达的基本组成、工作原理、优缺点和液压缸的基本组成。

技能目标：理解液压马达和液压缸的用途，掌握其主要零部件的作用，常见故障发生的原因与处理方法，液压缸的拆装方法。

【基本知识】

液压马达和液压缸总称液动机，即液压执行机构，是将液压泵输送给的液压能转变为机械能驱动工作机构做功的元件。液压马达实现旋转运动，输出机械能的形式是扭矩和转速；液压缸实现往复直线运动或回转摆动，输出机械能的形式是力和速度或扭矩和角速度。

一、液压马达

（一）基本工作原理和性能参数

1. 基本工作原理

液压马达和液压泵一样，都是依靠密封工作容积的变化实现能量转换，同样要有配油机构。液压马达工作时，在输入的高压液体作用下，进液腔由小变大，并对转动部件产生扭矩，以克服负载阻力矩，实现转动；同时，马达的回液腔由大变小，向油箱或泵的吸液口回液，压力降低。高压液体不断从液压马达的进液口进入，从回液口流出，则液压马达的转子不断地转动而对外做功。

理论上，除阀式配流的液压泵外，其他形式的液压泵和对应的液压马达都具有可逆性，可以互用。但是，由于使用性能要求不同，实际上同一种形式的泵和马达在结构上仍有差别：

（1）液压马达应能正、反转，因而要求其内部结构必须对称；液压泵通常都是单向旋转，在结构上一般没有此限制。

（2）液压马达的转速范围较大，特别是当转速较低时，应能保证正常工作。因此应采用滚动轴承或静压滑动轴承。若采用动压滑动轴承，就不易形成润滑油膜。而液压泵的转速较高，一般变化小，就没有这一要求。

（3）液压马达应当具有良好的启动特性和低速稳定性。因此要尽量提高马达的启动扭矩和效率，并减小扭矩的脉动性。

（4）液压马达是输入带有压力的液体推动其转子旋转，所以必须保证初始密封性，不必具备自吸能力，而液压泵通常必须具备自吸能力。

2. 主要性能参数

液压马达的主要性能参数有流量、压力、排量、扭矩、转速、效率等。所有这些参数与液压泵相比，都具有相同的名称，但对液压马达来说，输出轴上的扭矩和转速是主要参数。

（1）流量。液压马达的流量的含义与液压泵的流量的含义不同。液压马达的流量是指液压泵或液压系统中输入液压马达的流量。马达的实际流量大于理论流量。

（2）压力。液压马达有入口压力和出口压力，二者的差值影响扭矩的大小。

在工作时入口压力是指工作压力，出口压力是指液压马达回油箱的压力，一般大于零，这个压力也称为回液背压。

（3）排量。液压马达排量的含义和液压泵的排量相同。它的大小取决于液压马达的结构和几何尺寸，而与工况无关。

排量是衡量液压马达工作能力的重要标志。在相同功率条件下，马达排量不同，则输出参数——扭矩和转速的大小也不同。高速小扭矩马达的排量小，而低速大扭矩马达的排量大。

（4）扭矩。液压马达输出的扭矩与排量和入口、出口的压力差成正比，与输入流量无关。输出轴的扭矩有启动扭矩、实际工作扭矩、额定扭矩和最大扭矩。

（5）转速。液压马达的转速与输入的流量成正比，与排量成反比。

（6）效率。液压马达的总效率等于输出功率与输入功率之比，其输入功率为液压功率。

（二）分类

1. 按结构形式分

液压马达按结构形式分为齿轮液压马达（包括外啮合齿轮液压马达和内啮合摆线液压马达）、叶片液压马达（包括单作用叶片液压马达和双作用叶片液压马达）、柱塞液压马达（包括轴向柱塞液压马达和径向柱塞液压马达）。轴向柱塞液压马达又有直轴式和斜轴式两种，径向柱塞液压马达又有曲轴单作用连杆径向柱塞液压马达、曲轴单作用无连杆式径向柱塞液压马达（也称静力平衡液压马达）和内曲线多作用径向柱塞液压马达等种类。

2. 按转速分

液压马达按转速分为高速液压马达和低速液压马达。一般认为额定转速大于500 r/min的属于高速液压马达，低于此值的属于低速液压马达。径向柱塞式液压马达一般都是低速大扭矩马达。

3. 按排量和转向特点分

液压马达按排量和转向特点分为变量马达（排量大小可调，即转数可调的液压马达）和变量液压马达（排量大小不可调的为定量）。液压马达的转向不能改变的为单向液压马达，转向能改变的为双向液压马达。

液压马达的职能符号如图1－13所示。

(a) 单向定量液压马达　(b) 单向变量液压马达　(c) 双向定量液压马达　(d) 双向变量液压马达

图1－13　液压马达的职能符号

（三）高速液压马达工作原理

1. 外啮合齿轮液压马达

外啮合齿轮液压马达的工作原理如图1－14所示。其结构和外啮合齿轮泵相似，壳体内装有一对齿数相等、模数相同的外啮合齿轮 O_1、O_2，啮合点为 A。由壳体、齿廓和啮合线构成了上、下两个密封的液腔。在壳体上有两个对称的进、回液口，当高压液体输入液压马达的上腔时，处于上腔内的所有轮齿均受到压力液体的作用。对于齿轮 O_1，齿廓面Ⅰ、Ⅱ所受到的切向液压力，对中心 O_1 的扭矩大小相等、方向相反，相互抵消。齿廓面 AB 上受到的切向液压力对 O_1 产生逆时针方向的扭矩。齿轮 O_2 的齿廓面Ⅲ、Ⅳ所受到的切向液压力，对中心 O_2 产生的扭矩相互抵消，齿廓面 AC 和 DE 也是对称的，相互抵消，只有 EF 齿廓面上所受的切向液压力对于中心 O_2 产生顺时针方向的扭矩，并通过啮合点 A 传给 O_1，所以齿轮 O_1 所在输出轴将在两齿轮产生的扭矩和的作用下，按逆时针方向旋转。随着齿轮的转动，靠齿谷将工作液带到回液腔排出。

如将进、回液口相互调换，则会改变输出轴的转向，故齿轮液压马达是双向定量马达。

2. 叶片式液压马达

1）单作用叶片式液压马达

单作用叶片式液压马达的工作原理如图1－15a所示。图中定子与转子两者偏心装配，偏心距为e。转子装在定子中，其上开有径向槽，槽内装有可伸缩的叶片，叶片伸出贴紧定子，这样靠定子、转子、叶片及侧盖就组成了若干个密封的工作容积。定子上与 O_1O_2

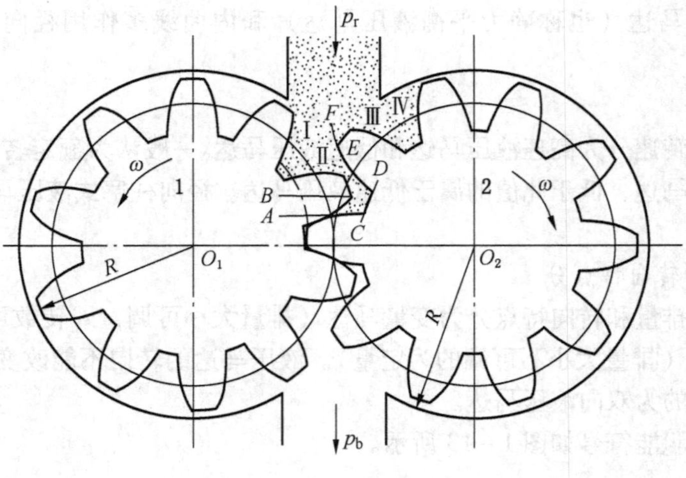

图 1－14　外啮合齿轮液压马达的工作原理

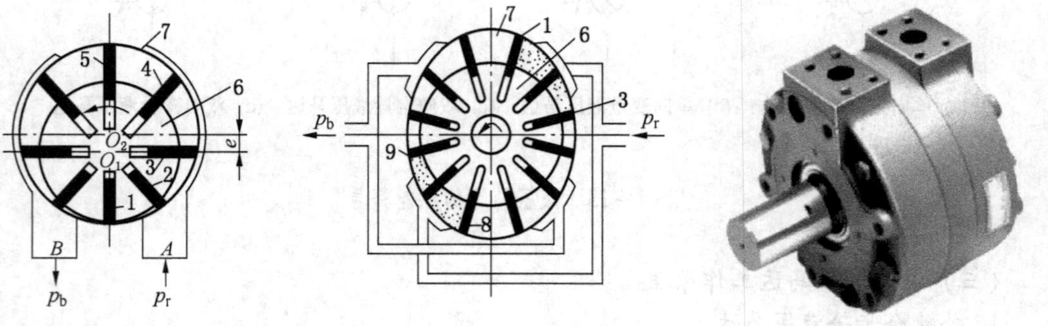

(a) 单作用叶片式液压马达　　(b) 双作用叶片式液压马达　　(c) 外形图

1、2、3、4、5、8、9—叶片；6—转子；7—定子

图 1－15　叶片式液压马达工作原理及外形

连线相对称地开有配油槽，并分别与进、回液口 A、B 相通。

当高压液体从 A 口进入液压马达时，位于高压腔中的叶片 2、3、4 两侧所受的液压力相等，因此对转子不产生扭矩。处于高低压腔间的叶片 5 和 1，其一侧受高压液体的作用，另一侧受低压液体的作用，作用在叶片 5 和 1 上的压力差，分别使转子产生逆时针和顺时针方向旋转的扭矩，由于叶片 5 伸出的面积大于叶片 1 伸出的面积，而且力臂大，所以叶片 5 所产生的扭矩大，使转子按逆时针方向旋转，并通过和转子相连接的输出轴带动工作机构。输出轴上的扭矩为叶片 5 产生的扭矩和叶片 1 产生的扭矩之差。当叶片随转子转到 O_1O_2 连线左侧时，叶片在定子作用下缩回，密封容积减小，做完功的液体从 B 口流出。

若改变进、回液口方向，液压马达则反转；改变偏心距 e 的大小，即可改变液压马达的排量和输出扭矩，在输入流量不变的情况下，也改变了液压马达的转速；如果 O_1 相对于 O_2 的偏心方向改变后，进、回液口保持不变，也可改变液压马达的旋转方向。因此，单作用叶片式液压马达可制成双向变量液压马达。

2）双作用叶片式液压马达

双作用叶片式液压马达的工作原理（图1－15b）与单作用叶片式液压马达基本相同。当高压液体按图中方向输入后，叶片1和8使转子产生逆时针旋转的扭矩，叶片3和9使转子产生顺时针旋转的扭矩。由于叶片1和8伸出的面积大于叶片3和9伸出的面积，而且力臂较大，所以转子在这两个扭矩差的作用下，按逆时针方向旋转，并通过输出轴输出。显然，相同尺寸的双作用叶片马达比单作用叶片马达的输出扭矩大，但排量不能改变。如果改变液压马达进、回液方向，即可改变旋转方向。所以，双作用叶片式液压马达是双向定量马达。

3. 轴向柱塞式液压马达

1）工作原理

轴向柱塞式液压马达分为直轴式和斜轴式两种。现以斜轴式液压马达为例，分析其工作原理。该类型液压马达主要由柱塞、缸体、配油盘、连杆、传动盘、输出轴组成。如图1－16所示。

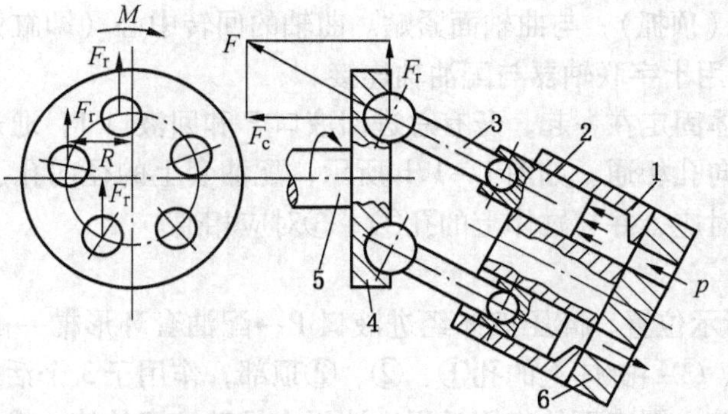

1—缸体；2—柱塞；3—连杆；4—传动盘；5—输出轴；6—配油盘

图1－16　斜轴式轴向柱塞马达工作原理

当压力液体经配油盘进入柱塞底部的密封容积时，柱塞和连杆就受到液压力F，并作用到传动盘上，力F可以分解为轴向力F_c和径向力F_r，径向力F_r和力臂R形成了扭矩，使传动盘和输出轴转动，又通过连杆和柱塞拨动缸体转动，处于回液区的柱塞在传动盘的作用下缩回排液。液压马达输出轴的扭矩是位于进液区各柱塞所产生的扭矩之和。由于转动过程中位于进液区的柱塞数和其对应的力臂R值不断变化，所以马达的瞬时扭矩是脉动的。

2）结构特点及性能分析

轴向柱塞式液压马达的结构与同类型的泵基本相同。但由于马达要正反转，所以配流盘的过渡密封区应采用对称布置。改变缸体与传动盘的夹角大小，就能改变其排量，从而改变转速和输出扭矩；改变两者的倾斜方向，或改变进回液方向，就可以改变旋转方向。因此，轴向柱塞式液压马达可制成双向变量液压马达。

3）优缺点及适用范围

轴向柱塞式液压马达结构紧凑、惯性小、工作压力高、容积效率高、调速范围大、容易实现变量等优点。缺点是结构比较复杂，加工精度要求高、价格贵、油液污染对马达的工作影响大、维护要求高。轴向柱塞式马达常用于大功率矿山机械设备的液压系统。

(四) 低速大扭矩马达

低速大扭矩液压马达主要有曲轴连杆柱塞式、内曲线多作用柱塞式和静力平衡柱塞式三类径向柱塞式马达。由于径向柱塞液压马达可以自行平衡一部分甚至全部作用在其转子上的高低压腔的液压作用力，加上这类马达的尺寸和质量较大，所以它的特点是传递扭矩大，可以在低速输出较大功率，往往不需要减速装置或用简单的减速装置即可与工作机构相连，使传动机构大为简化。该类马达广泛应用于起重、运输、建筑、矿山采掘等机械上。

1. 曲轴连杆柱塞式液压马达

1）结构组成

曲轴连杆柱塞式液压马达的外形和结构组成如图 1－17a 所示。它由缸体、活塞、连杆、配油轴、配油轴套、曲轴、输出轴等部分组成。在固定不动的缸体上沿径向均匀分布的 5 个缸孔中装有活塞，活塞采用球形铰与连杆相连。连杆的另一端是一个曲率半径和曲轴相同的凹圆柱面（顶抓），与曲轴面紧贴。曲轴的回转中心（即缸体中心）为 O，而几何中心为 O_1，曲轴用十字联轴器与配油轴连接。

配油轴套与壳体固定在一起，开有总进回液口 P 和回液口 T，通过套内的环形槽和配油轴上的径向、轴向孔相通。如图 1－17b 所示，配油套上的径向孔①～⑤与配油轴上的进、回液腔位置相对应，并与缸体上的孔①～⑤对应相通。

2）工作原理

在图 1－17b 所示位置，高压液体经进液口 P→配油套环形槽→配油轴孔道→配油套上的径向孔①、②、③→缸体上的孔①、②、③顶部，作用于 3 个活塞上。形成压力油→活塞→连杆→曲轴偏心圆表面的作用过程。液压力推动柱塞外伸，推动顶杆作用在曲轴面上，形成的合力通过曲轴几何中心 O_1 对曲轴回转中心 O 产生扭矩，由输出轴带动工作机构旋转。此时，缸体上的孔①、②、③的容积增大，不断进液；而偏心曲轴在转动的同时，又推动连杆使缸体上的孔④、⑤里的活塞缩回，腔内容积减小，经配油套上的孔④、⑤→配油轴孔道→配油套环形槽→出液口 T，使低压油排出。

随着配油轴与曲轴同步转动，当转过一个很小的角度后，缸体上的孔③便与回液腔接通回液，然后缸体上的孔⑤由回液工况变为进液工况，如此不停地循环下去，马达不停地旋转输出扭矩。如果改变进、回液 P、T 方向，即可改变液压马达的旋转方向，故曲轴连杆柱塞式液压马达是双向定量液压马达。

注意：曲轴回转中心 O（壳体中心）与曲轴几何中心 O_1 的连线 OO_1 将马达分成两部分，一边为进液侧，另一边为回液侧。但由于配油轴隔板的作用，当缸孔恰好处在 OO_1 连线上时，则既不进油也不回油。装配时，配油轴上的弓形进、回液口在隔板上的对称线要和 OO_1 连线处于一个平面内，以保证缸孔容积增大或减小与配油装置进、回油同步。

国产曲轴连杆柱塞式马达主要是 JMD 系列，其优点是结构简单、工作可靠，故应用较广泛。例如在国产 EBZ 系列煤巷掘进机的装载和转载驱动机构中就采用了该类液压马达。而其主要缺点是曲轴与配油轴的径向液压力不平衡，配油轴易磨损；扭矩脉动较明显。

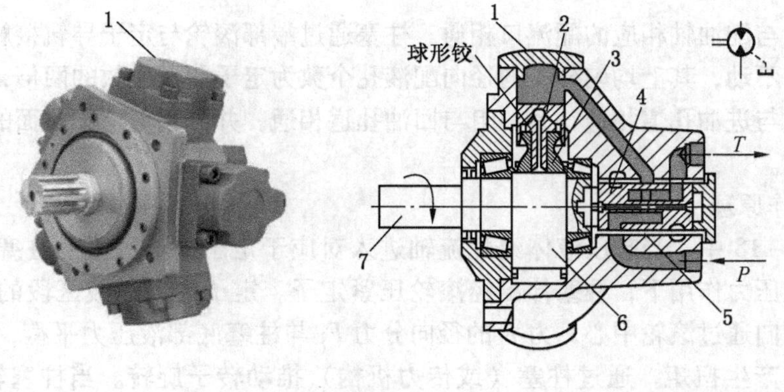

(a) 结构组成

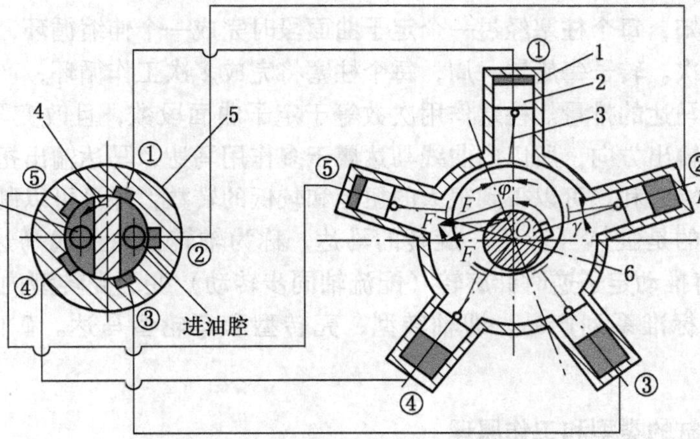

(b) 工作原理

1—缸体（外壳）；2—活塞（柱塞）；3—连杆；4—配油轴；5—配油轴套；6—曲轴；7—输出轴

图 1-17　曲轴连杆柱塞式液压马达

2. 内曲线多作用柱塞式液压马达

1）结构组成

内曲线多作用柱塞式液压马达主要由定子、转子、柱塞组、配油轴、配油套、横梁、滚轮以及输出轴等部件组成，如图 1-18 所示。

马达定子内壁是由若干段相同曲面组成的导轨，每段曲面凹部顶点将曲面分成对称的两个区段，一侧为进液区段（工作区段），另一侧为回液区段（回空区段），它们分别与配油轴进、回液孔相对应，而外侧顶点（外死点）b 和内侧顶点（内死点）a 为对应配流轴进、

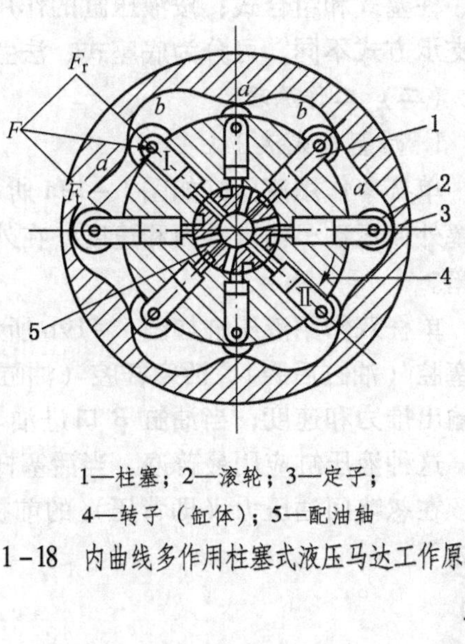

1—柱塞；2—滚轮；3—定子；
4—转子（缸体）；5—配油轴

图 1-18　内曲线多作用柱塞式液压马达工作原理

回区过渡区。

通液口与配油轴相应的配流口相通。柱塞通过端部滚轮与定子导轨接触。配油轴装转子中心固定不动，其上均匀分布的径向配液孔个数为定子曲面段数的两倍，且间隔地分为两组，一组与进油孔道相通，另一组与回油孔道相通，并分别与定子曲面的工作区段和回空区段对应。

2）工作原理

在图 1－18 中，当高压液体经配流轴进入对应于定子进液区段的柱塞（Ⅰ、Ⅱ）缸孔时，在液压力作用下，柱塞伸出经滚轮压紧定子。定子曲面进液区段的反作用力 F 沿曲线法线方向通过滚轮中心，力 F 的径向分力 F_r 与柱塞底部液压力平衡，其切向分力 F_t 对转子中心产生扭矩，通过柱塞（或传力机构）推动转子旋转。当柱塞转至外死点时，缸孔内液体封闭，进入回液区段时，缩回排液（此时转子在其他进入进液区段柱塞作用下旋转）；到达内死点时，柱塞完全缩回。

由上述可知，每个柱塞经过一个定子曲面段时完成一个伸缩循环，其缸孔内工作容积进、回液各一次。转子每旋转一周，每个柱塞将完成多次工作循环，产生多次扭矩，因而大大地增加了马达的排量。柱塞作用次数等于定子曲面段数，且改变马达进、回油方向，即可改变扭矩输出方向，所以内曲线马达属于多作用马达，马达输出扭矩等于进液区段各柱塞产生的扭矩之和，可以得到很大的扭矩和较低的转数，并且可以制成双向液压马达。

上述讨论的是缸体（转子）旋转的马达，称为轴转型内曲线马达。若令缸体不动，则切向力 F_t 将推动定子逆时针旋转（配流轴同步转动）变为壳转型内曲线马达，当前我国已形成三个标准系列产品，即轴转型、壳转型和车轮型马达。矿山机械主要使用轴转型。

二、液压缸的类型和工作原理

（一）基本类型

按使用的工作介质不同，可将液压缸分为液压式和乳化液式；按液压缸输出的运动状态不同，可分为往复直线运动式和回转摆动式；按液压缸的结构形式不同，可分为活塞式、柱塞式和组合式；按液压缸的作用方式不同，可分为单作用式和双作用式；按液压缸的支承方式不同，可分为底座式、法兰式、轴销式、耳环式、球头式等。

（二）工作原理

1. 活塞杆式液压缸

单杆单作用液压缸如图 1－19a 所示。当压力液体进入液压缸活塞腔时，液压力推动活塞外伸运动，输出推力和速度；在外力或弹簧力作用下使活塞缩回，挤压缸内液体流回油箱。

单杆双作用液压缸如图 1－19b 所示。在缸体固定的情况下，当压力油从 A 油口进入活塞腔（油缸后腔）、活塞杆腔（油缸前腔）油液经由 B 油口回油时，活塞杆伸出，液压缸输出推力和速度；当油缸 B 口进油、A 口回油时，液压缸活塞杆缩回，输出拉力和速度。这种液压缸应用最普遍。当活塞杆固定时油缸运动和参数计算由学生自行分析。

在忽略回油压力（即背压）的前提下，单杆双作用活塞式液压缸输出参数的计算公式如下：

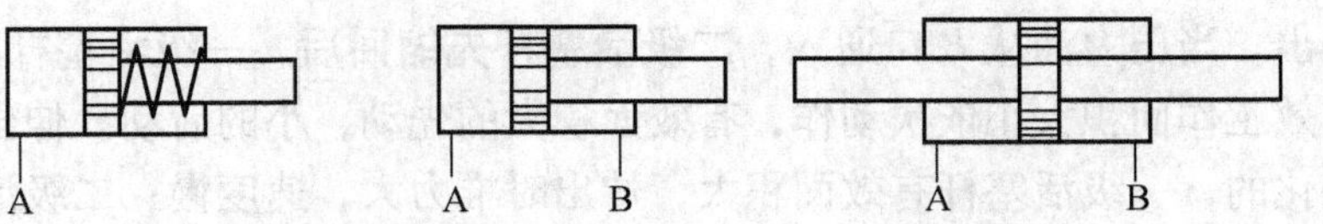

(a) 单杆单作用液压缸　(b) 单杆双作用液压缸　(c) 双杆双作用液压缸

图 1－19　活塞杆式液压缸工作原理

活塞杆外伸时，输出的推力 F_1 和速度 v_1 为

$$F_1=\frac{\pi}{4}D^2p \tag{1-4}$$

$$v_1=\frac{4Q}{\pi D^2} \tag{1-5}$$

活塞杆缩回时，输出的拉力 F_2 和速度 v_2 为

$$F_2=\frac{\pi}{4}(D^2-d^2)p \tag{1-6}$$

$$v_1=\frac{4Q}{\pi(D^2-d^2)} \tag{1-7}$$

式中　p——液压缸内液体的工作压力，Pa；

Q——输入液压缸液体的流量，m^3/s；

D——液压缸活塞直径，m；

d——液压缸活塞杆直径，m。

双活塞杆液压缸为双作用两端出杆结构，如图 1－19c 所示。通常两侧活塞杆直径相等，活塞两侧有效作用面积相等，因而双向运动的推力和速度也相同，可分别参照式（1－6）、式（1－7）计算。

2. 伸缩式液压缸

伸缩式液压缸是由几个直径不同的液压缸套装而成，且前级缸的活塞杆是后级缸的缸筒。这类液压缸的特点是结构紧凑，伸出行程远大于缸筒长度，可双作用也可单作用。常用于翻斗汽车、起重机和挖掘机等工程机械和煤矿液压支架上。

如图 1－20 所示的液压缸是由两套活塞缸套装而成，一级活塞杆既是缸体的活塞杆，又是二级活塞杆的缸体。当压力油从 A 口通入时，一级活塞杆先伸出完成行程后，二级

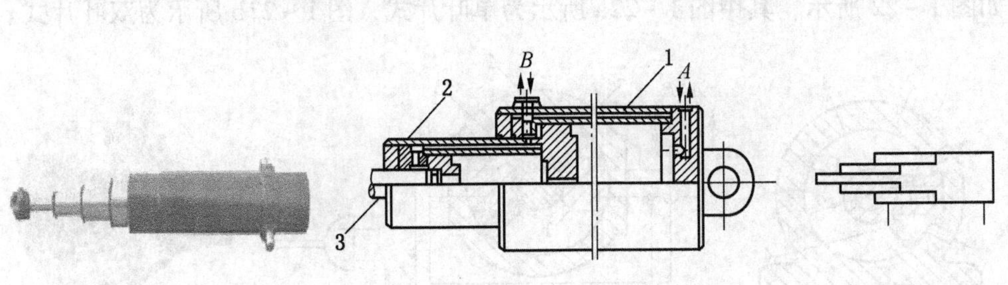

(a) 外形图　(b) 结构图　(c) 符号图

1—缸体；2—一级活塞杆；3—二级活塞杆

图 1－20　伸缩式液压缸工作原理

活塞杆再伸出。当压力油从 B 口通入，二级活塞杆先缩回后，一级活塞杆再缩回。总之，按活塞的有效工作面积大小依次动作，有效面积大的先动，小的后动。伸出时的推力和速度是分级变化的，一级活塞杆有效面积大，伸出时推力大，速度慢；二级活塞杆伸出时推力小，速度快。

3. 增压液压缸

增压液压缸简称增压缸或增压器，利用增压缸可以在局部得到较高的工作压力。增压液压缸由大直径活塞缸和小直径柱塞缸（或活塞缸）串接而成，是组合式液压缸，按结构分为柱塞式和活塞式；按作用方式分为单作用和双作用，如图 1－21 所示。当大活塞腔输入低压大流量液体 P_1 时将推动大活塞和与其相连的小柱塞运动，使柱塞缸输出高压小流量液体 P_2，满足执行机械的需要；当 B 口进入低压液体时，活塞向左移动，增压腔吸入油液。

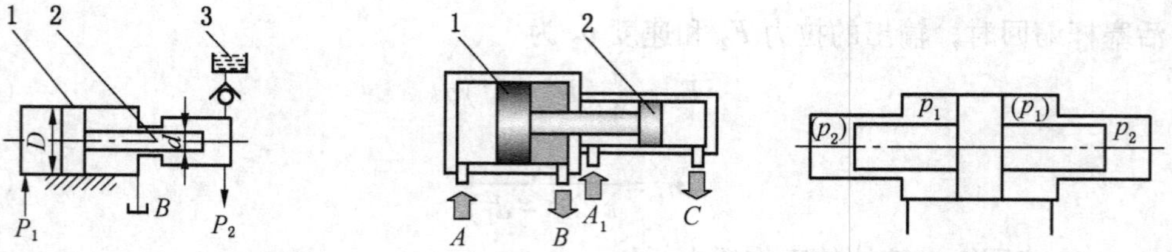

(a) 柱塞式单作用增压缸　　(b) 活塞式单作用增压缸　　(c) 双作用增压缸

1—大活塞；2—小柱塞（活塞）；3—重力油箱

图 1－21　增压液压缸工作原理

如图 1－21a 所示，若增压缸大活塞直径为 D，小柱塞直径为 d，则增压比 $K = D^2/d^2$，即 $P_2 = kP_1$，它是表示增压液压缸增压效果的重要参数。如图 1－21b 所示，当 A 和 A_1 腔同时进油时，增压腔 C 增压值更高。增压缸分为单作用和双作用，如图 1－21c 所示，双作用增压缸两端都有小柱塞腔，可以双向输出高压液体。

增压缸主要用于某些短时或局部需要高压液体的设备。例如，单体液压支柱试验台采用 YBC 型齿轮泵与双作用增压缸相配合，提供超高压液体（70 MPa），满足高压密封试验和安全阀调定的需要。

4. 摆动液压缸

摆动液压缸又称摆动马达，实现往复回转运动，回转角度小于 360°。叶片式摆动液压缸如图 1－22 所示，其中图 1－22a 所示为单叶片式，图 1－22b 所示为双叶片式。该类

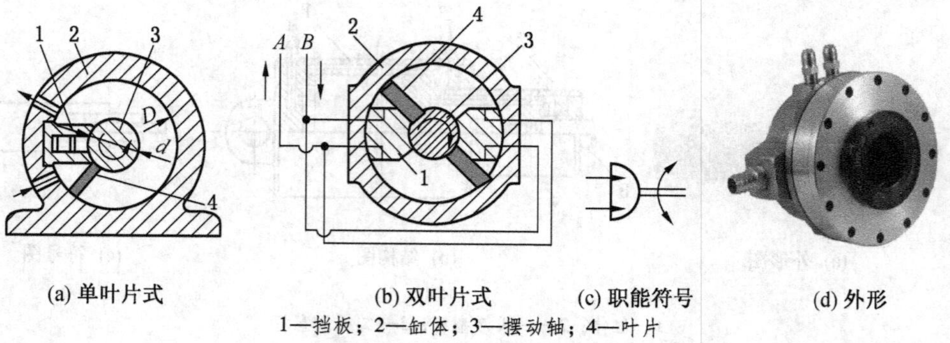

(a) 单叶片式　　(b) 双叶片式　　(c) 职能符号　　(d) 外形

1—挡板；2—缸体；3—摆动轴；4—叶片

图 1－22　叶片式摆动液压缸

型液压缸主要由挡板、缸体、摆动轴、叶片和左右支承盘、左右盖板等零件组成。挡块（定子块）固定在缸体上，叶片和摆动轴连在一起。

当缸体的一个油口进压力油，另外一个油口回油时，工作腔内的压力液体推动叶片回转，摆动轴输出扭矩；改变供液方向，即可改变回转方向。双叶片式摆动扭矩较大。

摆动液压缸结构紧凑，构造简单，但密封较困难，一般只适于中、低压系统，常用于机床工件夹紧装置，回转工作台和小型半回转式挖掘装载机械等。

【基本技能】

一、活塞式液压缸的组成和结构

（一）组成

如图 1－23 所示为单杆双作用活塞式液压缸的结构组成。它主要由缸筒、缸盖、缸底、活塞、活塞杆、导向套、密封件等组成。缸体和缸底上分别有一个带有螺纹的孔与活塞杆腔和活塞腔连通，是进入或回流液体的通道。

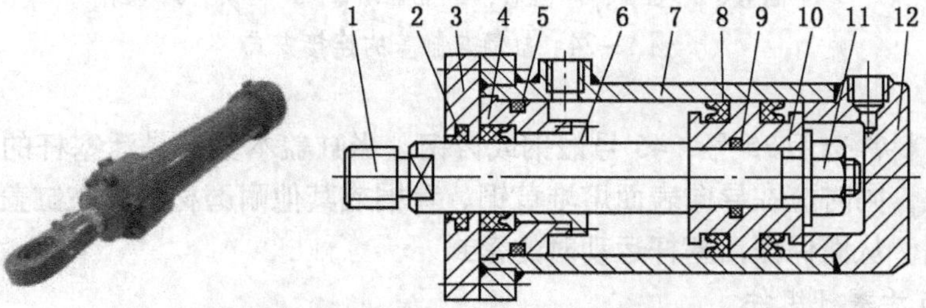

1—活塞杆；2—防尘圈；3—缸盖；4、8—Y 形密封圈；5、9—O 形密封圈；
6—导向套；7—缸筒；10—活塞；11—螺母；12—缸底

图 1－23　单杆双作用活塞式液压缸结构

（二）结构

任何类型的液压缸基本上由缸体组件、活塞与活塞杆组件、密封件、缓冲装置和排气装置等部分组成。缓冲装置是为了防止活塞快速运动到极端位置时与缸底或缸口冲击而设置的，排气装置是为了排除缸体内的空气而设置的，此二者根据具体应用场合而定，而其他部分则是必不可少的。

1. 缸体组件

缸体组件包括缸筒、缸盖与缸底等。

（1）缸筒。缸筒是液压缸的主要承力部件，采用圆筒结构，缸筒常用的材料为 35 号、45 号无缝钢管。当缸体上需焊接缸盖、耳轴、管接头时，宜采用 35 号无缝钢管，并在粗加工后进行调质处理。不焊接其他零件时，可用 45 号无缝钢管，并在粗加工后进行调质处理。在采掘机械中，多采用高强度合金无缝钢管。缸体内表面要精加工，为防止表面腐蚀，有的内孔表面要镀铬并抛光。缸体外表面可不加工，表面涂耐油漆保护。

（2）缸盖与缸底。缸盖与缸底分别装在缸体两端，与缸筒一起构成工作容积。缸底与缸体一般采用焊接连接。它的特点是加工简单，可靠性好，尺寸小，但容易产生焊接变形。缸盖的结构根据它与缸筒连接方式而定，常见的连接方式有螺纹连接、螺栓连接、半环连接、钢丝连接，共同的特点是结构比较简单、外形尺寸小、加工和拆装较容易。缸筒与缸盖的连接方式如图 1－24 所示。

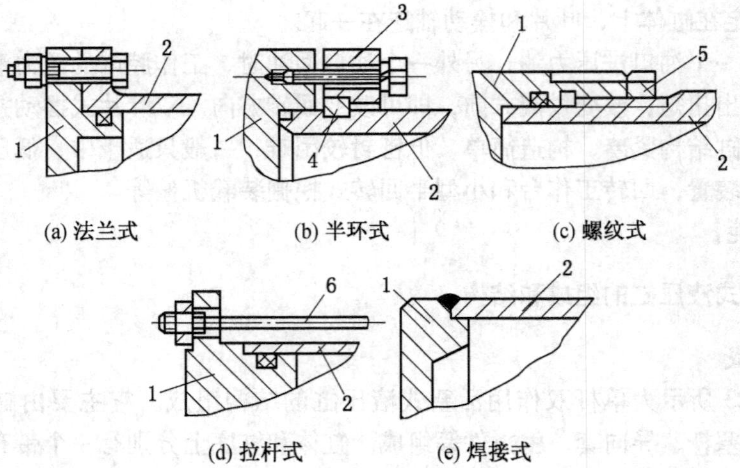

(a) 法兰式　(b) 半环式　(c) 螺纹式

(d) 拉杆式　(e) 焊接式

1—缸盖；2—缸筒；3—压板；4—防松螺母；5—半环；6—拉杆

图 1－24　缸筒与缸盖的连接方式

缸盖的材料常选用 35 号、45 号锻钢或铸钢。当缸盖本身又是活塞杆的导向套时，最好选用灰铸铁，同时应在导向表面熔堆黄铜、青铜或其他耐磨材料。在缸盖上还开有沟槽以安装密封圈，从而保证活塞杆运动时的密封。

2. 活塞与活塞杆组件

活塞与活塞杆都是液压缸主要受力和运动部件。活塞的结构根据其与活塞杆的连接方式以及与缸体密封方式而定。活塞常用的材料有灰铸铁，耐磨铸铁，35 号、45 号钢，铝合金等。活塞外径与缸体、内径与活塞杆的配合处，均装有密封圈进行密封。

活塞杆根据其杆部结构分为实心杆和空心杆两种，一般多为实心杆。只有当活塞杆直径较大时，为了减轻重量、节省材料或当活塞杆较细长受压稳定性差时，为增大杆的断面模数，才采用空心杆。活塞杆的材料常用 35 号、45 号钢或无缝钢管。对于冲击振动很大的场合，也可采用 55 号钢以及高强度合金无缝钢管。

活塞杆与活塞连接的方式有焊接连接、螺纹连接和半环连接。活塞杆伸出端的连接方式有销轴连接、球绞连接和螺纹连接。常用的连接形式如图 1－25 所示，它们的连接方式不同，活塞杆两端的结构也不相同。

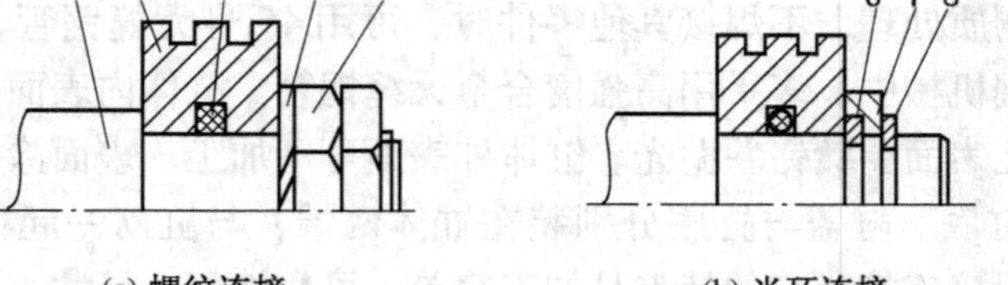

(a) 螺纹连接　(b) 半环连接

1—活塞杆；2—活塞；3—密封；4—垫圈；5—螺母；6—半环；7—套环；8—弹簧卡圈

图 1－25　活塞与活塞杆的连接

二、液压马达的使用与维护

1. 液压马达安装要求

（1）液压马达在安装前应检查其旋转方向是否与产品所标示的方向一致，并检查其是否损坏。存放时间过长的液压马达内存油液需排净冲洗，以防内部各运动件出现黏卡现象。

（2）液压马达安装支架必须有足够的刚度，以防转动时出现振动。安装螺栓必须均匀拧紧。液压马达不能以敲击方式安装，也不能强行或扭曲安装。

（3）液压马达的安装表面应平整。连接法兰、止口及输出轴伸的尺寸准确。应保证输出轴与其连接传动的装置有较好的同轴度。

（4）安装时，要防止输出轴与连接装置发生轴向顶死现象。安装过程中，应注意保护进、出油口连接板部分的表面粗糙度和平行度，防止碰伤而降低封油效果，导致漏油。

（5）应按说明书的要求正确选择、加工和连接进、回油管及泄油管，拧紧进、出油管及泄油管。在管路和油管安装好之前不要取下上面的塑料塞头。

（6）系统连接时应认准安装图上马达进、出油口的安装位置与马达的旋转关系。安装时，若发现进、出油口不适合对应的输出轴正反旋转方向，可通过调换进、出油管来改正。

（7）使用马达的液压系统应按产品使用说明书配置相应的过滤器，保证系统所使用的工作介质的清洁度。液压回路必须设有冷却装置，以防油温过高。进油管路必须安装压力表和温度计。

2. 一般使用要求

（1）起动前应检查液压马达的安装与连接是否正确、牢固，系统配置是否正确。

（2）检查进、出油方向与液压马达旋转方向是否符合工况要求。

（3）供油管路的溢流阀压力先调节到最低值，运转后逐渐调到所需压力。

（4）液压马达在空载下运行至少 10 min 后，再逐渐增压至工作压力，运转过程中随时观察液压马达运转是否正常。

（5）应当注意，有的液压马达不能在泵工况下运转或不能作泵使用。

（6）液压马达在运转时，工作压力、流量、输出功率以及油温不得超过产品说明书的规定值。运转过程中应经常检查马达和系统的工作情况，如发现异常的升温、渗漏、振动和噪声或压力异常脉动，应立即停机，查明原因；在使用过程中，当进油口温度超标时，应检查冷却器的工作是否正常，以保证液压马达表面的正常工作温度。

（7）应定期检查液压系统中各指示元件的状态，如压力表、温度计等指示仪表的准确度等。应定期检查液压油的状况；油液的更换周期视不同工况而异，一般情况下，换油周期为半年一次。废弃油液应送至专门废油处理单位，进行集中处理，以免污染环境。

（8）运输液压马达时，要根据马达大小配置适当的木箱、硬纸箱包装，用塑料纸包装马达表面，防止水气、潮气侵袭，使液压马达生锈而引起故障。

（9）长时间不用的液压马达需涂上防锈油，腔体内应充满油，并封住各油口，输出轴表面涂上油脂，用布或套子包好。马达需储存在 -20 ~ 66 ℃的干燥环境下，应尽可能避免水气、潮气和任何带腐蚀性的气体。

3. 液压马达的维修与维护

液压马达需由专业人员安装、调试和维修。具有拆卸条件的，应在详细阅读使用说明后进行，且必须注意以下3点：

（1）分解时注意不要将零件表面碰伤，特别要保护好零件的运动表面和密封表面。分解出来的零件放于清洁的盛器内，要避免互相碰撞。分解和装配时禁止用铁锤敲击。

（2）对拆下的零部件应进行仔细检查，对磨损零件基本上不自行修理而多作更换。密封件原则上全部更换。

（3）装配前应将全部零件清洗干净、吹干，不得使用棉纱、破布等擦抹零件。装配场所及使用的工具应清洁，装配后转动输出轴，应灵活无卡滞。

液压马达常见故障及处理方法见表1-8。

表1-8 液压马达常见故障及处理方法

故障特征	主要原因		处理方法
转速过低和转矩小	液压泵供油量不足	1. 原机动转速不够 2. 吸油过滤器滤网堵塞 3. 邮箱中油量不足或吸油管径过小造成吸油困难 4. 密封不严，有泄漏，空气侵入内部 5. 油液的黏度过大 6. 液压泵轴向及径向间隙过大，内泄漏增大 7. 变量机构失灵	1. 找出原因，进行调整 2. 清洗或更换滤芯 3. 加足油量，适当加大管径，使吸油通畅 4. 拧紧有关接头，防止泄漏或空气侵入 5. 选择黏度小的油液 6. 适当修复液压泵 7. 检修或更换
	液压泵输出油液不足	1. 液压泵效率太低 2. 溢流阀调整压力过低或发生故障 3. 油管阻力过大（管道过长或过细） 4. 油液的黏度较小，内部泄漏较大	1. 检查并排除液压泵故障 2. 检查溢流阀故障，排除后重新调高压力 3. 更换孔径较大的管道或尽量减小长度 4. 检查内泄漏部位的密封情况，更换油液或密封件
	液压马达泄漏	1. 液压马达结合面没有拧紧或密封不好导致泄漏 2. 液压马达内部零件磨损，泄漏严重	1. 拧紧结合面检查密封情况或更换密封圈 2. 检查其损伤部位，并修磨或更换零件
	液压马达损坏	配油盘的支承弹簧疲劳，失去作用	检查和更换支承弹簧
转速过高	供油量过大	1. 液压泵原动机转速过高 2. 变量泵流量设定值过大 3. 流量阀通流面积过大 4. 超越负载作用	1. 更换或调整 2. 重新调整 3. 重新调整 4. 平衡或布置其他约束
泄漏大	内部泄漏	1. 配油盘磨损严重 2. 轴向间隙过大 3. 配油盘与缸体端面磨损，轴向间隙过大 4. 弹簧疲劳 5. 柱塞与缸体磨损严重	1. 检查配油盘接触面并修复 2. 检查并将轴向间隙调至规定范围 3. 修磨缸体及配油盘端面 4. 更换弹簧 5. 研磨缸体孔、重配柱塞

表1-8（续）

故障特征	主要原因		处理方法
泄漏大	外部泄漏	1. 轴端密封损坏，磨损 2. 盖板处的密封圈损坏 3. 结合面有污物或螺栓未拧紧 4. 管接头密封不严	1. 更换密封圈并查明磨损原因 2. 更换密封圈 3. 检查、清除并拧紧螺栓 4. 拧紧管接头
噪声大		1. 密封不严，有空气侵入内部 2. 液压油被污染，有气泡混入 3. 油温过高或过低 4. 联轴器不同心 5. 液压油黏度过大 6. 液压马达的径向尺寸严重磨损 7. 叶片已磨损 8. 叶片与定子接触不良，有冲撞现象 9. 定子磨损	1. 检查有关部位的密封，紧固各连接处 2. 更换清洁的液压油 3. 检查温控组件工作状况 4. 校正同心 5. 更换黏度较小的油液 6. 修磨缸孔，重配柱塞 7. 尽可能修复或更换 8. 修整 9. 修复或更换。如因弹簧过硬造成磨损加剧，则应更换刚度较小的弹簧

三、液压缸的使用与维护

1. 液压缸的安装要求

（1）液压缸的安装必须符合设计图样和制造厂的规定。

（2）安装前应仔细检查其活塞杆是否弯曲。

（3）安装时，应尽量使其进、出油口的位置在最上面，并装有排气方便的放气阀。

（4）应使液压缸的轴线位置与运动方向一致。使液压缸所承受的负载尽量通过缸轴线，不产生偏心现象。

（5）液压缸的安装应牢固可靠，为了减小热膨胀对安装和液压缸工作的影响，在行程大和工作时温差大的场合下，液压缸的一端必须保持浮动。为了适应热胀冷缩，固定点之间的直管段至少要有一个松弯，应该避免紧死的直管，如图1-26所示。

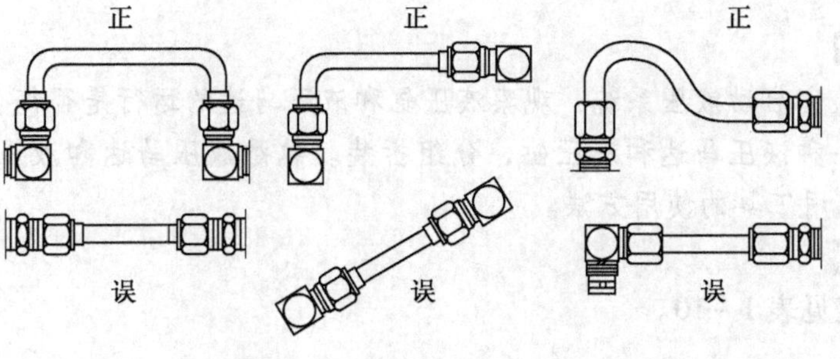

图1-26 直管段的松弯

2. 液压缸的使用

（1）首次使用液压缸时，应松开排气塞（阀）螺钉排气，使缸全行程空载往复移动数次，直至可见油液排出，排气完毕后旋紧螺钉即可。

（2）液压缸运行中，不得锤击其外表面及连接管道。如出现爬行等不良动作或振动、噪声及异常发热，应按使用说明书的要求对其进行检修。

（3）长期不用的液压缸，再度使用时应检查其内部密封件等的完好状态及原内存油液质量，不合格的应予以更换，合格后再启动和使用。

3. 液压缸常见故障及处理方法

液压缸的常见故障及处理方法见表1-9。

表1-9　液压缸的常见故障及处理方法

故障特征	主要原因	处理方法
活塞爬行	1. 空气侵入	1. 增设排气装置。如无排气装置，可开动液压系统以最大行程使工作部件快速运动，强迫排除空气
	2. 液压缸端密封圈压得太紧或过松	2. 调整密封圈，使松紧适度
	3. 活塞杆与活塞不同心	3. 校正
	4. 活塞杆全长或局部弯曲	4. 校直活塞杆
	5. 液压缸的安装位置偏移	5. 检查油缸并校正
	6. 液压缸内孔圆柱度偏低	6. 镗磨修复，重配活塞
	7. 缸内腐蚀、拉毛	7. 轻微者修去锈蚀和毛刺，严重者必须镗磨
	8. 双出杆活塞两端螺帽拧得太紧，同心度偏低	8. 调整螺帽拧紧度，保持活塞杆处于自然状态
产生冲击	1. 靠间隙密封的活塞和液压缸间隙过大，节流阀失去节流作用	1. 按规定配活塞，调整间隙，减少泄漏现象
	2. 端头缓冲的单向阀失灵，缓冲不起作用	2. 修正、研配单向阀与阀座
推力不足或工作速度逐渐下降甚至停止	1. 液压缸和活塞配合间隙太大或O形密封圈损坏，造成高低压腔互通	1. 单配活塞，减小间隙或更换O型密封圈
	2. 由于工作时经常用工作行程的某一段，造成液压缸孔径圆柱度降低，致使液压缸两端高低压油互通	2. 镗磨修复油缸孔径，单配活塞
	3. 缸端油封压得太紧或活塞杆弯曲，使摩擦力或阻力增大	3. 放松油封，以不漏油为限，校直活塞杆
	4. 泄漏过多，无法工作	4. 寻找泄漏部位，排除故障
	5. 油温太高，黏度减小，靠间隙密封或密封质量差的液压缸速度变慢。若液压缸两端高低压油互通，运动速度逐渐减缓直至停止	5. 分析发热原因，设法散热降温；如密封间隙过大则单配活塞或增装密封环

【技能训练】

（1）在实验室启动液压系统，观察液压缸和液压马达的运行是否符合安装要求。

（2）选择一种液压马达和液压缸，分组拆装。熟悉液压马达和液压缸拆卸安装的基本方法步骤和常用工具的使用方法。

【教学考核】

考核评价表见表1-10。

表1-10　考核评价表

项目名称	液压马达和液压缸			
学生姓名		班级		考核时间
评价方式	学生分组及组别□□　　自我□　　教师□			
评价地点	实训现场□　　教学做一体化教室□　　普通教室□			
设备、工具	齿轮马达、叶片马达、柱塞马达若干台、液压缸，专用工具和扳手			

表1-10（续）

考核项目	内容和要求	标准分	评分标准	得分
基本知识	1. 按结构特点说明液压马达和液压缸的分类 2. 说明各种液压马达的适应条件 3. 说明活塞式双作用液压缸的基本组成 4. 举例说明液压缸的应用 5. 举例说明液压马达的基本工作原理	25	每缺一项或回答不正确扣5分	
基本技能	1. 能读懂液压马达、液压缸的结构图 2. 掌握液压马达、液压缸主要部件的结构特点和作用 3. 说明液压马达、液压缸拆卸安装要求 4. 能说出液压马达操作要求 5. 能说出液压马达、液压缸常见故障及处理方法	45	每缺一项或回答不正确，操作不规范扣9分	
职业素质	1. 热爱劳动，积极参加学习训练 2. 学生之间协作学习 3. 口述表达准确流畅 4. 能正确使用常用工具 5. 能收集教材以外的资料 6. 注重工作现场整洁	30	每缺一项或工作达不到要求扣5分	
总分				

考核评价人签字：

年　月　日

复习思考题

1. 液压马达输出的扭矩和转速与哪些因素有关？
2. 说明齿轮式、叶片式及斜轴式轴向柱塞马达的工作原理。
3. 简述曲轴径向柱塞式液压马达的工作原理。
4. 说明单杆双作用活塞式液压缸的工作原理，写出其推力和速度参数计算公式。
5. 试述伸缩式液压缸的特点。

项目四　液压控制阀与液压辅助元件

【学习目标】

知识目标：理解各种常用液压阀和液压辅助元件的用途、工作原理，能识、会画常见元件的职能符号。

技能目标：掌握常用液压阀和液压辅助元件的结构组成、应用和安装与维护要求，能够分析常见故障与选择处理方法。

【基本知识】

一、液压控制阀

液压控制阀是液压系统的控制元件，用以控制系统中工作液体的压力、流量，改变流向，从而满足工作机构实现不同工作循环所要求的力或力矩、运动速度和运动方向。

（一）液压控制阀的分类

按液压控制阀用途不同，可分为方向控制阀、压力控制阀和流量控制阀等。按阀与管路的连接方式不同，可分为管式连接、板式连接、法兰连接和集成连接。

管式连接是指采用标准螺纹管接头连接，又称螺纹连接，适用于公称通径较小的阀类，其结构简单、质量轻，缺点是元件布置分散，拆装维护不方便。板式连接（用 B 表示）通过连接板相连，可使元件集中布置、美观紧凑、拆装维护和操纵方便、应用广泛，缺点是管路较长。法兰连接（用 F 表示）采用法兰盘与管件连接，适用于公称通径较大的阀类。集成连接由以标准参数制造的元件按动作要求集中在一起，组成基本回路再与管路相连，其结构紧凑、使用方便，但加工制造难度大。

（二）液压阀的共性

（1）液压控制阀均是由阀体、阀芯和操纵控制机构 3 个主要部分组成。

（2）液压控制阀都是通过改变阀芯与阀座的通流面积和开闭情况来达到调节流量、改变流向和控制压力的目的。

（3）液流过阀口时，压降、流量和开口大小的关系基本上是相同的。

（三）液压控制阀的工作原理及应用

1. 方向控制阀

方向控制阀简称方向阀，其作用是控制液压系统中液流的方向，以改变执行机构的运动方向或动作顺序。它是通过改变阀芯和阀体的相对位置来控制液流方向的。

方向阀可分为单向阀和换向阀两大类。

1）单向阀

单向阀分为普通单向阀、液控单向阀和双向液压锁等。

（1）普通单向阀是只允许液流正向流通而反向截止的阀类，对它的性能要求是正向流通阻力小，而反向关闭严密。如图 1－27 所示，单向阀由阀芯、复位弹簧、阀体等组成。当工作液体沿正向流动时，液体压力克服弹簧力和摩擦力将阀芯顶开，然后经阀口流出。当工作液体反向流动时，液体压力和弹簧力将阀芯压紧在阀座上，使液流不能通过。

单向阀的阀芯常有球形和锥形两种。球形阀芯结构简单，但易产生振动和噪声，密封性能不如锥形阀芯，常用于低压小流量系统。锥形阀芯有导向结构，工作比较平稳，密封性好，适于高压大流量系统。

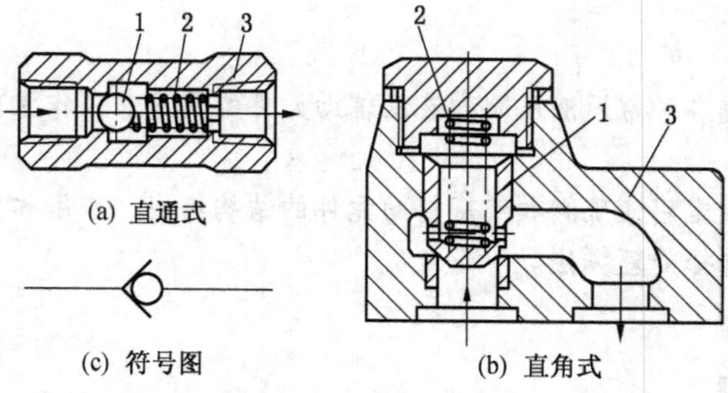

1—阀芯；2—复位弹簧；3—阀体

图 1－27　普通单向阀

单向阀的阀体有直通式（图1－27a）和直角式（图1－27b）两种。直通式阀体体积较小，结构简单，通常采用管式连接方式，其液流阻力较大，并且更换弹簧不便。直角式阀体进出口垂直，通常采用板式连接，便于检查故障和更换弹簧或阀芯，压力损失小，但尺寸较大，结构较复杂。

单向阀的弹簧仅用来克服阀芯移动时的惯性力和摩擦力，使其阀芯可靠地复位关闭。弹簧通常都很软，其开启压力一般为0.035～0.05 MPa；通过额定流量时，压力损失不应超过0.1～0.3 MPa。如将单向阀换上较硬的弹簧则成为背压阀，使系统回液保持一定压力，其弹簧根据背压大小而定，一般为0.2～0.6 MPa。

（2）液控单向阀是经过液控可反向通液的单向阀，有不带卸荷阀芯和带卸荷阀芯两种，如图1－28所示。

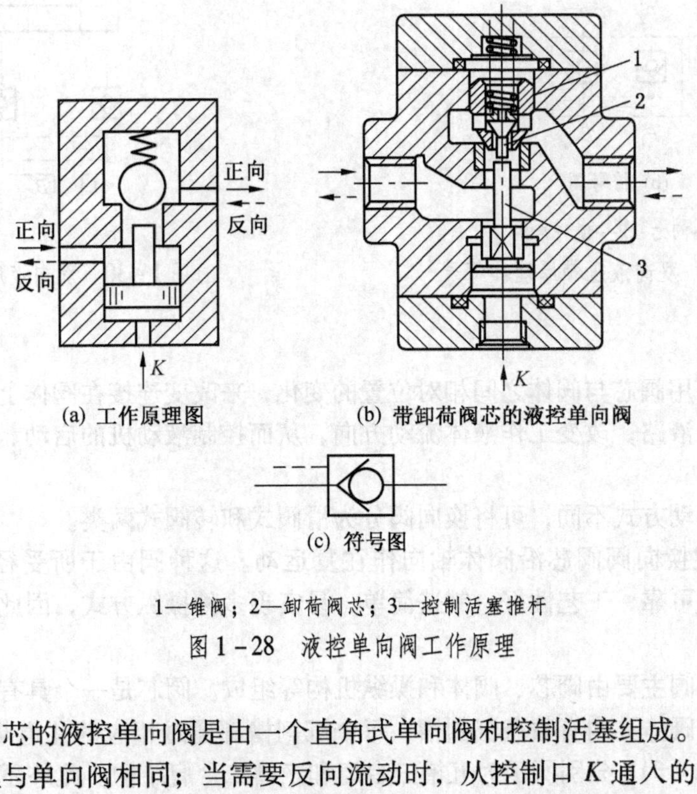

1—锥阀；2—卸荷阀芯；3—控制活塞推杆

图1－28　液控单向阀工作原理

不带卸荷阀芯的液控单向阀是由一个直角式单向阀和控制活塞组成。当液体正向流动时，其工作原理与单向阀相同；当需要反向流动时，从控制口 K 通入的压力液体，推动控制活塞上移顶开阀芯，解除单向阀的反向截止作用，允许工作液体快速反向流动，但液压冲击大，适用于低压系统。

带卸荷阀芯的液控单向阀又称双级卸载液控单向阀，多用于高压封闭工作腔的卸载回液场合，如液压支架立柱下腔回路。当控制活塞动作时，先推开卸荷阀芯，使高压封闭腔先部分泄液释压，接着再推开单向阀芯，使高压封闭腔完全卸载回液，形成两级卸载过程，从而使冲击和噪声大为减小。此结构还可以减小控制活塞面积，缩小阀的结构尺寸。

（3）双向液压锁实际上是由两个液控单向阀组合而成。双向液压锁工作原理如图1－29所示。当 P_1 口通入压力液体时，直接推开左单向阀芯从 P_2 口流至执行机构；同时压力液体向右推动控制活塞顶开右单向阀芯，解除其截止作用，使通液口 P_4 和 P_3 连通，执行机构回液。当 P_1 口停止供液时，左右单向阀芯均在弹簧作用下关闭，通液口 P_2、P_4 被封闭，执行机构停留在所需位置。当 P_3 口通入压力液体时液压锁动作则相反。

如图 1-30 所示，双向液压锁主要用于要求双向运动并能双向锁紧的执行机构中。利用单向阀的反向截止作用来实现两管路的封闭，保证执行机构在双向负载作用下都能停留在所需位置不动。如汽车起重臂升降、采煤机滚筒调高等液压系统中都要使用锁紧回路。

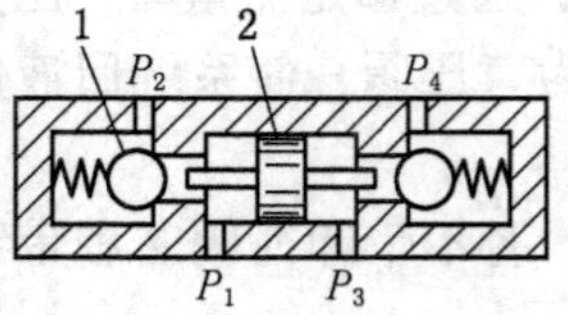

(a) 工作原理图

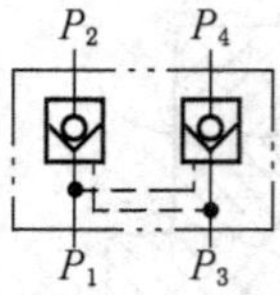

(b) 符号图

1—阀芯；2—顶杆活塞

图 1-29　双向液压锁原理和符号

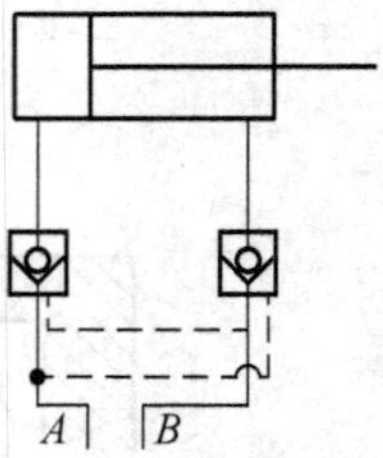

图 1-30　双向液压锁的应用

2）换向阀

换向阀是利用阀芯与阀体之间相对位置的变化，来改变连接在阀体上各管路的连接关系来接通、断开液路，改变工作液体流动方向，从而控制液动机的启动、停止和运动方向的目的。

按阀芯和运动方式不同，可将换向阀分为滑阀式和转阀式两类。

（1）滑阀式换向阀阀芯沿阀体轴向作往复运动。这种阀由于所受径向力容易平衡，操纵力小，工作可靠，工艺性好，制造简单，易实现多种操纵方式，因此在换向阀中应用最多。

滑阀式换向阀主要由阀芯、阀体和操纵机构等组成。阀芯是一个具有数个台肩的圆柱体，称为滑阀。阀体孔内有数条沉割槽，每个沉割槽都通过相应的孔道与外部管路相连。图 1-31a 和图 1-31b 分别所示为五槽三台肩和三槽二台肩结构。此外还有四槽四台肩和五槽五台肩等多种结构。

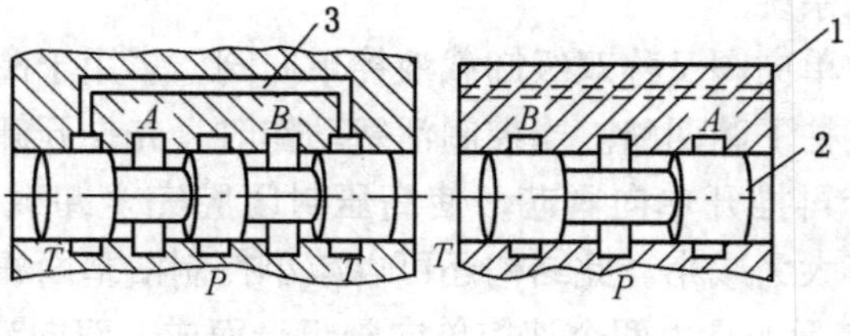

(a)　　(b)

1—阀芯；2—阀体；3—阀体孔道

图 1-31　滑阀型换向阀结构图

滑阀式换向阀的工作原理是当操纵阀芯在阀体内做轴向运动时，通过台肩与沉割槽的相互配合，使相应的孔道接通或断开来实现油液换向，从而控制执行元件的运动方向。

如图 1－32 所示，当阀芯处于图 1－32a 所示位置时，高压进液口 *P*、低压回液口 *T* 与液压缸接口 *A*、*B* 均互不相通，液压缸活塞不运动且固定在一个位置；当阀芯向左移动一个位移，处于图 1－32b 位置时，进液口 *P* 与接口 *A*、接口 *B* 与回液口 *T* 连通，液压缸活塞向右运动；当阀芯向右移动，处于图 1－32c 位置时，液压缸活塞向左运动。从而实现液流和执行机构的换向控制。

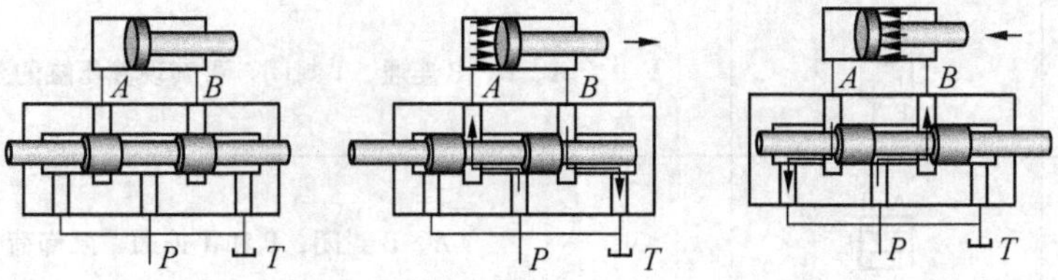

(a) (b) (c)

图 1－32 滑阀式换向阀工作原理

在液压系统中，换向阀主要是以其工作位置和所控制的通道数量来表示它的功用。其图形符号如图 1－33 所示，图中方格表示换向阀的工作位置，一个方格外边可连接的线数表示换向阀的通路数；方格内所表示的为各通路的通、断关系。通路中高压进液口用 *P* 表示，低压回液口用 *T* 表示，与液动机连通的工作液口分别用 *A*、*B* 表示，泄液口用 *L* 表示。

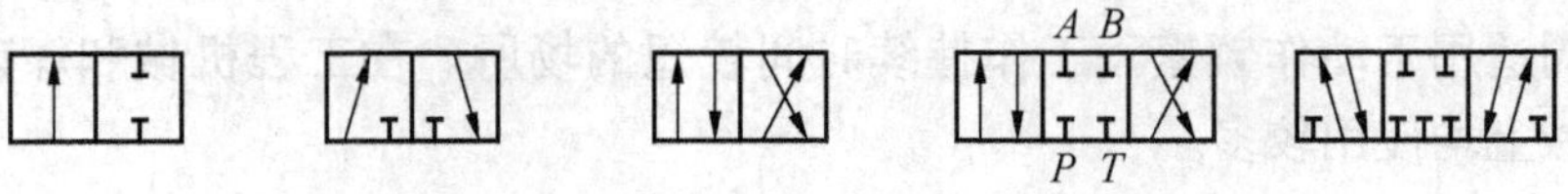

(a) 二位二通阀 (b) 二位三通阀 (c) 二位四通阀 (d) 三位四通阀 (e) 三位五通阀

图 1－33 换向阀图形符号

滑阀机能通常是指三位四通换向阀处于中位时各接口的连通方式。三位四通换向阀是应用较广泛的换向阀，其左右两个工作位置主要用于液动机的换向，而中间位置各接口的连通方式则取决于液压系统工作性能的要求，其机能形式较多，常用的有 O、H、Y、P、M、U 等几种（表 1－11）。不同的滑阀机能是靠改变阀芯的形状和轴向尺寸来实现的，而阀体的结构尺寸则完全相同。

表 1－11 三位四通换向阀常用的滑阀机能

机能形式	中位符号	中位性能特点
O		各接口全部关闭，P 口保持压力

表1-11（续）

机能形式	中位符号	中位性能特点
H		各接口全部连通，泵卸荷
Y		A、B、T连通，P口保持压力
P		A、B、P连通，T封闭，可实现液压缸的差动连接
M		A、B封闭，P和T连通，泵卸荷
U		A、B连通，液动机浮动，P和T封闭，P口保持压力

在选用换向阀时，除了考虑液流的通、断、换向，还应根据工作机构和液压系统的不同要求选择换向阀的机能。

换向阀的操纵方式有手动换向、机动换向、电磁换向、液动换向、电液换向等。

① 手动换向阀以三位四通手动换向阀（图1-34）为例进行说明。换向阀芯的移动换向靠手把推动，松开手把，阀芯在复位弹簧作用下自动回到中间位置，为O形机能。手动换向阀适用于动作频繁、工作持续时间较短的场所。在工程机械和煤矿液压支架及采、掘机械上均使用较多。

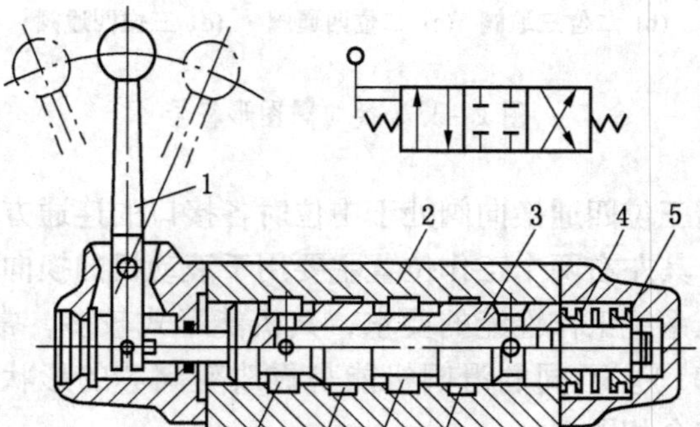

1—手把；2—阀体；3—阀芯；4—弹簧；5—弹簧座

图1-34　三位四通手动换向阀

② 机动换向阀又称行程换向阀，它依靠行程挡块推动阀芯实现换向。机动阀动作可靠，改变挡块斜面角度便可改变换向时阀芯的移动速度，因而可以调节换向过程的快慢。

二位三通机动换向阀如图1-35所示，它是依靠行程挡块或凸轮来推动阀芯换向的，采用弹簧复位，这种操纵方式决定了它只是二位阀。在常态位，P 与 A 相通；当行程挡块压下机动阀滚轮时，P 与 B 相通。它经常应用于机床液压系统的速度换接回路中。

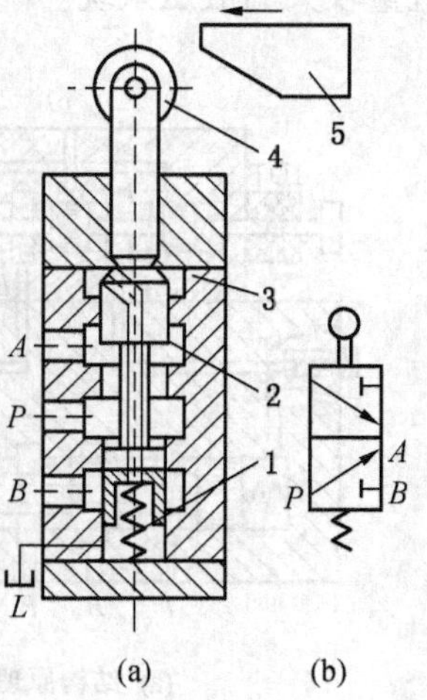

1—弹簧；2—阀芯；3—阀体；4—滚轮；5—行程挡块

图1-35 二位三通机动换向阀

③ 电磁换向阀以电磁力为动力推动阀芯运动换向。如图1-36所示，当电磁线圈通电时，衔铁被吸合，衔铁的移动通过推杆推动阀芯移动，实现换向。当电磁铁断电时，复位弹簧使阀芯恢复中位。

电磁换向阀根据使用的电源不同可分为交流电磁换向阀和直流电磁换向阀两种。常用于换向比较频繁、自动化程度较高、需实现远距离操纵的液压系统中。由于电磁铁的操纵力较小，故常用于流量小于63 L/min的中低压系统。

④ 液动换向阀利用控制管路中的压力液体来推动阀芯而实现换向。三位四通液动换向阀的原理图如图1-37所示。当控制口 K_1、K_2 不通入压力液体时，阀芯在对中弹簧作用下处于中位；当 K_1 口通入压力液体、K_2 口回液时，阀芯右移，P 与 A、B 与 T 连通；当 K_2 口通入压力液体、K_1 口回液时，阀芯左移，液流换向。液动换向阀操纵力大，故适于大流量系统换向。

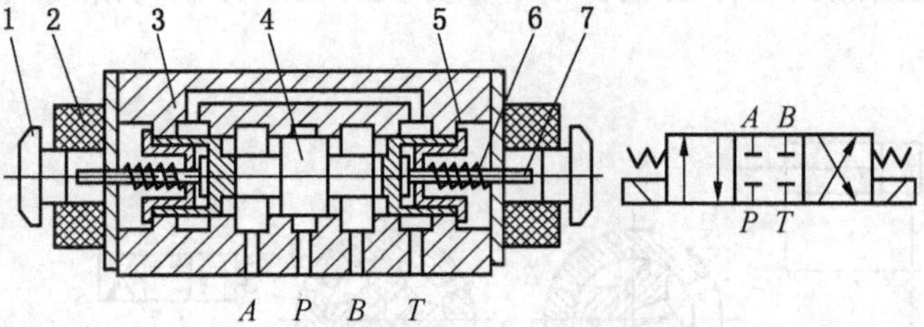

1—衔铁；2—线圈；3—阀体；4—阀芯；5—定位套（弹簧座）；6—弹簧；7—推杆

图1-36 电磁换向阀

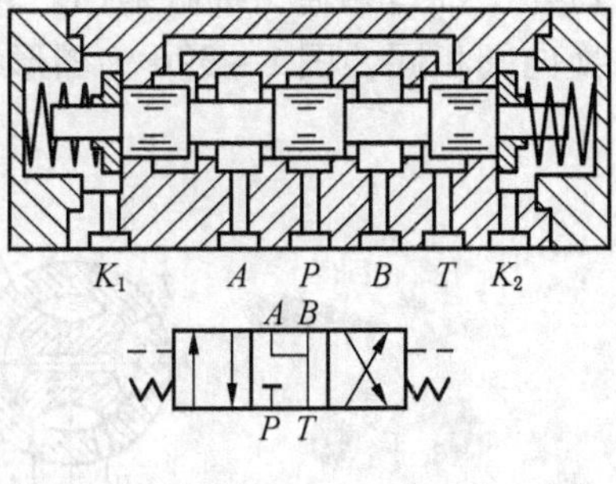

图1-37 液动换向阀

⑤ 电液换向阀由大规格（大通径、大流量）的液动换向阀和小规格的电磁阀组合而成。其中，电磁阀为先导阀，液动阀为主阀，液动阀两端带有阻尼器，可调节其换向速度。电液换向阀的结构原理如图1-38所示。当先导电磁阀的两端电磁铁都断电时，阀芯处于中位，控制液体进口 P' 关闭，控制管路口 A'（即 K_1）、B'（即 K_2）均与回液口 T' 相通，主阀阀芯两端无控制液体作用，也处于中位。当电磁铁1DT通电、2DT断电时，电磁阀阀芯右移，控制液经 P'、A'、阻尼器中单向阀至主阀芯左端，而回液从主阀芯右端、阻尼器、B'、T' 至油箱，主阀芯在控制液作用下右移，主液路 P 和 A 相通、B 和 T 相通。当电磁铁1DT断电、2DT通电时，电磁铁和主阀均换向，液路导通情况也随之改变。

电液换向阀的优点是换向平稳、冲击小，其缺点是结构比较复杂。适用于压力较高、流量较大的液压系统。

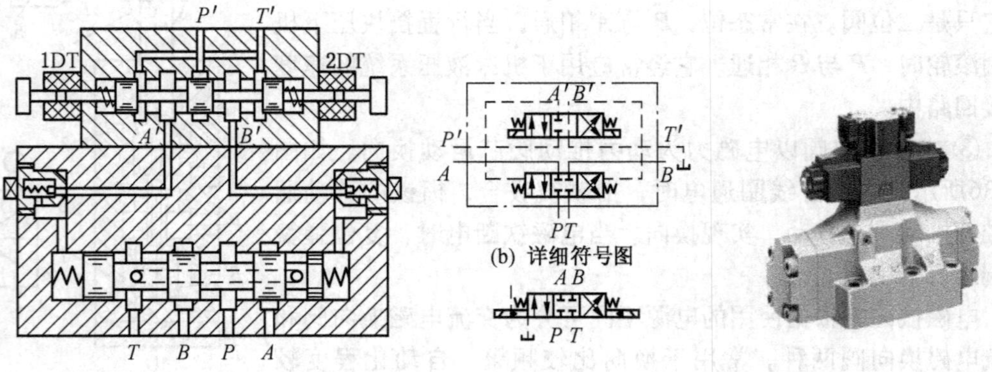

(a) 结构原理图　　(c) 简化符号图　　(d) 外形图

图 1－38　电液换向阀

(2) 转阀式换向阀阀芯相对于阀体转动，简称转阀。如图 1－39 所示，它是通过转动阀芯来改变阀芯与阀体的相对位置而使相应的管路接通或断开来实现液动机换向的，一般为手动操作。在图 1－39a 所示位置时 *P* 油口与 *A* 油口相通、*B* 油口经阀芯上的径向孔与 T 油口相通油缸活塞杆伸出；在图 1－39b 所示位置时四个油口互不相通，油缸处于锁紧状态；在图 1－39c 所示位置时，*P* 油口经阀芯上的另一个径向孔与 *B* 油口相通、*A* 油口与 *T* 油口相通，油缸缩回。转阀也按照其工作位置和接口数分类，表示方法与滑阀式换向阀相同。图 1－39d 为图形符号。

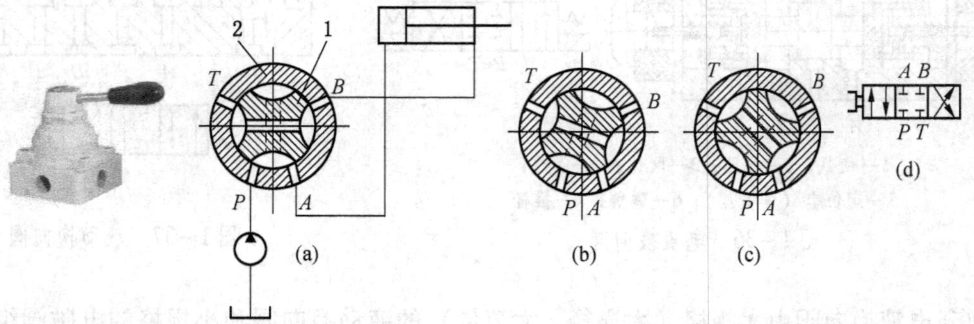

1—阀芯；2—阀体

图 1－39　转阀式换向阀

2. 压力控制阀

压力控制阀的作用是控制和调节液压系统中的液体压力，简称压力阀。它依靠作用在阀芯上的液压力和弹簧力相平衡的原理来工作。按功用不同，可分为溢流阀、减压阀、顺序阀等。

1）溢流阀

溢流阀是利用溢出系统中部分或全部流量来控制系统压力的元件。它的用途有两个：一是用来保持系统压力的稳定，其阀口常开溢流；二是起过载保护（即安全阀）的作用，其阀口常闭，只有当系统过载时才打开溢流，以限定系统最高压力。根据结构不同，溢流阀又分为直动式和先导式两类。

（1）直动式溢流阀由阀体、锥阀芯、弹簧和调压螺栓等组成，如图 1 – 40 所示。

压力液体从 P 口进入，作用于锥阀芯上，当液压作用力小于弹簧的压紧力时，锥阀芯关闭阀口；当液压作用力大于弹簧力时，锥阀芯被推开，压力液体经阀进液口 P、回液口 T 向油箱溢流。压力越高，阀口开度越大，溢流量也越大，乃至溢出系统全部流量，实现稳压或过载保护作用。

这种溢流阀是利用主液流直接作用于阀芯上与弹簧力相平衡来实现压力控制的，故称直动式溢流阀。其阀芯结构有锥阀、球阀、滑阀和平面阀（多用于液压支架）等，通过调压螺栓改变弹簧预压缩量，可调节溢流阀的动作压力。

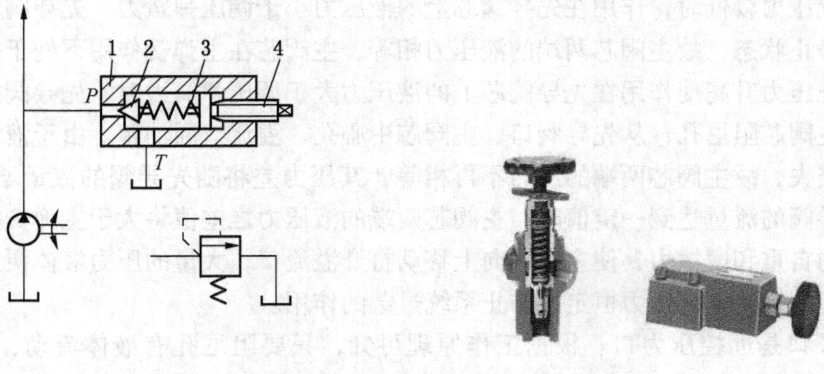

1—阀体；2—锥阀芯；3—弹簧；4—调压螺栓

图 1 – 40　直动式溢流阀

从结构上看，直动式溢流阀与单向阀相似，主要区别是单向阀弹簧的刚度小，而溢流阀弹簧的刚度要根据控制压力的大小来确定。直动式溢流阀一般结构比较简单，溢流动作快，但工作时产生的振动和噪声大，溢流时保持系统压力的稳定性较差，故适用于小流量的中低压系统的溢流阀或高压系统的安全阀。

（2）先导式溢流阀的结构如图 1 – 41 所示，它由先导阀和主阀两部分组成。先导阀芯为锥阀，起调定压力作用，主阀为滑阀，起溢流作用。先导阀是一个小流量的直动式溢流阀，它由调压螺栓、调压弹簧、锥形阀芯、阀座和阀盖等组成。主阀由阀体、主阀芯和主弹簧等组成。主阀芯与阀口配合处为锥形，中部为平衡活塞，其上有一阻尼孔，主阀芯中心有一轴向通孔。主弹簧刚度较小，它被压缩装入主阀上端，使溢流口关闭。溢流量由主阀控制。

先导式溢流阀的工作原理如下：

由系统来的压力液体从 P 口进入，经主阀芯阻尼孔充满主阀上端，再经先导阀座孔作用在先导阀芯上。

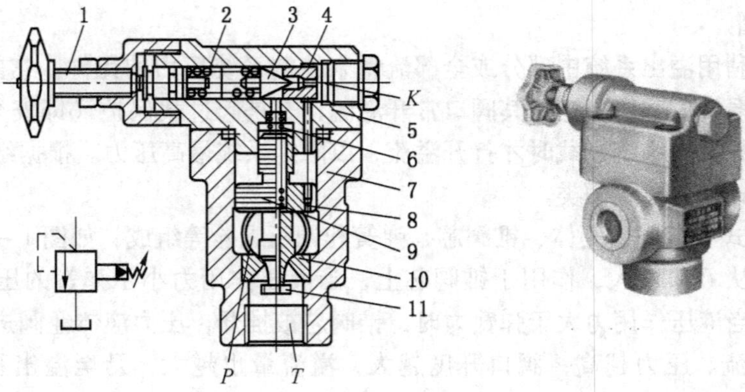

1—调压螺栓；2—调压弹簧；3—先导阀芯；4—先导阀座；5—阀盖；6—主弹簧；7—阀体；8—阻尼孔；9—主阀芯；10—阀座；11—消振尾；P—进液口；T—溢流口；K—远控口

图 1-41　先导式溢流阀

当系统压力较低时，作用在先导阀芯上的液压力小于调压弹簧力，先导阀关闭，阀内液体处于静止状态，故主阀芯两端的液压力相等，主阀芯在主弹簧作用下处于关闭位置。

当系统压力升高使作用在先导阀芯上的液压力大于调压弹簧力时，先导阀打开，压力液体经过主阀芯阻尼孔，从先导阀口、主阀芯中心孔、溢流口回油箱。由于液流流过阻尼孔有压力损失，故主阀芯两端的压力不再相等，其压力差将随先导阀的流量增加而增大，当通过先导阀的流量达到一定值时，主阀芯两端的液压力之差值将大于主弹簧的预紧力以及主阀芯的自重和摩擦力，使主阀芯向上移动打开溢流口，大量的压力液体便从溢流口流至油箱，起到维持系统压力恒定或防止系统过载的作用。

图中 *K* 口是远控压力口。根据工作原理可知，只要阻尼孔有液体流动，主阀芯上、下两腔就会产生压力差，主阀芯便上移开启溢流。因此，如将 *K* 口接油箱或接一个比先导阀调定压力小的溢流阀，这时系统中的压力近似为零或等于所接溢流阀的调定压力，即可实现远程卸荷和多级调压作用。

先导式溢流阀与直动式溢流阀相比，调压弹簧和主弹簧的刚度均较小，所以结构尺寸较小，调压方便，保持系统压力稳定性好，但动作较直动式缓慢。先导式溢流阀适于在高压大流量系统中作溢流阀使用，还可通过远控口处的压力控制兼作卸荷阀，或进行远程调压、多级调压和远程无级调压。

2）减压阀

减压阀是一种利用压力液体流过阀口缝隙产生压降的原理，使出口压力低于进口压力的压力控制阀。在如图 1-42a 所示液压系统中，由于在液压泵供液支路上串联一个减压阀，则可以使夹紧液压缸获得比工作缸低的油压力。即使用一个压力源配合减压阀，能同时提供两个或几个不同压力的压力能输出。

减压阀按作用不同，分为定值减压阀、定差减压阀和定比减压阀。定值减压阀可以保持出口压力恒定，不受进口压力变化的影响，应用较广。定值减压阀按结构也分为直动式和先导式两种，作为国产标准系列产品都为先导式，直动式一般与其他阀组合使用。下面介绍定值先导式减压阀的结构和工原理。

定值先导式减压阀的结构如图 1－42b 所示，它由先导阀和主阀组成。先导阀多为锥阀，起调压作用；主阀多为滑阀，起减压作用。

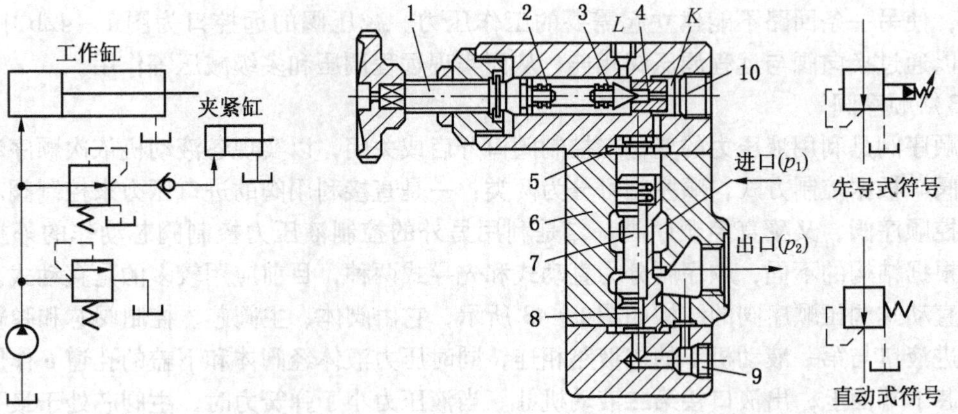

(a) 应用图　　(b) 结构图

1—调压螺栓；2—调压弹簧；3—先导阀芯；4—阀座；5—主阀弹簧；6—阀体；7—主阀芯；8—阻尼孔；9—螺塞；10—远控口

图 1－42　定值先导式减压阀

压力液体从进口流入，经主阀芯和阀体间形成的减压缝隙（即减压阀口），再从出口流出。出口压力一方面送至液动机，另一方面经阀体上的小孔进入主阀下腔，又经主阀芯阻尼孔进入主阀上腔，并作用在先导阀芯上。

当进口压力 p_1 或出口压力 p_2 小于先导阀的开启压力时，先导阀关闭，主阀芯上阻尼孔无液体流动，故主阀芯两端液压力相等。主阀芯被主弹簧力推至最下端位置，减压缝隙最大，即阀口全开，不起减压作用，出口压力等于进口压力。

当进口压力 p_1 升高引起出口压力 p_2 升高，并达到先导阀的开启压力时，先导阀打开，少量液体经过出口，从阀体小孔、主阀芯阻尼孔、先导阀口、泄流口 L 回油箱。液流经过阻尼孔产生压力损失，主阀芯两端产生压力差，使主阀芯上移，将减压缝隙减小，通流阻力增大，利用液流在缝隙处产生的局部压力损失使出口压力 p_2 降低，达到减压的目的。如果进口压力引起出口压力继续升高时，先导阀口将进一步增大，阻尼孔流量将增加，流速加快，阻尼作用增强，主阀芯两端压力差也将增大，主阀芯将再向上移动，使减压缝隙进一步减小，液流压力损失增大，从而使出口压力下降，直到稳定在调定值上。由此可知：减压阀在出口负载不变的条件下，若进口压力在减压阀开启压力以上范围内变化时，通过减压阀的自动调节作用，可使出口压力基本恒定。

若减压阀出口负载增大，减压阀仍能使出口压力稳定，但此时减压缝隙很小，阀口接近于全闭，其输出液流经先导阀口、泄流口回油箱，与出口相连的液动机将不动作。

由工作原理可知：减压阀的进、出口压力均为工作压力，必须串联于管路中使用；减压阀利用出口压力与弹簧力相平衡，实现压力控制；其出口压力由先导阀调定，并通过自动调节使阀口缝隙产生的压力损失变化，保持定值输出；先导阀的流量必须经单独的泄流口引入油箱；在原始状态，减压阀口处于全开位置，在工作状态则处于减小位置。这也是减压阀与溢流阀的区别。

在液压系统中，与减压阀进出口相连的主回路或减压回路不能卸荷，否则二者将互相干扰，使另一条回路不能建立起需要的工作压力。减压阀的远控口为图 1 - 42b 中的 *K*，它可以通过换向阀与远程调压阀相连，从而实现远程调压和多级减压等作用。

3）顺序阀

顺序阀是利用液压力的变化来控制阀口开启或关闭，以实现各液动机依次顺序动作的压力阀。根据控制方式，顺序阀可分为两类：一是直接利用阀的进口压力来控制阀芯动作的内控顺序阀，又称直控顺序阀；二是利用另外的控制液压力控制阀芯动作的外控顺序阀。根据结构的不同，顺序阀分为直动式和先导式两种，目前应用较多的是直动式。

直动式调压顺序阀的结构如图 1 - 43 所示，它由阀体、主阀芯、控制阀芯和弹簧等组成。进液口与第一液动机Ⅰ的进液路相连，同时压力液体经阀体和下盖的孔道 e 作用于控制阀芯下端面上，出液口接第二液动机Ⅱ。当液压力小于弹簧力时，主阀芯处于最下端位置，阀口关闭，进出口通道切断，使第一液动机工作，第二液动机不工作；当进口压力升高使液压力大于弹簧力时，控制阀芯将主阀芯顶起，阀口开启，进出口连通，压力液体经顺序阀进入第二液动机而开始工作，实现两个液动机顺序动作。职能符号如图 1 - 43b 所示。

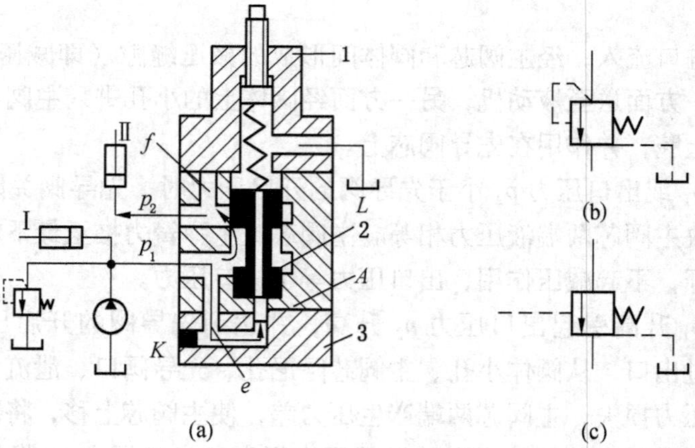

1—上盖；2—阀芯；3—下盖；*e*、*f*—孔道

图 1 - 43　直动式调压顺序阀

顺序阀的调节弹簧可以调节阀的动作压力。对于高压直动式顺序阀的压力液体不是直接作用于主阀芯上，而是作用在小直径的控制阀芯上，以减小液压作用力，使弹簧变小。

若将图 1 - 43 中下盖旋转 90°，使 *e* 孔道与中间阀体通道断开，同时将下盖丝堵口 K 接控制油，则阀由内控式变成外控式，职能符号如图 1 - 43c 所示；若将上盖旋转 90°或 180°，使泄油口 *L* 孔道和阀体上 *f* 孔道及出油口相通，将出油口接入油箱，同时将外泄口堵死，则顺序阀可变成卸荷阀，常用于液压泵卸荷。

溢流阀、减压阀、顺序阀的特性比较见表 1 - 12。

表 1-12　溢流阀、减压阀、顺序阀的特性比较

项目	溢流阀	减压阀	顺序阀
控制油路的特点	通过调整弹簧的压力控制进油路的压力，保证进口压力恒定，$P_2=0$ 阀芯不断浮动	通过调整弹簧的压力控制出油口的压力，保证出口压力 P_2 稳定	直控式，通过调定调压弹簧的压力控制进油路压力；直控式，由单独油路控制压力，阀芯开或关
出油口情况	出油口与油箱相连	出油口与减压回路相连	出油口与工作回路相连
泄露形式	内泄式	外泄式	内泄式和外泄式，多数情况为外泄式
常态	常闭（原始状态）	常开（原始状态）	常闭（原始状态）
工作状态进油口压力值	进、出油口相通，进油口压力为调整压力。压降大	进油口压力低于出油口压力，出油口压力稳定在调定值上。压降大	进、出油口相通，进油口压力允许继续升高。压降小
连接方式	并联	串联	实现顺序动作时串联，做卸荷阀用时并联
功用	定压、溢流或安全作用减压、稳压、保压	减压、稳压	不控制系统的压力，只利用系统的压力变化控制油路的通、断
控制阀口	进油腔压力 P_1 控制阀移动，保证进口压力为定值	出油腔压力 P_2 控制阀芯移动，保证出口压力为定值	进油腔压力 P_1 控制阀芯移动
遥控口	有	有	有

3. 流量控制阀

流量控制阀的作用是控制输入液动机的流量，以满足工作机构对运动速度的要求，简称流量阀。它是通过改变节流口的通流面积来调节流量的大小，常用的流量阀有节流阀、调速阀等。

1）节流阀

节流阀是最简单的也是最基本的流量控制阀，其形式很多，均依靠改变节流口的开启度来控制流量。

可调节流阀的结构如图 1-44 所示。它由调节螺栓、阀体、阀芯、弹簧等组成，阀芯上开有轴向三角沟槽。压力液体从进液口流入，经过阀芯上的三角形节流口并从出液口流出，旋转手柄可移动阀芯的轴向位置，改变节流口开度，以调节流量大小。

2）调速阀

在负载变化较大而调速稳定性又要求较高的系统中，采用调速阀调速。调速阀是带有压力补偿装置的节流阀，如图 1-45 所示，它由直动式减压阀和节流阀组成，通过减压阀的自动调节作用使节流口两端压力差基本维持不变，不受负载变化的影响，从而使通过阀的流量只与节流口通流面积大小有关。

调速阀工作原理如下：

进口压力为 p 的液体流经减压阀口 h 后压力降为 p_1，再经节流口流出，其出口压力为

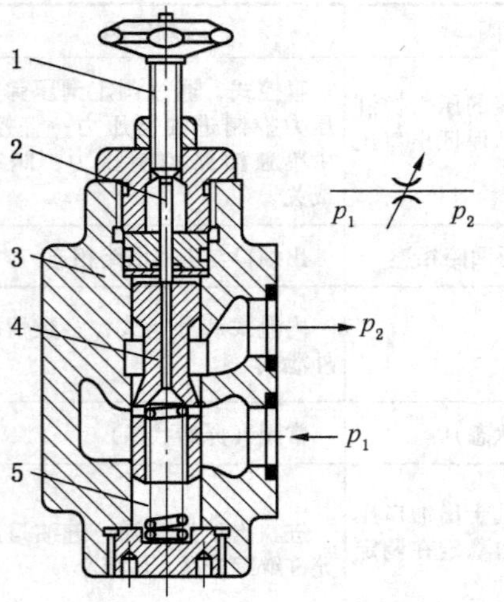

1—调节螺栓；2—顶杆；
3—阀体；4—阀芯；5—弹簧

图 1-44　可调节流阀

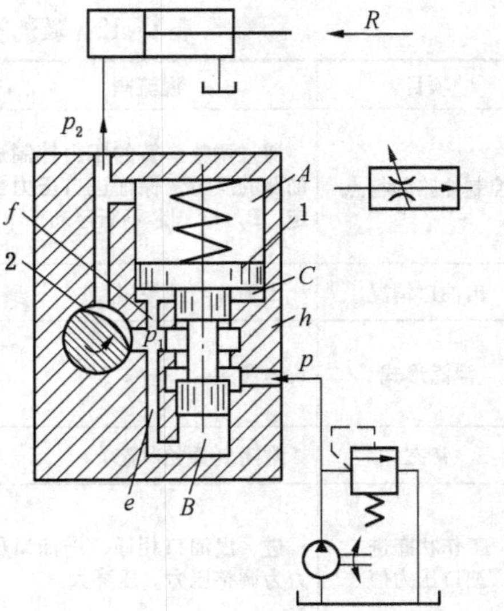

1—减压阀；2—节流阀

图 1-45　调速阀

p_2。压力为 p_1 的液体经孔道 e、f 被引入减压阀的 B、C 腔，压力为 p_2 的液体则经孔道被引入减压阀的 A 腔，减压阀芯在液压力和弹簧力作用下处于平衡状态。节流口前后的压力差保持不变，其通过的流量就可以保持稳定。

当调速阀进口压力 p（溢流阀调定）不变时，若出口压力 p_2 因负载变化而增加时，作用在减压阀 A 腔的压力也随之增加，减压阀芯失去平衡向下移动，使减压阀口 h 增大，减压作用减弱，使 p_1 增加，节流口前后压力差也保持不变。反之，当 p_2 减小时，减压阀芯上移，使阀口 h 减小，减压作用增强，使 p_1 减小，节流口前后压力差仍保持不变，通过的流量保持不变。

当外负载不变而调速阀的进口压力 p 增加时，p_1 随之增大，作用在减压阀 C 腔的压力也增加，阀芯失去平衡向上移动，使减压阀口 h 减小，减压作用增强，使 p_1 减小，节流口前后压力差基本不变。反之，当 p 减小时，减压阀芯向下移动，使阀口 h 增大，减压作用减弱，使 p_1 增大，节流口前、后压力差仍保持不变，这样通过的流量保持不变。

4. 液压阀组和电液控制阀组

1）液压阀组

随着液压传动技术日趋完善，应用阀的种类和数量也在不断增多。为了方便使用，常常根据液压系统的性能要求，将各种类别的阀组合在一起构成阀组。按结构可分为片式阀组、板式阀组、块式阀组、叠加阀组等。

如图 1-46a 所示，片式阀组是将若干个液压阀都做成同样外形尺寸的阀片，根据性能的要求，按一定的顺序叠加在一起用螺栓固定，其内部油路相互连通而构成的液压部件。煤矿液压支架、煤巷掘进机操纵阀即是片式阀组。

如图 1-46b 所示，板式阀组是将若干个液压阀安装在一块公共的底板上，按系统要求，通过公共底板中的孔道，把各液压阀连接起来而构成的液压部件。

片式阀组、板式阀组在采煤机械和工程机械中得到广泛应用，其优点是可以减小阀的总体积，减少连接管路，便于拆装和维修，有利于集中操作控制；缺点是制造难度较大，工艺性要求高。

如图 1-46c 所示，块式阀组集成块上有油孔，将几个阀用螺钉固定在一个集成块的不同侧面上，来沟通各阀的孔道组成回路，拆卸时不用拆与它们相连接的其他元件。

叠加阀组外形如图 1-46d 所示，它是以叠加方式连接的液压阀，是在板式阀集成化的基础上发展起来的一种新型液压元件。叠加阀是安装在板式换向阀和底板之间，由相关的减压阀、节流阀和单向控制阀组成的集成化控制回路。每个叠加阀除了具有液压阀功能外，还起到油路通道的作用。因此，由叠加阀组成的液压系统，阀与阀之间不需要另外的连接体，而是以叠加阀阀体作为连接体，直接叠合再用螺栓连接而成。

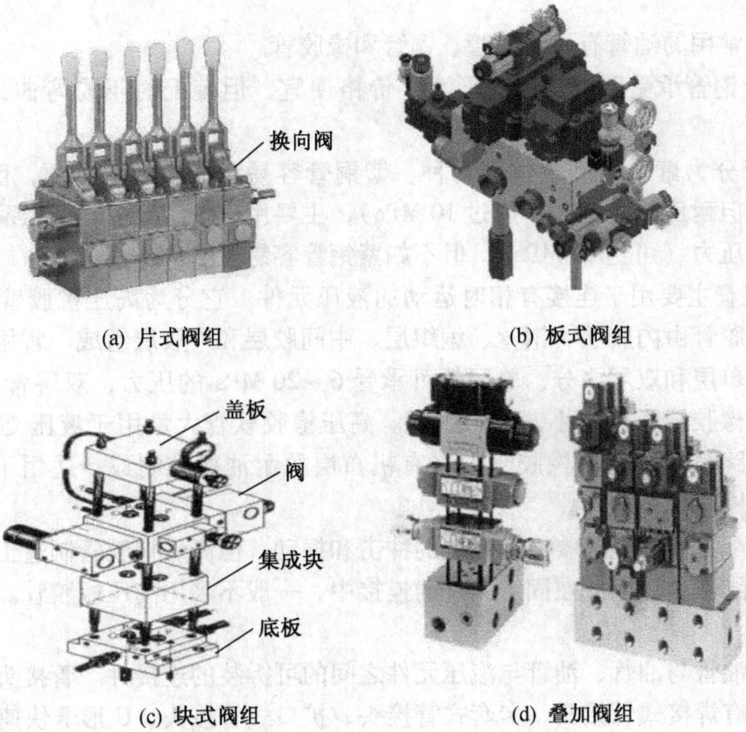

(a) 片式阀组　(b) 板式阀组
(c) 块式阀组　(d) 叠加阀组

图 1-46　液压阀组

2）电液控制阀组

电液控制阀组是在液压支架由手动操作向电液自动控制过程中发展起来的一种阀，是电液控制系统中电信号转换成液控信号的核心部件。目前使用的电液控制阀组有电磁先导阀控制的电液阀组和微型电动机控制的电液阀组两种。

电磁先导阀控制的电液阀组由电磁先导阀和主控阀构成，先导阀在电磁力的作用下启动发出液控信号，使主控阀换向来实现液压支架的各种动作。每个电磁先导阀的工作电压为直流 12 V，工作电流为 50～100 mA。它结构简单，性能稳定。目前我国引进和自主研制的液压支架电液控制系统的电液控制阀组大多数都是这种阀组。

微型电动机控制的电液阀组中先导阀由微型步进电动机驱动，发出液控信号，使主控阀换向来实现液压支架的各种动作。这种微型步进电动机的工作电压为直流 12 V，工作电流为 20 mA。它的优点是工作快、灵敏度高、耗电量小，但构造复杂，成本高。

二、辅助元件

液压辅助元件包括油管、管接头、过滤器、蓄能器、油箱、热交换器、油压表等。这些辅助元件虽起辅助作用，但它们对系统工作的稳定性、效率和寿命等至关重要。

（一）油管和管接头

油管和管接头在液压系统中用于连接液压元件，保证工作液体的循环流动和能量传递。要求它们具有足够的强度、较小的压力损失、良好的密封，而且装拆使用方便。

1. 油管

液压系统常用的油管有无缝钢管、铜管和橡胶管。

（1）无缝钢管承受压力高、变形小、价格便宜，但装配时不易弯曲，主要用于中、高压系统。

（2）铜管分为紫铜管和黄铜管两种。紫铜管容易弯曲，装配方便，而且管壁光滑，摩擦阻力小，但耐压能力差（不超过 10 MPa），主要用于机床等中、低压系统。黄铜管则可承受较高的压力（可达 25 MPa），但不如紫钢管容易弯曲。

（3）橡胶管主要用于连接有相对运动的液压元件。它分为高压橡胶管和低压橡胶管两种。高压橡胶管由内胶层、钢丝、编织层、中间胶层和外胶层组成。常用高压橡胶管的钢丝编织层有单层和双层之分，单层管可承受 6 ~ 20 MPa 的压力，双层管可承受 11 ~ 60 MPa 的压力，橡胶管通径越小，承压越高。高压橡胶软管大量用于液压支架和外注式单体液压支柱管路系统。低压橡胶管由夹有帆布层的耐油橡胶制成，适用于压力小于 1.5 MPa 的低压管路。

橡胶管装配方便，能吸收液压系统的冲击和振动，但高压橡胶管制造工艺复杂，寿命短，成本高，刚性差。因此在固定元件的连接中，一般不采用高压橡胶管。

2. 管接头

管接头是油管与油管、油管与液压元件之间的可拆装的连接件。管接头的品种、规格较多，常用的有焊接式管接头、卡套式管接头、扩口式管接头、U 形卡快速接头等。

（二）滤油器

1. 作用和性能参数

在液压系统的工作液体中，由于空气中的灰尘、液压元件的磨损及液体本身的氧化变质等原因，不可避免地会有各种污染物，这是造成液压元件故障和影响使用寿命的重要原因。滤油器的作用就是滤除杂质，净化液体，将污染程度控制在允许的范围内。它是清除工作液体中固体杂质最有效的装置。

滤油器的工作原理：利用工作液体流经具有无数微小间隙或小孔的滤芯（如网式、线隙式、纸芯式、烧结式等），将其中的固体杂质滤除。另外，还可利用吸附和磁性过滤方式，对工作液体进行净化。

滤油器的主要性能参数有过滤精度、压力差、过滤能力。

过滤精度是滤油器所能滤除的最小杂质颗粒大小，以颗粒直径 d 的公称尺寸表示。按过滤精度不同，一般将滤油器分为粗滤油器（$d \geq 100\ \mu m$）、普通滤油器（$d \geq 10\ \mu m$）、精滤油器（$d \geq 5\ \mu m$）、特精滤油器（$d \geq 1\ \mu m$）。

压力差是指滤油器通过一定流量的液体时，其进口与出口压力的差值。它与液体的流速、黏度和污染程度有关。最大允许压力差通常由制造厂根据滤芯的强度和元件的结构而给定，一般为 0.3 MPa 左右。在实际使用中，希望压力差尽量小，以减小能量损耗。

过滤能力是指滤油器在规定压力差下，允许通过的最大流量。对过滤能力的要求，应结合滤油器在系统中安装的位置来考虑，如安装在液压泵吸液管路的滤油器，其过滤能力应为泵的流量的两倍以上；而安装在压力管路或回液管路上的滤油器，其过滤能力只要大于管路中最大的流量即可。

2. 常用滤油器的结构与性能

1）网式滤油器

如图 1-47 所示，网式滤油器主要由黄铜滤网、金属骨架和端盖组成，利用滤网滤除杂质，过滤精度随滤网规格而定。网式滤油器结构简单，过滤能力大，压力损失小（小于 0.02 MPa），一般安装于泵的吸液管路上（多为粗滤，保护液压泵）。国产网式滤油器的精度有 80 μm、100 μm、180 μm 3 种。

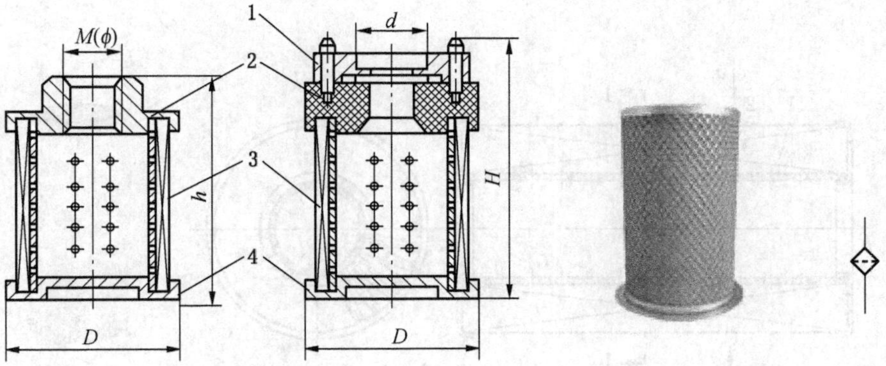

(a) 管式　　(b) 法兰式　　(c) 外形图　　(d) 符号图

1—法兰；2—上端盖；3—滤网；4—下端盖

图 1-47　网式滤油器

2）线隙式滤油器

线隙式滤油器的结构如图 1-48 所示，其滤芯通常用直径 0.4 mm 的铜线或铝线（也有用不锈钢丝的）缠绕在开有孔眼的筒形芯架上做成。金属线经特别轧制，每隔一定距离压扁一小段，使缠绕后的金属线之间形成一定的缝隙，从而对液体进行过滤。

线隙式滤油器过滤精度较高，过滤能力较强，可作为普通过滤器使用，其缺点是不易清洗。它可以安装在泵的吸液管路、压力回路和回液管路，当安装在吸液管路时，采用 80 μm 和 100 μm 的过滤精度，其压力损失小于 0.02 MPa；当安装在压力回路和回液管路时，采用 30 μm 和 50 μm 的过滤精度，其压力损失小于 0.06 MPa。

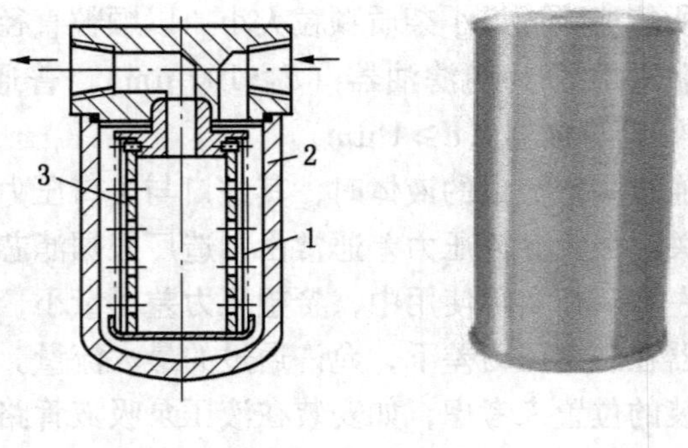

1—滤芯；2—外壳；3—筒形芯架

图 1-48　线隙式滤油器

3）纸芯式滤油器

纸芯式滤油器的结构如图 1-49 所示，主要由纸滤芯、铝外壳、压差指示器和滤芯安全阀组成。滤芯一般分为 3 层，中层是滤芯的主体，为增大过滤面积，由折叠成辐射状的滤纸围成，外层和内层是带孔金属筒架或金属网，以增加强度。它的特点是过滤精度高(可达 5~30 μm)、通流能力强、有一定的耐压强度，但易堵塞，无法清洗，必须经常更换纸芯。

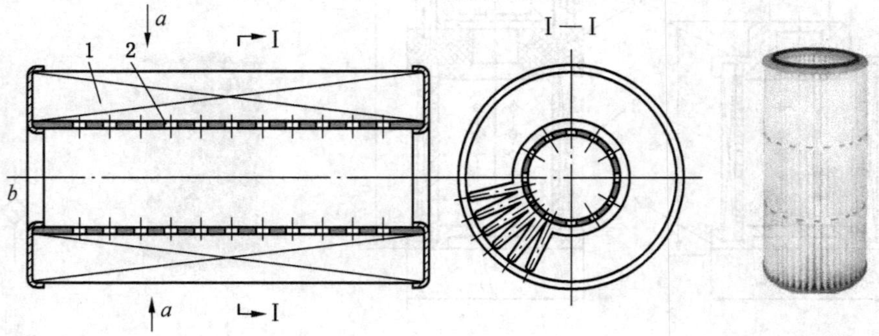

1—油纸滤芯；2—筒形芯架

图 1-49　纸芯式滤油器

纸芯式滤油器常用于压力管路上。为防止纸芯堵塞后被击穿，避免未经过滤的液体进入液压系统，可设置压差指示器指示，以便及时更换纸芯。

滤芯安全阀由阀筒和弹簧组成，当滤芯前、后的压力差超达 0.35 MPa 时，阀口即开启，使滤网前、后油路串通，以防止纸滤芯破损。

4）烧结式滤油器

烧结式滤油器的结构如图 1-50 所示，其滤芯由颗粒状金属粉末经压制后烧结成型，利用金属颗粒间的微孔实现过滤。选择不同颗粒度粉末制成的滤芯，能得到不同的过滤精度，一般为 0.01~0.1 mm。烧结式滤油器制造简单，过滤精度高，耐高温、高压，但压力降较大，易堵塞，无法清洗，故使用较少。

（三）蓄能器

蓄能器是液压系统中的一种储存液压能的装置。它的用途主要有两个：一是作为辅助液压源和主泵一起向间歇工作的液压执行机构供给压力液体，以满足工作需要，或作为系统的应急液压源向系统短时供液，使执行元件完成必要的动作，还能补偿系统泄漏，使系统保持恒压；二是能吸收系统的冲击压力和脉动压力，减轻液压振动和减缓液压冲击，保护液压系统。

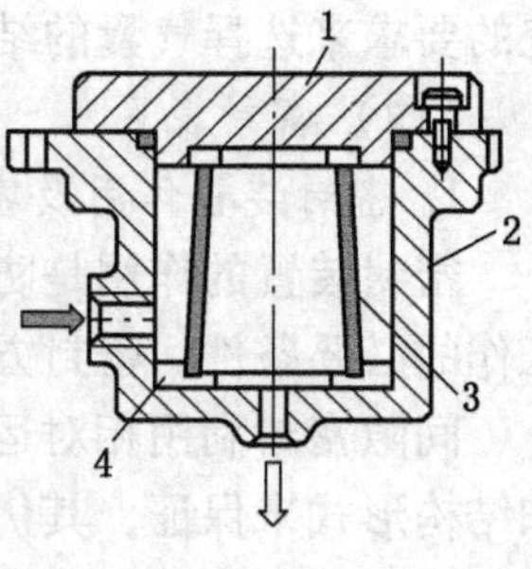

1—端盖；2—金属滤芯；
3—外壳；4—密封圈
图 1－50　烧结式滤油器

蓄能器按结构不同分为气囊式、重锤式和弹簧式 3 种。气囊式蓄能器的气囊惯性小，反应灵敏，与其他蓄能器比较，它的质量轻、尺寸小、安装维护方便，但气囊制造要求高，在矿山机械中得到广泛应用，而重锤式和弹簧式应用较少。蓄能器符号图见表1－13。

表 1－13　蓄能器符号

一般符号	气囊式	重力式	弹簧式

气囊式蓄能器的结构如图 1－51 所示。它主要由充气阀、壳体、气囊、托阀等组成。气囊用特殊耐油橡胶制成，氮气由氮气瓶经充气阀充入气囊。充气阀实际上是一个单向阀。壳体由高强度无缝钢管制造。压力液体从蓄能器通液口进入，液压能转变为气体的压缩势能储存，当系统需要液压能时，气囊膨胀，输出压力液体。托阀的作用是压力液体全部排出后，防止气囊膨胀到壳体外。托阀弹簧具有足够的刚度，当蓄能器高速排液时，托阀也不致关闭。

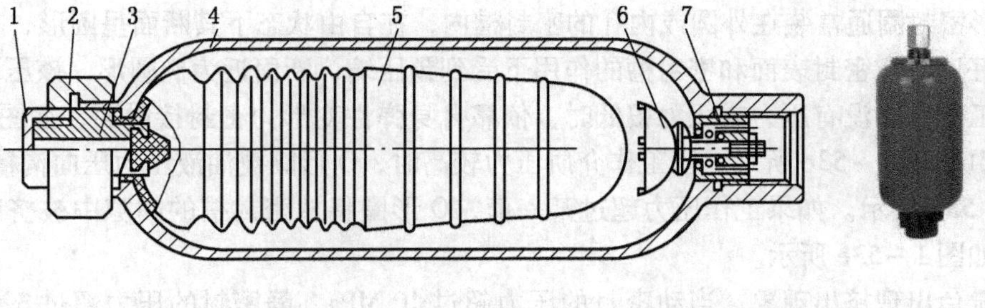

1—螺盖；2—压帽；3—充气阀；4—壳体；5—气囊；6—托阀；7—阀座
图 1－51　气囊式蓄能器

根据蓄能器的用途不同，气囊的形状有梨形、折合形、波纹形 3 种，其中折合形适用于蓄能，波纹形适用于缓冲吸振，图 1－51 中的气囊即为波纹形。在应用时要根据液压系统的要求来选择气囊的结构形式。

（四）密封装置

1. 密封装置作用及密封原理

密封装置的作用是防止工作液体泄漏和外部杂质的侵入，良好的密封是液压系统正常工作的必要条件。密封方式分间隙密封和接触密封两种。

间隙密封利用相对运动零件配合表面之间的微小间隙来实现密封。它主要靠加工精度和结构形式来保证，其优点是结构简单，运动阻力小，兼有润滑、冷却作用，但有微小的泄漏，尤其是磨损后，将使密封性能降低，泄漏量加大。所以这种密封方式只用于运动速度快，要求摩擦阻力小的零部件。

接触密封利用密封元件来密封，也就是在需要密封的配合表面之间装置专门的弹性密封元件以实现密封。接触密封工作可靠、密封性能好、易于维修，应用广泛。接触密封还可分为动密封和静密封两种。动密封是指密封处有相对运动；静密封的密封处固定不动。

2. 密封装置的类型

常用的密封元件有 O 形、Y 形、V 形、鼓形和蕾形密封圈，以及防尘密封圈（油封)、活塞环等。

1）O 形密封圈

O 形密封圈是一种断面呈圆形的耐油橡胶环，如图 1－52 所示。它结构简单，密封性好，应用广泛。

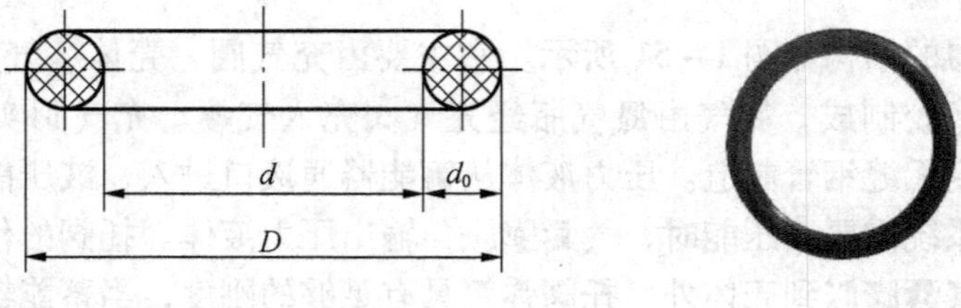

图 1－52　O 形密封圈

O 形密封圈通常装在外圆或内孔的密封槽内，在自由状态下其断面呈圆形，在密封部位安装好后，在密封表面和密封槽的作用下受到预压缩，断面近为椭圆形，该压缩量使 O 形圈在工作介质没有压力或压力很低时，依靠自身弹性变形力密封接触面，如图 1－53a、图 1－53b、图 1－53c 所示。当工作介质压力较高时，O 形圈被油液压力压向沟槽另一侧，如图 1－53d 所示。如果工作压力超过某一值，O 形圈将从密封槽的间隙中被挤出而受到破坏，如图 1－53e 所示。

为避免出现挤出现象，当动密封的压力超过 10 MPa、静密封的压力超过 32 MPa 时，应在 O 形圈侧面安放挡圈。如图 1－54 所示。当 O 形圈单向受压时，挡圈加在非受压侧，如图 1－54a 所示。O 形圈双向受压，两侧同时加挡圈，如图 1－54b 所示。挡圈材料常用聚氟乙烯、尼龙等。

O 形密封圈可用于静密封和动密封，但不宜用于直径太大、行程太长和运动速度太快的液压缸。一般不能用于旋转的密封装置。

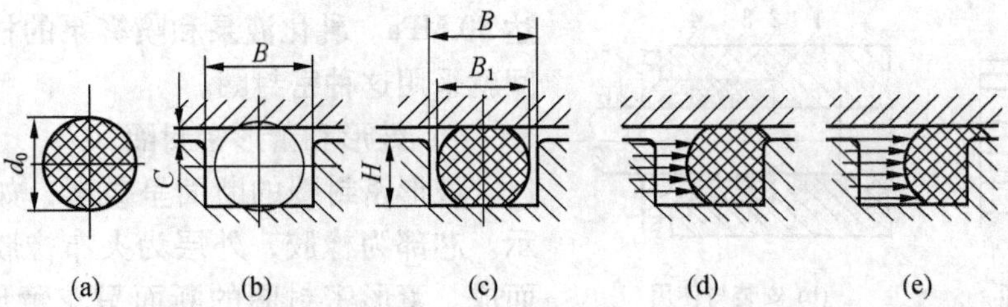

图 1－53　O 形密封圈密封原理

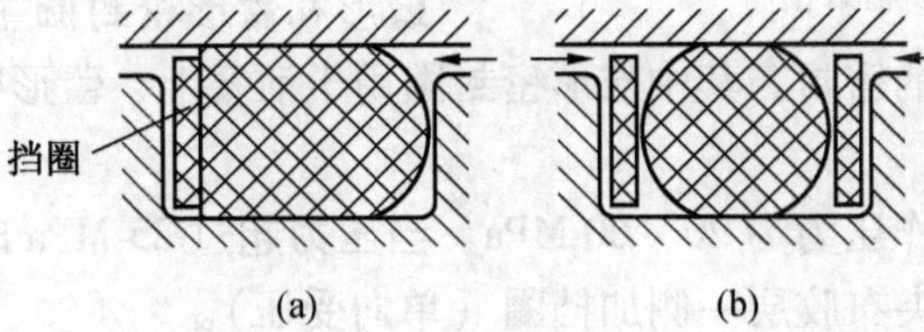

图 1－54　加挡块 O 形密封圈

2）Y 形密封圈

如图 1－55 所示，Y 形密封圈是一种断面呈 Y 形的耐油橡胶圆环，Y 形密封圈的唇边靠弹性力和液压力贴紧配合表面，实现密封。其密封性能好，应用较多，一般用于动密封，特别是往复运动的密封，如液压缸的活塞上和缸口处，使用压力一般小于 20 MPa。安装时必须使唇边面对压力腔。

图 1－55a 所示为自由状态的断面形状，图 1－55b 所示为安装后和工作时的断面形状。由于唇边的弹性变形，可使密封圈在工作磨损后能自动地补偿，保持密封性能。

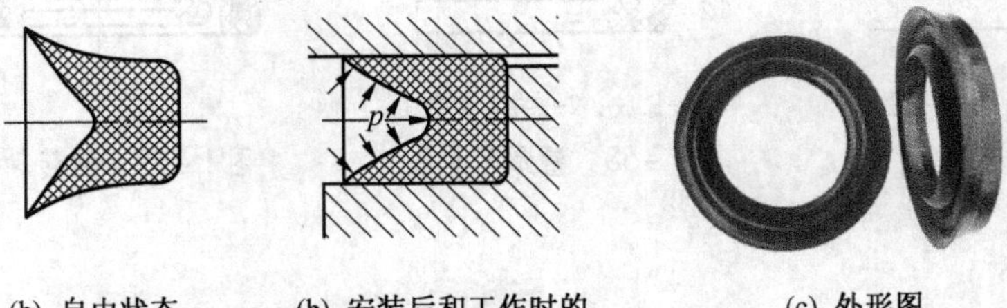

(b) 自由状态　(b) 安装后和工作时的断面形状　(c) 外形图

图 1－55　Y 形密封圈

3）V 形密封圈

V 形密封圈是由多层夹织物橡胶压制而成，断面形状呈 V 形。其硬度大、弹性小，所以使用要求与支撑环、压环配合，组成密封圈组，并用压盖压紧，磨损后可以调紧压盖给予补偿。

V 形密封圈组的结构如图 1－56a 所示，安装使用情况如图 1－56b 所示。其密封原理与 Y 形密封圈相似，用于往复运动件的密封，安装时也必须使唇边面对压力腔。V 形密封圈的数量与工作压力有关，压力越高，使用数量越多，相当于多级密封，其工作压力可

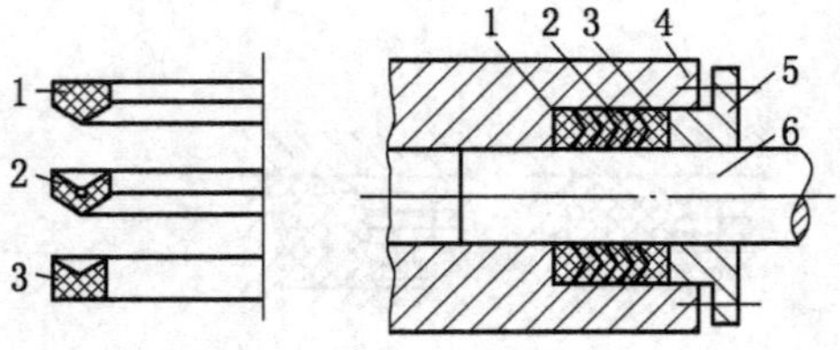

(a) 结构图　　(b) 安装与使用

1—支撑环；2—V形密封圈；3—压环；4—缸体；5—压盖；6—柱塞

图1－56　V形密封圈

达50 MPa。乳化液泵和喷雾泵的柱塞与缸孔之间就采用这种密封圈。

4）鼓形和蕾形密封圈

鼓形密封圈的断面呈鼓形，如图1－57所示。芯部为橡胶，外层为夹布橡胶，两者压制而成。蕾形密封圈的断面呈花蕾形，如图1－58所示。它是由橡胶和夹布橡胶压制而成，安装时以橡胶层面对压力腔。

鼓形和蕾形密封圈主要用于液压支架的液压缸，适于往复运动件的密封。其中鼓形密封圈用于活塞上，蕾形密封圈用于缸口。工作液体为乳化液。

这两种密封圈的工作压力为20～60 MPa。当压力超过25 MPa时，鼓形圈的两侧应加以挡圈，而蕾形圈只在夹布胶层一侧加挡圈（单向受压）。

5）回转轴用密封圈

如图1－59所示为一种耐油橡胶制成的回转轴用密封圈，密封圈内部采用直角圆环形铁骨架支承，密封圈内边装有一条螺旋弹簧，把密封圈内边压紧在轴上来增强密封效果。这种回转轴用密封圈主要用于液压泵、液压马达和回转式液压缸轴的密封，用以防止油液向外壳外部泄漏，适用于工作压力不超过0.2 MPa，回转轴的线速度不超过5～12 m/s，且有润滑的场合。

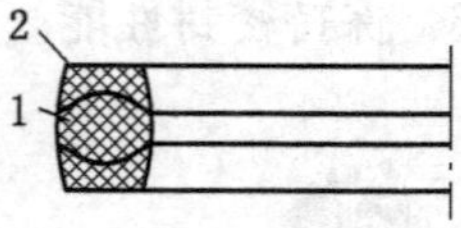

1—橡胶；2—夹布橡胶

图1－57　鼓形密封圈

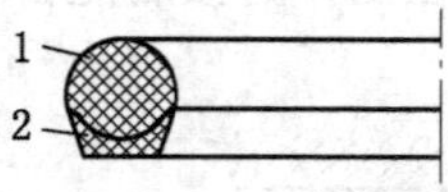

1—橡胶；2—夹布橡胶

图1－58　蕾形密封圈

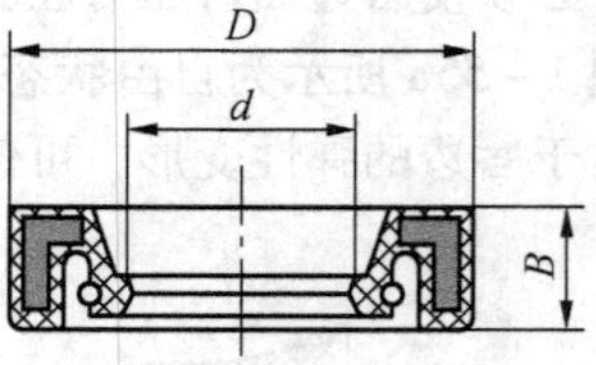

图1－59　回转轴用密封圈

6）活塞环

活塞环又称涨圈，它是一个由铸铁制成的带开口的圆环。它常用于活塞与缸体之间的密封，故称活塞环。密封时先施加一定外力使其开口闭合装入密封面内，然后再依靠金属弹性变形的张力使环外径贴紧密封面实现密封。所以，活塞环的材料必须具有一定的弹性和耐磨性。

（五）油箱、热交换器、油压表

1. 油箱

油箱的用途主要是储存液压系统所需的工作液体，同时兼有散热、沉淀杂质和分离气泡的作用。根据工作条件的不同，油箱可以单独设置，也可利用机器内部的部分空间作为油箱。油箱分为开式和闭式两种，使用最普遍的是开式油箱，闭式油箱多用于行走设备和车辆。

油箱的有效容积是指液面高度为油箱高度 80% 时的容积。油箱的有效容积要满足储存工作液体和散热的要求。

2. 热交换器

热交换器用于控制工作液体的温度。液压系统工作时液体的温度会升高，如果油箱的散热作用不够，就必须设置冷却器，其职能符号如图 1 - 60 所示。在工作液体温度过低时，还要在油箱内设置加热器，以降低液体的黏度。

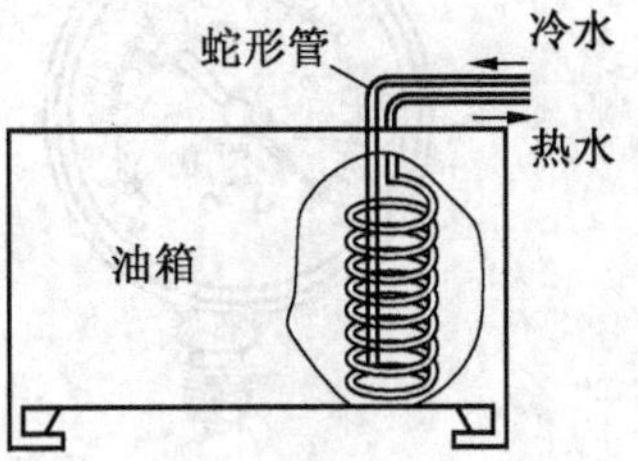

(a) 结构图

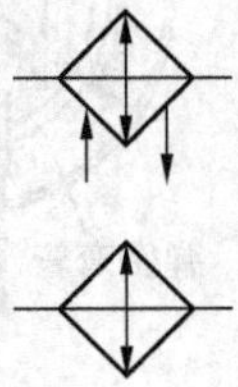

(b) 职能符号

图 1 - 60 蛇管式冷却器

1）冷却器

冷却器是利用冷却介质的循环、流动把热量带走，以达到冷却的目的。常用的冷却器按介质分为水冷式和风冷式两种。水冷式按结构可分为蛇管式、多管式等形式，常用于采掘机械的液压系统。而风冷式冷却器结构比较简单，适用于行走机械的液压系统。

（1）蛇管式冷却器需安装于油箱中，是最简单的冷却装置，如图 1 - 60 所示。冷却水从蛇形铜管中流过，将油箱中的热量带走，靠系统回液造成油箱中液体扰动产生对流进行散热冷却，其冷却效果较差，水耗量大。

（2）多管式冷却器是一种强制对流的冷却器，常安装在回液管路上，其结构如图 1 - 61 所示。冷却水从 c 孔进入，经多根铜制水管的内部从 d 孔流出，工作液体从 a 孔进入，在水管外部通过，从 b 孔流出。隔板用来延长工作液体的流动路途和紊流程度，改善了冷却效果。

2）加热器

一般在油箱的最低液面上装设电热器或通入蒸气的蛇形管加热。电加热器如图 1 - 62 所示。

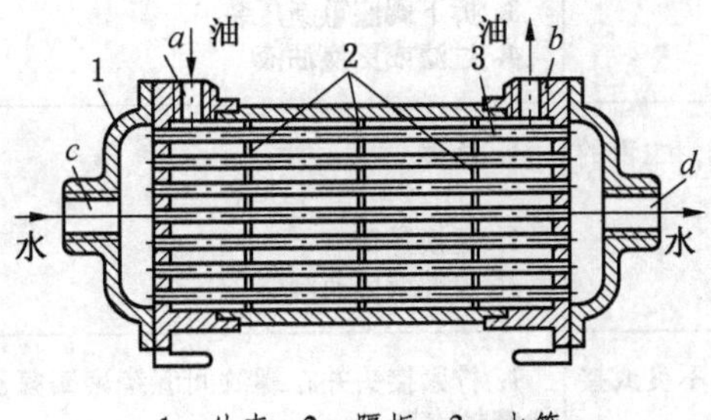

1—外壳；2—隔板；3—水管

图 1 - 61 多管式冷却器

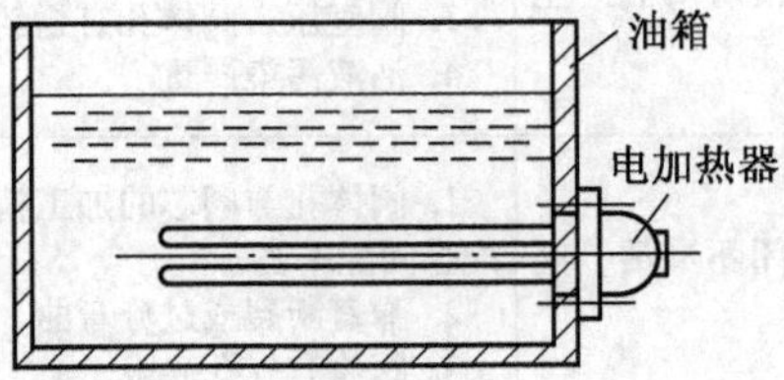

(a) 结构图

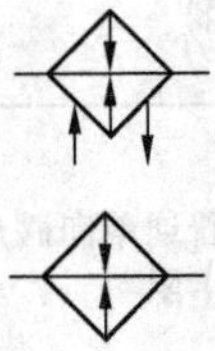

(b) 职能符号

图 1 - 62 电加热器

3）油压表

油压表用来显示油路和系统工作压力。通过观察油压表可以判定油压是否过高、管路是否有泄漏，以便调整和控制，保证系统正常工作。最常用的压力表是如图 1－63 所示的弹簧弯管式压力表。

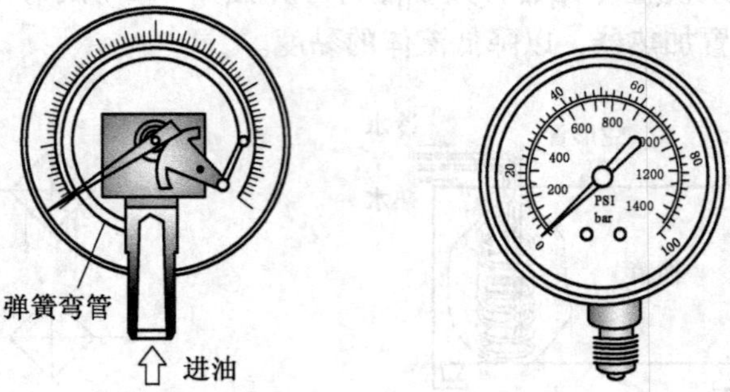

图 1－63　油压表

【基本技能】

一、常用液压阀的安装使用与维护

（一）单向阀

1. 安装要求

（1）安装普通单向阀时，应认清单向阀的进、出口方向，以免影响液压系统的正常工作。特别对于液压泵出口处安装的单向阀，若反向安装可能损坏液压泵及原动机。

（2）对于液控单向阀，在安装时，应正确区分主油口、控制油口和泄油口，并认清主油口的正、反方向，以免影响液压系统的正常工作。

2. 常见故障及处理方法

单向阀的常见故障及处理方法见表 1－14。

表 1－14　单向阀的常见故障及处理方法

故障现象	产生原因	处理方法
普通单向阀反向截止时，阀芯不能将液流严格封闭而产生泄漏	1. 阀芯与阀座接触不紧密 2. 阀体孔与阀芯的同轴度误差过大 3. 阀座压入阀体孔有歪斜 4. 油液污染严重	1. 重新配研阀芯与阀座 2. 检修或更换 3. 拆下阀座重新压装 4. 过滤或更换油液
普通单向阀启闭不灵活，阀芯卡阻	1. 阀体孔与阀芯的加工精度低，二者的配合间隙不当 2. 弹簧断裂或过分弯曲 3. 阀体有气孔砂眼	1. 修整 2. 更换弹簧 3. 焊补或更换阀体
普通单向阀外泄严重	1. 管式阀螺纹连接处螺纹配合不良或接头未拧紧 2. 板式阀安装面密封圈漏装 3. 阀体有气孔砂眼	1. 拧紧接头并在螺纹间缠绕聚四氟乙烯密封胶带 2. 补装密封圈 3. 焊补或更换阀体

表1-14（续）

故障现象	产生原因	处理方法
液控单向阀反向截止（即控制口不起作用）时，阀芯不能将液流严格封闭而产生泄漏	1. 阀芯与阀座接触不紧密 2. 阀体孔与阀芯的同轴度误差过大 3. 阀座压入阀体孔有歪斜 4. 油液污染严重	1. 重新配研阀芯与阀座 2. 检修或更换 3. 拆下阀座重新压装 4. 过滤或更换油液
复式液控单向阀不能反向卸载	阀芯孔与控制活塞孔的同轴度误差大，控制活塞端部弯曲，导致控制活塞顶杆顶不到卸载阀芯，使卸载阀不能开启	修整或更换
液控单向阀关闭时不能恢复到初始封油位置	1. 阀体孔与阀芯的加工精度低，二者的配合间隙不当 2. 弹簧断裂或过分弯曲 3. 阀体有气孔砂眼	1. 修整 2. 更换弹簧 3. 焊补或更换阀体
液控单向阀噪声较大	1. 与其他阀共振 2. 选用错误	1. 更换弹簧 2. 重新选择
液控单向阀外泄漏严重	1. 管式阀螺纹连接处螺纹配合不良或接头未拧紧 2. 板式阀安装面密封圈漏装 3. 阀体有气孔砂眼	1. 拧紧螺纹接头并在螺纹间缠绕聚四氟乙烯密封胶带 2. 补装密封圈 3. 焊补或更换阀体

（二）换向阀

1. 安装与使用要求

（1）对于液动换向阀和电液动换向阀，应根据需要选择合适的控制供油方式。

（2）电液换向阀和液动换向阀在内部供油时，对于在中间位置使主油路卸荷的三位四通电液换向阀，应保证中位时的最低控制压力，如在回油口上加装背压阀等。

（3）双电磁铁电磁阀的两个电磁铁不能同时通电，两个电磁铁的动作应互锁。

2. 常见故障及排除

滑阀式换向阀常见故障及处理方法见表1-15。

表1-15 滑动式换向阀的常见故障及处理方法

故障特征	主要原因	处理方法
阀芯不能移动	1. 阀芯表面或阀体内孔划伤、油液污染使阀芯卡阻阀芯弯曲 2. 阀芯与阀体内孔配合间隙不当：间隙过大、阀芯在阀体内歪斜卡住；间隙过小，摩擦阻力增加，阀芯不能移动 3. 弹簧太软，阀芯不能自动复位；弹簧太硬，阀芯不能推到位 4. 手动换向阀的连杆磨损或失灵 5. 电磁阀的电磁铁损坏 6. 液动换向阀或电液动换向阀两端的单向截流器失灵 7. 液动或电液动换向阀的控制液压油压力过低 8. 油液黏度太大 9. 油温太高 10. 连接螺钉有的过松，有的过紧，致使阀体变形，阀芯不能移动。另外，安装基面平面度超差，紧固后面体也会变形	1. 卸开换向阀，仔细清洗，研磨修复阀体，校直或更换阀芯 2. 检查配合间隙。间隙太小研磨阀芯，间隙太大重配阀芯，也可以采用电镀工艺，增大阀芯直径 3. 更换弹簧 4. 更换或修复连杆 5. 更换或修复电磁铁 6. 仔细检查节流器是否堵塞、单向阀是否泄漏，并进行修复 7. 检查压力低的原因并降低油温 8. 更换黏度适合的油液 9. 查找油温高的原因并降低油温 10. 松开全部螺钉，重新均匀拧紧。如果因安装基面平面度超差阀芯不能移动，则重磨安装基面，使基面平面度达到规定的要求

表1-15（续）

故障特征	主 要 原 因	处 理 方 法
电磁铁线圈烧坏	1. 线圈绝缘不良 2. 电磁铁铁芯轴线与阀芯轴线同轴度不良 3. 供电电压太高 4. 阀芯被卡住，电磁力推不动阀芯 5. 回油口背压过高	1. 更换电磁铁线圈 2. 拆卸电磁铁重新装配 3. 按规定电压值纠正供电电压 4. 检查弹簧是否太硬、阀芯是否被脏物卡住以及其他进行修复并更换电磁铁线圈 5. 检查背压过高的原因，对症解决
外泄漏	1. 卸油腔压力过高或O形密封圈失效造成电磁阀推杆处外渗。 2. 安装面粗糙、安装螺钉松动、漏装O形密封圈或密封圈失效	1. 检查卸油腔压力，如多个换向阀泄油腔串联在一起，则将它们分别接回油箱；更换密封圈 2. 磨削安装面使其粗糙度符合产品要求（通常阀的安装面的粗糙度 R_a 不大于0.8 μm）；拧紧螺钉；补装或更换O形密封圈
噪声过大	1. 电磁铁推杆过长或过短 2. 电磁铁铁芯的吸合面不平或接触不良	1. 修整或更换推杆 2. 拆开电磁铁，修整吸合面，清除污物

（三）溢流阀

1. 安装与使用要求

（1）正确选用安装底板或管接头等连接件，并注意连接处的密封。

（2）阀的各个油口要正确接入系统，外部泄油口必须直接接回油箱。

（3）应根据溢流阀在系统中的用途和作用确定和调节调定压力，特别是对于作安全阀使用的溢流阀，其调定压力不得超过液压系统的最高压力。调压时应注意以正确旋转方向调节调压机构，调压结束时应将锁紧螺母固定。如果需通过先导式溢流阀的遥控口对系统进行远程调压、卸荷或多级压力控制，则应将遥控口的螺堵拧下，接入控制油路，否则应将遥控口严密封堵。

（4）对于电磁溢流阀，必须正确使用其电压、电流和接线形式。

2. 常见故障及处理方法

溢流阀的常见故障及处理方法见表1-16。

表1-16 溢流阀的常见故障及其处理方法

故障特征	主 要 原 因	处 理 方 法
普通溢流阀调紧调压机构，不能建立压力或压力不能达到额定值	1. 进、出口装反 2. 先导式溢流阀的导阀芯与阀座处密封不严，可能有异物（如棉丝）存在于导阀芯与阀座间 3. 阻尼孔被堵塞 4. 调压弹簧变形或折断 5. 导阀芯过度磨损，内泄漏过大 6. 遥控口未封堵 7. 三节同心溢流阀的主阀芯三部分圆柱不同心	1. 检查进、出口方向并更正 2. 拆检并清洗导阀，同时检查油液污染情况，如污染严重，则应换油 3. 拆洗，同时检查油液污染情况，如污染严重，则应换油 4. 更换 5. 研修或更换导阀芯 6. 封堵遥控口 7. 重新组装三节同心式溢流阀的主阀芯

表1-16（续）

故障特征	主要原因	处理方法
普通溢流阀调压过程中压力不是连续上升，而是不均匀上升	调压弹簧弯曲或折断	拆检换新
普通溢流阀调松调压机构时，压力不下降甚至不断上升	1. 先导阀孔堵塞 2. 主阀芯卡阻	1. 检查导阀孔是否堵塞。如正常，再检查主阀芯卡阻情况 2. 拆检主阀芯，若发现阀孔与主阀芯有划伤，则用磨石和金相砂纸先磨后抛；如检查正常，则应检查主阀芯的同心度，如同心度差，则应拆下重新安装，并在试验台上调试正常后再装入系统
电磁溢流阀电磁阀工作失灵	参见电磁换向阀相关内容	参见电磁换向阀相关内容
电磁溢流阀溢流阀调压失灵	见本表普通溢流阀部分	见本表普通溢流阀部分
电磁溢流阀卸荷时噪声过大	1. 电磁溢流阀中缓冲阀失灵 2. 溢流阀的溢流口背压过低	1. 检修或调整缓冲阀 2. 在溢流口加装背压阀（调压值一般为0.5 MPa）

（四）减压阀的安装与使用要求

（1）应正确使用减压阀的连接方式，正确选用连接件（安装底板或管接头），并注意连接处的密封；阀的各个油口应正确接入系统，外部泄油口必须直接接回油箱。

（2）调压时应注意以正确旋转方向调节调压机构，调压结束时应将锁紧螺母固定。

（3）如果需通过先导式减压阀的遥控口对系统进行多级减压控制，则应将遥控口的螺堵拧下，接入控制油路；否则应将遥控口严密封堵。

（五）顺序阀的安装与使用要求

（1）顺序阀通常为外泄方式，所以必须将泄油口接至油箱，并注意泄油路背压不能过高，以免影响顺序阀的正常工作。

（2）应根据液压系统的具体要求选用顺序阀的控制方式，对于外控式顺序阀，应提供适当的控制液压油，以使阀可靠启闭。

二、辅助元件的安装与维护

1. 滤油器

（1）在泵的吸液管路上必须安装滤油器，以保证系统所有液压元件不受污染的影响。为了避免泵的吸液阻力增大，多采用粗滤油器。

（2）过滤等级要求较高时，可在排液压力管路上安装精滤油器。

（3）滤油器还可以安装在回液管路上，通常为精滤油器，不断净化返回油箱的液体，间接地保护整个液压系统。

（4）应使滤油器单向工作。

（5）连接管路时，应保证杂质沉积在滤芯的外部，以便于清洗。

（6）应定期检查、清洗或更换滤芯。对于带有压差指示器的滤油器，应随时注意信号显示。对于压力管路上的滤油器，还可以根据设置在滤油器前面的压力表的读数来判断堵塞程度。

2. 油箱和热交换器

（1）油箱中吸液管和回液管之间宜用隔板隔开，以增大循环距离，改善散热效果，并使液体中的杂质和气泡有较多的时间沉淀和浮升，隔板高度约为液面高度的3/4。

（2）吸液管和回液管应伸到最低液面以下，以防止卷吸空气和回液冲溅产生气泡，同时不能距箱底太近，其距离应大于管径的2倍。

（3）吸液管到箱壁的距离应大于管径的3倍，并应在管口装设粗滤油器。回液管口应切成45°角，切口面向箱壁，提高散热效果，并可减小液体的扰动。

（4）油箱底部应具有适当的斜度，在最低位置处装设放液塞。

（5）油箱顶盖应具有良好的密封，并装设带滤网的注液孔和带空气滤清器的通口，防止杂质混入，使大气接触液面。

（6）冷却器应安装在溢流阀的回油管上，也可安装在总回油管路滤油器的下方，同时并联安装一溢流阀作冷却器过压安全保护。

（7）加热器应横向水平安装在油箱壁上，其加热部分必须全部浸入油中，最好设置在油箱回油管一侧。

3. 蓄能器

（1）蓄能器一般应垂直安装，气阀朝上，并在气阀周围留有一定空间，以便检查维修。

（2）使用单个蓄能器的中小型液压系统，可将蓄能器通过托架安装在紧靠脉动或冲击源处，或直接搭载安装在油箱顶部或油箱侧壁上。

（3）对于使用多个蓄能器的大型液压系统，应设计安装蓄能器的专门支架。同时，还应使用卡箍将蓄能器固定。支架上两相邻蓄能器的安装位置要留有足够的间隔距离，以便于蓄能器及其附件（提升阀及密封件等）的安装和维护。

（4）用于降低噪声、吸收脉动和液压冲击的蓄能器，应尽可能靠近振动源。

（5）蓄能器与液压泵之间应装设单向阀，防止液压泵卸荷或停止工作时蓄能器中的液压油倒灌。

（6）蓄能器与系统之间应装设截止阀，供充气、检查、维修蓄能器时或长时间停机时使用。

（7）要用专门的充气装置为蓄能器充装增压气体；蓄能器禁止充氧气，以免引起爆炸。

4. 密封装置

（1）密封件经过的零件尖角应去毛刺，倒角。

（2）密封件经过的螺纹应加以防护，以防损伤密封件的唇边。密封件在通过外螺纹或退刀槽时，应在相应位置套上专用套筒。

（3）当密封件须通过内螺纹或径向孔洞时，应使内螺纹的内径或有径孔洞处的直径大于密封件的外径。

（4）为了减小密封件的安装及拆卸阻力，应在密封件经过的相应位置上涂敷润滑脂或液压油，并尽量避免密封件产生过大拉伸变形而影响其密封性。

（5）不允许使用带有尖角的工具安装或拆卸密封圈。

（6）更换新密封圈时，应清除干净密封槽内的锈迹、脏物和碎片等。

(7) 装配前，应在液压缸缸筒、活塞杆和密封件上抹润滑油（脂）。但润滑油（脂）中不能含有硫化钼、硫化锌等固体添加剂。

密封装置的常见故障及处理方法见表1-17。

表1-17　密封装置的常见故障及处理方法

故障特征	主要原因	处理方法
密封件从间隙挤出	1. 间隙过大 2. 压力过高 3. 密封沟槽尺寸不合适 4. 放置状态不良	1. 检修或更换 2. 降低压力，设置支承环或挡圈 3. 检修 4. 检修或重新安装
老化开裂	1. 低温硬化 2. 存放和使用时间过长 3. 温度过高	1. 查明原因，解决 2. 检修或更换 3. 检查油温，严重摩擦过热及时检修或更换
扭曲	横向负载	设置挡圈
表面损伤	1. 润滑不良 2. 装配时损伤 3. 密封配合面损伤	1. 加强润滑 2. 检修或更换 3. 检查油液污染度、配合表面的加工质量，及时检修或更换
收缩	1. 与液压油液不相容 2. 时效硬化	1. 更换介质或密封件（注意成本对比） 2. 更换
膨胀	1. 与液压油液不相容 2. 被溶液溶解 3. 液压工作油液老化	1. 更换油液或密封件（注意成本对比） 2. 避免与溶剂接触 3. 更换油液
损坏黏着变形	1. 润滑不良 2. 安装不良 3. 密封件质量差 4. 压力过高、负载过大	1. 加强润滑 2. 重新安装或检修更换 3. 更换合格密封件 4. 设置支承环或挡圈

【技能训练】

在教师指导下，在液压传动实验台上连接一个泵—缸开式液压系统，插接安装换向阀、溢流阀、节流阀、油缸，演示常用阀的应用，进一步分析理解各阀件的用途和工作原理。

【教学考核】

考核评价表见表1-18。

表1-18　考核评价表

项目名称	液压控制阀与液压辅助元件			
学生姓名		班级		考核时间
评价方式	学生分组及组别 □ □　自我 □　教师 □			
评价地点	实训现场 □　教学做一体化教室 □　普通教室 □			
需要的设备、工具	单向阀、换向阀、压力控制阀、流量控制阀、液压辅助元件，专用工具和扳手			

表 1-18（续）

考核项目	内 容 和 要 求	标准分	评分标准	得分
基本知识	1. 说明液压控制阀按用途的分类 2. 说明液压阀的共性 3. 说明换向阀、压力控制阀、节流阀的作用 4. 说明滤油器、蓄能器的作用 5. 能画出常用液压阀和主要辅助元件的职能符号（可以采取手指口述的方式考核）	30	每缺一项或回答不正确扣 6 分	
基本技能	1. 能读懂液压阀的结构图 2. 说明三位四通换向阀中位机能的特性 3. 说明单向阀、换向阀、溢流阀的安装要求 4. 说明滤油器、蓄能器的安装位置 5. 分析换向阀、溢流阀的常见故障及处理方法	40	每缺一项或回答不正确，操作不规范扣 9 分	
职业素质	1. 热爱劳动，积极参加 2. 同学之间协作学习 3. 口述表达准确流畅 4. 能正确使用常用工具 5. 能收集教材以外的资料 6. 注重工作现场整洁	30	每缺一项或工作达不到要求扣 5 分	
总分				
考核评价人签字： 年　　月　　日				

复习思考题

1. 液控单向阀是怎样工作的？
2. 画图说明滑阀式换向阀的工作原理。
3. 换向阀有哪几种操纵方式？
4. 试说明直动式溢流阀的工作原理。
5. 画图说明减压阀在液压系统作用。
6. 说明滤油器的分类和安装位置。
7. 说明密封装置的作用和分类。

项目五　液压系统与液压基本回路

【学习目标】

知识目标：理解液压传动系统的分类、基本回路的类型和作用，掌握液压调速原理和方法。

技能目标：掌握各种典型液压基本回路应用，能够阅读分析简单机械设备液压系统图，掌握液压系统常见故障的分析及处理方法。

【基本知识】

液压传动系统是根据工作机械的传动要求，将一定数量和不同类型的液压件按一定的方式组合起来，构成一个完整的工作体系，简称液压系统。机械设备的液压系统组成和执行机构实现动作的原理可以通过液压系统图来表示。

一、液压系统的分类

液压泵和液动机组成的回路是液压系统的主体部分，称为主回路。液压传动系统按主回路中工作液体循环方式不同，可分为开式系统和闭式系统两种；按执行元件的类型不同，可分为泵—马达系统和泵—缸系统两种。

1. 开式系统

主回路不封闭的系统称为开式系统，即液压泵从油箱吸油，液动机向油箱回液，如图1－64所示的采煤机调高系统即是开式系统，其工作过程如下：

（1）在M型三位四通手动换向阀处于中位时，液压泵经滤油器从油箱吸油，排出的压力液体经换向阀P→T油口直接流回油箱，液压泵卸荷，液压缸活塞不动，采煤机滚筒不升也不降。

（2）当手动操作，使换向阀在左位或右位时，液压泵排出的压力液体经换向阀进入液压缸，液压缸的回液经换向阀流回油箱，从而推动活塞向右或向左运动。小摇臂在液压缸活塞杆的作用下摆动，带动大摇臂上、下摆动，完成滚筒升、降调整。

溢流阀起过载保护作用。两个双向液控单向阀起锁紧油缸作用，使滚筒可靠的保持在一定高度上。该系统是一个换向锁紧回路，在煤巷掘进机液压系统也有较多的应用。

在开式系统中，执行元件的开、停和换向均由换向阀控制，工作液体在油箱中可以很好地散热、冷却和沉淀杂质，整个系统比较简单，使用维护方便。但开式系统油箱体积大，液体长期与空气接触，容易污染和氧化，并且要求泵的自吸能力较好。

开式系统多用于泵—缸系统，也可用于泵—马达系统。

2. 闭式系统

主回路封闭的系统称闭式系统，即液动机的回液管直接与泵的吸入口相连接。

闭式系统如图1－65所示。由双向变量主泵和双向定量马达组成主回路，工作液体在

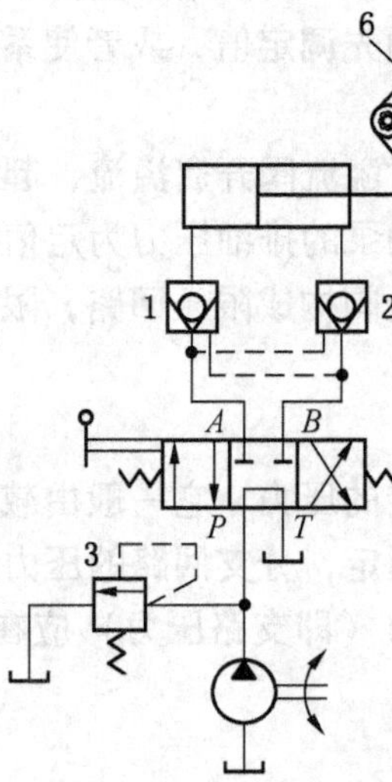

1、2—双向液控单向阀；3—溢流阀；4—换向阀；5—小摇臂；6—大摇臂

图1－64　开式液压系统

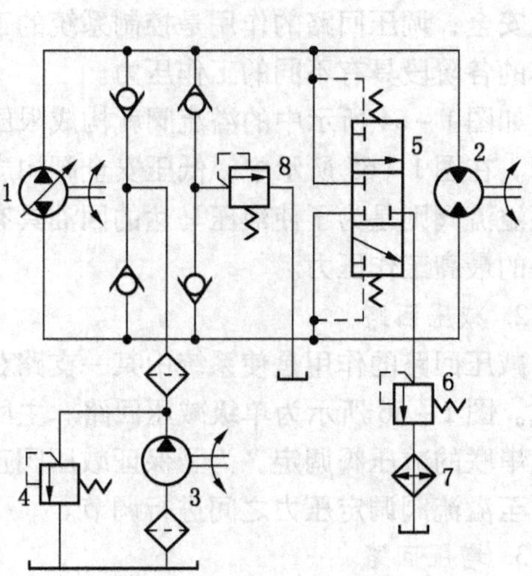

1—主泵；2—马达；3—辅助泵；4—低压安全阀；5—液控换向阀；6—低压溢流阀；7—冷却器；8—高压安全阀

图1－65　闭式液压系统

主回路呈封闭循环流动。由于存在泄漏和高压安全阀的过载溢流作用，将使主回路液体减少，所以必须增加补油回路。辅助泵从油箱吸液，经单向阀向主回路低压侧补液。

由于闭式系统散热条件差，还应增加冷热交换回路，马达回液的一部分经液控换向阀、低压溢流阀及冷却器流入油箱，冷却后再由辅助泵输入主回路。

低压安全阀对辅助泵供液回路进行过载保护。低压溢流阀可使马达回液建立背压，使运转平稳或防止敲缸。为保证冷热交换的正常进行，低压安全阀的调定压力应比低压溢流阀的调定压力高。辅助泵的流量一般为主泵流量的1/5～1/3。

与开式系统相比较，闭式系统结构复杂、散热效果差，但油箱容积小，结构紧凑，系统封闭性能好，液体不易污染。由于回液有背压，故传动平稳。

闭式系统多用于结构要求紧凑的大功率泵—马达系统。液压牵引式采煤机牵引部均采用变量泵—定量马达组成的闭式系统，液压马达的调速与换向由双向变量泵控制，从而实现采煤机牵引速度和牵引方向的控制，即液压调速换向。

二、液压基本回路

液压基本回路就是系统中由一些相关液压元件组成，并能完成特定功能的组成部分。各种采用液压传动的机械，尽管其液压系统各不相同，但都是由若干个液压基本回路组成。掌握一定典型液压基本回路的组成、特性和应用情况，是识读、分析液压系统和设计新的液压系统的基础。

液压基本回路按其功能不同分为压力控制回路、速度控制回路和方向控制回路等。

（一）压力控制回路

凡是利用压力控制阀来实现系统的限压、调压、减压、增压、卸荷、背压的回路均为压力控制回路。

1. 限压和调压回路

限压回路的作用是限定系统的最大压力不超过某一预先调定值，防止系统过载，保证系统安全；调压回路的作用是控制系统的工作压力不超过某一预先调定值，或者使系统在工作的各阶段具有不同的工作压力。

如图1－64所示中的溢流阀就构成限压回路，当系统过载时溢流阀开启溢流，起限压作用。在图1－65所示中，低压安全阀构成调压回路，控制辅助泵的排油压力为定值；而低压溢流阀则是为了使液压马达的回油具有一定背压；高压安全阀构成限压回路，限制主回路的最高工作压力。

2. 减压回路

减压回路的作用是使系统中某一支路获得比主回路低且稳定的压力，它一般由减压阀组成。图1－66所示为单级减压回路。主回路的压力由溢流阀调定，分支回路的压力由支路上串联的减压阀调定。为了保证减压阀正常工作，其出口压力（即支路压力）应在0.5 MPa至溢流阀调定压力之间进行调节。

3. 增压回路

增压回路的作用是使系统中某一支路获得比主回路高的压力，它一般由增压液压缸构成。如图1－67所示，主泵输出的低压液体经换向阀左位进入增压缸 *A* 腔，推动活塞右移，增压缸 *B* 腔输出高压液体；当换向阀换向后（图示位置），主泵输出低压液体经换向阀右位进入增压缸活塞杆腔，推动活塞左移，增压缸 A 腔回液，B 腔经单向阀从油箱吸液。

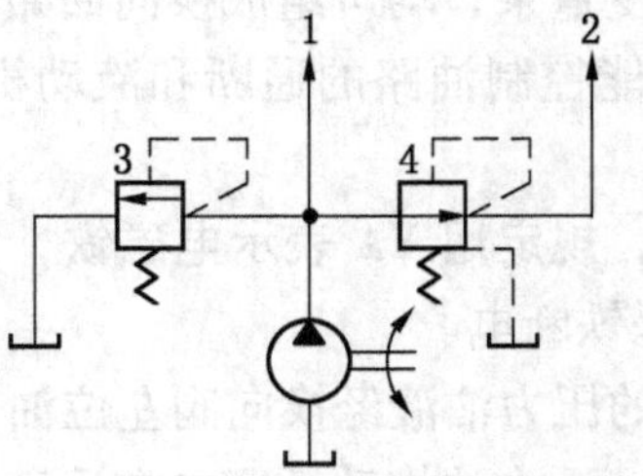

图 1－66　减压回路

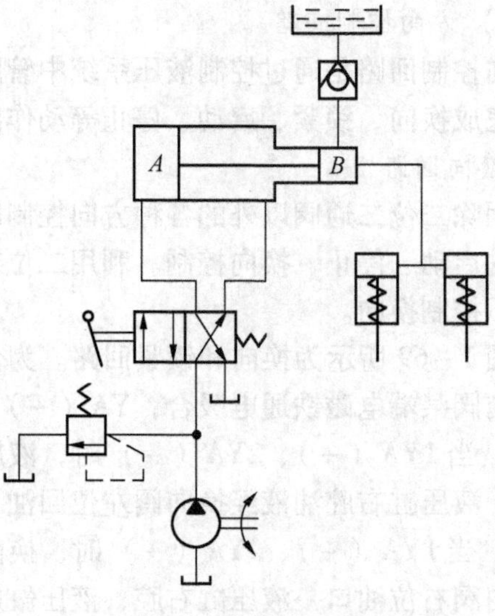

图 1－67　增压回路

4. 卸荷回路

卸荷回路的作用是使液压泵空载启动或运转。当泵的输出压力为零或泵的输出流量为零时，泵的功率为零，故卸荷回路可分为使泵输出压力为零的卸荷回路和使泵输出流量为零的卸荷回路，前者一般由液压阀构成，后者一般由变量泵构成。下面介绍用液压阀构成的卸荷回路。

（1）换向阀构成的卸荷回路。用具有M型、H型、K型等中位机能的三位四通换向阀均可构成卸荷回路。图 1－64 中 M 型换向在中位时，可使油泵处于空载状态。

（2）卸荷阀构成的卸荷回路。由卸荷阀构成的卸荷回路如图 1－68 所示。系统正常工作时，系统压力低于卸荷阀调定压力，卸荷阀处于关闭位置。当系统液动机停止工作时，系统压力升高达到卸荷阀调定压力，卸荷阀开启，使泵出口与油箱连通而卸荷。此时系统因有单向阀和蓄能器而保压。

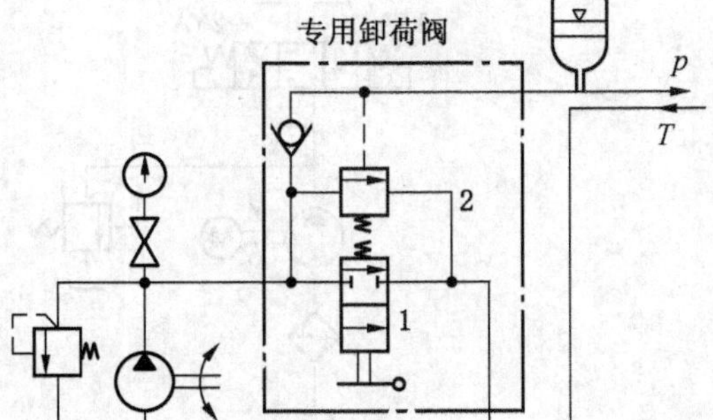

图 1－68　由卸荷阀构成的卸荷回路

这种回路可实现泵工作与卸荷的自动转换，液压支架的乳化液泵站系统采用了这种卸荷方式。图 1－68 中二位二通阀起手动卸载作用，在液压泵启动时扳到接通油箱的位置，使液压泵实现空载启动；液压泵启动完成后扳到图示位置，液压泵向系统供油。

5. 背压回路

背压回路的作用是使液动机的回液具有一定压力，以减轻液动机的冲击和振动，增强运动的平稳性；或防止沿竖直、倾斜方向运动的负载因自重使液动机超速运转。

背压回路可由溢流阀、顺序阀、节流阀等安装在液动机的回液路上构成。如图1－65所示中的溢流阀就起到了背压回路的作用。

（二）方向控制回路

方向控制回路是通过控制液压系统中管路里液流的通断或流向的改变，从而使有关的液动机完成换向、锁紧、启动、停止等动作的回路。

1. 换向回路

利用除二位二通阀以外的各种方向控制阀或双向变量泵，均可组成换向回路，实现对液动机的启动、停止、换向控制。利用二位二通阀只能控制油路的通断和液动机的启动、停止，不控制换向。

如图1－69所示为换向和锁紧回路。为便于分析，规定用YA表示电磁铁，YA（＋）表示换向阀某端电磁铁通电吸合，YA（－）表示电磁铁断电。

（1）当1YA（＋）、2YA（－）时，液压泵排出的压力油液经换向阀左位油口→液压缸左腔；液压缸右腔油液经换向阀左位回油口→油箱，压力油推动活塞向右运动。

（2）当1YA（－）、2YA（＋）时，换向阀右位接入系统工作，液压泵排出的压力液体经换向阀右位油口→液压缸右腔；液压缸左腔油液→换向阀右位回油口→油箱，压力油推动活塞向左运动（缩回）。

（3）当1YA（－）、2YA（－）时，换向阀中位接入系统工作，图1－69a所示中液压泵排出的油液经溢流阀回到油箱；图1－69b所示中液压泵排出的油液利用换向阀的中位机能流回油箱，此时液压泵卸载。

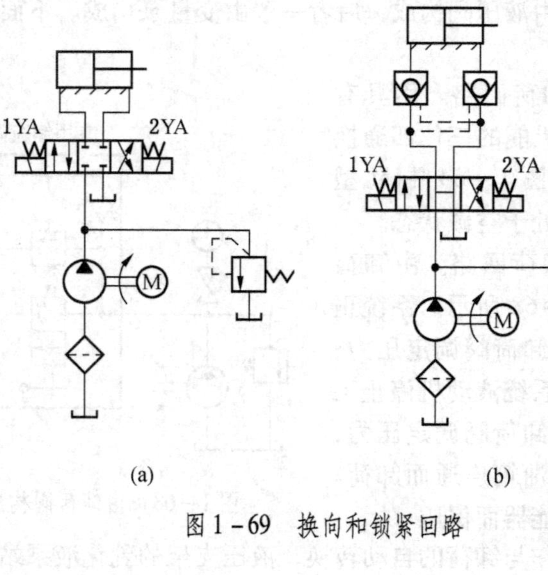

图1－69　换向和锁紧回路

2. 锁紧回路

锁紧回路的作用是保证液动机在任意位置停止后，不受外界的干扰而窜动。利用三位四通阀的O型、M型中位机能和液控单向阀均可实现锁紧，但因换向阀的泄漏会影响锁紧的效果，所以在要求定位可靠的设备中，都采用液控单向阀来锁紧。

图 1-69a 所示情况是利用 O 型三位四通换向阀中位时 P、T、A、B 油口都封闭的机能来实现锁紧的。当 1YA、2YA 都断电时换向阀中位接入系统，液压缸两边被锁紧，活塞不能左右移动。这种回路可用于对液动机定位要求不太高的场所。

图 1-69b 所示情况是利用双向液控单向阀锁紧的双向锁紧回路，只要换向阀的两端电磁铁都断电，中位接入系统工作时，换向阀的 4 个油口都相通，但两个液控单向阀立即关闭，液压缸被双向锁紧。由于液控单向阀密封性能好，即使在外力作用下，这类回路也能使液动机长时间锁紧。

应该指出，在采用液控单向阀的锁紧回路中，换向阀的中位机能应能使液控单向阀的控制油口通油箱（如 M 型、H 型、X 型三位四通换向阀），以保证液控单向阀及时关闭。

3. 定向回路

定向回路的作用是使通过系统中某一元件的液流方向不变，故又称为整流回路。如图 1-70 所示，为使双向定量泵对系统的吸排液方向不变，采用了由 4 个单向阀组成的定向回路 3；为使安全阀始终与主回路高压管路相通，则采用了 2 个单向阀组成的定向回路 4。

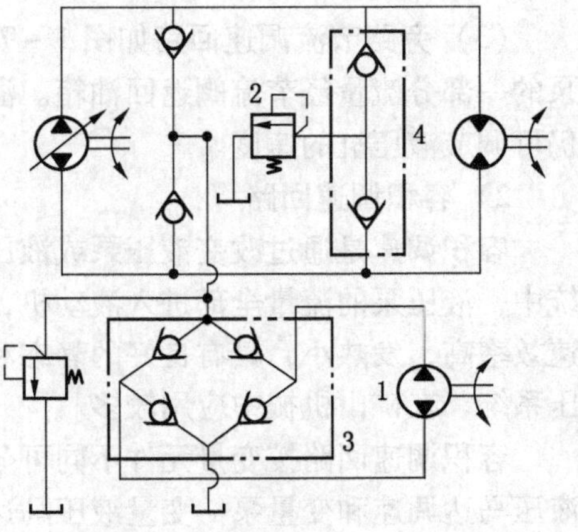

1—双向定量泵；2—安全阀；3、4—定向回路

图 1-70　定向回路

（三）速度控制回路

速度控制回路是液压系统中控制液动机运动速度的回路，包括速度的调节和变换。

1. 调速原理和方法

液压系统的调速就是根据工作机构对运动速度的要求，来调节液压缸的运动速度或液压马达的转速。根据液压缸活塞运动速度计算公式 $v = Q/A$ 和液压马达的转速计算公式 $n = Q/q$ 可知，通过调节输入液动机的液体流量 Q，即可改变油缸的运动速度或液压马达的转数，或通过调节变量马达的每转排量改变其转速。所以调速的基本方法有两种：节流调速和容积调速。

2. 调速回路

1）节流调速回路

节流调速回路是在定量泵系统中，利用节流阀或调速阀来改变输入液动机的流量 Q，使液动机运动速度获得无级变化的一种调速方式。

根据节流元件安装的位置，节流调速回路可分为如图 1-71 所示 3 种，即进液路节流调速、回液路节流调速和旁路节流调速。

（1）进液路节流调速回路如图 1-71a 所示，将节流阀串联在定量泵与液压缸的进液口之间，利用改变节流阀的通流面积，就可调节进入液压缸的流量，从而改变其运动速度，定量泵多余的流量从溢流阀返回油箱。在这种调速回路中，溢流阀与节流阀必须是并联使用，才能起到调节流量的作用，溢流阀在此起调压溢流作用。

（2）回液路节流调速回路如图 1-71b 所示，将节流阀串联在液压缸的回液路上，利用节流阀调节液压缸的回液量，使液压缸的输入流量受到控制，从而改变其运动速度，定量泵的多余流量经溢流阀返回油箱，回路调速效果较好。

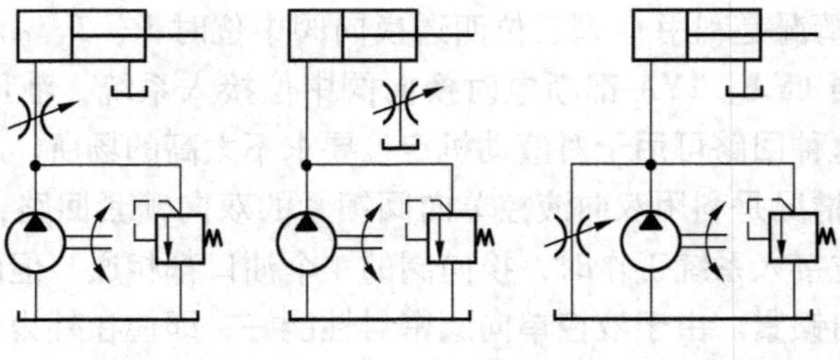

(a) 进液路节流调速　(b) 回液路节流调速　(c) 旁路节流调速

图 1-71　节流调速回路

（3）旁路节流调速回路如图 1-71c 所示，将节流阀安装在与定量泵并联的支路上，泵的一部分流量经节流阀返回油箱。溢流阀起安全保护作用，处于常闭状态。利用节流阀仍可调节液压缸的速度。

2）容积调速回路

容积调速是通过改变液压泵或液压马达的排量来进行调速的一种方法。在容积调速系统中，液压泵的流量全部进入液动机，既没有溢流损失，又没有节流损失。因此，容积调速效率高，发热小，具有良好的静态和动态特性，适用于大功率或对发热限制较严格的液压系统，在矿山机械中应用较多。

容积调速回路按变量元件不同可分为变量泵—定量液压马达调速系统、定量泵—变量液压马达调速和变量泵—变量液压马达调速 3 种，如图 1-72 所示。其中，应用较多的是变量泵—定量液压马达调速回路，下面重点介绍该系统。

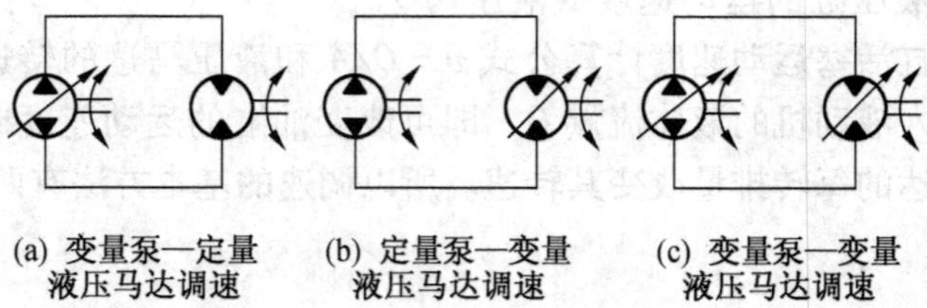

(a) 变量泵—定量液压马达调速　(b) 定量泵—变量液压马达调速　(c) 变量泵—变量液压马达调速

图 1-72　容积调速回路的类型

（1）变量泵—定量马达调速系统的工作原理

变量泵—定量液压马达调速系统的组成如图 1-72a 所示，主要由双向变量泵和双向定量马达或单向变量泵（与液压缸）组成。泵的排量可变，而马达的排量为定值，改变泵的排量，即可改变液压马达或液压缸的速度。

对于由双向变量泵和双向定量马达组成的调速系统，通过泵的变量机构换向，回路还可实现换向。当泵的排量调为零时，液动机停止运动，泵处于卸荷状态，因此该回路不仅能实现调速，而且还能控制液压马达的启动、停止及换向。对于由单向变量泵和液压缸组成的回路，液压缸的启、停、换向均由换向阀控制。

（2）变量泵—定量马达调速系统的工作特点

该调速系统输出扭矩不随速度变化，为恒扭矩系统，调速范围大，调速比（马达最高转速与最低转速之比）可达40,总效率高,易于换向且平稳。无论在外负载稳定或变化较大的场合,系统的工作都比较可靠,在功率较大的液压系统中应用相当普遍。

3. 速度切换回路

有些工作机构要求在一个行程的不同阶段具有不同的运动速度。例如，在切削机床上，开始切削前要求刀具与工件快速接近，开始切削后又要求刀具相对于工件慢速工作给进。速度换接回路的作用就是将一种运动速度转变为另一种运动速度。

图1－73a所示为一种由3组电磁换向阀控制实现的速度切换回路，图1－73b是其工作循环图，工作循环过程见表1－19。进回油路线请自行分析说明。

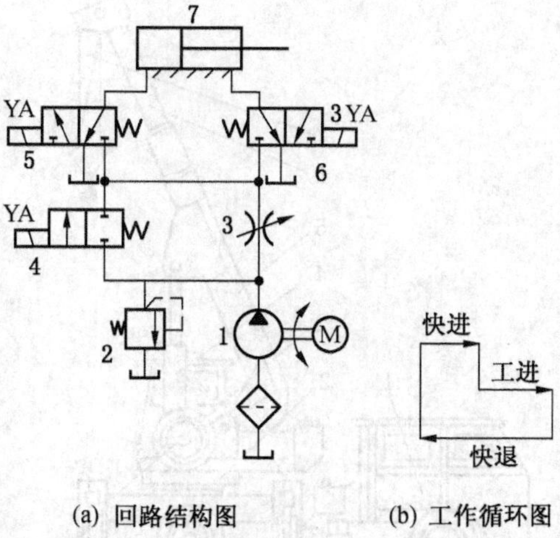

(a) 回路结构图　　(b) 工作循环图

1—单向泵；2—溢流阀；3—节流阀；4—二位二通电磁阀；5、6—二位三通电磁阀；7—液压缸

图1－73　速度切换回路

表1－19　回路动作循环表

电磁铁（YA）	液压缸动作			
	停止	快进	工进	快退
1YA	（－）	（＋）	（－）	（＋）
2YA	（－）	（＋）	（＋）	（－）
3YA	（－）	（－）	（－）	（＋）

【基本技能】

一、液压系统分析

（一）阅读液压系统图的方法和步骤

机械设备的液压系统，一般都按照设计选定的液压元件并采用国家标准规定的图形符号给出液压系统原理图。阅读和分析液压系统图一般按如下方法和步骤进行：

（1）初步了解液压机械设备的功能、动作特点、工作循环和对液压传动部分的要求。

（2）识读液压系统图中各元件及连接关系，分清主油路、辅助油路和控制油路；明确液压泵、液压执行元件、液压控制阀等元件的作用。

（3）认真分析液压系统并分解出多个子系统或基本回路，明确各子系统和基本回路的作用及相互联系。

（4）根据液压执行元件的不同工作状态和液压系统油液流动的方向，分析液压系统的工作原理。

（5）归纳液压系统的工作特点，列出其动作循环表，加深理解。

（二）汽车起重机液压系统分析

在起重机、挖掘机、推土机、装载机、筑路机、压路机、打桩机、混凝土泵车、叉

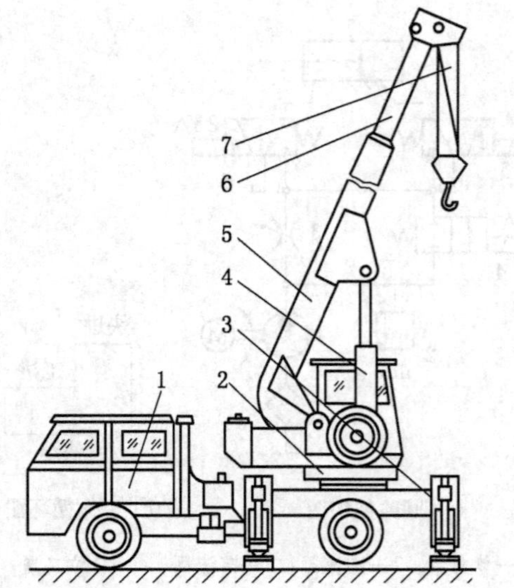

1—汽车；2—转台；3—支腿；4—吊臂变幅液压缸；
5—基本臂；6—伸缩臂；7—起升机构

图 1-74　Q2-8 型汽车起重机结构

车、消防车和撒盐车等工程机械中都广泛应用了液压传动技术，通过对 Q2-8 型汽车液压起重机液压系统的分析，可以对一般工程机械中液压系统的组成和工作方式均有基本的认识和理解。

Q2-8 型汽车液压起重机如图 1-74 所示，最大起重重量为 8 t（幅度 3 m），最大起重高度为 11.5 m。具有承载能力大、行走速度快、机动性能好等特点，可与运输车队编队行驶，可在有冲击、振动、温度变化较大的不利环境下作业，因此用途广泛。由于这种起重机执行动作较简单、位置精度较低，所以一般采用中高压手动控制，以确保系统的安全性和可靠性。

1. 起重机液压系统组成

Q2-8 型汽车起重机液压系统图如图 1-75 所示，该系统是一个单泵、开式、串联式多路阀液压系统。

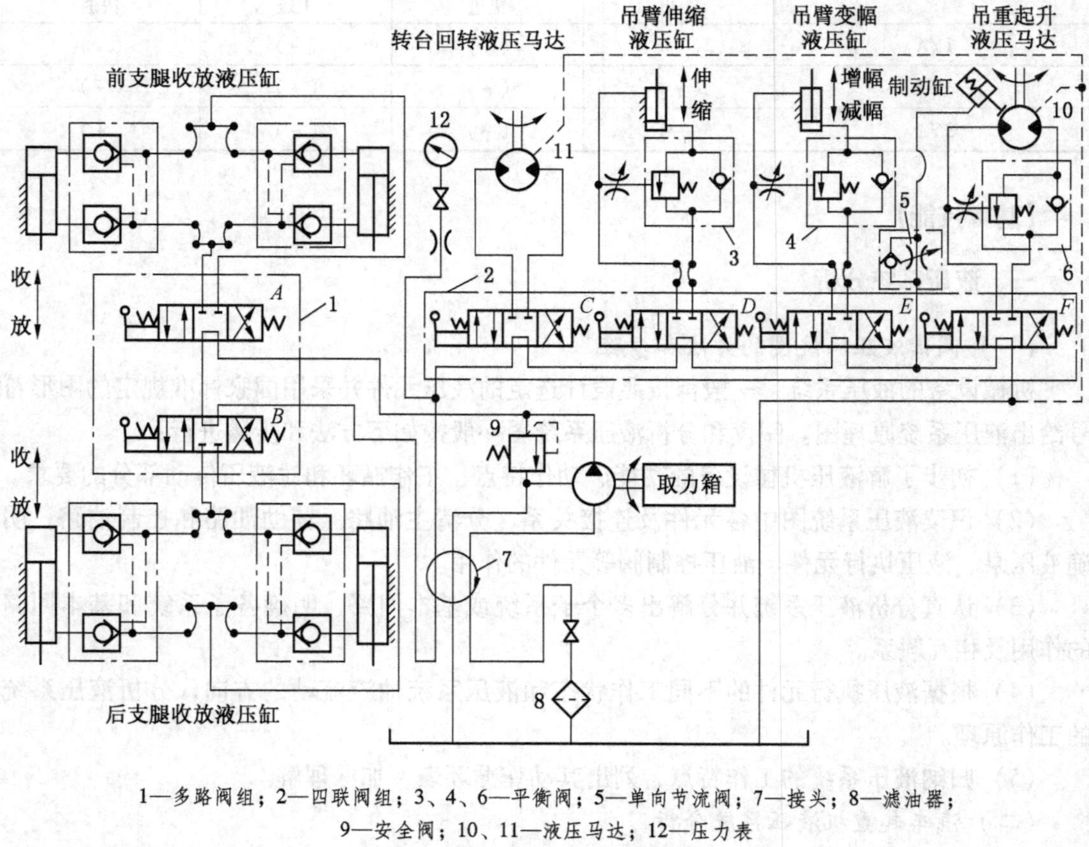

1—多路阀组；2—四联阀组；3、4、6—平衡阀；5—单向节流阀；7—接头；8—滤油器；
9—安全阀；10、11—液压马达；12—压力表

图 1-75　Q2-8 型汽车起重机液压系统

除液压泵、过滤器、安全阀、双联多路阀组及支腿部分外，其他液压元件都安装在可回转的上车部分，油箱也在上车部分，兼作配重。上车和下车部分的油路通过回转接头连通。

汽车发动机通过装在汽车底盘变速箱上的传动装置（取力箱）驱动一个轴向柱塞液压泵。泵的工作压力为21 MPa、排量为40 mL/r、转速为1500 r/min。泵通过中心回转接头、开关和滤油器，从油箱吸油。安全阀用以防止系统过载，调整压力为19 MPa，实际工作压力可由压力表读取。

整个系统由支腿收放、转台回转、吊臂伸缩、吊臂变幅和吊重起升5个工作支路组成，各部分都有相对的独立性。其中，前后支腿收放支路的换向阀 *A*、*B* 组成一个双联多路阀组，其余4支路的换向阀 *C*、*D*、*E*、*F* 组成一个四联阀组。各换向阀均为M型中位机能三位四通手动阀，相互串联组合，可实现多缸卸荷。

根据起重工作的具体要求，操纵各阀不仅可以分别控制各执行元件的运动方向，还可以通过控制阀芯的位移量来实现节流调速。

2. 各支路的作用和工作方式

1）支腿收放回路

起重作业前必须放下前后支腿，使汽车轮胎架空，用支腿承重，以保证安全；在行驶时又必须将支腿收起，轮胎着地。为此，在汽车的前、后端各设置两条支腿。前支腿两个液压缸同时用一个手动换向阀 *A* 控制其收放动作，后支腿两个液压缸用阀B控制其收放动作。为确保支腿能在任意高度支撑并能可靠的锁住，在每一个支腿油路中都设置了一组由两个液控单向阀组成的双向锁紧回路。

当阀A在左位工作时，前腿放下，进油路线为液压泵→换向阀 *A*→液控单向阀→前支腿液压缸上腔；回油路线为前支腿液压缸下腔→液控单向阀→换向阀 *A*→阀 *B*→四联阀组 *C*、*D*、*E*、*F* 中位→油箱。当阀 *A* 在右位工作时，前腿收起，后支腿油路液压缸用阀 *B* 控制，其油流路线与前支腿相同。

2）转台回转支路

回转支路的作用是驱动转台转动。执行元件是一个大转矩双向液压马达，通过齿轮、蜗杆机构减速，转台可获得1～3 r/min的低速。回转马达由手动换向阀 *C* 控制正、反转，当换向阀 *C* 在左右其中一个位置时马达旋转驱动转台转动。进油路线为液压泵排油→阀 *A*→阀 *B*→阀 *C*→回转马达11；回油路线为回转马达→阀 *C*→阀 *D*→阀 *E*→阀 *F*→油箱。

3）吊臂伸缩支路

起重机吊臂由基本臂和伸缩臂组成，伸缩臂套装在基本臂内，由吊臂伸缩缸带动。为防止吊臂在伸缩阶段因自重作用而向下滑移，油路中设置了平衡阀3（外控式单向顺序阀）。吊臂的伸缩由换向阀 *D* 控制，使伸缩臂具有伸出、停止和缩回3种工况。

当阀 *D* 在右位工作时吊臂伸出，进油路线为液压泵→阀 *A*→阀 *B*→阀 *C*→阀 *D*→平衡阀3中的单向阀→伸缩缸下腔；回油路线为伸缩缸上腔→阀 *D*→阀 *E*→阀 *F*→油箱。

4）吊臂变幅支路

吊臂变幅是用液压缸来改变吊臂的起落角度。变幅要求动作平稳可靠，故在油路中也设置了平衡阀4。增幅或减幅由换向阀 *E* 控制，其油流路线与伸缩支路类同。

5）起重吊升支路

起重吊升支路是泵系统的主要工作油路。吊重的提升和落下作业由一个大转矩液压马达10带动绞车来完成。液压马达的正、反转由换向阀 F 控制，马达转速即起吊速度可以通过改变发动机油门（转速）及控制换向阀 F 调节。

油路设有平衡阀6，用以防止重物因自重而下落。由于液压马达的内泄漏比较大，当重物吊在空中时，尽管油路中设有平衡阀，重物仍然会向下缓慢移动。为此，在液压马达驱动的轴上设有制动器。当起升机构工作时，在系统油压的作用下，制动器液压缸使闸块松开；当液压马达停止转动时，在制动器弹簧作用下，闸块将轴抱紧。当重物悬空停止后再次起升时，若制动器立即松闸，因马达的进油路可能未建立起足够的油压会造成重物短时间失控下滑。为避免这种现象产生，在制动器油路中设置单向节流阀，使制动器抱闸迅速，松闸却能缓慢进行（松闸时用节流阀调节）。

3. 液压系统的主要特点

（1）系统中采用了平衡回路、锁紧回路和制动回路，能保证起重机工作可靠、操作安全。

（2）采用三位四通手动换向阀，不仅可以灵活方便地控制换向动作，还可通过手柄操纵来控制流量，以实现节流调速。在起升工作中，将此节流调速方法与控制发动机转速的方法结合使用，可以实现各工作部件微速动作。

（3）换向阀串联组合，各机构的动作既可独立进行，又可在轻载作业时实现起升和回转复合动作，以提高工作效率。

（4）各换向阀处于中位时系统即卸荷，能减少功率损耗，适于间歇性工作。

Q2－8型汽车起重机是一种中小型起重机，常用一个液压泵。在执行元件不满载的情况下，各串联的元件可任意组合，使一个或几个执行元件同时运作。如使起升、变幅或回转同时动作，又如在起升回路工作的同时，也可操纵转台回转回路和吊臂伸缩回路等。然而，大型汽车起重机中多数采用多泵供油。

二、液压系统的使用与维护

（一）液压系统使用注意事项

（1）操作者应掌握液压系统的工作原理，熟悉各种操作特点以及按钮的位置等。

（2）工作中应随时注意油位高度和温升，油液的工作温度范围应在35～60 ℃。

（3）液压油要定期检查和更换，保持油液清洁。新投入使用的采煤机，使用3个月左右应清洗油箱、更换新油，以后按使用说明书的要求每隔半年或一年进行一次清洗或换油。

（4）使用中应注意过滤器、吸排气塞的工作情况，滤芯和吸排气塞应定期清洗或更换，平时要防止杂质进入油箱。

（二）液压系统维护保养

1. 每班检查项目

（1）每班检查液压油箱的油位。

（2）每班检查液压软管、接头是否有漏损、扭结、磨损或松动等现象。

2. 定期检查与维护

定期检查的内容包括日常检查维护中发现异常现象的原因并进行排除，对需要维修的部位，必要时进行分解检修。定期检查可分为周检、月检、季检，检查内容及要求如下：

（1）液压系统吸油过滤器应定期拆下清洗，必要时应更换。

（2）磁性过滤器每 15 个班要拆下清洗或更换。

（3）动力补油过滤器应定期清洗。

（4）吸排气塞每 15 个班要拆下清洗或更换。

（5）高压过滤器应定期清洗或更换。

（6）定期检查液压系统的空载压力和油液的工作温度，若空载压力超过规定值，说明系统中的高压过滤器已堵塞，则滤芯需要清洗或更换。

（7）检查液压系统安全阀的压力值，当高于或低于调定值时，则需要进行调整。

3. 综合检查

综合检查大约一年一次。其主要内容是检查液压元件和部件，判断其性能和寿命，并对产生故障的部位进行检修或更换。综合检查的方法主要是分解检查，要重点排除一年内可能产生的故障因素。

定期检查和综合检查均应作好记录，作为液压系统出现故障后查找原因或采煤机大修的依据。

（三）液压系统故障诊断及处理方法

液压系统的常见故障原因及处理方法见表 1－20。

表 1－20　液压系统的常见故障原因及处理方法

故障特征	主要原因	处理方法
不能供油	1. 油箱油位过低 2. 吸油管路阻塞 3. 油液黏度过高 4. 泵故障 5. 泵内有渣尘 6. 泵转向相反 7. 泵速过低 8. 吸排气孔堵塞 9. 吸油管泄漏 10. 吸油过滤器堵塞	1. 将油加至正常位置 2. 排出阻塞物 3. 排空油箱，换用低黏度油 4. 修理或更换泵 5. 拆开泵，清洗排渣 6. 改正电动机接线 7. 检查电动机的调定速度，检查电压是否过低 8. 清洗或更换吸排气塞 9. 检查泄漏部位并修理 10. 清洗或更换吸油过滤器
无系统压力	1. 安全阀工作失常 2. 阀泄漏 3. 安全阀弹簧损坏 4. 阀出口被杂质堵塞 5. 控制阀或液压缸内泄漏 6. 阀口处于开位	1. 检查调整安全阀整定压力 2. 查找失效的密封零件，修理或更换 3. 更换弹簧 4. 拆开并清洗 5. 查出失效元件，进行修理或更换 6. 检查电路，拆开电磁阀清洗，修理或更换
泵噪音过大	1. 吸油管路部分堵塞 2. 空气由管路泄漏处进入系统 3. 管路中有空气 4. 吸排气孔堵塞 5. 元件磨损或损坏 6. 泵的密封垫损坏或盖板松动 7. 泵运行速度过高 8. 油液黏度过大	1. 排除堵塞物 2. 检查接头、软管等，紧固接头，更换已损软管 3. 给系统排气 4. 清洗或更换 5. 更换元件 6. 检查并更换密封垫，适当紧固盖板 7. 检查电动机调定速度，检查电压是否过高 8. 换用合适黏度的油

表1-20（续）

故障特征	主要原因	处理方法
泵外泄漏	转轴密封磨损	更换O形密封圈及油封
泵过度磨损	1. 油液内有研磨物质 2. 油液黏度低 3. 持续高压超过泵的最大值 4. 系统中有空气	1. 清洗过滤器，更换油液 2. 检查油液黏度是否合适 3. 检查安全阀的整定压力并重新调整 4. 检查泄漏部位，进行修理，排出系统内空气
泵内部元件损坏	1. 油压过高 2. 泵由于缺油而划伤 3. 外界异物进入泵吸油口 4. 软管损坏	1. 检查、调整安全阀的压力 2. 检查油位、过滤器及供油管道，修理或更换 3. 拆开泵排除异物 4. 检查软管并更换
系统油温过高	1. 安全阀压力调定不当或阀故障 2. 由于泵磨损产生内部漏损 3. 油液黏度过高或过低 4. 在修理或维护后，泵安装过紧	1. 检查调整压力，更换失效的阀 2. 检查泵是否有内部漏损，并维修 3. 检查油液黏度是否合适，并换油 4. 拆开并重新安装泵
阀和液压缸过度磨损	1. 油液有研磨性颗粒 2. 活塞和活塞杆同轴度不好 3. 压力过高 4. 油液黏度过低 5. 系统中混入空气 6. 零件安装过松	1. 更换过滤元件 2. 检查并重新调整同轴度 3. 检查安全阀并重新调定 4. 检查并换黏度高或黏度指数高的油 5. 检查泄漏并排气 6. 紧固零件，修理或更换
液压软管或接头外部泄漏	1. 软管长度不当 2. 液压元件不同心或安装不当	1. 检查并更换损坏的软管 2. 检查并调整同轴度
过滤器破裂	过滤器污染，过滤器接法有误	排放系统油液，重新更换过滤器

【技能训练】

（1）在实训室液压传动试验台上，指导学生分组进行换向、速度控制等回路的连接和验证操作，认识液压典型基本回路的特点和应用。

（2）指导学生分组对图1-64开式液压系统和图1-65闭式系统进行识读分析，掌握简单液压系统的分析方法，了解系统中主要液压元件的作用。

【教学考核】

考核评价表见表1-21。

表1-21 考核评价表

项目名称	液压基本回路和液压系统			
学生姓名		班级		考核时间
评价方式	学生分组及组别 □ □　　自我 □　　教师 □			
评价地点	实训现场 □　　教学做一体化教室 □　　普通教室 □			
设备、工具	基本回路用液压元件、典型液压系统、专用工具和扳手			

表 1-21（续）

考核项目	内容和要求	标准分	评分标准	得分
基本知识	1. 液压系统的分类 2. 液压基本回路的作用 3. 液压系统的调速方式 4. 液压传动系统的基本组成 （可以采取手指口述的方式考核）	24	每缺一项或回答不正确扣6分	
基本技能	1. 能读懂液压传动系统图 2. 掌握液压传动系统主要元件的作用 3. 说明液压传动系统的拆卸、安装要求 4. 说明液压传动系统的常见故障及处理方法	36	每缺一项或回答不正确，操作不规范扣9分	
职业素质	1. 热爱劳动，积极参加 2. 同学之间协作学习 3. 口述表达准确流畅 4. 能正确使用常用工具 5. 能收集教材以外的资料 6. 注重工作现场整洁	30	每缺一项或工作达不到要求扣5分	
总分				

考核评价人签字：

年 月 日

复习思考题

1. 液压系统按工作液体在主回路中的循环方式不同分哪几种？各有什么优缺点？
2. 试述减压回路和限压回路的工作原理。
3. 调速原理是什么？调速方法有哪两种？
4. 利用节流阀调速的方式有哪几种？
5. 容积调速的方式有哪几种？

模块二　采　煤　机　械

采煤机械是机械化采煤作业的主要设备，作用是将原煤从煤层上破落下来，并在破煤的同时实现装煤。煤矿井下使用的采煤机械主要有滚筒采煤机、刨削式采煤机和连续采煤机3大类。

滚筒式和刨削式采煤机用于长壁机械化采煤工作面；连续式采煤机主要用于房柱式工作面开采以及全煤巷道快速掘进采煤。由于滚筒式采煤机对煤层地质条件适用性强，是目前长壁式采煤工作面使用最多的采煤机；刨削式采煤机主要用于薄煤层和极薄煤层长壁工作面采煤。

项目一　滚筒式采煤机概述

【学习目标】

知识目标：了解采煤机械的类别，掌握滚筒式采煤机的基本组成、工作机构、截煤方式，理解机械化采煤工作面的主要设备和用途。

技能目标：掌握滚筒式采煤机各部分的作用，理解截齿的失效形式，掌握采煤机井下解体步骤、安装方法、注意事项和要求，会组织吊装和运输采煤机主要部件。

【基本知识】

一、滚筒采煤机的分类、基本组成和主要作用

（一）分类

1. 按滚筒数目可分为单滚筒采煤机（图2－1）和双滚筒采煤机（图2－2）

单滚筒采煤机机身短、质量小，主要用于薄煤层和工作面长度较短的中厚煤层、煤柱及三角煤的开采；双滚筒采煤机在薄、中厚、特厚煤层中都能使用，应用更为广泛。

图2－1　单滚筒采煤机

图2－2　双滚筒采煤机

2. 按牵引调速方式可分为电牵引式和液压牵引式

电牵引采煤机具有可靠性高、故障率低的特点，目前大功率采煤机均以无链电牵引为主，且中、小功率电牵引采煤机的型号也很多。同时，由于液压牵引具有技术成熟、成本低、抗冲击载荷能力强等优点，近年来有的煤机厂又开发生产出了中、小功率新型无链液压牵引的采煤机，有的采煤机可以进行电牵引和液压牵引的互换。

3. 按牵引机构可分为有链牵引式和无链牵引式

由于无链牵引安全性好、牵引机构简单、对煤层倾角适应性强，目前滚筒式采煤机牵引方式以无链牵引为主，而有链牵引的采煤机一般具有机身高度小、机身窄、机道控顶距较小的优点，所以有链牵引方式在薄煤层采煤机中仍有应用。

（二）基本组成

滚筒式采煤机型号众多，但基本上都是由电气系统、截割部、牵引部和辅助装置四大部分（单元）组成。

图2-3所示为无链双滚筒采煤机组成示意图。采煤机由左右截割部、左右牵引部、液压泵站、电气控制箱等部分组成。

液压泵站和冷却装置分别设置在左牵引部和右牵引部的框架内；中间电控箱和左右牵引部用底托架连接起来构成主机身，而左右割截部通过铰接机构连接在主机身两端，构成完整机身。

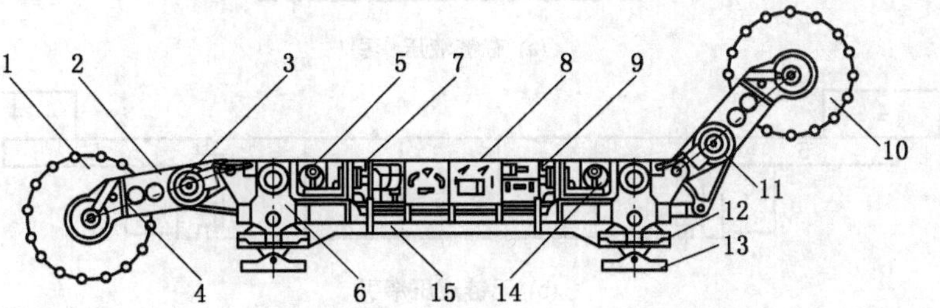

1—左滚筒；2—左截割部；3—左截割部电机；4—摇臂减速箱；5—左牵引部；6—左行走箱；7—液压泵站；8—电气控制箱；9—冷却喷雾泵站；10—右滚筒；11—右截割部电动机；12—导向滑靴；13—支撑滑靴；14—右牵引部；15—底托架

图2-3　无链双滚筒采煤机的组成

（三）主要作用

1. 电气系统

电气系统主要包括各部电动机和装有各种电气元件的中间控制箱。该部分的作用是为采煤机提供动力，并对采煤机进行保护和动作控制。多电动机传动的双滚筒采煤机一般用3~6台电动机分单元独立传动截割部、牵引行走部和液压泵站。

2. 截割部

截割部是采煤机的工作机构。如图2-3所示，左截割部主要由左截割电动机、摇臂减速箱和左滚筒组成，作用是将截割电动机输出的动力传递给滚筒，驱动滚筒旋转实现截煤和装煤。单滚筒采煤机只有一个截割部，双滚筒采煤机有两个截割部。

3. 牵引部

牵引部是采煤机的牵引、驱动和行走机构，主要由牵引电动机、传动机构、行走机构等组成。其作用是传递牵引电动机输出的动力，使采煤机沿刮板输送机行走，并能控制牵引方向和牵引速度，实现过载保护。

4. 辅助装置

辅助装置包括操作控制机构、连接机构、电缆和水管拖移、冷却和喷雾、滚筒调高、防滑制动等装置。这些装置的作用是与各主要部分一起构成完整的功能体系，保证采煤机安全、高效的采煤。

二、双滚筒采煤机总体结构布置

为便于操作和拆装检修，滚筒式采煤机的机体一般按单元成积木块式布置，而且新型采煤机基本上都采用了多电机横向布置的传动方式，其显著特点是由截割电机、摇臂减速箱、截割滚筒组成的截割单元与机身铰接，成为一个独立传动单元。双滚筒采煤机常见的3种布置形式是有链液压牵引、无链液压牵引和无链电牵引，如图2-4所示。

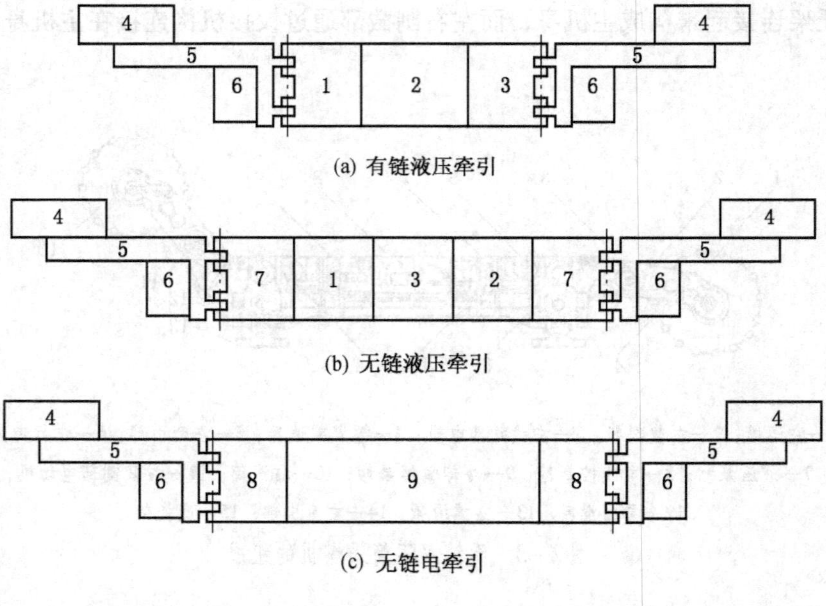

1—电控箱；2—牵引部电动机；3—牵引部；4—截割滚筒；5—摇臂；6—截割部电动机；7—行走部；8—行牵合一牵引部；9—电控单元

图2-4 多电动机采煤机总体布置方式

三、螺旋滚筒和截齿

（一）螺旋滚筒

螺旋滚筒是滚筒式采煤机的截割机构，起着落煤和装煤的作用。如图2-5所示，滚筒由齿座、轮毂、喷嘴、螺旋叶片、端盘和截齿等组成。滚筒一般为焊接结构，沿轮毂的外圆柱面上按旋向焊接叶片，在端盘和螺旋叶片上按一定排列方式焊接有一定数目的齿座，截齿装在齿座中。

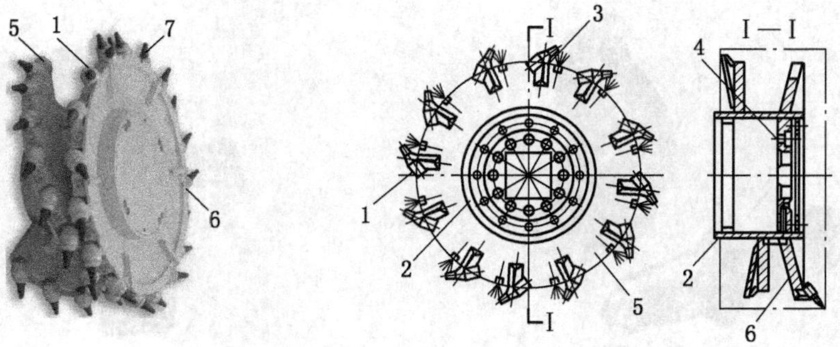

1—齿座；2—轮毂；3—喷嘴；4—方形连接套；5—螺旋板；6—端盘；7—截齿

图 2-5　采煤机螺旋滚筒结构

当滚筒转动时，截齿切入煤体，以铣削方式落煤，并依靠螺旋叶片的推力将煤装入刮板输送机。在螺旋叶片上设有内喷雾水道和喷嘴，截割时压力水从喷嘴成雾状喷出，直接喷向齿尖，起到冷却截齿、降低煤尘和稀释瓦斯的作用。

滚筒按螺旋叶片旋向分为左螺旋和右螺旋两种，工作时右螺旋滚筒向右转、左螺旋滚筒向左转才能将煤装入刮板输送机。

（二）截齿

截齿是采煤机直接落煤的刀具，对截齿的要求是强度高、耐磨、固定牢靠。滚筒式采煤机使用的截齿有镐形截齿和扁形截齿两种。

1. 镐形截齿

镐形截齿接近于沿滚筒的切向安装，所以也称为切向截齿。新型镐形大截齿增加了护齿套，由锥形截齿、齿座、护齿套组成，如图 2-6 所示。齿座焊接在滚筒端盘和螺旋板上，将护齿套和截齿装入齿座后，截齿尾端用弹簧卡圈定位，截煤时依靠齿尖的尖劈作用楔入煤体将煤碎落。

镐形截齿适用于脆性大、节理发达的煤层。由于新型镐形大截齿有利于增大切削厚度，从而提高煤的块度、降低煤尘，所以使用较多。

2. 扁形截齿

扁形截齿如图 2-7 所示，由于是沿滚筒径向安装，也称径向截齿。安装时齿身装入齿座后，尾端用弹性销子通过定位销孔固定。滚筒旋转时合金齿尖切入煤体，将煤破落。该类截齿适用于煤质坚硬、节理不明显且含有较软夹石层的煤层。

（三）截齿的失效形式

截齿失效形式有磨损、弯曲、崩合金片、折断、丢失等，其中主要是磨损。截齿磨损量主要取决于煤层及夹矸的磨蚀性。截齿磨损后其端面与煤的接触面积增大，使阻力急剧上升。一般规定截齿齿尖的硬质合金磨去 1.5 ~ 3 mm 或与煤的接触面积大于 1 cm^2 时应及时更换截齿，其他失效形式出现时，也必须及时更换，否则会增加功耗，导致滚筒及传动部件损坏。

截齿消耗以千吨煤消耗截齿数来衡量。一般截齿消耗量为 10 ~ 100 个/kt 煤。生产中应当及时分析截齿消耗的原因，降低截齿消耗，以降低吨煤成本。

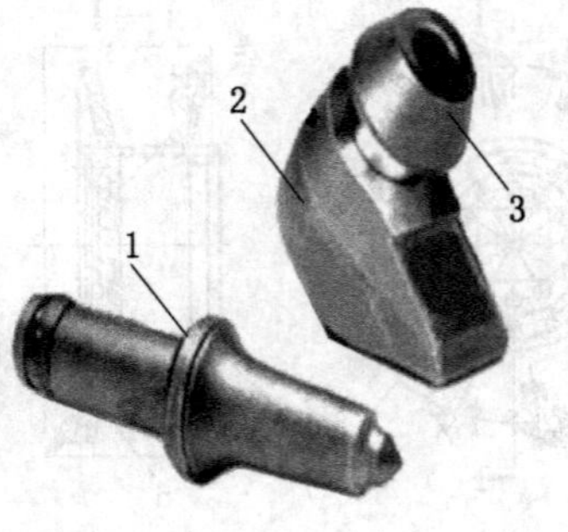

1—镐形截齿；2—切向齿座；3—护齿套

图 2-6　镐形截齿

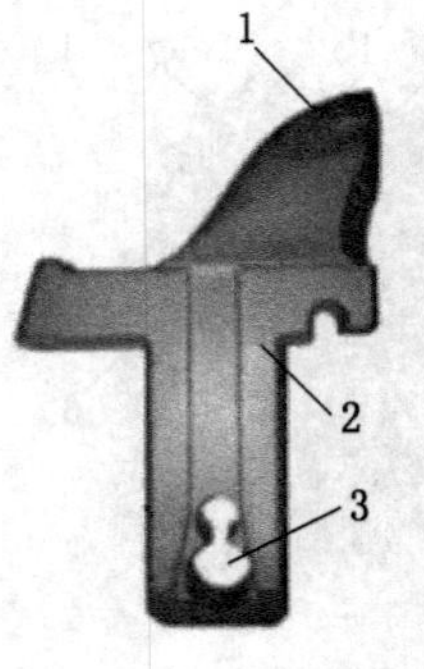

1—合金齿刃；2—齿身；3—定位销孔

图 2-7　扁形截齿

四、滚筒式采煤机的牵引方式和牵引机构

（一）牵引方式

滚筒式采煤机无链牵引按牵引调速方式可分为电牵引式和液压牵引式两种。

1. 电牵引方式

电牵引采煤机通过控制牵引部电动机转数和转向来实现采煤机的调速和换向。牵引部的传动方式为：电动机→牵引部减速箱→行走箱→行走轮。

2. 液压牵引方式

液压牵引采煤机通过控制主油泵排油量和排油方向来实现采煤机的调速和换向。牵引部的传动方式为：主油泵→牵引部液压马达→牵引部减速箱→行走箱→行走轮。

（二）无链牵引机构

国产采煤机常用的无链牵引机构有齿轮—销轨式和销轮—齿轨式两种。

1. 齿轮—销轨驱动式牵引机构。

图 2-8 所示为齿轮—销轨式无链牵引机构。销轨由圆柱销与两侧厚钢板焊成节段，每节长度为输送机中部溜槽长度的一半(750 mm)，用销轴固定在与刮板输送机溜槽连接的销轨座上，当牵引行走箱行走轮与安装在销轨上的圆柱销啮合时，推动采煤机行走实现牵引。

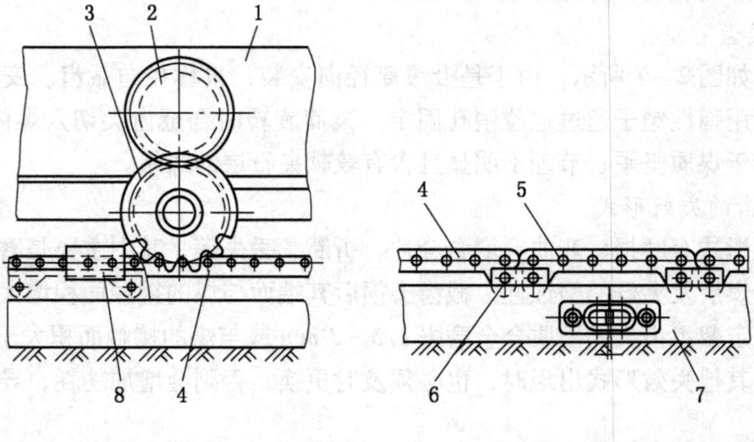

1—牵引部；2—驱动轮；3—行走轮；4—销轨；5—圆柱销；6—固定销轴；7—刮板输送机销轨座；8—导向滑靴

图 2-8　齿轮—销轨式无链牵引机构

安装在行走箱上的导向滑靴在销轨上起限位作用，对采煤机进行导向，并保证行走轮与销排正常啮合。国产 MG300/700－WD、MG650/1620－WD 等系列采煤机均采用齿轮—销轨驱动式牵引机构。

2. 销轮—齿轨式无链牵引机构

图 2－9 所示是滚轮—齿轨式无链牵引机构。销轮由 5 个直径为 100 mm 的圆柱销组成。工作时，安装在牵引部（或底托架）内的两个牵引传动箱分别驱动两个销轮，与固定在输送机上的齿条式齿轨相啮合，推动采煤机牵引移动。MG300 型和 AM－500 型等采煤机均采用了这种无链牵引机构。

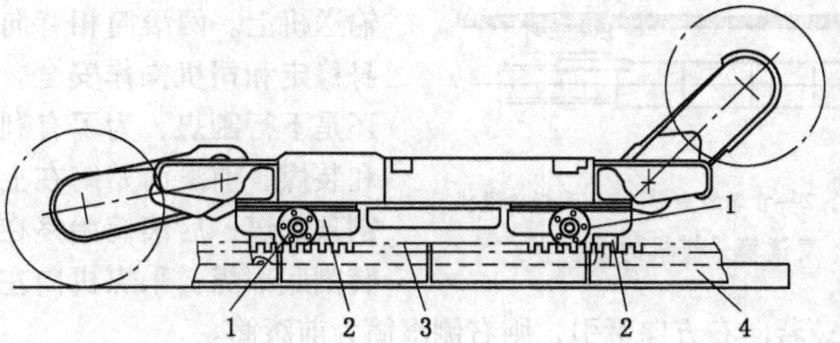

1—行走滚轮；2—牵引传动；3—齿条式齿轨；4—刮板输送机中部槽

图 2－9　滚轮—齿轨式无链牵引机构

五、滚筒式采煤机工作方式

1. 单滚筒采煤机

单滚筒采煤机工作方式如图 2－10 所示。采煤机按一定方向牵引割上部煤时，一般将滚筒调整到位于机身下端头（刮板输送机机头方向）位置，目的是使滚筒截割下来的煤不经过采煤机机身下面即运走，从而可以降低采煤机机面高度，也可避免大块煤卡在机身下面。若采高大于滚筒直径，则一般先截割上部煤，反向牵引时再割下部煤，滚筒转向不变。

为了保证装煤效果，一般单滚筒采煤机要配相同参数的左螺旋和右螺旋两个滚筒，在

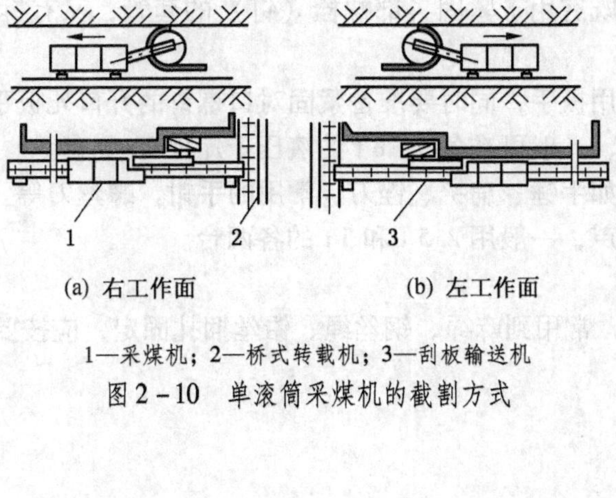

1—采煤机；2—桥式转载机；3—刮板输送机

图 2－10　单滚筒采煤机的截割方式

右工作面用左螺旋滚筒，向左旋转；左工作面用右螺旋滚筒，向右旋转。滚筒均为向内旋转截煤。

工作面的判断方法是：站在刮板输送机机头处，面向输送机机尾，工作面位于右手即为右工作面，如图 2－10a 所示；如工作面在左手即为左工作面，如图 2－10b 所示。

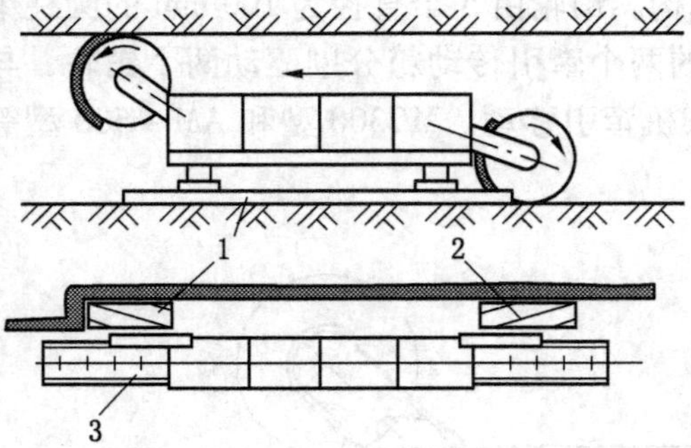

1—左螺旋滚筒；2—右螺旋滚筒；3—刮板输送机

图 2－11　双滚筒采煤机的截割方式

2. 双滚筒采煤机

如图 2－11 所示，为了保证装煤，左侧滚筒为左螺旋结构，向左转；右侧滚筒为右螺旋结构，向右转。两滚筒旋转截煤时依靠螺旋叶片推力将截落的煤推到刮板输送机上。两滚筒相背向外旋转有利于机身稳定和司机操作安全。不论是上行割煤还是下行割煤，为了有利于后滚筒割底煤和装煤，前滚筒始终在上，自上而下旋转割顶部煤；后滚筒始终在下，自下而上旋转割底部煤。采煤机向左方向牵引时，左侧滚筒为前滚筒；若向右方向牵引，则右侧滚筒为前滚筒。

【基本技能】

一、采煤机的安装准备与吊装

1. 场地准备

（1）开好机窝。一般机窝在工作面上端头运料道口，长为 15～20 m，深度不小于 1.5 m。

（2）确定工作面端部的支护方式，并维护好顶板。

（3）在对准机窝运料道上帮硐室中装一台 14 t 回柱绞车，并在机窝上方的适当位置固定一个吊装机组部件的滑轮。

2. 工具准备

（1）撬棍，准备 3～4 根，长度 0.8～1.2 m。

（2）绳套，其直径一般为 16～18.5 mm，长度视工作面安装地点和条件而定。一般可准备 1～1.5 m 长的绳套 3 根、2～3 m 的绳套 3 根及 0.5 m 的短绳套若干根。

（3）万能套管，既有用于紧固各部螺栓（钉）的套管，又有拆装电动机侧板和接线柱的小套管。

（4）活扳手和专用扳手，同时要准备紧固对口螺钉的开口死扳手和加力套管。

（5）液压千斤顶，一般可准备 5～8 t 的液压千斤顶 2～3 台。

（6）其他工具，如手锤、扁铲、锉刀、常用的手钳、螺丝刀等。

（7）手动起吊葫芦，一般用 2.5 t 和 5 t 的各两台。

3. 绳索系结方法

搬运、吊装机件，常用到麻绳、钢丝绳、铅丝捆扎固定，应按要求系好绳扣。常用绳扣系法见表 2－1。

表2-1　常用绳扣的系法

绳扣名称	图例	用途	特点
滑子扣 （又称拉扣）	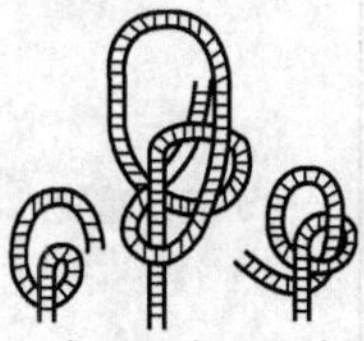	用于拖拉物体或穿滑轮等作业	牢靠、易于解开；拉紧后不会出现死结，随时可松，结绳迅速
梯形扣 （又称“8”字结、猪蹄扣）	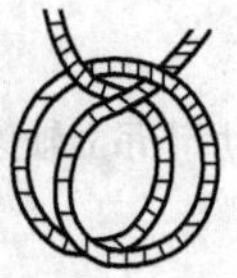	用于绑人字桅杆或捆绑物体	结绳方法方便简单，扣套紧两绳头越拉越紧，但松绳也容易
挂钩扣		用于挂钩	安全牢靠，结法方便，绳套不易跑出钩外
单绕时双插扣 （又称单帆索结）	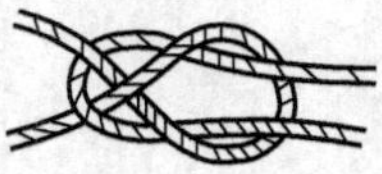	用于两根麻绳的联结	牢靠，适用于两端有拉紧力的场合
双滑车扣 （又称双环扣）	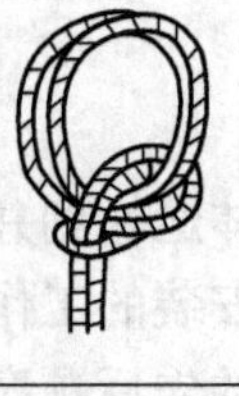	用于搬运轻便物体	吊抬重物绳扣自行锁紧，物体歪斜时可任意调整扣长；解绳容易、迅速
抬扣	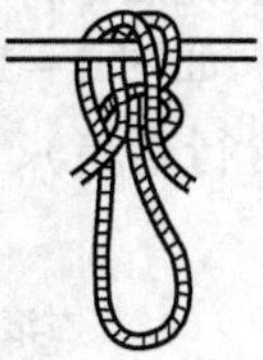	用于抬运或吊运物体	结绳、解绳迅速，安全可靠
背扣 （又称木结）	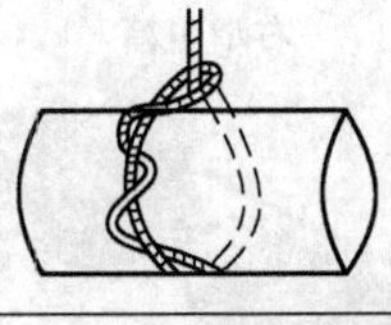	用于绑架子，提升轻而长的物体	越拉越紧，牢靠安全，易打结或松开，但必须注意压住绳头
蝴蝶扣	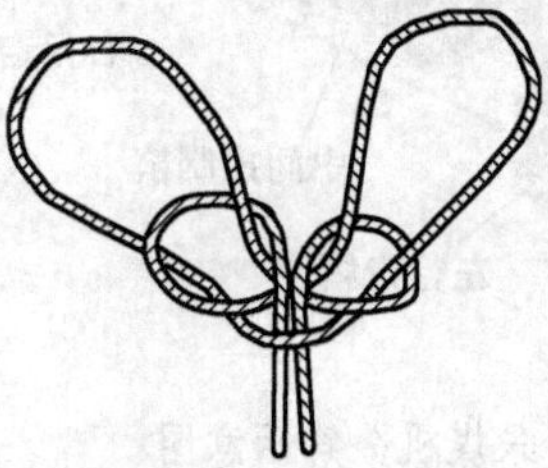	用于紧急情况或在现场没有其他载人升空机械时使用	操作者必须在腰部系一根绳，以增加升空的稳定性；必须将绳结拉紧，使绳与绳之间互相压紧；绳头必须在操作者的胸前，操作者用手抓住绳头

表 2-1（续）

绳扣名称	图例	用途	特点
死圈扣	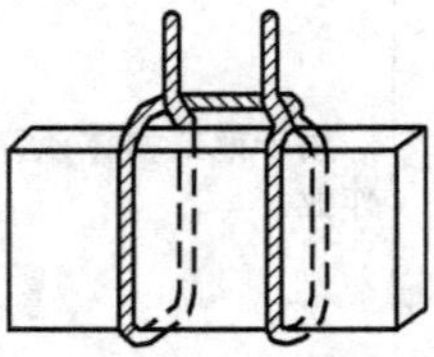	用于起吊重物	捆绑时必须和物件扣紧，不允许有空隙；一般采用与物件绕一圈后再结扣，以防吊装时滑脱
活瓶扣		用于吊立轴等圆柱形物体	受力均匀、平稳，安全可靠

4. 起吊要求

（1）根据物件的重量选取绳索及规格。

（2）根据物件的形状、结构选取挂钩或捆结的部位和方法，保证牢固、重心平稳。

（3）起吊物件时先试吊物件，必要时进行调整。

（4）熟悉指挥搬运的“手语”。

（5）放置重物件应有支垫并且牢固。

二、采煤机的解体和运输

（一）解体原则

为便于运输，采煤机在地面经试运转后要解体运输到井下安装，或采完一个工作面后采煤机要解体搬到新的工作面。为了减少工作面安装的工作量，在条件许可时，应尽量减少分解后的件数，并应根据组装程序，确定下井的先后顺序。小型采煤机一般只需拆下滚筒就可以，大型双滚筒采煤机最多可分为八大件，如图 2-12 所示：左滚筒、左摇臂、左牵引部（含行走箱）、中间控制箱、右牵引部（含行走箱）、右摇臂、右滚筒、破碎机。

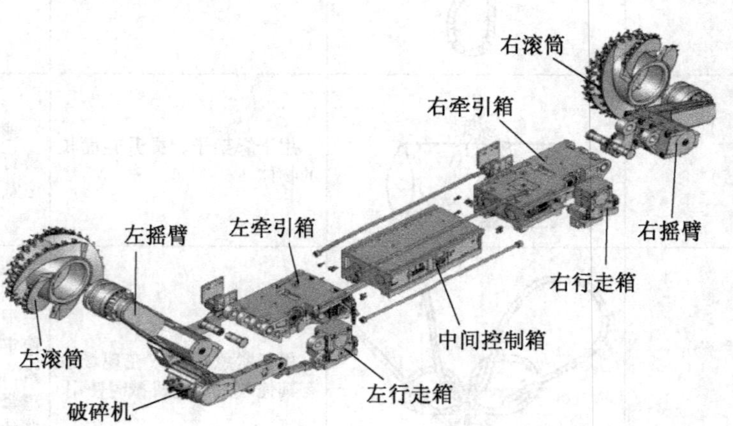

图 2-12　滚筒采煤机分解示意图

为了提高安装质量，减少在井下的安装时间，有些采用斜井和平硐开拓的大型矿井，采煤机在地面试运转后，只拆下摇臂和滚筒，由专用搬运车组把采煤机主机身部分连同输送机溜槽一起运到采煤工作面后再安装截割部和滚筒。

（二）解体要求

（1）对裸露的结合面、管接头、电缆、操作手把、按钮必须采取保护措施。

（2）对活动部分必须采取固定措施，液压缸必须与行走箱固定；

（3）油管、水管端头必须堵后包扎方能下井。

（4）对于紧固件及零碎小件必须分类装箱下运，以免丢失。

（三）井下解体步骤

（1）将采煤机牵引到工作面进风巷端口。

（2）维护工作空间，创造应有的工作条件。

（3）将采煤机擦拭干净，排放出各部的润滑油。

（4）备齐所需要的机具、工具和辅助材料。

（5）切断供电电源，拆去供电系统和信号系统。

（6）拆去喷雾装置和供水管路。

（7）拆去采煤机的左、右滚筒。

（8）有底托架的采煤机，可从采煤机的两端，依次拆去机身各部分。

（9）无底托架的采煤机，可从采煤机的一端支垫牢固后再拆卸。

（10）有底托架的采煤机，在拆卸时应将底托架支垫牢固后再拆卸。

（11）清理场地和对拆下的各部进行登记和编号。

（四）装车运输

1. 主要部件装车顺序

为便于安装，装车运输时按右滚筒、右摇臂箱、右行走部、电控部、液压泵站、左行走部、左滚筒、左摇臂箱、电缆及电缆夹、喷雾装置及水管、其他辅助装置的顺序装车。

2. 装车注意事项

（1）根据机件的形态、重量选择平板车、材料车或矿车。小型采煤机 2 ~ 3 车就可装完，大型采煤机使用车数较多。

（2）所有装上平板车、材料车的部件必须捆绑牢固，并保持部件重心在平板车或材料车的中心附近。

（3）必须了解工作面的方向、安装地点与行车路线，根据安装次序进行配车，保证先安装的部件先到工作面。

三、采煤机在工作面的安装

1. 有底托架的采煤机安装

一般是在刮板输送机上先安装底托架，然后在底托架上组装牵引部、电动机、电控箱、左右截割部、连接调高调斜千斤顶、油管、水管、电缆等附属装置，再安装滚筒和挡煤板，最后铺设和张紧牵引链（对于有链牵引采煤机）、接通电源和水路等。

2. 无底托架的采煤机安装

（1）把完整的中间控制箱吊装到刮板输送机上，并按安装高度用木支垫垫起调平。

（2）把右牵引部单元组合件置于中间箱的右侧，然后调整好两侧的滑靴和支腿，使其能可靠地支撑在刮板输送机两侧的铲煤板上和齿轨上，将两个结合面擦干净后用液压螺栓将这两大部件连接在一起，用同样的方法装上左牵引单元。

（3）在左右牵引箱上装上左右摇臂托架和升降油缸。

（4）吊装左右摇臂箱，用销轴和托架、升降油缸连接（可将摇臂用木支垫支起）。

（5）两个滚筒分别固定在左右摇臂上，装上挡煤板，并吊装破碎机。

（6）连接固定电缆、水管和相应的油管，接通电源、水路等。

3. 工作面安装采煤机注意事项

（1）在工作面安装地点应开有足够长、宽的缺口，便于存放采煤机部件。

（2）安装地点的顶板支护牢靠，底板清扫干净，通风良好。

（3）牵引采煤机的绞车应支撑牢靠，支柱应向前方倾斜，后方垂直，前后各两根；绞车的方向应与牵引绳垂直，不得歪斜。

（4）使用钢丝绳符合绞车的规定，旧绳一个捻距内断丝数不得超过10%。

（5）悬挂牵引滑轮的支柱应倾斜，滑轮挂在上部时，支柱向后倾斜；滑轮挂在下部时，支柱向前倾斜，使支柱有越拉越紧的趋势。

（6）绞车应设置清晰的声光信号。

（7）牵引时钢丝绳两侧不得站立人员，指挥人员应就地选择安全地点。

（8）绞车司机应随时注意绞车的声音，如遇机件被卡过载时，应立即停车检查，不得硬拉。

（9）使用链式起重机提升时，棚梁必须牢固。

（10）底托架的部件运上溜槽后要注意防滑。底托架组装完成后，要用圆环链固定在机尾上。

（11）各大件（电动机、牵引部、截割部等）对接安装时，必须擦拭干净，检查好密封件。

4. 安装质量要求

（1）零部件完整无损，连接螺栓齐全并紧固，手把和按钮动作灵活、正确。

（2）电动机与牵引部及截割部的连接螺栓连接牢固，滚筒及弧形挡煤板螺钉齐全、牢固。

（3）油质和油量符合要求，无漏油漏水现象。

（4）电动机接线正确，滚筒旋转方向适合工作面要求。

（5））空载试验，低压正常，运转声响无异常。

（6）电缆尼龙夹齐全，电缆长度符合要求。

（7）冷却水、内外喷雾系统符合要求，截齿齐全。

【技能训练】

（1）按照表2-1，分组练习吊装货件时绳扣的系法。

（2）认识采煤机拆装的常用工具，测定滚筒直径、依据机身位置判断滚筒旋转方向。

（3）按以下顺序拆装截齿和滚筒。

① 拆装截齿：

a）用专用工具拆下残损的截齿。

b）将齿座清理干净。

c）装入完好的截齿。

d）用专用工具将截齿固定好。

e）清点工具，清理现场。

② 拆装滚筒：

a）拆下滚筒上的端盖。

b）拆下滚筒连接螺栓。

c）用吊车取下滚筒。

d）将被安装的滚筒清理干净。

e）用吊车装上滚筒。

f）拧紧滚筒上的连接螺栓。

g）装上滚筒端盖。

【教学考核】

考核评价表见表2－2。

表2－2 考核评价表

<table>
<tr><td>项目名称</td><td colspan="5">滚筒采煤机概述</td></tr>
<tr><td>姓名</td><td></td><td>班级</td><td></td><td>考核时间</td><td></td></tr>
<tr><td>评价方式</td><td colspan="5">学生分组及组别 □ □　　自我 □　　教师 □</td></tr>
<tr><td>考核地点</td><td colspan="5">实训现场 □　　教学做一体化教室 □　　普通教室 □</td></tr>
<tr><td>设备教学资源</td><td colspan="5">双滚筒采煤机实物或采煤机模型、三维图、图片等</td></tr>
<tr><td>考核项目</td><td>内容和要求</td><td>标准分</td><td>考核方式和要求</td><td colspan="2">得分</td></tr>
<tr><td>基本知识</td><td>1. 说明采煤机机械的类型、滚筒式采煤机的分类，各适用于何种采煤工作面
2. 说明双滚筒采煤机的组成及各部分的作用
3. 说明双滚筒采煤机的型号含义
4. 截齿的作用、失效形式</td><td>28分</td><td>采取问答的方式考核，每缺一项或回答不正确扣6分</td><td colspan="2"></td></tr>
<tr><td>基本技能</td><td>1. 看图描述双滚筒采煤机的截煤方式
2. 说明采煤机、液压支架和刮板输送机的用途、相互关系
3. 描述综采工作面刮板输送机、桥式转载机、可伸缩带式输送机“运输三机”的关系
4. 演示表2－1中前4种绳扣系法
5. 描述无底托架的采煤机安装方法</td><td>42分</td><td>小组讨论分析，手指实物、仿真模型或三维图口述回答。每缺一项或回答不正确，操作不规范扣7分</td><td colspan="2"></td></tr>
<tr><td>职业素质</td><td>1. 积极参加，遵守纪律
2. 交流学习，互相帮助
3. 表达准确，叙述流畅
4. 注重安全，能正确使用常用工具
5. 拓展知识，收集教材以外的资料
6. 清理环境，注重工作现场整洁</td><td>30分</td><td>每缺一项或工作达不到要求扣5分</td><td colspan="2"></td></tr>
<tr><td>总分</td><td colspan="5"></td></tr>
<tr><td colspan="6">考核评价人签字：

年　月　日</td></tr>
</table>

复习思考题

1. 画图说明单滚筒采煤机和双滚筒采煤机的截煤方式。
2. 什么是单向割煤和双向割煤?
3. 双滚筒采煤机按解体要求可以分解为哪几大部分?
4. 采煤机主要部件的装车顺序是怎样的?
5. 井下安装采煤机的注意事项主要有哪些?
6. 画图说明采煤机端头斜切进刀的过程。

项目二　双滚筒采煤机

【学习目标】

知识目标：了解典型滚筒式采煤机的特点、使用条件，熟悉采煤机各部的作用、结构组成、传动系统，熟悉采煤机电牵引、液压牵引的基本原理和调速方式，熟悉采煤机司机岗位职责和操作前检查的注意事项。

技能目标：懂得采煤机启动、牵引、换向、停机操作的步骤和操作要求，能够对采煤机进行模拟操作；掌握采煤机维护保养的主要内容、方法，会进行一般维护。

【基本知识】

一、MG650/1620 - WD 采煤机

（一）概述

MG650/1620 - WD 型采煤机是一种多电动机驱动、电动机横向布置，采用机载式交流变频调速装置，可实现无级调速的无链电牵引采煤机，分为基本型、加高型和大倾角型3 种。3 种机型的机械传动系统相同，绝大多数部件之间可以互换。

1. 整机组成

图 2 - 13 所示为 MG650/1620 - WD 型采煤机的组成示意图。整机可分解为十大部件、四大系统及若干附属小组件和零件等。十大部件为左、右截割部，左、右牵引部，左、右

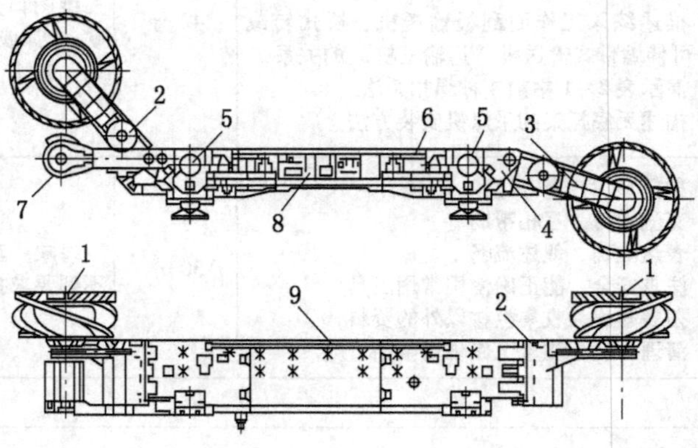

1—截割滚筒；2—截割电动机；3—摇臂；4—摇臂托架；5—牵引行走箱；
6—调高液压站箱；7—破碎滚筒；8—电控箱；9—机身框架螺栓

图 2 - 13　MG650/1620 - WD 型采煤机组成

行走箱，左、右滚筒、中间（控制）箱和破碎机。四大系统为机械传动系统、电气控制系统、液压系统、冷却喷雾系统。附属组零件为主铰接轴零件、护板组、定位销轴、拉紧装置等。

2. 主要特点

（1）采用多电动机驱动，截割电动机横向布置在摇臂上，减速箱全部采用正齿轮传动，结构简化。摇臂与主机身通过销轴铰接，没有动力传递。

（2）无底托架，中间框架和电气控制箱为一体，与左、右牵引部用长螺栓连接为三段式主机身，采用圆柱定位销与高强度液压螺栓连接，简单可靠、装拆方便。

（3）右牵引传动箱与液压泵站布置在一个箱体内，结构紧凑。

（4）牵引电动机、泵电动机均可在采空侧抽出拆装，维修方便。

（5）采煤机各种操纵开关、控制按钮、显示装置均设在采空侧（主要在中间箱面板上），操作安全方便。

（6）采用交流变频调速技术，实现牵引速度无级变速，可采用四象限变频调速技术满足35°以下大倾角煤层工作面的需要，电牵引传动效率高、牵引力大。

（7）采用了网络结构式采煤机工况监测和故障诊断的专用数字信号处理系统。

（二）截割部

1. 截割部组成

如图2－14所示，截割部由截割电动机、带柔性轴的离合器、摇臂减速箱、螺旋滚筒、冷却管路和内外喷雾装置等组成，左右截割部组成相同。摇臂（减速箱）结构如图2－15所示。

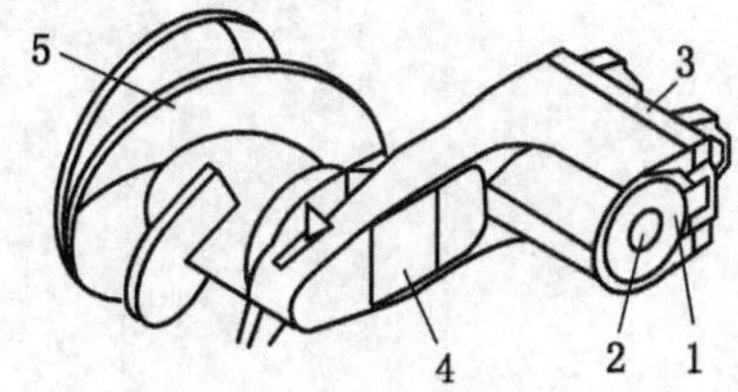

1—截割电动机；2—离合器；3—铰接托架；4—摇臂；5—螺旋滚筒

图2－14　截割部组成

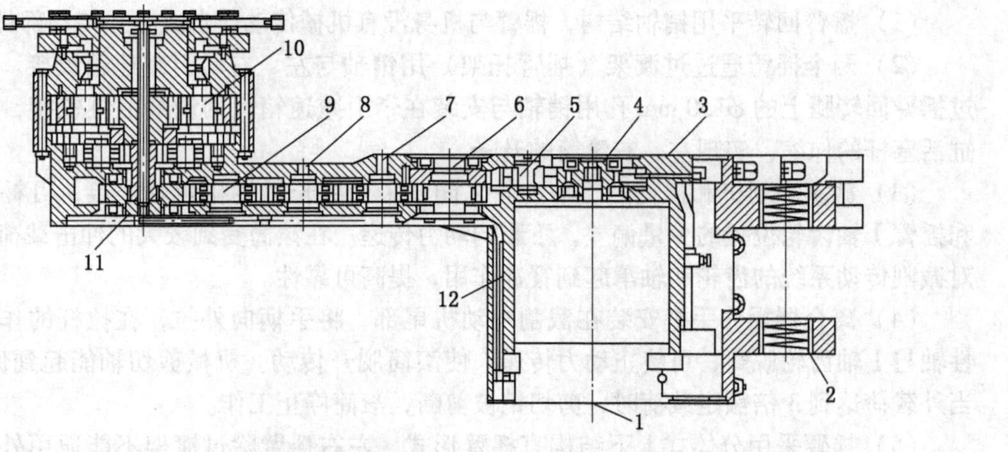

1—截割电机筒壳；2—摇臂销轴孔；3—摇臂（减速器）外壳；4、5、6—Ⅰ～Ⅲ轴组件；7、8、9—Ⅳ～Ⅵ轴组件（惰轮轴）；10—第二级行星轮轴（心轴）；11—内喷雾水管；12—冷却水道

图2－15　MG650/1620－WD型采煤机摇臂箱结构

2. 截割部传动系统

截割部传动系统如图2－16所示，全部采用正齿轮传动，末端采用两级四星轮行星减

速器，结构紧凑，传动扭矩大，传动可靠。截割电动机的输出轴是带有内花键的空心轴，通过细长柔性扭矩轴与齿轮 Z_1 相连，截割电动机输出的扭矩经齿轮 Z_1、Z_2、Z_3（一级），Z_4、Z_5、Z_6、Z_7、Z_8（二级）两级减速后，传到第一级行星减速器（Z_9、Z_{10}、Z_{11}），再由行星架将动力传给第二级行星减速器（Z_{12}、Z_{13}、Z_{14}），第二级行星减速器将动力传给方形连接套，最后传到截割滚筒，驱动滚筒旋转。更换 Z_1、Z_2 可以使滚筒获得两种转速。

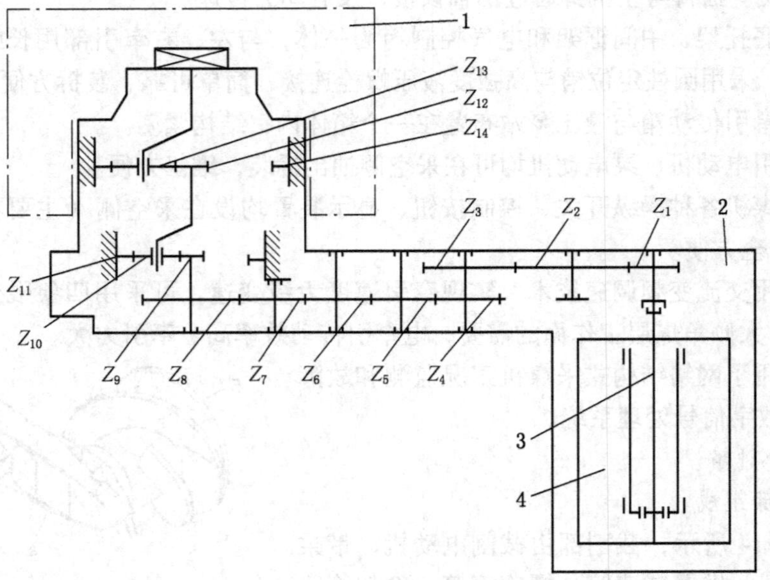

1—螺旋滚筒；2—变速箱；3—剪切轴；4—带柔性轴的截割电动机

图 2-16 截割部传动系统

3. 截割部特点

（1）摇臂回转采用销轴结构，摇臂与机身没有机械传动，自成独立传动部件。

（2）两个摇臂通过过渡架（摇臂托架）用销轴与左、右牵引减速箱铰接。同时，通过摇臂回转腿上的 ϕ150 mm 孔用销轴与安装在牵引减速箱上的调高油缸铰接，依靠液压缸活塞杆的伸缩，实现左、右滚筒的升降。

（3）截割电动机和摇臂内Ⅰ轴齿轮之间，采用细长柔性扭矩轴连接，可补偿电动机和摇臂Ⅰ轴齿轮位置的少量偏差，不影响动力传递。在滚筒受到较大的冲击载荷时，还能对截割传动系统的齿轮和轴承起到缓冲作用，提高可靠性。

（4）离合器操作手把安装在截割电动机尾部，将手柄向外拉，在拉杆的作用下，柔性轴与Ⅰ轴齿轮脱离，可终止动力传递，使滚筒脱开传动。机械剪切轴能起到保险作用，当外载荷达到 3 倍额定载荷时，剪切销被剪断，滚筒停止工作。

（5）摇臂采用分体式上下结构直摇臂形式，左右摇臂除过渡架不能通用外，其余都可通用。摇臂外壳上、下都有冷却水套，齿轮减速箱内部设两组冷却水管，用以降低摇臂内油池的温度。

4. 截割部的润滑方式

采煤机截割部因传递功率大而发热严重，其壳体温度可高达 100 ℃，因此截割部传动装置的润滑十分重要，国内大功率采煤机均采用硫磷型极压工业齿轮油。截割部减速箱润滑方式有飞溅润滑和强迫润滑两种方式。

1）飞溅润滑

减速箱中最常用的润滑方法是飞溅润滑，即将一部分传动零件浸在油池内，靠它们向其他零件供油和溅油。同时，油被甩到箱壁上，以利散热，并使轴承获得必要的飞溅润滑。油面位置布置在同一水平或接近同一水平时，飞溅润滑具有良好效果。

2）强迫润滑

如果各传动零件所在的水平相差太大，且有低速齿轮副，则一般采用强迫润滑。这时由润滑泵供油，其吸油口必须保证在最低允许水平时能浸在油中。强迫润滑能保证高处、远处的传动零件得到润滑，但油的清洁度要好，并且应设置监测装置，以保证各润滑点供油。

采煤机摇臂内传动零件润滑存在的特殊性：割顶煤时滚筒上升，摇臂端部齿轮得不到润滑；割底煤时滚筒下降，润滑油集中在摇臂端部。如果摇臂长时间向上抬起，齿轮传动箱内的润滑油将全部流到摇臂下部，靠上的几级齿轮传动、行星齿轮传动和轴承不能确保得到充分的润滑，影响其使用寿命，严重时可能会导致齿轮和轴承损坏，影响生产进度。为此，该机和其他采用行星齿轮传动的大功率采煤机一般都设置了强迫润滑装置，用于对行星头处轴承和齿轮进行强迫润滑。

（三）牵引部

1. 牵引部组成

牵引部分为独立的左牵引箱和右牵引箱两部分。左右牵引箱结构不对称。左牵引箱由牵引电机、机械传动系统、喷雾冷却阀组等组成；右牵引箱由牵引电机、机械传动系统、泵站电机、液压泵箱及阀组等组成。左、右牵引箱上都有滚筒升降油缸铰接座孔。如图 2－17 所示，是右牵引箱组成图。

牵引传动系统由牵引减速箱和行走箱两部分组成。牵引减速箱内有牵引电动机、两级直齿传动齿轮和两级行星齿轮减速机构，外壳上附有支腿滑靴、升降油缸铰接销孔。行走箱内有驱动轮、行走轮和导向滑靴，通过导向滑靴在销轨上的限位对采煤机进行导向并保证行走轮与销轨正常啮合。行走箱内的支承轴承用油脂润滑，需定期检查油脂并加油。

如图 2－17 所示，牵引减速箱内有牵引电动机、两级直齿传动齿轮和两级行星齿轮减速机构，外壳上附有支腿、升降液压缸铰接销孔。如图 2－18 所示，行走箱内有驱动轮、行走轮，外壳上装有导向滑靴。

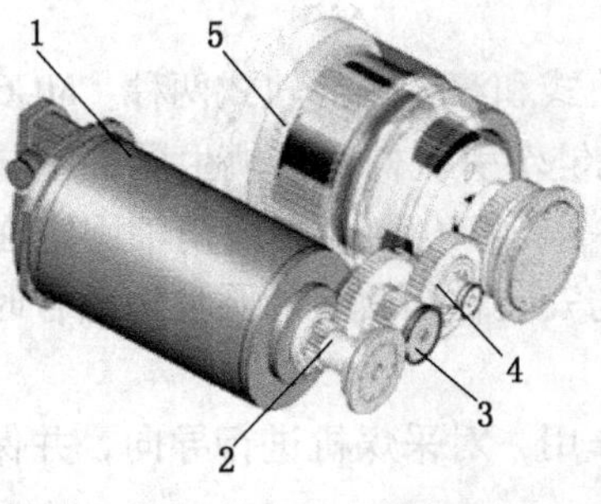

1—牵引电动机；2、3、4—两级直齿传动齿轮；
5—双级行星齿轮机构

图 2－17　牵引部减速箱结构

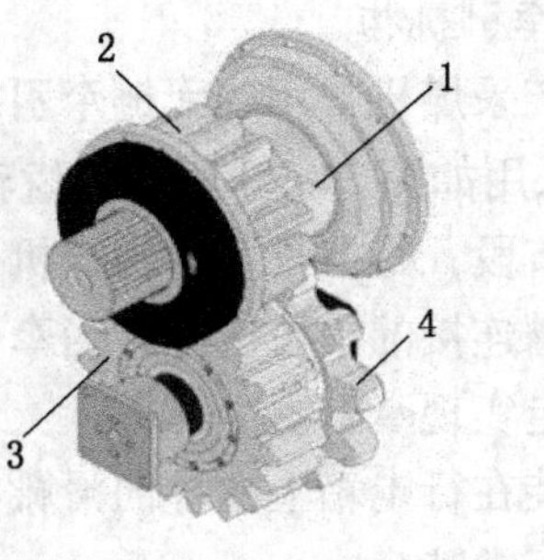

1—行星机构输出轴；2—驱动轮；
3—中间轮；4—行走轮

图 2－18　牵引部行走箱结构

2. 传动系统

图 2－19 所示为右牵引部传动系统，牵引电动机输出的动力经减速箱两级直齿轮 Z_1、Z_2 和 Z_3、Z_4、Z_5 以及 Z_6、Z_7、Z_8 和 Z_9、Z_{10}、Z_{11} 两级行星减速机构后，传递到行走箱驱动轮 Z_{12}、中间轮 Z_{14}、行走轮 Z_{15} 上，使其与刮板输送机上的销轨相啮合，驱动采煤机行走。Z_{13} 是惰轮，在加高型中设置，普通型中不设置。

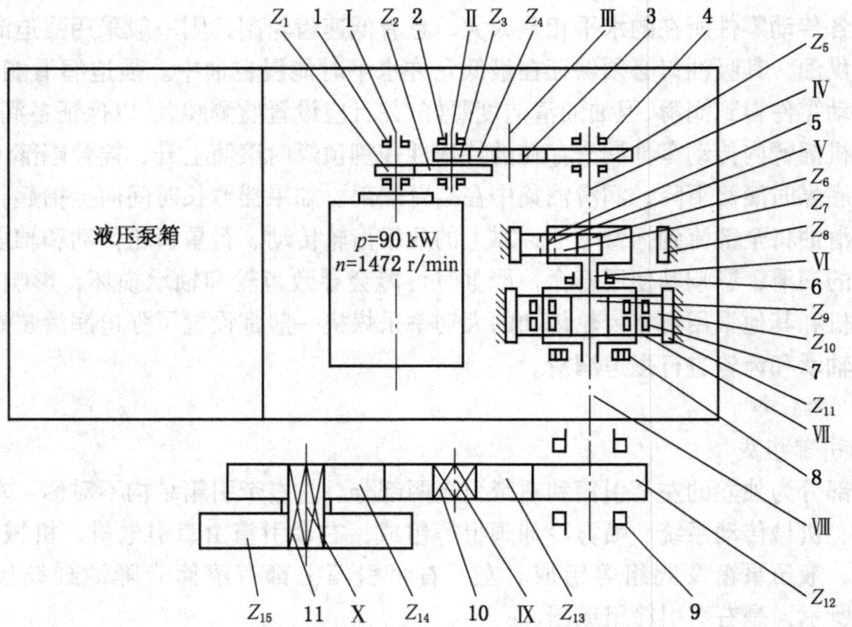

Ⅰ～Ⅹ—轴代号；1～11—轴承；Z_1～Z_{15}—传动齿轮

图 2－19　右牵引部传动系统

3. 调速原理

电牵引采煤机用控制牵引电动机转速与转向的方式，控制采煤机牵引速度和牵引方向。国产电牵引电机一般都采用机载交流变频方式调速。

该采煤机牵引系统采用“一拖一”工作模式，即由两台变频器各带一台电动机拖动采煤机牵引。

4. 牵引机构

国产采煤机常用的无链牵引机构有齿轮—销轨式和滚轮—齿轨式两种。MG650/1620－WD 型采用如图 2－20 所示的齿轮—销轨驱动式无链牵引机构。销轨由圆柱销与两侧厚钢板焊成节段，每节长度为输送机中部溜槽长度的一半（750 mm），用销轴固定在与刮板输送机溜槽连接的销轨座上，当牵引行走箱行走轮与安装在销轨上的圆柱销啮合时，推动采煤机行走实现牵引。

安装在行走箱上的导向滑靴在销轨上起限位作用，对采煤机进行导向，并保证行走轮与销排正常啮合。

图 2－21 所示是滚轮—齿轨式无链牵引机构。滚轮由 5 个直径为 100 mm 的圆柱销组成。工作时，安装在牵引部（或底托架）内的两个牵引传动箱分别驱动两个滚轮（即销

轮），与固定在输送机上的齿条式齿轨相啮合，推动采煤机牵引移动。MG300 型和 AM－500 型等采煤机均采用了这种无链牵引机构。

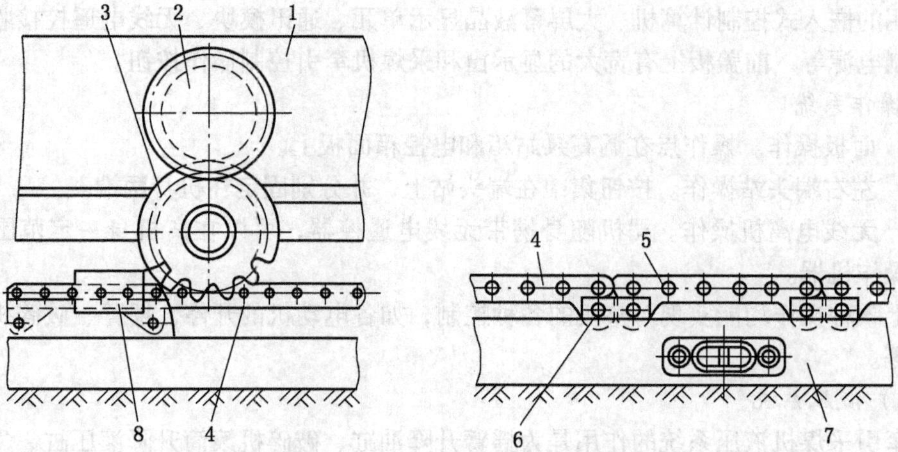

1—牵引部；2—驱动轮；3—行走轮；4—销轨；5—圆柱销；6—固定销轴；7—刮板输送机销轨座；8—导向滑靴

图 2－20　齿轮—销轨式无链牵引机构

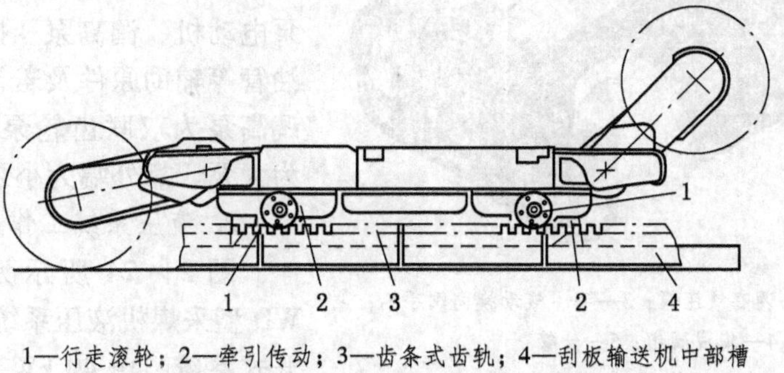

1—行走滚轮；2—牵引传动；3—齿条式齿轨；4—刮板输送机中部槽

图 2－21　滚轮—齿轨式无链牵引机构

（四）电气及操作系统

1. 电气系统

采煤机电气系统主要由电气控制箱（ZJT－350/3300C）、截割电动机、牵引电动机、破碎电动机、油泵电动机及各种操作控制装置组成。整个电气系统的操作控制由一套名为 TDECS 的控制系统实现，它是一种采用网络分布式结构的嵌入式计算机控制系统。

电控箱位于采煤机的中部，是采煤机整体构件的一部分。如图 2－22 所示，电控箱内部又分成变压器腔、高压电气腔、

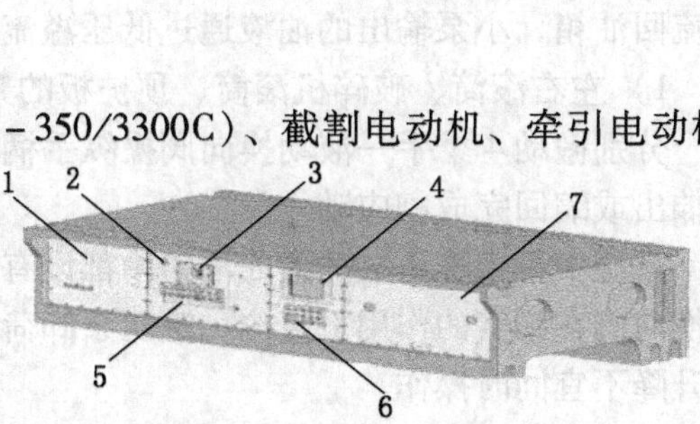

1—变压器腔；2—高压电气腔；3—先导自检面板；4—计算机控制腔；5—泵电动机、截割电动机、破碎电动机控制按钮；6—牵引控制按钮；7—变频器箱

图 2－22　采煤机电控箱

计算机控制腔、变频器腔和接线腔等几部分，用于布置高压电动机控制装置、牵引变压器、变频器等，具有操作与保护控制、状态监视显示、电源配置及连线、分线等功能。前盖装有隔离开关手把、各电动机控制操作按钮。计算机控制腔内安装有构成 TDECS 控制系统专用的嵌入式控制计算机、大屏幕液晶显示单元、通讯模块、无线电遥控接收模块和各类控制电源等，前盖板上有宽大的显示窗和采煤机牵引控制操作按钮。

2. 操作系统

（1）面板操作。操作点在调高泵站箱和电控箱面板上。

（2）左右端头站操作。按钮集中在端头站上，并分别固定在机身两端。

（3）无线电离机操作。司机随身携带无线电遥控器，可以在离机身一定范围内的任何位置操作机器。

以上 3 种操作均能实现对整机的各种控制，如各电动机的开停，摇臂、破碎机、顶护板升降等。

（五）液压系统

电牵引采煤机液压系统的作用是为摇臂升降油缸、破碎机滚筒升降液压缸、采煤机护顶板油缸及牵引部制动器油缸提供动力，并进行操作和控制。

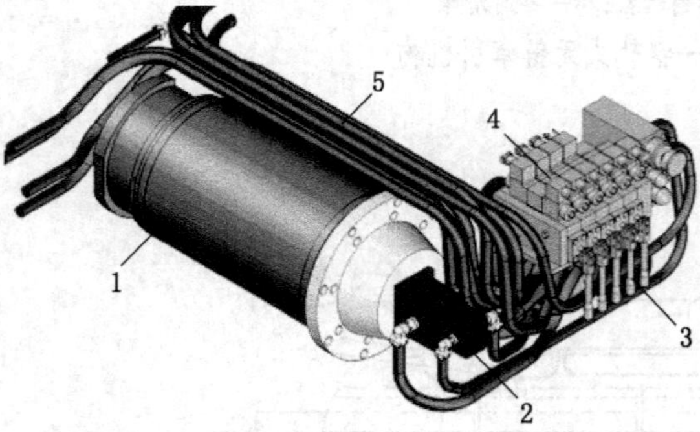

1—电动机；2—调高液压泵；3—手－液动换向阀手柄；4—集成阀组；5—油管

图 2－23　采煤机液压系统总成

1. 液压系统组成

如图 2－23 所示为安装在右牵引箱框架内的采煤机液压系统总成，由泵电动机、调高泵、操纵和控制阀组、油管等辅助原件及若干组液压缸组成。调高泵为双联齿轮泵，靠电动机轴端为大泵、靠外端为小泵。

2. 液压系统工作原理

图 2－24 所示为 MG650/1620－WD 型采煤机液压系统图。液压系统为开式系统，由 40 kW 电动机带动双联齿轮泵工作。大泵为主油路供油，小泵为检测油路供油。当所有液压缸不动作时，大泵输出的油液通过二位三通手—液动换向阀流回油箱，小泵输出的油液通过低压溢流阀溢流后流回油箱。

1）左右滚筒、破碎机滚筒、顶护板的升降操作

分别搬动 4 个手—液动换向阀操纵手柄，高压油液进入相应液压缸的一侧，推动液压缸伸出或缩回完成相应动作。

系统中每组液压缸的进回油路中都设有双向液控单向阀，当操作命令取消后，手—液动换向阀在弹簧的作用下复位，液压泵卸荷，各油缸锁定在调定位置。工作时两调高液压缸升降不宜同时操作。

与液控单向阀并联连接的两个高压溢流阀是为了限制液压缸的最高压力，起保护油缸作用。在摇臂和破碎机滚筒升降液压缸油路中设置的 3 个单向节流平衡阀是为了保证滚筒下降平稳，不出现颤动。

2）制动器动作

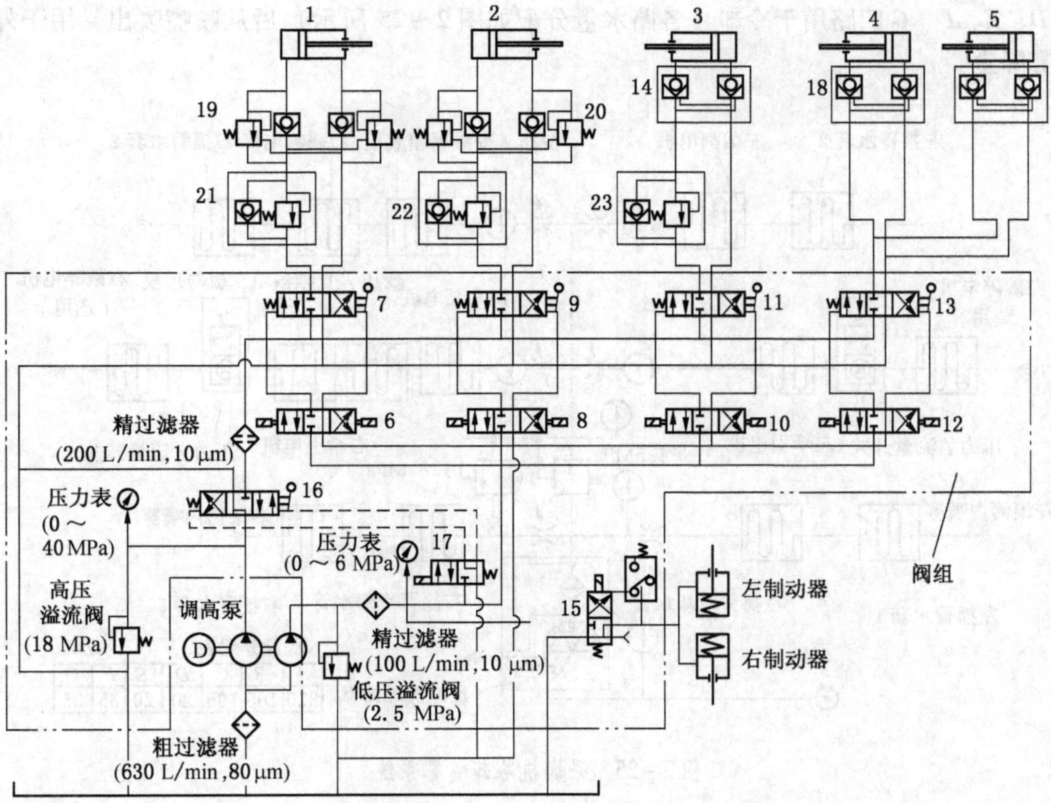

1、2—左、右截割部升降液压缸；3—破碎滚筒升降液压缸；4、5—护顶板升降液压缸；

6、8、10、12—电磁换向阀；7、9、11、13、16—手－液动换向阀；14、18—双向液控单向阀；

15—制动器控制阀；17—二位四通电磁阀；19、20—高压溢流阀；21、22、23—单向节流平衡阀

图 2－24　MG650/1620－WD 型采煤机液压系统

两个制动器液压缸都是单作用液压缸，分别装在牵引部减速箱Ⅰ轴上，通过油管与一个二位四通电磁控制阀连接，当采煤机出现下滑、停机或出现故障时，该电磁阀失电，制动器油腔回油，处于制动状态，采煤机停止牵引并防止下滑；当采煤机行走时，该电磁阀带电，制动器前腔进油，制动器解除制动。

（六）冷却喷雾系统

1. 系统组成

冷却喷雾系统主要由反冲洗过滤器、节流阀、减压阀、安全阀、流量计、流量压力开关、高压管路及有关连接件等组成。该系统的作用是为采煤机所有电动机和截割部摇臂减速箱供给冷却用水，同时为截割部摇臂和滚筒提供喷雾降尘、降温用水，为了提高降尘效果，该机采用中高压喷雾泵。

2. 工作原理

如图 2－25 所示，来自喷雾泵站的水由供水管进入反冲洗过滤器后分成 3 路：两路分别经左、右摇臂冷却水管至行星减速器的内喷雾供水装置，进入滚筒的叶片水道后通过安装在各截齿间的喷嘴供左右滚筒 C、B 内喷雾降温、降尘；中间一路经减压阀减压，并分

成 D、E、F、G 四路用于冷却（各路水量分配如图 2－25 所示）后从喷嘴喷出，用于外喷雾降尘。

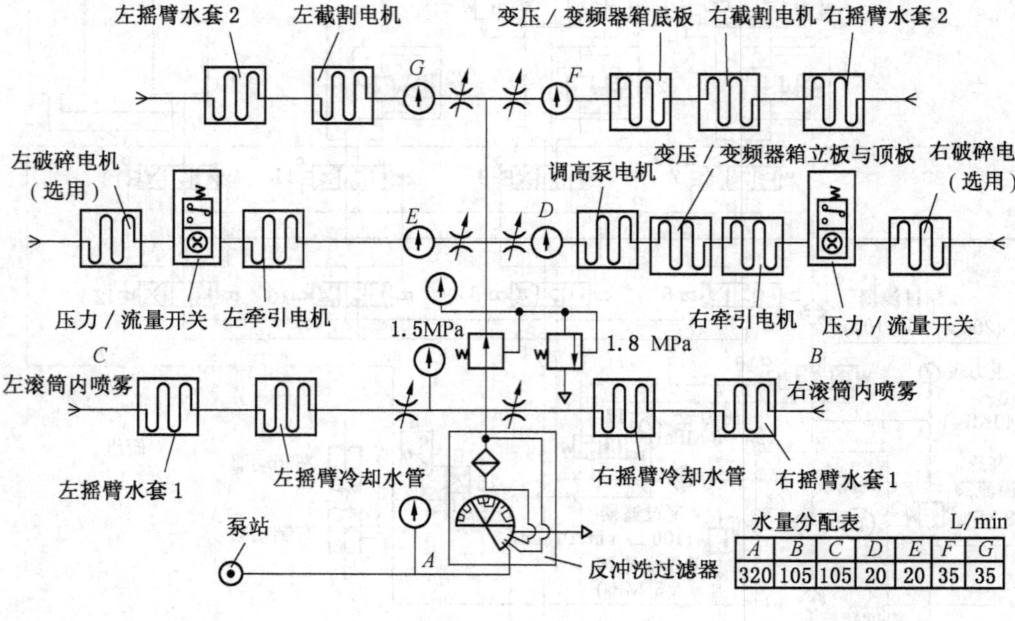

水量分配表 L/min

A	B	C	D	E	F	G
320	105	105	20	20	35	35

图 2－25　采煤机冷却喷雾系统

反冲洗过滤器集成截止阀、过滤器及过滤器冲洗功能，转动手把可以完成水路的通断和过滤器冲洗，防止喷嘴被堵或水路系统中阀芯被卡。

各水路中均装有节流阀和流量计，便于观测和调节各路水量大小。为了确保变频器和变压器正常工作，在供应组合控制箱底板、顶板与立板的两路冷却水路上设有流量/压力开关。当流量和压力达不到设定的最低值时，通过电气控制回路发出警告。

（七）辅助装置

1. 滑靴组件

如图 2－26 所示，滑靴组件是采煤机的支撑机构，左、右行走箱上的两只导向滑靴和安装在牵引部煤壁侧的两组支撑滑靴组件，分别支撑在工作面刮板输送机的销轨和位于煤

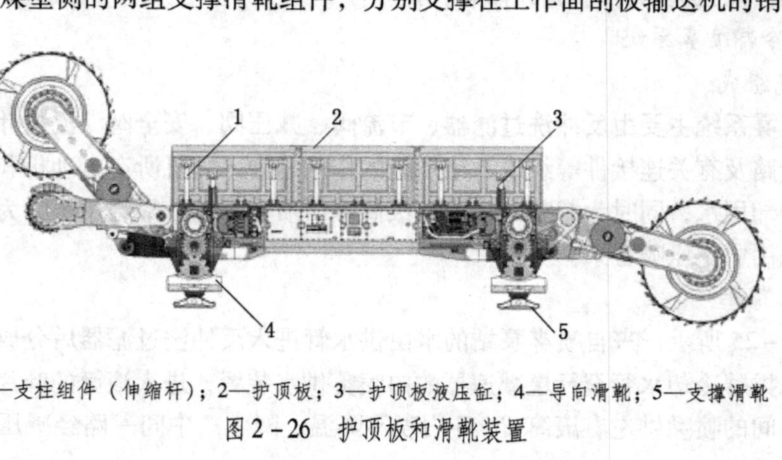

1—支柱组件（伸缩杆）；2—护顶板；3—护顶板液压缸；4—导向滑靴；5—支撑滑靴

图 2－26　护顶板和滑靴装置

壁侧的铲煤板上。改变支撑滑靴的高度并调整行走箱的结构，就可以改变机器的机面高度，从而可增大采煤机截割高度。

2. 护顶板

由于MG650/1620－GWD（加高型）机身较高，采高大，为了保证人员和设备的安全，防止截割时煤从煤壁侧砸到采空侧，特别设计了护顶板。如图2－26所示，护顶板为焊接件，为减小体积，分为左、中、右3段，装机时将其两两之间搭接在一起，并用螺栓紧固，从而连接成一个整体。护顶板靠煤壁一端铰接在机身上，另一端与可伸缩的支柱组件、护顶板液压缸铰接。

支柱组件和护顶板液压缸也是一端与机身铰接，另一端与护顶板铰接。工作时，左、右护顶板液压缸活塞腔同时进油，活塞杆伸出，推动护顶板绕着与机身的铰接点旋转，护顶板倾斜升起，支柱组件上的支撑杆与其筒体之间产生位移，护顶板达到所需的倾斜角度时，用销轴固定，把护顶板锁定在所需的工作位置上。

3. 拖缆装置

采煤机拖缆装置是连接起来的塑料电缆夹板，它将电缆和水管卡在夹板中随采煤机移动。拖缆装置的主要作用是当采煤机沿工作面运行时，使拖曳力主要由电缆夹板来承受，并保护电缆和水管防止被大块煤砸坏或采煤机压坏，同时还能使拖曳平稳、减小阻力。

二、MG150/345－W型薄煤层液压牵引采煤机

MG150/345－W型采煤机是一种多电动机横向布置、采用液压系统无级调速牵引的新型无链牵引薄煤层采煤机。该机适用于采高0.9~2.0 m、倾角不大于35°、煤质中硬或中硬以下、含有少量夹矸的长壁式工作面。

（一）组成和结构特点

1. 主要组成

如图2－27所示，MG150/345－W采煤机主要由液压传动部、左右截割部、左右截割滚筒、电控箱、左右行走箱和拖揽装置、附属管路、连接组件等组成。主机身分左、右两个箱体，左箱体包括左行走部和电控部分，右箱体包括牵引电动机、液压泵箱和右行走部等，左、右两个箱体均采用高强度液压螺栓连接。该机机身结构简单可靠，机身高度低、整机尺寸小，适用于薄煤层开采。

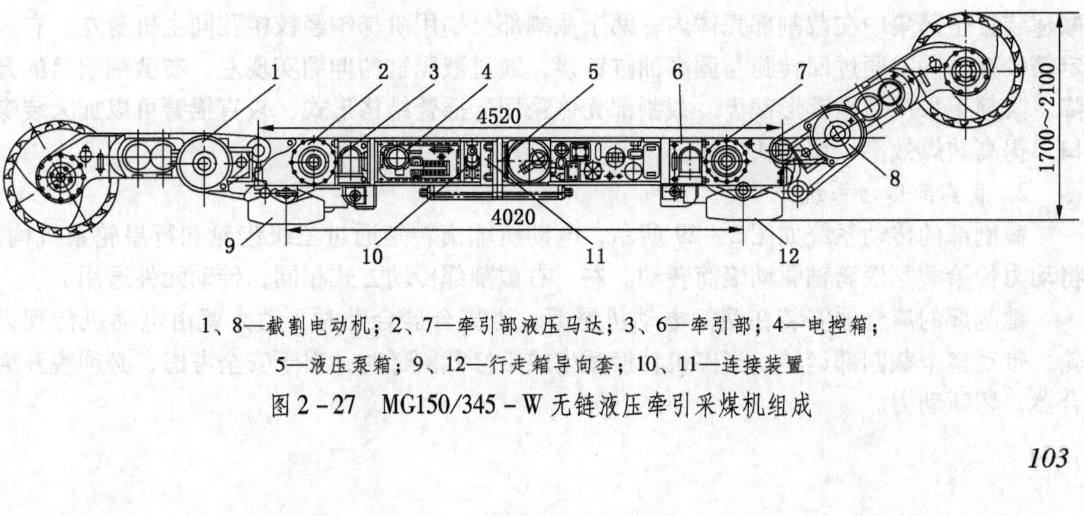

1、8—截割电动机；2、7—牵引部液压马达；3、6—牵引部；4—电控箱；

5—液压泵箱；9、12—行走箱导向套；10、11—连接装置

图2－27　MG150/345－W无链液压牵引采煤机组成

2. 主要特点

（1）采用多电动机驱动传动方式，截割电动机横向布置在摇臂上，截割部摇臂和机身铰接，没有动力传递关系。

（2）牵引电动机横向装在主机身右箱体中传动液压泵，由液压系统控制牵引速度和牵引方向，系统主要元部件与成熟采煤机通用，互换性好，系统效率高，抗过载能力强，机械故障率低。

（3）主要部件都可以从采空侧抽出，而不影响其他元部件，更换容易，维修方便。

（4）采煤机控制面板位于主机身左箱体电控隔腔，除液压马达外，所有液压元件都安装在液压泵箱内。

（5）采煤机电气一级控制采用可编程序控制器（PLC）来实现，带有中文显示功能，能显示采煤机正常运行状态及指示电控故障，方便维修。瓦斯断电仪在瓦斯超标时可以控制整机停止运转。

（6）采用手动和无线遥控操作方式，调高手把设在主机身左右两侧，调速手把在机身右箱体液压泵箱外侧。

（二）截割部

1. 截割部组成

截割部是采煤机实现落煤、装煤的主要部件。如图 2－28 所示，每个截割部主要由截割部壳体、截割电动机、齿轮减速装置、滚筒等组成。

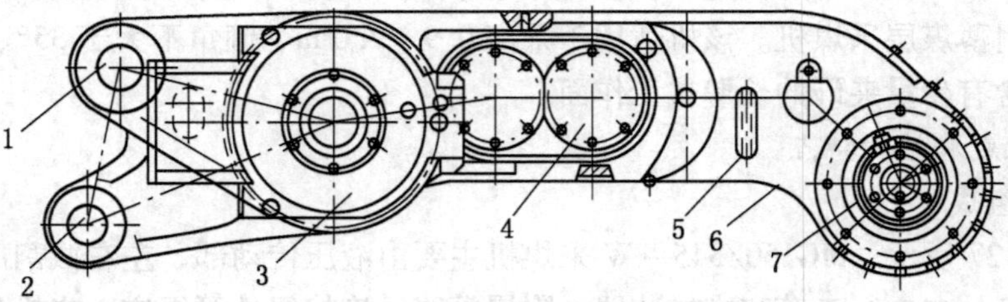

1—截割部铰接孔；2—调高液压缸铰接孔；3—截割电动机；4—轴端盖；
5—油位器；6—截割部外壳；7—滚筒轴

图 2－28　MG150/345－W 采煤机截割部

截割部内设有冷却系统、内喷雾等装置，截割电动机直接安装在截割部壳体内，齿轮减速装置全部集中在截割部壳体内，两个截割部分别用阶梯轴经铰接孔同主机身左、右固定箱铰接，同时通过回转腿与调高油缸铰接，通过液压缸的伸缩实现左、右截割滚筒的升降。滚筒上采用新型镐形截齿。截割部壳体采用弯摇臂结构形式，较直摇臂可以加大装煤口，提高装煤效率，增加块煤率。

2. 截割部传动系统

截割部的传动系统如图 2－29 所示，电动机输出转矩通过三级齿轮和行星轮系机构，将动力传给截割滚筒轴驱动滚筒转动。左、右截割部传动方式相同，传动元件通用。

截割部的离合器安装在截割电动机尾部，当离合器合上时，动力就由电动机传到齿轮，带动整个截割部运转。当停机替换截齿或维修截割部时，出于安全考虑，必须脱开离合器，切断动力。

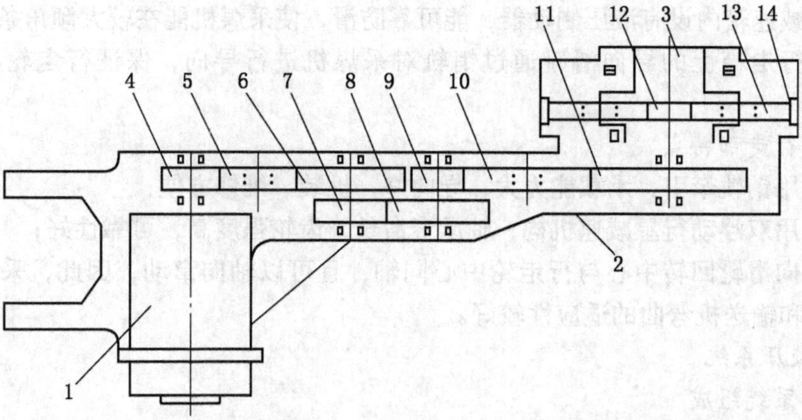

1—截割电动机；2—截割部外壳；3—滚筒轴；4、5、6—第一级减速齿轮；7、8—第二级减速齿轮；9、10、11—第三级减速齿轮；12、13、14—行星轮系机构

图 2-29　MG150/345-W 采煤机截割部机械传动系统

（三）牵引行走部

1. 传动系统

该采煤机牵引行走部采用液压—机械式传动系统和齿轮—销轨式无链牵引机构。牵引行走部的作用是将液压马达的转矩和转速传递到行走箱，驱动采煤机行走。

牵引行走部由固定传动箱和行走箱两大部分组成，如图 2-30 所示。固定箱内有一级直齿传动 Z_1、Z_2（惰轮）、Z_3 和两级行星轮系机构，行走箱内有驱动轮、行走轮和导向滑靴。

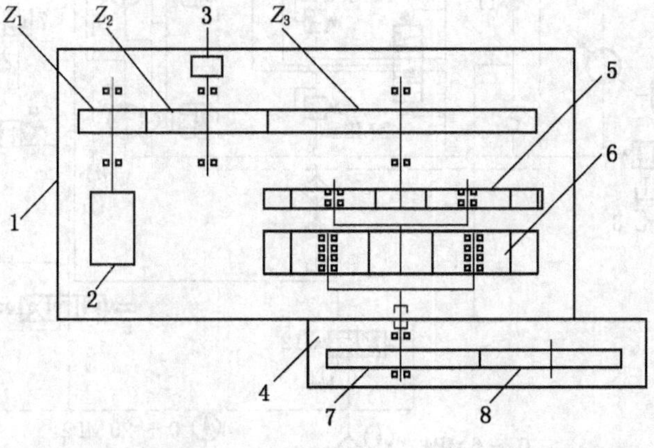

1—固定传动箱；2—牵引马达；3—液压制动器；4—行走箱；5、6—双级行星轮系机构；7—驱动轮；8—行走轮

图 2-30　MG150/345-W 采煤机行走部传动系统

牵引马达输出的转矩通过齿轮 Z_1、Z_2、Z_3，传给两级行星轮系机构，经行星轮系减速后由行星架输出，传给行走箱内的驱动轮与行走轮，再由行走轮与工作面刮板输送机上的销轨啮合，使采煤机来回行走。采煤机的牵引方向和牵引速度决定于液压马达的转向和转速。

在牵引减速箱内设有液压制动器，能可靠防滑，使采煤机能在较大倾角条件下安全工作。安装在行走箱上的导向滑靴通过销轨对采煤机进行导向，保证行走轮与销轨正常啮合。

2. 牵引行走部特点

（1）采用销轨牵引，承载能力大，导向好，拆装、维修方便；

（2）采用双浮动行星减速机构，轴承寿命长，齿轮强度高，可靠性好；

（3）导向滑靴回转中心与行走轮中心同轴，且可以轴向窜动，因此，采煤机对工作面底板起伏和输送机弯曲的适应性较好。

（四）液压系统

1. 液压系统组成

该采煤机液压泵箱内的主要元件有主液压泵、辅助泵和调高泵（双联齿轮泵）、阀块、冷却器，以及位于采空侧的调速机构、手－液动换向阀组、电磁阀组、压力表、透气阀、放油塞（螺塞）、油标、粗滤油器、精滤油器、手压泵等，大部分液压元件均能从采空侧装卸；系统执行元件是位于行走部的两台液压马达和截割部的两个升降液压缸。

如图2－31所示，液压系统由牵引液压系统和调高液压系统两大部分组成。牵引液压系统由主油路系统、调速换向系统和保护系统3个子系统组成，作用是为牵引机构提供动力，并实现采煤机牵引速度和方向的控制。调高液压系统的作用是为截割部升降液压缸提供动力，实现截割部的升降。

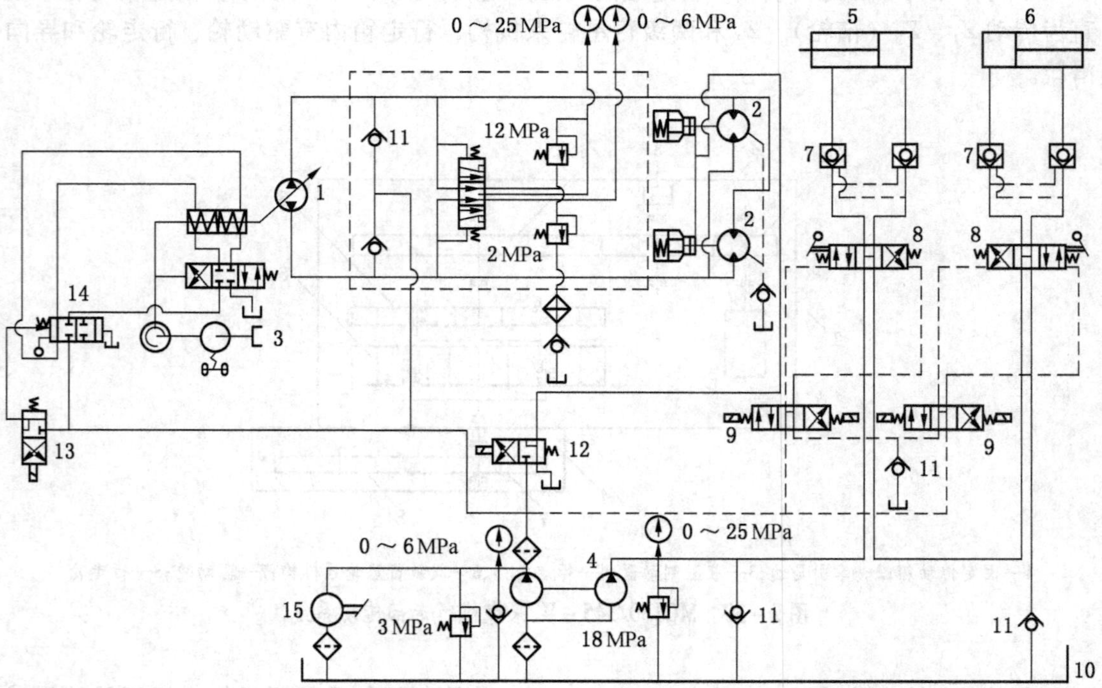

1—主油泵；2—液压马达；3—调速换向手柄；4—调高油泵；5—左截割部升降油缸；6—右截割部升降油缸；7—双液控单向阀；8—手－液动换向阀；9—电磁换向阀；10—油箱（泵箱）；11—单向阀；12—制动电磁阀；13—功控电磁阀；14—失压保护阀；15—手动泵

图2－31　MG150/345－W采煤机液压系统

2. 牵引调速系统

1）主油路系统

主油路系统包括主回路、补油回路和热交换回路3部分。如图2－31所示，主回路采用闭式系统，由斜轴式轴向柱塞双向变量泵和两只并联的斜轴式定量液压马达构成变量泵—定量马达式主油路系统。主油路系统决定了液压马达的旋转方向和旋转速度。

当主液压泵工作时，排出的压力油供入两台油马达，驱动两只液压马达旋转，实现采煤机牵引。补油回路用来对主回路的外部漏损补充油液。热交换回路用来降低油温，从而保证系统正常工作。

2）调速换向系统

（1）调速原理。该采煤机采用变量泵—定量马达式液压牵引系统，即由主液压泵将电动机的机械能转化为液压能驱动液压马达，再由液压马达传动牵引机构实现牵引，并依靠改变主液压泵排油量大小和排油方向来改变液压马达的转速和转向，从而实现对采煤机牵引速度和牵引方向的控制。

（2）调速换向机构。调速换向机构由手动操作机构和主泵伺服变量机构组成。如图2－31所示，手动操作机构主要由调速换向手柄（旋钮）、齿轮副、丝杆和螺母等组成；主泵伺服变量机构由伺服阀（三位四通滑阀）和推动液压缸、拉杆等组成。手动手把时，丝杠前后往复运动，带动随动机构的拉杆摆动，随后带动伺服阀控制推动液压缸的左右移动，使主泵缸体摆动。改变主液压泵的流量和排油方向，从而改变采煤机的牵引速度和牵引方向。

（3）调速换向操作。调速旋钮的旋向代表采煤机的牵引方向，旋转角度的大小代表牵引速度的大小。当旋钮在中间位置（即“零位”）时主泵的排量为零，液压马达转速为零，采煤机不牵引；当旋钮向左转动时，采煤机向一个方向牵引，速度逐渐增加至最大，当由最大位置向“零位”旋转时，采煤机减速直到停止牵引；当旋钮由“零位”向右转动时，采煤机向相反方向增速牵引。在转动手把的过程中，通过行程开关控制制动器电磁阀的开断，即可实现制动器的同步制动和松开。

3. 调高液压系统

如图2－31所示，调高液压系统由调高液压泵、手－液动换向阀、电磁换向阀、左右调高液压缸、液压锁等组成。在调高时，为防止系统油压过高，损坏液压泵及附件，在齿轮泵出口处设有一高压溢流阀作为安全阀，调定压力为18MPa，可以满足调高要求。左右调高采用串联连接，当调高一边滚筒时，另一边的手动换向阀应处于中位机能（H型），因此不能同时进行调高。

液压锁是用于不调高时锁住调高液压缸，使滚筒保持在所需的高度。调高系统操作原理与MG650/1620－WD型采煤机基本相同。

【基本技能】

一、滚筒采煤机的操作

（一）采煤机司机岗位职责和要求

（1）严格执行采煤机操作规程和有关规定。

（2）交接班时应听取司机介绍情况，并详细检查采煤机各部位、各系统，如有问题，处理后方可开机生产。

（3）正、副司机要密切配合，互相协作，听从跟班瓦检员开停机指挥，严格遵守通风规定。

（4）正、副司机要与工作面及顺槽输送机司机、转载机司机、移刮板输送机工、支护工等密切合作。

（5）按照运输巷带式输送机、转载机、工作面刮板输送机、采煤机的顺序开机，即"由外向里"的顺序开机；停机时，按相反顺序（即"由里向外"的顺序）停机。

（6）工作中要时刻观察滚筒转动情况，监视采煤高度，严防割顶板、顶梁、底板、铲煤板等。

（7）要严格按照作业规程规定控制采煤机的牵引速度，保持割煤、移架和推输送机的距离。

（8）工作中要随时注意检查采煤机运行状况，发现异常情况要停机检查处理，按照完好标准维护和保养好采煤机。

（二）采煤机启动与操作步骤

不同类型的滚筒采煤机操作顺序和基本程序基本相似，操作过程一般分为三大步：第一步是开机前对采煤机各部分进行检查，第二步是按照规定顺序开动采煤机并进行各项操作，第三步是按操作顺序使采煤机停止运转。

1. 开机前检查

（1）检查机器各部件是否正常，有无缺损，截齿是否齐全、锐利、牢固。

（2）电缆及水管等外接管路有无挤压、碰撞或损坏，接头是否拧紧。

（3）各部件连接部位有无松动。

（4）各油池、润滑点是否按要求的油质和油位进行了注油，有无渗漏现象。

（5）操作手把、按钮、旋钮是否灵活、可靠。

（6）截割部离合器手把是否置于断开位置。

（7）齿轨无断裂并连接可靠，行走轮无卡阻。

（8）水冷却及喷雾防尘装置要齐全完好，喷嘴畅通，水压和流量符合要求。

2. 启动操作

（1）解除电气闭锁，合闸接通电源。

（2）发出开机报警信号，输送机启动运转。

（3）打开供水阀，使采煤机喷雾洒水。

（4）启动截割部液压泵站，升起左右滚筒。

（5）启动截割电机、检查转向。先点动电动机空转，合上滚筒离合器及破碎机构离合器手把，挂上滚筒后再次启动截割电动机。这时应检查滚筒转向、各部声响是否正确或正常。

3. 牵引操作

（1）确定采煤机的牵引方向。

（2）根据牵引方向和采高将滚筒调到工作位置。一般前滚筒割顶煤、后滚筒割底煤。

（3）慢速给定牵引速度。

（4）提高采煤机牵引速度，达到正常的速度。

4. 换向牵引操作

（1）逐渐减速，直到采煤机停止牵引。

（2）调整两滚筒的工作位置。

（3）按相反方向慢速给定牵引速度。

（4）提高采煤机牵引速度，直至达到正常的速度。

5. 一般停机操作

（1）停止牵引。收到停机命令，先减速后将采煤机开到端头或无淋水处停止牵引。

（2）停止截割。待滚筒内的煤排净后停止截割电动机，在滚筒即将停转时脱开离合手把。

（3）将两滚筒降到底板上。

（4）断开电源，把隔离开关和操作手把置于中间位置，关闭总供水阀。

（5）清扫机身各部煤尘，填写采煤机工作日志。

6. 紧急总停机操作

遇有下列情况之一时，可通过按急停按钮、脱开隔离开关切断电源进行紧急总停机：

（1）电动机发生闷车现象时。

（2）采煤机内部出现异常响声、震动或异味时。

（3）电缆拖移装置卡住、出槽及采煤机脱轨时。

（4）采煤机附近发生严重片帮、冒顶或有透水预兆及瓦斯浓度达到1%以上时。

（5）割煤过程中发生滚筒卡住堵转时。

（6）工作面刮板输送机停止运转或挡煤板与中部溜槽错口较大，影响采煤机通过时。

（7）出现停止按钮失灵、手把脱开等情况时。

（8）供水装置无水、水压不足或不能喷雾时。

（9）出现人身或其他重大事故时。

（三）操作注意事项

（1）未经培训的人员不得开机。

（2）启动采煤机前，必须先巡视采煤机四周，发出预警信号，确认人员无危险后，方可接通电源。

（3）采煤机开动时，应先使滚筒转动，再给牵引速度，禁止带负荷启动；

（4）改变牵引方向时，必须先减速，停止牵引后再换向。严禁带速更换牵引方向。

（5）随时注意机器运行情况，前方有无人员或障碍，有无大块煤、矸石卡在机身下面，发现不安全时应立即停止牵引和截割。

（6）割煤时要注意观察，严禁滚筒割支架顶梁和输送机铲煤板等。

（7）滚筒截齿有磨钝、损坏或不齐全时必须更换补齐。更换截齿、检修滚筒时，必须断开采煤机电源、脱开滚筒离合器，并使工作面刮板输送机闭锁，采煤机上下3 m范围内，必须护帮护顶，禁止操作液压支架。

（8）牵引速度要由小到大逐渐调节，严禁一次加大到最高速度。停止采煤机时必须先停牵引，后停截割。

（9）临时停机时，先减速再按停止按钮，随后关闭供水阀，打开隔离开关和离合器；采煤机停止工作或者检修时，必须切断采煤机前级供电开关电源并断开其隔离开关，断开采煤机隔离开关，打开截割部离合器。

（10）司机操作时，开机时先开水后开机，停机时先停机后停水。

（四）采煤机地面试运转

采煤机在出厂前已做过部件和整机的出厂试验，运抵现场后因经过运输和搁置过程，必须经过地面试运转正常方可投入井下生产，大修后的采煤机也必须在地面进行试运转。

1. 试转运内容

（1）铺设刮板输送机，将采煤机安装在输送机上。

（2）按要求接上符合要求的水、电，按井下正常操作顺序整机空载运行一个循环。

（3）检查各运转部分的声音是否正常，有无异常的发热和渗漏现象。

（4）操作各电控按钮和手把，检查动作是否灵活可靠、内外喷雾是否正常、采煤机与输送机配套是否合适。

（5）井下试运转时先启动采煤机空运转 10～20 min，无问题后沿工作面长度采一个循环。

2. 试转运要求

（1）启动采煤机空运转 10～20 min，无问题后再开始牵引运转。

（2）机器应无异常声响，各部温度应正常符合规定。

（3）滚筒升降灵活，升降到最高点和最低点的时间符合规定要求。

（4）内、外喷雾良好，无漏油、漏水现象。

（5）牵引正常，控制灵活。

二、采煤机的检修与维护

（一）检修与维护总体要求

（1）采煤机检修人员应具有机器装配钳工、电器技术员或者类似的资质。

（2）维修时要有配件图纸和配件表，并参阅随机图册和备件清单。

（3）只有在切断采煤机的电源后，才允许进行检修工作。

（4）检修时隔离开关必须置于关的位置，未经授权时，开关不得接通。

（5）在倾斜工作面检修时要确保采煤机有可靠的制动，不会滑动。

（6）拆下的各个组件以及在井下需更换组件的运输包装和防护盖板需保存好，以备今后再用。

（7）修理开始时，需将采煤机表面的脏物清理干净，尤其是清洁接头和螺栓连接副。

（8）要定期检查所有的管子、软管和连接处是否泄漏，有无外观可辨认的损伤，防止喷出油液引发火灾等事故。

（9）要根据技术要求铺设和安装液压管道，不得混淆接头；软管的配件、长度和质量必须符合要求；在对液压装置和水管进行各种检修工作时，这些设备都必须处于无压状态。

（二）维护和检修内容

正确的维护和检修，对提高采煤机的可靠性、减少事故率、延长使用寿命十分重要，其主要内容一般分日检、周检、季检及大修。

1. 日检

（1）检查各大部件连接的液压螺母及其他螺钉是否紧固齐全，发现松动要及时拧紧。

（2）检查电缆、水管、油管是否有挤压和破损。

（3）检查各压力表是否损坏。

（4）检查各部位油位是否符合要求，是否有渗漏现象。

（5）检查各操作手柄、按钮动作是否灵活。

（6）检查截齿和齿座是否丢失与损坏。截齿丢失，必须及时补上。

（7）检查喷雾冷却系统管路是否漏水，水量、水压是否符合要求。

（8）检查喷嘴是否堵塞和损坏，水阀是否正常工作。堵塞的喷嘴要及时清洗更换。

（9）检查行走轮与导向滑靴的工作状况。

（10）检查机器运转时，各部位的油压、温升及声响，以及各段间连接是否有松动。

（11）检查水量，特别是用作冷却后喷出的水量一定要符合要求。

2. 周检

（1）清洗泵站及水阀中的过滤器滤芯。

（2）检查从放油口取样化验工作油液中的过滤油质是否符合要求。

（3）检查和处理日检中不能处理的问题，并对整机的大致情况作好记录。

（4）检查司机对采煤机的日常维护情况和故障记录。

3. 季检

除了周检内容外，季检要对周检处理不了的问题进行维护和检修，并对采煤机司机的日检、周检内容进行检查，做好季检记录。

4. 大修

采煤机在采完一个工作面后应升井大修。大修要求对采煤机进行解体清洗检查，更换损坏零件，测量齿轮啮合间隙，对液压元件应按要求进行维护和试验。电气元件检修更换时，应做电气试验。机器大修后，主要零部件应做性能试验、整机空转试验，检测有关参数，符合要求后方可下井。

（三）采煤机润滑保养

1. 润滑的作用

（1）降低齿轮及其他运动部件的磨损，保证正常运转，延长使用寿命。

（2）降低摩擦力，从而减少功率损失及发热量，提高效率、节约能源。

（3）防止腐蚀和生锈。

（4）分散热量，并能起到冷却作用。

（5）降低噪音、振动，减缓齿轮之间的冲击。

（6）冲洗齿面污染物及固体颗粒，以免齿面受颗粒磨损。

2. 注油润滑位置和要求

采煤机的注油应按注油润滑图的要求及时加入，保证采煤机的正常运转。表 2 – 3 为采煤机注油润滑表。注油要求事项如下：

（1）注油时必须注意要按标明的油脂牌号进行注油，不允许混用。

（2）液压油与齿轮油注入时必须过滤，以保证油质清洁。

（3）注入油量应适当，要符合注油标明的要求。

（4）截割电动机、牵引电动机、泵站电动机，需按各自要求的时间及油脂牌号注油。

表2-3 采煤机注油润滑表

润滑部位	润滑油牌号	注油量	检查
左、右截割部减速箱	N320 极压工业齿轮油	摇臂放平后至油标中位	每班开机前仔细检查油位，并及时加油，按实际情况更换新油
左、右牵引部减速箱		加至箱体上油针指示中位	
破碎机减速箱			
调高泵箱	N100 抗磨液压油	至油标上位	
左、右摇臂回转中心销轴	钙基润滑油脂	适量	每周检查一次并注油
左、右行走箱销轴			
左、右调高油缸前后销轴			
左、右行走箱驱动轮轴承			
破碎机回转中心销轴			
破碎机构支承轴承			

三、采煤机常见故障判断及处理方法

（一）截割部和调高装置

采煤机截割部和调高装置常见故障及处理方法见表2-4。

表2-4 采煤机截割部和调高装置的常见故障及处理方法

部件	故障现象	可能的原因	处理方法
截割部	截割电动机不启动	1. 截割电动机停止按钮未解锁 2. 截割电动机真空接触器控制芯线断开 3. 截割电动机真空接触器故障 4. 截割电动机故障 5. 电动机控制模块故障	1. 将停止按钮解锁 2. 按接线图检查各接线环节，并正确连接 3. 更换或修复真空接触器 4. 更换或修复截割电动机 5. 检查控制计算机运行状态，更换电动机控制模块
	截割电动机不自保	1. 系统存在电动机过流或过热现象 2. 电动机控制模块或动力检测与保护模块故障	1. 检查并处理电动机的过流或过热问题 2. 检查或更换电动机控制模块或动力检测与保护模块
	截割齿轮、轴承损坏	1. 设备使用时间过长，零件磨损超限 2. 操作不慎，滚筒割到刮板输送机铲煤板或支架的顶梁，使齿轮、轴承受到冲击载荷 3. 缺油或润滑油不足，磨损加剧，引起齿轮轴很快磨损失效	1. 地面检修时尽可能换成新的，并保证检修质量 2. 司机严格按规范操作，及时掌握顶底板情况，尽量避免冲击载荷 3. 各润滑部位按规定加注润滑油脂，并及时补充或更换油脂
	减速器过热	1. 使用的润滑油品种不当或油位过低 2. 油脂中水分超限、油脂变质，油膜强度降低 3. 设备使用时间过长，零件磨损超限，接触精度低而引起发热 4. 截割负荷超限 5. 无冷却水或冷却水的压力、流量不足	1. 换成规定牌号油液，调整油量 2. 换油，经常检查油质，发现油脂不合适不合格及时更换 3. 大修时尽可能选用新的且质量较高的齿轮和轴承 4. 降低牵引速度，对夹矸层采取震动爆破，减小截割阻力 5. 提高供水质量，确保冷却效果

表2-4（续）

部件	故障现象	可能的原因	处理方法
调高装置	采煤机滚筒不能调高或升降动作缓慢	1. 调高泵损坏或泄漏量太大而流量过小 2. 调高千斤顶损坏，高低压腔串油 3. 安全阀损坏或压力调整值过低 4. 油管损坏、接头松动、密封失效引起外泄漏，导致供油量不足 5. 液压锁阀座、弹簧、密封损坏，顶杆磨损，阀芯卡死或控制油路堵塞 6. 换向阀损坏或密封失效 7. 油位过低或过滤器严重堵塞，液压泵的压力、流量不足	1. 修复或更换损坏的泵 2. 修复千斤顶，更换活塞密封 3. 更换安全阀或重新整定动作压力 4. 紧固接头，更换油管和密封 5. 修复或更换损坏的液压锁 6. 修复或更换损坏的换向阀 7. 按规定油位加油；清洗或更换吸油过滤器

（二）牵引部

1. 电牵引采煤机牵引部

电牵引采煤机牵引部的常见故障判断及处理方法见表2-5。

表2-5　电牵引采煤机牵引部的常见故障及处理方法

部位	故障现象	可能的原因	处理方法
牵引部	变频器不启动	1. 从计算机腔到变频器控制芯线断开 2. 内部控制电路损坏 3. 计算机系统故障 4. 变频器故障	1. 按接线图检查牵引控制回路，并正确连接 2. 检查计算机系统各输出状态 3. 检修计算机系统 4. 参考变频器有关说明进行维修
	牵引方向无法改变	1. 变频器通信故障 2. 计算机故障 3. 变频器故障	1. 检查变频器的通信线路与通信接口 2. 检修计算机系统 3. 参考变频器说明进行检修
	电动机堵转	1. 牵引过载 2. 电动机功率不足	1. 检查电动机的负载 2. 检测传动单元的额定值

2. 液压牵引采煤机牵引部

液压系统不能正常工作最主要的原因是堵塞和漏损。如果油路堵塞，油液不能流到所需的管路、元部件，则工作元部件缺少动力源或油液无处排放，产生蹩劲；若油路有漏损，则工作元部件建立不起正常工作所需压力。所以分析液压系统故障时应首先考虑堵塞和泄漏问题。液压牵引采煤机牵引部的常见故障判断与处理见表2-6、表2-7、表2-8。

表2-6　液压牵引采煤机不牵引故障判断与处理方法

检查部位	诊断方法及现象	处理方法
背压阀	启动电动机，观察低压表	调整背压值
操作机构	检查操作机构，是否过于灵活	检查处理
主管路脱连	正反牵引试验，是否单向牵引	排除管路脱连现象
液压油量	通过油标检查，是否油量过少	补充液压油
机械传动系统	检查是否有噪声	处理传动故障

表2-7 液压牵引采煤机牵引力小故障判断与处理方法

检查部位	诊断方法及现象	处理方法
主油路	泄漏严重	拧紧管子接头，更换密封
牵引马达	测试马达泄漏管内的压力和流量，内泄漏量大	更换液压马达
安全阀	检查安全阀整定压力，若压力低	调整安全阀整定力
吸液过滤器	拆检吸液过滤器，若阻塞	更换或清洗过滤器芯
背压阀	检查背压力，若压力过高	调整被压力为设定值

表2-8 液压牵引采煤机牵引速度低的故障判断与处理方法

检查部位	诊断方法及现象	处理方法
主油路	泄漏严重	拧紧管子接头密封
牵引马达	测试马达泄漏管内的压力和流量，内泄漏量大	更换液压马达
调速机构	检查操作机构，动作是否到位	检查调试
吸液过滤器	拆检吸液过滤器，出现阻塞现象	更换或清洗过滤器芯

【技能训练】

（1）对照某型号采煤机传动系统图，找出截割部、牵引部各轴和离合器的位置，找出各手把的位置和注油点的位置，分析各手把的作用。

（2）启动采煤机液压泵电动机，进行滚筒调高升降操作，并分析调高部分常见故障与处理方法。

【教学考核】

考核评价表见表2-9。

表2-9 考核评价表

<table>
<tr><td>项目名称</td><td colspan="5">双滚筒采煤机</td></tr>
<tr><td>学生姓名</td><td></td><td>班级</td><td></td><td>考核时间</td><td></td></tr>
<tr><td>评价方式</td><td colspan="5">学生分组及组别 □ □　　自我 □　　教师 □</td></tr>
<tr><td>评价地点</td><td colspan="5">实训现场 □　　教学做一体化教室 □　　普通教室 □</td></tr>
<tr><td>设备、工具</td><td colspan="5">双滚筒采煤机实物或采煤机模拟器、模型、电子三维仿真图、多媒体课件、拆装工具</td></tr>
<tr><td>考核项目</td><td>内容和要求</td><td>标准分</td><td colspan="2">评分标准</td><td>得分</td></tr>
<tr><td>基本知识</td><td>1. 说明 MG650/1620 - WD 采煤机的组成和适用条件
2. 说明 MG650/1620 - WD 采煤机调速原理
3. 说明 MG150/345 - W 采煤机的组成和特点
4. 说明 MG150/345 - W 采煤机的调速换向原理</td><td>28 分</td><td colspan="2">对照实物或多媒体课件，采取手指口述的方式考核，每缺一项或回答不正确扣7分</td><td></td></tr>
<tr><td>基本技能</td><td>1. 指出电牵引采煤机电控箱面板的组成
2. 指出采煤机日常检修主要润滑注油点
3. 演示采煤机启动前的检查事项
4. 演示采煤机启动操作过程
5. 描述采煤机操作运行中的注意事项
6. 分析采煤机滚筒不能升起和升起后自动下沉的主要原因和处理办法</td><td>42 分</td><td colspan="2">小组讨论分析，手指口述现场回答，每缺一项或回答不正确、操作不规范扣7分</td><td></td></tr>
</table>

表2-9（续）

考核项目	内 容 和 要 求	标准分	评分标准	得分
职业素质	1. 积极参加、遵守纪律 2. 协作学习、互相帮助 3. 表达准确、叙述流畅 4. 注重安全、正确使用常用工具 5. 拓展知识、收集技术参考资料 6. 清理环境、注重工作现场整洁	30分	每缺一项或工作达不到要求扣5分	
总分				
考核人评价签字： 年　月　日				

复习思考题

1. 简述MG650/1620－WD型采煤机的适用条件和主要特点。
2. 说明MG650/1620－WD型采煤机截割部离合器的作用。
3. 画图说明MG650/1620－WD型采煤机牵引部传动系统。
4. 画出MG150/345－W型采煤机牵引行走部传动系统。
5. 采煤机截割部减速箱的润滑方式有哪两种？
6. 采煤机的润滑保养有哪些作用？

项目三　连续采煤机

【学习目标】

知识目标：掌握连续采煤机的用途、基本组成、工作原理，了解配套设备的用途、连续式采煤机的应用。

能力目标：掌握连续采煤机的基本操作，懂得连续式采煤机作业方式和截割工序。

【基本知识】

连续采煤机是一种集破煤、装载、转运、行走、喷雾灭尘等综合功能于一体的采掘设备，主要用于房柱式采煤工作面开采煤柱和边角煤，以及大断面全煤巷道掘进，掘出的巷道断面为矩形。我国从20世纪90年代初开始引进和使用连续采煤机，目前在煤层倾角小、顶板稳定、储量丰富的大型矿井中应用较多。各种连续采煤机的主体结构、工作方式基本相同，下面以国产ML340型连续采煤机为主介绍其应用和操作。

一、ML340型连续式采煤机的适用条件和基本组成

ML340连续采煤机主要适用于顶板较好、允许一定空顶距、煤层倾角小于17°、采高范围为2.6～4.6 m的矩形全煤巷道、夹矸巷道掘进或煤柱开采。如图2－32所示是ML340连续采煤机的外形和主要结构，主要由截割机构、装载机构、运输机构、行走机构、电气及控制系统、主机架、稳定靴以及冷却喷雾灭尘等辅助装置组成，通过机械、电

气及液压传动来完成各种功能。

(a) 外形图

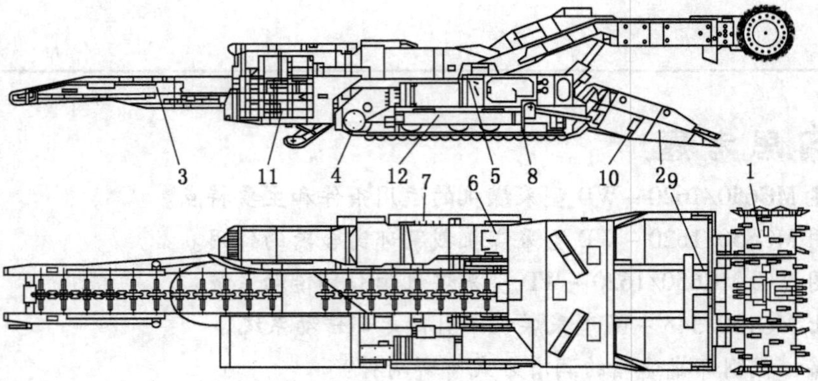

(b) 主要结构图

1—截割机构；2—装载机构；3—运输机构；4—行走机构；5—主机架；6—集尘系统；7—电气系统；
8—液压系统；9—水冷却及喷雾系统；10—润滑系统；11—驾驶操纵室；12—附件

图 2-32 ML340 连续式采煤机的外形和主要结构

该机动力设备有 8 台电动机，其中 2 台 170 kW 交流电动机驱动截割机构的左、右滚筒；2 台 50 kW 的交流变频电动机分别驱动行走部左、右履带；2 台 45 kW 交流电动机驱动装载和运输机构；1 台 45 kW 泵电动机驱动液压系统油泵；1 台 22 kW 电动机驱动湿式集尘装置的通风机，装机总容量为 597 kW。

二、连续采煤机主要部件及作用

（一）截割机构

截割机构是连续采煤机的工作机构，主要由截割臂、截割电动机、齿轮箱、截割滚筒、滚筒端盘、升降油缸和机械保护装置等组成。截割部传动原理如图 2-33 所示。截割滚筒由左、中、右 3 段组成，分段安装在主轴上，2 台纵向布置的截割电动机经机械保护装置分别传动两侧的齿轮减速箱（由一级直齿圆柱齿轮、一级锥齿轮和一级行星轮系组成），驱动滚筒轴带动滚筒转动截割。滚筒升降液压缸可以使截割臂带动滚筒上下摆动，自上而下截煤。

（二）装载运输机构

装载机构安装在连续采煤机的前端，由装运电动机、铲板、装运减速器、星轮、链轮组件等组成，通过一对销轴铰接在主机架上。运输机构为一台单链刮板输送机，位于设备中间，前端与主机架铰接，中部由运输机升降液压缸支撑。

如图2－34所示，装运机构的左右减速器对称布置在铲板箱体内两侧，分别由两台45 kW交流电动机驱动。每套减速器有两路输出：一路输出到铲板上的星轮，带动两个星轮转动，将落到铲板上的煤拨入刮板输送机溜槽完成装煤；另一路输出到刮板输送机链轮组件，驱动刮板链运行，将煤转运到连续式采煤机后面配套的运输设备上。

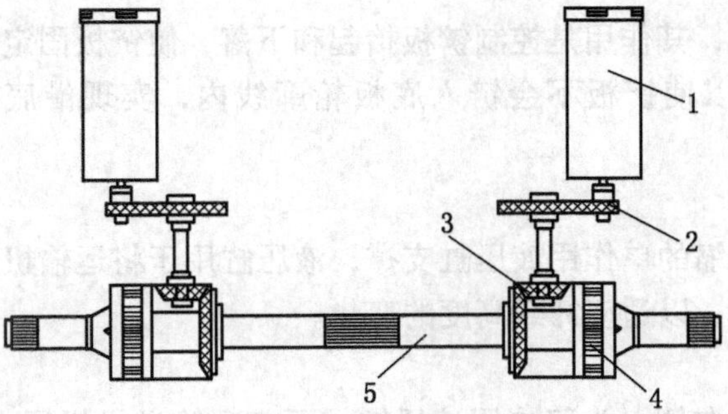

1—截割电动机；2—直齿齿轮；3—锥齿轮；
4—行星轮；5—截割滚筒主轴

图2－33　截割部滚筒传动机构

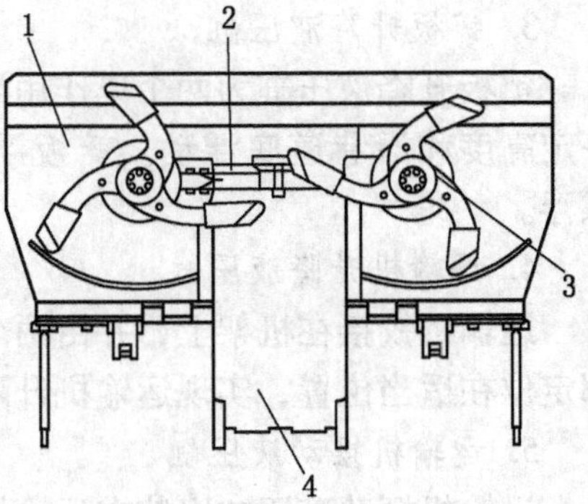

1—铲板；2—链轮组件；
3—星轮；4—运输机中部槽

图2－34　装载机构组成

（三）行走机构

ML340连续式采煤机采用无承重轮履带式行走机构，左右行走机构对称布置。如图2－35所示，行走机构由履带架、履带链、行走电动机、减速器、导向张紧装置等组成。每侧履带架通过两组共计19条螺栓和主机架连接，两台行走电动机输出的动力通过减速器后分别传到左、右履带链轮上，由链轮驱动履带做卷绕运动，实现机器的行走调动。

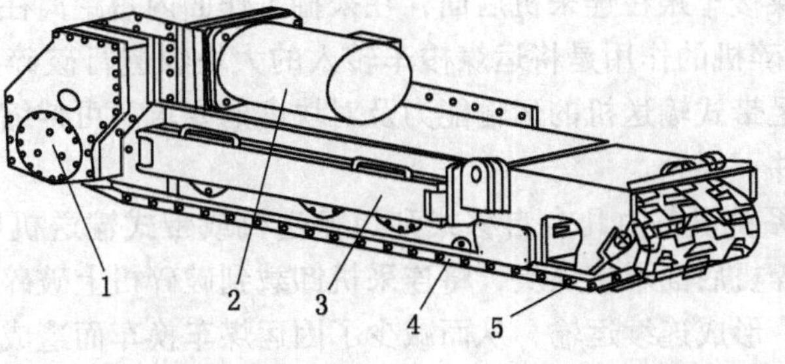

1—行走减速器；2—行走电动机；3—履带架；4—履带链；5—导向张紧装置

图2－35　连续采煤机行走机构

（四）液压系统

ML340型连续采煤机截割机构、装载机构、行走机构采用电动机直接驱动，其余各部均采用液压驱动。系统由一台双联齿轮泵供油，共有6组液压缸，由一个七联多路换向阀控制各组液压缸动作。各液压缸作用如下：

1. 截割臂升降液压缸

两个双作用活塞式液压缸在连采机工作过程的不同阶段用来提升、固定和降下截割臂，或在维修时帮助连采机抬起前端，回路中设置了平衡阀。

2. 稳定靴液压缸

两个稳定靴液压缸安装机器后部，用来控制机器的抬起和降落。连采机截割时，稳定靴液压缸完全伸出支撑在巷道地板上，可以增强截割臂工作的稳定性，在截割循环中为机器提供平衡力。

3. 铲板升降液压缸

铲板升降液压缸为两个单作用液压缸，其作用是控制铲板抬起和下落，使铲板固定在一定高度和沿巷道底浮动。铲板浮动可以使铲板不会铲入底板轮廓线内，实现沿底板漂浮。

4. 运输机升降液压缸

运输机铰接在机架上，并由两个可伸缩的单作用液压缸支撑，液压缸用于将运输机端部定位在适当位置，实现运输机升降控制，以适应卸载高度的变化。

5. 运输机摆动液压缸

运输机摆动液压缸安装在运输机机尾左侧，为双作用液压缸，可实现输送机机尾左、右摆动45°，以适应卸载位置的变化。

6. 摆揽液压缸

摆揽液压缸为双作用液压缸，用来实现电缆的来回摆动。

三、连续采煤机的配套设备及用途

连续采煤机的配套设备有工作面运输设备、顶板支护设备、辅助作业设备等。这些设备与主机组成了一套既适用于房柱式开采又适用于煤巷多头掘进的新型采掘设备。

1. 工作面运输设备

（1）半连续运输系统设备主要由运煤梭车、给料破碎机、可伸缩式胶带输送机和井下铲车等组成。运煤梭车跟在连采机后面，在采掘工作面内短距离往返运送煤炭，一般配备2～3台；给料破碎机的作用是将运煤梭车转入的大块煤进行破碎，并均匀的将煤输入带式输送机，以满足带式输送机的运输能力及对块度的要求。可伸缩带式输送机的作用是将煤长距离输送到井下煤仓。

（2）连续运输系统设备由几台自移式刮板输送机或带式输送机串接组成。这些自移式输送机紧跟在破碎机后面承接煤炭，将连采机卸载到破碎机上破碎后的煤直接转运到可伸缩带式输送机上，形成连续运输，从而减少了因运煤车换车而造成的生产间断时间。

连续运输系统使连续采煤机真正实现了连续截割,并且连续运输系统及设备正在不断地改进和提高,来增强各个运转环节的机动性和灵活性,以适应多头巷道掘进工艺的需要。

2. 顶板支护设备

顶板支护设备主要有自行式锚杆钻机、手持式锚杆钻机、单体液压支柱、履带行走式液压支架。自行式锚杆钻机既可用于煤巷掘进，又可用于房柱式采煤中钻眼安装锚杆，为连续采煤机提供一个安全的作业场所；手持式锚杆钻机主要用于当巷道遇到断层或其他地质构造，需要对局部顶板及时进行支护时打眼并安装锚杆；履带行走式液压支架用于房柱式采煤中代替锚杆支护，配合连采机作业，并在回收煤柱时将采煤工作面与采空区隔开，形成采煤机调动和作业空间。

此外还有新式的机载锚杆钻机，设置在连续采煤机截割滚筒的后面，截煤与钻眼、安装锚杆可同时作业，组成掘锚联合机组。

3. 辅助作业设备

辅助作业设备有自行式胶轮铲车、履带式挖沟机等。铲车用来清理巷道和连采机采后留下的浮煤，便于连采机安全顺利生产，还可以完成煤炭的装、卸和长距离转运，小型设备的搬运拖动；挖沟机用于在有积水的巷道挖排水沟。当连续采煤机退出掘进工作面后，履带式自行挖沟机即可进入工作面，在巷道的一侧快速切割出具有一定尺寸的水沟。

【基本技能】

一、连续采煤机的操作

1. 操作系统的组成

ML340 型连续采煤机的操作系统分为电气操作系统和液压操作系统两部分，基本程序是电气系统启动后通过液压控制阀的操作实现截割、装运等动作。该采煤机有手动和遥控两种操作方式，可通过操作箱上的钥匙开关“SA2”进行转换。

电气操作系统由位于司机座左侧的操作控制箱、前下方的变频调速装置、左前方的显示箱、后方的煤电钻控制箱和遥控器组成，

液压系统操作主要是对多路换向阀的操作控制。泵电机启动后，司机可以通过手动或遥控方式操纵多路换向阀控制 6 组液压缸的动作，即截割臂升降、稳定靴升降、铲板升降、运输机升降与摆动和摆揽。操纵阀面板手动操作如图 2-36 所示，工作时按标牌指示的方向操作即可。

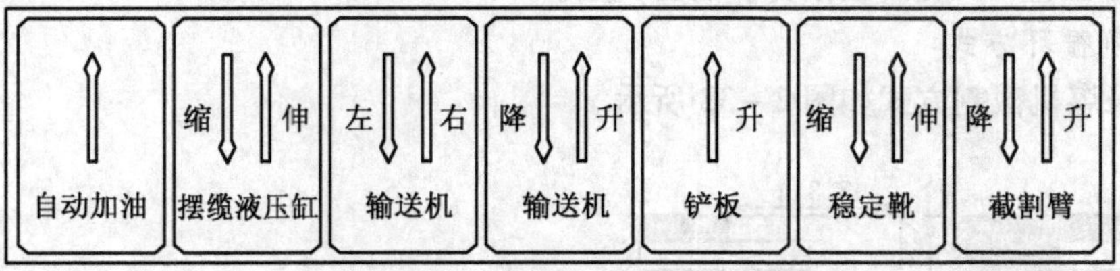

图 2-36　连续采煤机液压系统手动操作示意图

2. 操作注意事项

（1）开机前应检查液压操作手柄，使之处于“0”位；开机前，在确认铲板前方和截割臂附近无人时，方可启动。采用遥控操作时，司机必须位于安全位置。开机、退机、调机时，必须发出报警信号。

（2）合上断路器之后，如显示器和指示灯显示正常，才能操作，否则不能操作。

（3）启动油泵电机运行后才能对其他机构操作。

（4）操作和作业过程中，如有突发事件发生，要注意使用急停按钮，该机有 5 个急停按钮，分别是操作箱急停、主控箱急停、变频调速装置急停、机头急停和遥控急停。

（5）作业中停机时，一定要将断路器开关断电，以免误动作。停止工作和交班时，必须将切割头落地，并切断电源。

3. 开机操作顺序

（1）检查各电控箱是否处于可靠的锁紧位置。

（2）检查主电控箱和变频调速装置的断路器手柄是否处于分位。

（3）将司机座左侧的前级开关转到开的位置，向连采机供电。

（4）分别按下主电控箱和行走电控箱上的急停按钮，把断路器手柄置于合的位置，然后将急停按钮拔出（解锁）。

（5）在操作箱上选择系统与除尘的操作方式。

（6）启动液压泵。

（7）根据需要，手动或遥控操作液压系统，调整截割臂和运输机位置；操作履带行走，调整机器位置。

（8）根据需要，启动运输机。

（9）开启除尘和冷却水阀后，启动截割电动机。如水量、水压太小则截割电动机无法启动。

（10）启动除尘电动机。若把风机设定在自动运行方式，则截割电动机启动后风机会自动运行。

二、连续采煤机掘进工艺

1. 截割工序

连采机在掘进工作面以切槽和采垛工序来完成巷道的掘进。如图 2－37 所示，在激光指向仪的导向下，首先定好采煤机的切槽进刀位置，进刀位置一般选择在巷道前进方向左侧，然后按照截割循环推进，当截割进尺达到一个循环长度（11 m）后退机，这一工序称为切槽；切槽完成后，将连采机调整到巷道另一侧，截割完剩余部分的煤，这一工序称为采垛。循环进尺长度由顶板支护需要决定。

2. 截割循环方式

连续采煤机截割方式如图 2－38 所示。

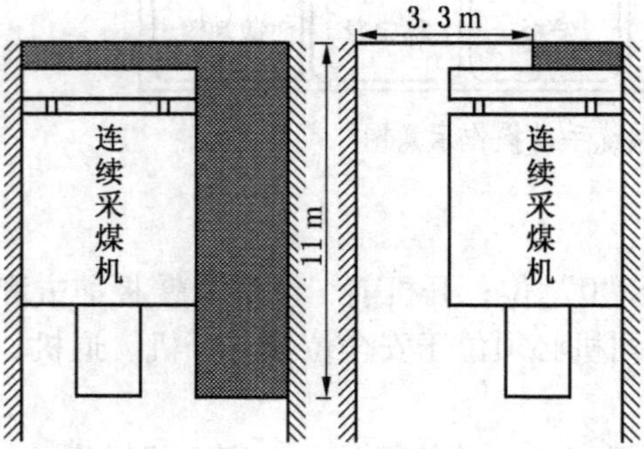

(a) 切槽工序　(b) 采垛工序

图 2－37　连续式采煤机截割工序

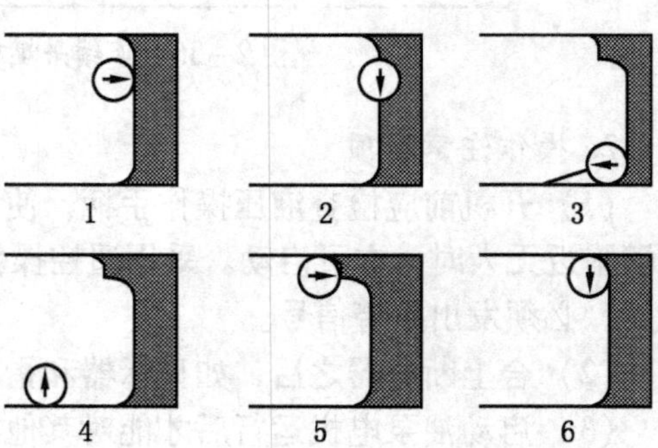

图 2－38　连续采煤机截割循环工序

（1）采煤机运行到工作面后，首先将截割头调整升至巷道顶板，切入煤体，扫去上一刀预留的 200 mm 左右煤皮，即升刀扫顶。

（2）将截割头降低200 mm左右、向前切入煤体630 mm左右后，调整截割头向下截割煤体，直至巷道底板，即进刀割煤。

（3）采煤机后退约500 mm，割完底煤，使巷道底板平整并装完余煤，即拉底。

（4）将采煤机截割头升起调整至巷道顶板接着进入下一个循环。

采煤机完成从顶板到底板截割，再升到顶板这一过程就称一个截割循环。每一个截割循环工作面向前推进约630 mm左右，这种截割循环反复进行，直到掘完一个进尺循环后，连采机退出，锚杆机调机进行支护。

截割时严格按照地测放线进行施工。为确保设备和人身安全、提高掘进速度、方便综采回采，截割时必须沿煤层底板掘进，严禁破顶割底。

3. 装煤工序

连续采煤机实现自行装煤。连续采煤机截割时，煤落入铲板上，铲板上的星轮连续运转，将煤收集装入刮板运输机内，由刮板运输机将煤转运到后面的梭车车斗内。

【教学考核】

考核评价表见表2－10。

表2－10 考核评价表

项目名称	连续式采煤机				
学生姓名		班级		考核时间	
评价方式	学生分组及组别 □□ 自我 □ 教师 □				
评价地点	实训现场 □ 教学做一体化教室 □ 普通教室 □				
设备、工具	连续式采煤机实物或模拟器、电子三维仿真图、电子课件				
考核项目	内容和要求	标准分	评分标准	得分	
基本知识	1. 说明ML340连续采煤机的组成和适用条件 2. 说明ML340连续采煤机截割机构的组成和作用 3. 说明连续采煤机能实现哪些动作 4. 说明连续采煤机配套机械设备的用途	24分	对照实物或多媒体课件，采取手指口述的方式考核，每缺一项或回答不正确扣6分		
基本技能	1. 说明ML340连续采煤机各个液压缸的作用 2. 描述连续采煤机操作时的注意事项 3. 描述指出连续采煤机开机操作顺序 4. 演示连续采煤机的启动和停机操作 5. 描述连续采煤机的截割工序	40分	小组讨论分析，手指口述现场回答。每缺一项或回答不正确、操作不规范扣8分		
职业素质	1. 积极参加、遵守纪律 2. 协作学习、互相帮助 3. 表达准确、叙述流畅 4. 注重安全、会用工具 5. 拓展知识、查阅资料 6. 清理环境、现场整洁	36分	每缺一项或工作达不到要求扣5分		
总分					

考核评价人签字：

年　　月　　日

复习思考题

1. 连续采煤机有什么用途?
2. 连续采煤机各部分的作用是什么?
3. 连续采煤机的液压操作系统的作用是什么?
4. 连续采煤机的配套设备主要有哪些?
5. 画图说明连续采煤机的截割循环方式。

模块三　液压支护设备

在采煤与掘进工作面中，为了保护工作面内设备与人员的安全，要对顶板进行支撑和管理，以防止工作空间内的顶板垮落。煤矿顶板的支护设备包括单体液压支柱、液压支架、摩擦式金属支柱等三大类。单体液压支柱的结构比较简单，体积小，重量轻，搬移支护方便，承载能力较大，广泛应用于高档普采工作面。液压支架能实现支撑、切顶、自移和推刮板输送机等工序，与大功率采煤机、大运量可弯曲输送机配套组成综合机械化采煤工作面的“三机”配套。

项目一　单体液压支柱与滑移顶梁支架

【学习目标】

知识目标：了解单体液压支柱和滑移顶梁支架的类型、适用条件和基本参数，掌握单体液压支柱和滑移顶梁支架的结构和工作原理。

技能目标：掌握单体液压支柱和滑移顶梁支架的安装、操作要求、使用与维护的基本技能和常见故障的处理方法。

【基本知识】

一、单体液压支柱与铰接顶梁

（一）单体液压支柱的类型和适用范围

单体液压支柱按供液方式不同，分为内注式和外注式两种。内注式是利用其自身所备的手摇泵将柱内贮油腔里的液压油吸入泵中加压后再输入到工作腔，使活柱伸出。内注式无外管路，灵活性强，油液消耗量少；但结构复杂，成本高，质量大，维修困难，升柱速度慢，实际使用较少。外注式则是利用注液枪将来自泵站的高压乳化液注入支柱的工作腔，使活柱伸出。外注式结构简单，质量小，升柱速度快，从而得到广泛使用。

单体液压支柱具有体积小、支护可靠、使用维护方便等优点，所以它在煤矿开采过程中得到广泛使用，它既可与滑移顶梁支架配套用于综采放顶煤工作面的顶板支护，又可用于综采工作面的端头支护和工作面易垮落处的临时支护。单体液压支柱适用于倾角小于25°的缓倾斜煤层工作面，它在工作面的布置方式如图3－1所示。

（二）DZ型外注式单体液压支柱的基本结构

DZ型外注式单体液压支柱的结构如图3－2所示。它主要由顶盖、三用阀、活柱、缸体、复位弹簧、活塞、底座等组成。顶盖用销子与活柱相连接，活柱装于缸体内。活柱上部装有一个三用阀，下端利用弹簧钢丝连装着活塞。在活柱筒内顶端同底座之间挂着一根复位弹簧，依靠外注压力乳化液和复位弹簧完成伸、缩动作，在缸体上缸口处连接一个缸口盖，下缸口处由底座封闭。

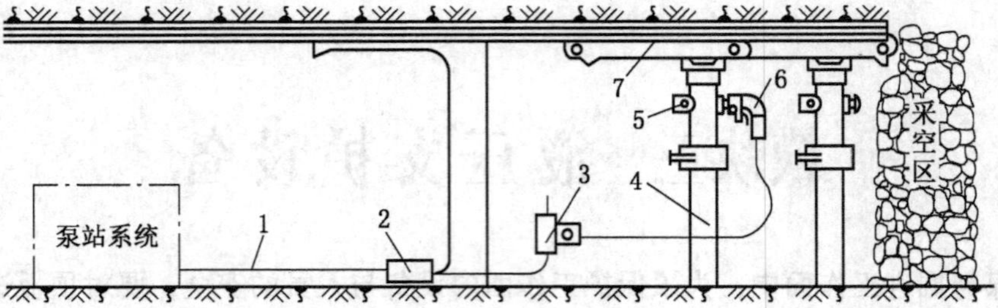

1—主管路；2—总截止阀；3—分管截止阀；4—单体液压支柱；5—三用阀；6—注液枪；7—铰接顶梁

图3-1　单体液压支柱在工作面的布置

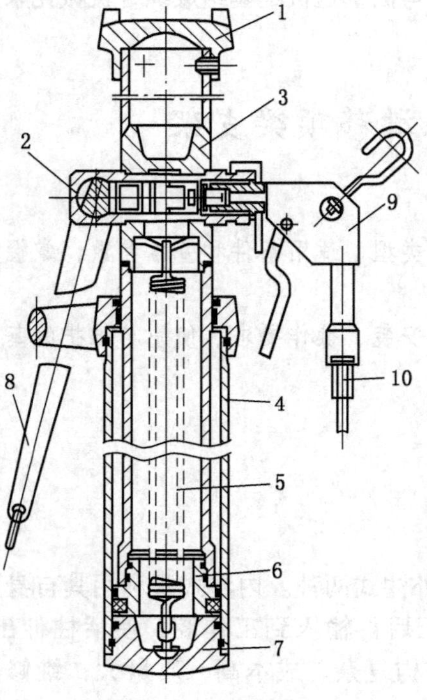

1—顶盖；2—三用阀；3—活柱；
4—缸体；5—复位弹簧；
6—活塞；7—底座；8—卸载手把；
9—注液枪；10—泵站供液站

图3-2　DZ型外注式单体液压支柱

三用阀的结构如图3-3所示。它包括单向阀、安全阀、卸载阀和左右阀筒。分别承担支柱的注液升柱、过载保护和卸载降柱3种功能。三用阀的工作原理可自己分析，此处不同赘述。

（三）单体液压支柱的工作过程

单体液压支柱的工作过程可分为升柱与初撑、承载、卸载与降柱。

1. 升柱与初撑

支柱时，先将管路系统中的注液枪插入三用阀的进液阀筒内并锁紧，然后扳动注液枪手把，使泵站的高压乳化液经注液枪打开单向阀，进入支柱下腔将活柱升起。当支柱顶盖使铰接顶梁顶紧顶板、支柱腔内压力达到泵站压力时，支柱对顶板的支撑力为初撑力。这时松开注液枪手把并卸下注液枪，升柱与初撑过程结束。

2. 承载

初撑后，随着顶板下沉，支柱下腔压力随之增高，支撑力也不断增大，呈现增阻性。当顶板作用到支柱的载荷超过支柱的工作阻力时，安全阀短时开启溢流，保证支柱的恒阻性，让支柱始终保持在额定的工作阻力。

3. 卸载与降柱

降柱时，将卸载手把插入三用阀卸载孔中，并转动手把，强行打开卸载阀，使支柱内腔的液体大量喷出，活柱在自重和复位弹簧的作用下回缩，完成卸载降柱过程。

（四）单体液压支柱使用基本要求

（1）要根据工作面的采高，选择合适的支柱规格，并按工作面顶板压力的大小确定合理的支护高度。

（2）同一工作面选择的支柱应为同型号、同规格。支柱在下井使用前，必须经过试验并达到出厂试验要求后方能使用。

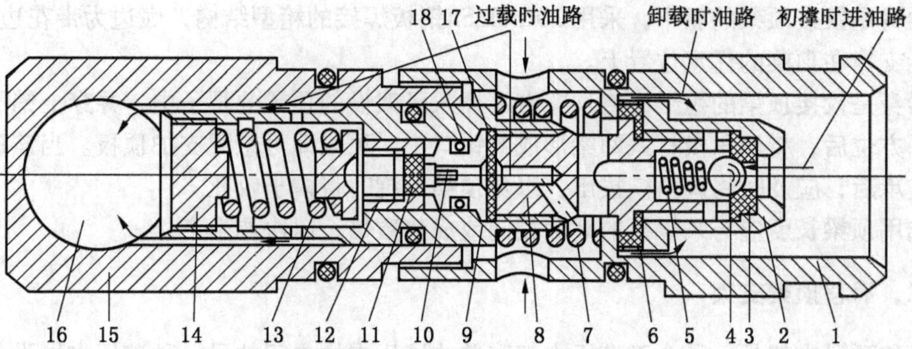

1—右阀筒；2—注液阀体；3—注液阀座；4—钢球；5—注液阀弹簧；6—卸载阀垫；7—卸载阀弹簧；8—连接螺杆；9—阀套；10—安全阀针；11—安全阀垫；12—导向套；13—安全阀弹簧；14—调阀螺丝；15—左阀筒；16—卸载手把安装孔；17—过滤网；18—阀座

图3-3　外注式单体液压支柱三用阀

(3) 严格按支柱支护规程操作，确保架设质量。做到横成排、竖成行，且排、行距均匀，支柱应垂直顶、底板支设。

(4) 支柱使用时，应排出缸体内的空气，注意检查乳化液泵站的工作情况，并保证每根柱子都达到其初撑力，这是控制好工作面顶板的关键。

(5) 给支柱注液时，要注意三用阀注液口处是否清洁，一般先冲洗再插枪注液。

(6) 工作面的支柱和铰接顶梁要编号管理、对号入座。支柱工应采用分段承包架设和管理支柱，禁止用锤、镐等金属物体敲砸支柱，运输过程不准随意摔砸，以免损坏支柱。

(五) 铰接顶梁

铰接顶梁可与单体液压支柱配套，用于水平或缓倾斜煤层采煤工作面顶板支护。由于铰接顶梁能悬臂工作，因此在煤壁和支柱之间有较大的穿行空间。

铰接顶梁的结构如图3-4所示。

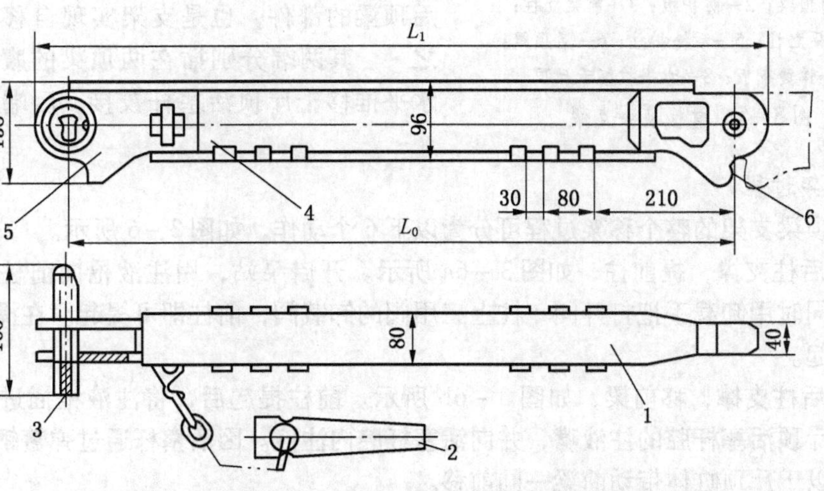

1—梁身；2—调角楔；3—销子；4—定位块；5—耳子；6—钳口

图3-4　HDJA型铰接顶梁

梁身是铰接顶梁的躯干，采用30CrMnSi钢板焊接的箱型结构，底边为带花边的扁钢。支柱能支撑在顶梁的任意位置上。

梁身是铰接顶梁的躯干，将顶梁右端插入已架设的顶梁的耳子中，并穿上销子。调整好水平方位后，将调角楔打入两梁形成的钳口中，顶梁即可悬臂支护顶板。当该顶梁已被支柱支承后，应及时将调角楔拔出，以免顶梁下沉时将楔子咬死。

选用顶梁长度应与采煤机的截深相同或成整数倍，以协调生产。

二、滑移顶梁支架

滑移顶梁支架是一种介于液压支架和单体液压支柱之间的另一种液压支护设备，它适用于煤层倾角小于25°缓倾斜中厚煤层一次采全高或厚煤层放顶煤的回采工作面。

滑移顶梁支架的整体性较好、支护面较大、支护强度高、质量轻，结构简单、使用方便、成本低，所以对不适宜采用综采工作面开采或不具备一定条件的地方煤矿来说，是一种较为可靠和理想的支护设备。

1. 基本结构

滑移顶梁支架的架体结构如图3-5所示。它主要由前顶梁、后顶梁、前梁立柱、后梁立柱、后掩护柱、弹簧钢板、水平推移千斤顶和防护板等组成。

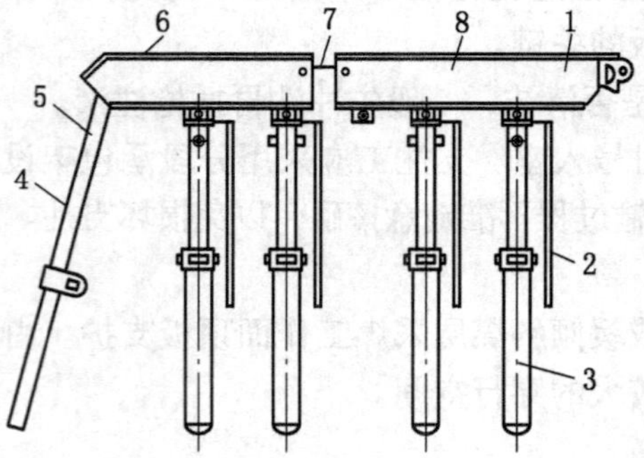

1—前顶梁；2—防护板；3—前梁立柱；4—后梁立柱；5—后掩护柱；6—后顶梁；7—弹簧钢板；8—水平推移千斤顶

图3-5　滑移顶梁支架

前、后顶梁均为矩形空腹件，前顶梁前端是可与金属顶梁铰接的鸟头结构。在前、后顶梁下面分别铰接了前梁立柱和后梁立柱，前、后立柱结构相同，为双作用单伸缩液压缸，由DZ型外注式单体液压支柱改装而成。在立柱的上端装有三用阀，在缸口盖上安装有缸口阀。

水平推移千斤顶是双作用液压缸，安装在前顶梁腹腔内，活塞杆朝前，缸体后端与前顶梁铰接，并安装有双向阀。弹簧钢板是连接前、后顶梁的部件，也是支架实现自移的主要部件之一。其两端分别插在两顶梁的腹内，前端与水平推移千斤顶活塞杆铰接，后端则与后顶梁铰接。

2. 移架过程

滑移顶梁支架的整个移架过程可分为以下6个动作，如图3-6所示。

（1）后柱支撑，提前柱，如图3-6a所示。开启泵站，用注液枪向前柱缸口阀注液嘴注液，同时用卸载手把打开同一柱上三用阀的卸载阀，前柱即可提起。在操作时，前柱要逐根提起。

（2）后柱支撑，移前梁，如图3-6b所示。前柱提起后，将注液枪插进双向阀上连通推移千斤顶活塞杆腔的注液嘴，并向活塞杆腔内注液。因活塞杆通过弹簧钢板连接而不能动，所以千斤顶缸体带动前梁一同前移。

（3）后柱支撑，支撑前柱，如图3-6c所示。前梁移到位后，将注液枪拔出，再插入前柱三用阀注液嘴注液，同时活塞杆腔的液体从缸口阀喷出，立柱活塞杆伸出，重新将前梁支撑好并达到初撑力。

（4）前柱支撑，提后柱，如图3-6d所示。用注液枪在后柱缸口阀注液嘴注液，同时用卸载手把打开同一柱上的三用阀的卸载阀，后柱即可提起。在操作时，后柱也要逐根提起。

（5）前柱支撑，移后梁，如图3-6e所示。将注液枪插入双向阀的另一注液嘴向活塞腔内注液，水平推移千斤顶活塞杆伸出，通过弹簧钢板带动后梁前移。

（6）前柱支撑，支撑后柱，如图3-6f所示。注液枪依次插入两个后立柱三用阀的注液嘴，同时活塞杆腔的液体从缸口阀注液处喷出，活塞杆伸出，后梁即被支撑好并达到初撑力。

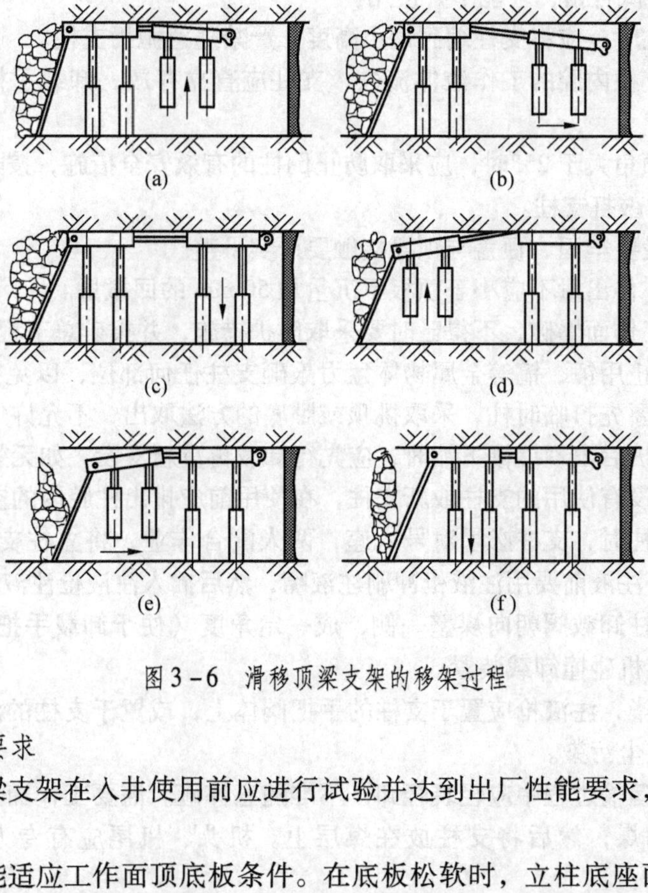

图3-6　滑移顶梁支架的移架过程

3. 使用基本要求

（1）滑移顶梁支架在入井使用前应进行试验并达到出厂性能要求，保证足够的支护强度。

（2）支架应能适应工作面顶底板条件。在底板松软时，立柱底座面积应加大，以防支柱扎底。支柱应具有足够的初撑力，并能及时支护，防止顶板早期离层。

（3）严格按支架的操作规程操作，确保移架和架设质量，使支柱与顶底板垂直。

（4）给支柱注液时，应注意各阀注液口处是否清洁，做到先冲洗后注液。

（5）支架在使用中应保证工作面或工作面上、下出口有足够的行人、运料和通风空间。

（6）长壁工作面使用滑移顶梁支架时，后部应设有挡矸装置，以防窜矸。

（7）放顶煤工作面使用滑移顶梁支架时，后部应有掩护梁，它与后柱之间应有足够的空间，以便布置放顶煤输送机。

【基本技能】

一、外注式单体液压支柱的使用与维护

（一）注意事项

（1）用户必须认真阅读使用说明书，并按说明书规定的事项进行使用和保管。

（2）应根据工作面采高，选择合适的支柱规格；根据工作面顶板压力大小，确定合理的支护密封，以确保安全，并充分发挥支柱的技术特性。同一工作面应使用相同类型、相同性能的支柱。

（3）支柱必须达到出厂试验要求或维修质量标准，方可下井使用。到矿的新支柱，也必须经过检查复试合格，才能下井使用。

（4）搬运支柱时，应将支柱缩到最小高度，严禁随意抛扔支柱。

（5）为防止支柱内腔的工作液体流失，支柱应直立存放，卸载手柄在不工作时应处于关闭位置。

（6）工作面倾角大于25°时，应采取防止倒柱的有效安全措施，按规定的排距支设支柱，不准用金属物敲打支柱。

（7）支柱支设要牢固，顶盖与顶梁接触要严实平整。

（8）活柱最小伸出量不应小于顶板下沉量加 50 mm 的回撤量。

（9）不准在工作面爆破，不得已时要采取防护措施，并报矿总工程师批准。

（10）绝对禁止用锤、镐等金属物体猛力敲砸支柱任何部位，以免损坏支柱。若支柱被压成“死柱”，要先打临时柱，采取挑顶或卧底的方法取出，不允许炮崩或锤砸。

（11）支柱支护后出现缓慢下缩时，应先行卸载再重新支设，如无效则应进行检修。

（12）长时间没有使用的支柱或新支柱，在使用前应排出柱腔内的空气。

（13）支设支柱时，支柱必须对号入座，两人配合作业，将立柱支在实地或柱靴上，并要有一定仰角。注液前要用注液枪冲刷注液嘴，然后插入注液枪注液。

（14）应将支柱卸载阀朝向煤壁一侧，成一定角度（便于卸载手把操作），以保证撤柱安全，防止采煤机碰撞卸载装置。

（15）注液完毕，注液枪应置于支柱的手把阀体上，或置于支柱的注射嘴上，不能放在底板上，以防煤尘污染。

（16）支柱在运输过程中应轻装轻卸，不准随意摔砸。需要工作面运输机运输时，应先在运输机上装满煤，然后将支柱放在煤层上。机头、机尾应有专人接送，以免损坏支柱。

（17）回撤下来的支柱，应顶盖朝上立放，不得随意的抛置，防止煤粉进入支柱内腔。

（二）维护

1. 日检

（1）检查、更换损坏的顶盖。

（2）更换漏液的三用阀。

（3）检查柱体液压缸有无凹陷。

（4）更换、补齐损坏和丢失的零件。

2. 大修

支柱除日常维修外，应定期进行检查保养。支柱的检修应在地面修理工厂进行，支柱大修周期为1.5～2 a，主要内容如下：

① 清洗所有零部件。

② 更换Y形密封圈、防尘圈、导向环、挡圈及所有O形密封圈。

③ 更换所有损坏、丢失的零部件，检查活柱、液压缸圆度、零件镀层质量等，不合格应更换新件。

3. 维修注意事项

(1) 维修场地应清洁。零部件需清洗干净后再装配，严格禁止脏物进入支柱内腔，因为脏物是破坏密封、造成渗漏的主要因素。

(2) 支柱工作液必须保持干净。

(3) 每根支柱都应建立维修卡片备查，每次检修时，均应详细记录故障情况、损坏零件及检修工时等项内容，以便统计支柱复修率、维修成本和维修质量，并有利于不断总结提高维修水平。

(4) 一般情况下，安全阀不易损坏。因此，不要随便拆开安全阀，以免损坏其经过严格调定的性能。

(5) 支柱维修后，应按试验要求和维修质量标准进行各项试验，全部合格者方可下井使用。

(6) 支柱修好后，应将活柱降到底，竖直靠放，存放于空气较清洁干燥、气温不低于0 ℃的场所。

二、常见故障及处理方法

外注式单体液压支柱的常见故障及处理方法见表3－1。

表3－1　外注式单体液压支柱的常见故障及处理方法

故障特征	主要原因	处理方法
注液时，活柱不从油缸中伸出或伸出很慢	1. 泵站无压力或压力低 2. 截止阀关闭 3. 注油阀体进液孔被脏物堵塞 4. 密封失效 5. 注液枪失灵 6. 管路滤网堵塞	1. 检查泵站 2. 打开截止阀 3. 清洗注油阀体 4. 更换密封件 5. 检查注液枪及密封圈 6. 清洗过滤网
活柱降柱速度慢或不降柱	1. 复位弹簧脱钩 2. 油缸局部凹坑 3. 活柱表面损坏 4. 导向环、防挤圈膨胀过大	1. 重新挂好复位弹簧 2. 更换损坏液压缸 3. 更换活柱体 4. 更换导向环或防挤圈
工作阻力低	1. 三用阀调压螺钉松动 2. 安全阀开启压力或关闭压力低 3. 密封件失效	1. 检查安全阀 2. 拧紧调压螺钉 3. 更换失效密封件
工作阻力高	1. 安全阀开启压力高 2. 安全阀垫挤入溢流间隙	1. 重新调定安全阀 2. 更换阀垫
工作液从手把溢出	1. Y形密封圈损坏 2. 活塞与活柱之间的密封圈损坏 3. 油缸变形或镀层脱落	1. 更换损坏零件 2. 更换损坏零件 3. 更换或重新镀铬

表3-1（续）

故障特征	主要原因	处理方法
工作液从底座溢出	底座与油缸之间O形密封圈损坏	更换O形密封圈
工作液从单向阀、卸载阀溢出	单向阀、卸载阀密封面污染或损坏	清洗或更换零件
油缸弯曲或砸扁	1. 用支柱推输送机时，顶坏 2. 采煤机或输送机撞坏 3. 压成"死柱"或支柱不卸载时，硬拉拉弯	1. 改进操作方法 2. 更换液压缸或修复液压缸 3. 先挑顶或卧底，再用绞车回柱
活柱弯曲	1. 突然来压时安全阀未及时打开 2. 支柱严重超载 2. 用支柱推输送机时顶坏	1. 校直或更换活柱体 2. 适当加大支护密度 3. 改进操作方法
顶盖损坏	支设不当或作其他工具用损坏	更换
注液枪漏油	1. 注液枪螺纹松动 2. 密封圈损坏或丢失 3. 注液管密封面损坏	1. 拧紧注液枪管 2. 更换或重新安装密封圈 3. 更换注液枪
注液枪不卸载	顶杆尺寸短，配合不合理	更换顶杆并试验使之卸载
活柱从油缸中拔出	未装限位装置	装设限位装置

【技能训练】

通过矿井认识实习或实训室实习，了解单体液压支柱和滑移顶梁支架的类型、适用条件；掌握单体液压支柱和滑移顶梁支架的结构、工作原理、操作要求，使用与维护的基本技能和常见故障的处理方法。

【教学考核】

考核评价表见表3-2。

表3-2　考核评价表

项目名称	单体液压支柱与滑移顶梁支架			
学生姓名	班级		考核	
评价方式	学生分组及组别□□　自我　□教师□			
评价地点	实训现场□　教学做一体化教室　□普通教室□			
需要的设备、工具	单体液压支柱一个、铰接顶梁一个、扳手等			
考核项目	内容和要求	标准分	评分标准	得分
基本知识	1. 单体液压支柱的分类方式与类型 2. 单体液压支柱和滑移顶梁支架的适应条件 3. 单体液压支柱的基本组成 4. 单体液压支柱和滑移顶梁支架的工作原理 （可以采取手指口述的方式考核）	25	每缺一项或回答不正确扣6分	
基本专业技能	1. 能读懂单体液压支柱和铰接顶梁的结构图 2. 掌握单体液压支柱与铰接顶梁的连接关系 3. 能说出单体液压支柱操作注意事项 4. 能说出滑移顶梁支架的使用要求 5. 能说出单体液压支柱常见故障及处理方法 （可以采取手指口述的方式考核）	45	每缺一项或回答不正确，操作不规范扣7分	

表3－2（续）

考核项目	内容和要求	标准分	评分标准	得分
职业素质	1. 热爱劳动，积极参加 2. 同学之间协作学习 3. 口述表达准确流畅 4. 能正确使用常用工具 5. 能收集教材以外的资料 6. 注重工作现场整洁	30	每缺一项或工作达不到要求扣5分	
总分				

考核评价人签字：

年　月　日

复习思考题

1. 单体液压支柱分哪几类？
2. 试述单体液压支柱用途及支护过程。
3. 试述滑移顶梁支架结构组成及支护过程。
4. 简述单体液压支柱操作注意事项。
5. 分析单体液压支柱常见故障及处理方法。

项目二　液　压　支　架

【学习目标】

知识目标：了解液压支架的类型、适用条件和基本参数，掌握液压支架的结构、工作原理和操作要求。

技能目标：掌握液压支架的安装与操作、使用与维护的要求和常见故障的处理方法。

【基本知识】

一、液压支架的组成及工作原理

（一）液压支架组成

液压支架由顶梁、掩护梁、立柱、底座、千斤顶、控制操纵元件及各种附属装置等组成，如图3－7所示。顶梁和底座通过数根立柱支撑在顶、底板之间，构成一个可移动的刚性架体，支撑顶板和维护一定的工作空间。

1. 顶梁

顶梁是直接与顶板相接触，并承受顶板岩石载荷的支架部件，同时也为立柱、掩护梁和挡矸装置等提供连接点。顶梁除整体刚性结构形式外，一般由若干段组成。按其对顶板支护的作用和位置不同，可分为主梁、前探梁和尾梁。

2. 掩护梁

除支撑式支架外，掩护式和支撑掩护式支架均有一个掩护梁。掩护梁是阻挡采空区冒

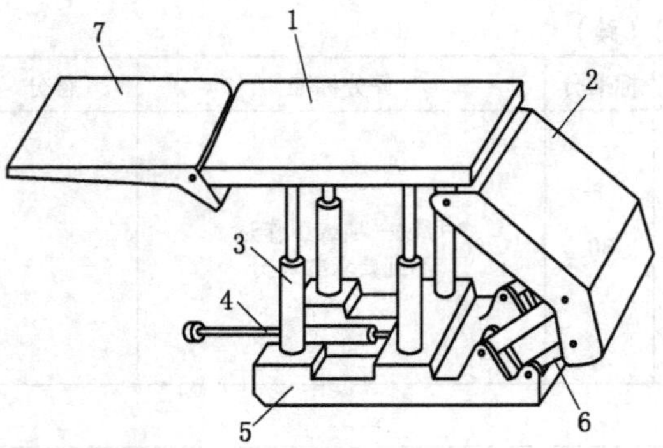

1—顶梁；2—掩护梁；3—立柱；
4—推移千斤顶；5—底座；6—连杆；7—前梁

图 3-7　液压支架的组成

落矸石涌入工作面空间，并承受冒落矸石载荷，以及顶梁水平推力的支架部件。其上部直接与顶梁铰接，下部直接或间接（通过连杆机构）与底座铰接。

3. 底座

底座是直接和底板相接触，将顶板压力传递到底板的支架部件。底座除为立柱、掩护梁提供连接点外，还要安设推移千斤顶等部件。

4. 立柱

立柱是支架的主要承载部件，支架的支撑力和支撑高度，主要取决于立柱的结构和性能。立柱由柱塞液压缸组成。

5. 千斤顶

千斤顶主要由前梁千斤顶、推移千斤顶、调架千斤顶，还有平衡、复位、侧推和护帮千斤顶等，主要作用是推移输送机、移设和调整支架等。

6. 控制操纵元件

控制操纵元件包括控制阀、操纵阀等各种阀件和管件。这些元件是支架获得足够的支撑力、良好的工作特性以及实现预定设计动作的保障。

7. 辅助装置

辅助装置由推移装置、复位装置、挡矸装置、护帮装置、防倒防滑装置、照明和其他附属装置等。

8. 工作液体

液压支架的工作液体一般采用5%的乳化油加95%的水配制而成的乳化液。

（二）液压支架工作原理

如图3-8所示，液压支架在工作过程中，不仅要能够可靠地支撑顶板，而且要能随着采煤工作面的推进，沿工作面走向向前移动。这就要求液压支架必须具有升、降、推、移四个基本动作。这些动作是利用泵站供给的高压液体，通过工作性质不同的几个液压缸来完成的。

1. 液压支架的升降

液压支架的升降是以高压液体为动力，依靠立柱的伸缩来实现的。

（1）初撑。如图3-8所示，若操纵阀处于升柱位置，由泵站输送的高压液体，经液控单向阀进入立柱的下腔，同时立柱上腔排液，于是活塞柱和顶梁升起，支撑顶板。当顶梁接触顶板，立柱下的压力达到泵站的工作压力后，把操纵阀置于中立位置，液控单向阀关闭，从而立柱下腔的液体被封闭，这就是支架的初撑阶段。

（2）承载。支架初撑后，进入承载阶段。随着顶板的缓慢下沉，顶板对支架的压力不断增大，但液体的压缩量极微，一般视为不可压缩。因此立柱下腔被封闭的液体压力将随之迅速升高，液压支架受到弹性压缩，并由于立柱缸壁的弹性变形而使之产生弹性扩张。

（3）卸载。当操纵阀处于降架位置时，高压液体进入立柱的活塞上腔，同时，打开液控单向阀，立柱活塞下腔排液，于是立柱或支架就卸载下降。

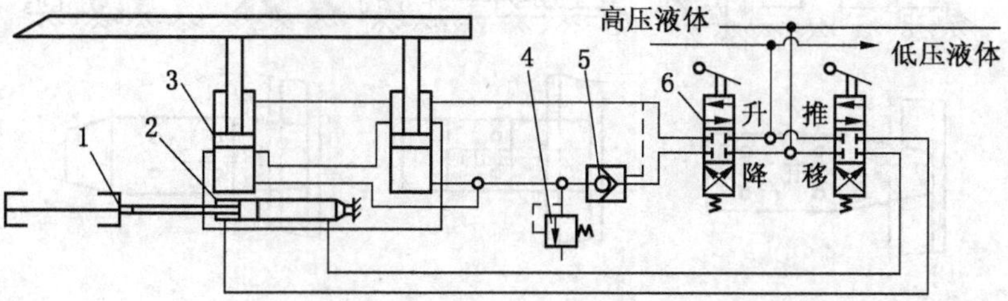

1—刮板输送机；2—推移千斤顶；3—立柱；4—安全阀；5—液控单向阀；6—操纵阀

图3-8　液压支架的工作原理

2. 液压支架的推移

推移动作包括推移支架和输送机。虽然支架形式不同，推移支架与推乱板输送机方式各不一样，但都是通过液压千斤顶的推、拉动作来完成的。图3-8所示为支架与输送机互为支点的推移方式，其移架与推刮板输送机共用一个推移千斤顶，该千斤顶的两端分别与支架底座和输送机相连接。当支架卸载，并向推移千斤顶的活塞上腔输入高压液体，而活塞下腔回液时，就以输送机为支点，拉架前移；当支架支撑顶板，并向千斤顶的活塞下腔进液，活塞上腔排液时，就以支架为支点，把输送机推移到新的位置。

二、液压支架的分类和适用条件

根据支架与围岩的相互作用和维护回采空间的方式，液压支架可分为支撑式、掩护式和支撑掩护式3类，如图3-9所示。

1. 支撑式

如图3-9a所示，支撑式液压支架是利用立柱与顶梁直接支撑来控制工作面的顶板。其顶梁较长，立柱较多，立柱直立，靠支撑作用来维持一定的空间，而顶板岩石则在顶梁后部切断垮落。支撑式液压支架具有较大的支撑能力和良好的切顶性能，适用于支撑中硬以上的稳定顶板。

2. 掩护式

掩护式液压支架是利用立柱、顶梁与掩护梁来支护顶板且防止岩石落进工作面。立柱较少且一般呈倾斜布置，顶梁也较短，而掩护梁直接与垮落的岩石相接触，主要靠掩护作用来维持一定的空间，有时亦称为掩护支撑式支架，如图3-9b所示。掩护式液压支架的掩护性和稳定性较好，调高范围大，对破碎顶板的适应性较强，但支撑能力较弱，适用于支护松散破碎的不稳定顶板或中等稳定的顶板。

3. 支撑掩护式

支撑掩护式液压支架在结构和性能上综合了支撑式和掩护式的特点。如图3-9c所示，它以支撑为主，掩护为辅，靠支撑和掩护作用来维持一定的工作空间。支撑掩护式液压支架的支护力、防护性和稳定性都较好，适用于压力较大，易于垮落或中等稳定的顶板。

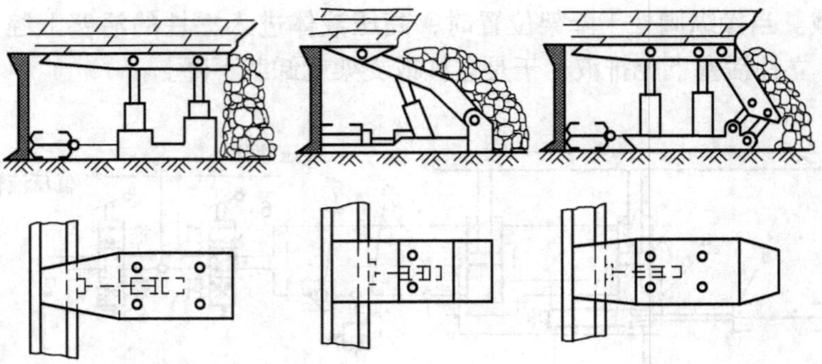

图3-9 液压支架的类型

三、液压支架的基本参数

液压支架的基本参数包括初撑力、工作阻力、支护强度、推刮板输送机力和移架力、支架高度。

1. 初撑力

初撑力是液压支架在初撑增阻阶段末了时对顶板的支撑力。它的大小取决于泵站的额定压力、立柱的数目和立柱缸体的内径。液压支架的初撑力可以减缓顶板的下沉，避免顶板过早剥离、增加顶板的稳定性，使立柱尽快进入恒阻状态。液压支架的初撑力应与其支护的顶板类别及岩性相适应，对支护坚硬、中硬的顶板，宜采用较高的初撑力；而对支护较软的顶板，应采用较小的初撑力。

2. 工作阻力

工作阻力是液压支架在承载初撑增阻阶段以后所能达到的最大支撑力，是液压支架承受顶板压力的最大允许值。它的大小取决于安全阀的调定压力、立柱数目、缸体的内径等参数。

3. 支护强度

支护强度是液压支架单位支护面积上的工作阻力，即液压支架的工作阻力与其支护面积的比值。它是用来衡量各种不同规格和型号液压支架支撑能力大小的一个参数。

4. 推刮板输送机力和移架力

推刮板输送机力是推移千斤顶在推移刮板输送机时所能产生的最大允许推力，移架力是推移千斤顶在拉动液压支架过程中能产生的最大允许拉力。它们的大小取决于乳化液泵站安全阀的整定压力、推移千斤顶的结构形式和相关参数。

5. 支架高度

液压支架的高度是其在支撑方向上的垂直高度，有最大高度和最小高度之分。

四、典型液压支架的结构原理

以我国煤矿广泛使用的ZZ4000/17/35型支撑掩护式液压支架为例来说明液压支架的结构原理。ZZ4000/17/35型支撑掩护式液压支架适用于采用走向长壁后退式开采法、煤层赋存比较稳定、无影响支架通过的断层、煤层厚度在 1.8 ~3.5 m、倾角小于 30°、顶板中等稳定或稳定、顶板压力小于 0.7 MPa、底板较平整且抗压强度大于 2 MPa 的地质条件。

（一）型号含义

Z Z 4000/17/35

- 35 —— 支架最大高度，dm
- 17 —— 支架最小高度，dm
- 4000 —— 支架工作阻力，kN
- Z（第二个）—— 支撑掩护式
- Z（第一个）—— 支架

（二）结构特点

1. 工作阻力大，支护强度高，切顶性能好。立柱分前、后两排布置，均向前倾斜且后排倾角较小，有利于切顶。

2. 调高范围大。立柱长度为 1425 ~3175 mm，可利用机械加长段调节立柱长度。

3. 支护性能好。主顶梁、掩护梁两侧均有侧护板；前梁前端有护帮装置，可防煤壁片帮；掩护梁与底座之间采用前后连杆铰接，形成四连杆机构，梁端距变化小，有利于顶板控制。

4. 底座采用钢板焊接成箱型整体结构。在底座前端焊有千斤顶耳座，在中间部位留有安装阀组的平台。

5. 导向梁安设在相邻两架之间，前端与工作面输送机相连。

6. 采用框架式推移装置，增大了移架力。

7. 防滑装置采用排头导向梁，防倒装置采用斜拉千斤顶。

8. 该支架采用本架操作。

该支架的优点是支撑能力较强，具有良好的切顶性能、防护性能和稳定性能，同时有较大的通风断面，对中等稳定和不太破碎的顶板均能适应，故应用范围广。

（三）主要技术特征

支架型式	四柱支撑掩护式
支架高度	1700 ~3500 mm
支架宽度	1430 ~1600 mm
支架中心距	1500 mm
初撑力	1884 kN
工作阻力	4000 kN
推移千斤顶的行程	700 mm
拉架力	226.6 kN
推刮板输送机力	143.2 kN
泵站工作压力	14.7 MPa
支架质量	10.8 t

（四）液压支架的结构

ZZ4000/17/35 型支撑掩护式液压支架结构如图 3 –10 所示，由承载结构件、辅助装置、液压缸和液压控制组件等组成。

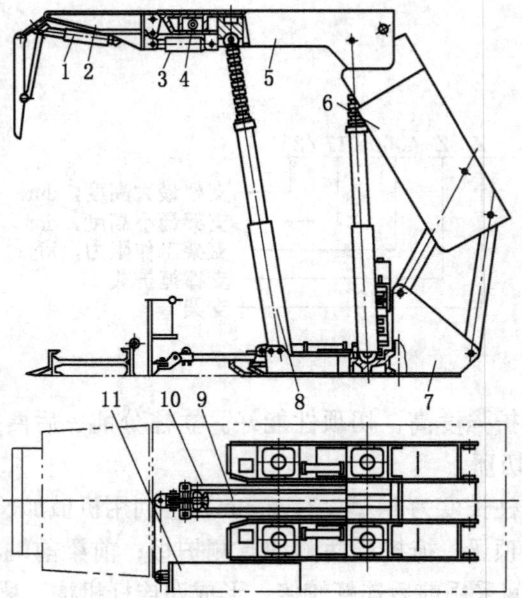

1—护帮千斤顶；2—前梁；3—前梁千斤顶；4—侧护千斤顶；5—顶梁；
6—掩护梁；7—底座；8—立柱；9—推移千斤顶；10—推移框架；11—导向梁

图 3-10　ZZ4000/17/35 型支撑掩护式液压支架

1. 承载结构件

承载结构件包括前梁、顶梁、掩护梁和底座等。

前梁为钢板焊接件，它与顶梁铰接，并以顶梁为支点，通过前梁千斤顶的伸缩，可向上摆动 18°，向下摆动 15°，从而改善了接顶状况，也使靠近煤壁的顶板得到了有效的支撑和防止工作面前端顶板产生切顶及窜矸现象。在前梁下盖板前端设置有起吊环，用于工作面维修设备时起吊重物。前梁梁端耳座连接有护帮装置，提高了生产的安全性。

顶梁为焊接箱形结构，其前端与前梁铰接，后端与掩护梁铰接，并起着切顶作用。在顶梁腹板上焊有 4 个与立柱的球形柱头连接的柱窝，在顶梁两侧装有侧护板。

掩护梁由型钢作骨架，采用钢板焊接而成的箱形结构，其顶端通过销轴与顶梁铰接，下端通过前、后连杆与底座铰接。掩护梁两侧装有侧护板。

底座是直接和底板相接触，传递顶板压力到底板的支架部件。底座除为立柱、掩护梁提供连接点外，还要安设推移千斤顶等部件。因此，要求底座应具有足够的强度和刚度，对底板起伏不平的适应性强，保证支架有较好的稳定性和排矸能力。

底座为焊接箱形整体结构，在底座前端两侧焊有千斤顶转架，供安装防滑装置时使用。底座中间焊有供安装推移千斤顶的耳座。底座两侧箱体上布置有四个柱窝，供连接立柱用。中部有一个平台，可以安装阀组框架，供操作人员在平台上进行操作，后部焊有较高的连接支座，用于连接前、后连杆。底座前端下部为圆弧过渡，以利于减小移架阻力。

2. 辅助装置

辅助装置包括推移装置、导向装置、防倒防滑装置、护帮装置等。

1）推移装置

如图3－11所示，推移装置采用长框架的形式，主要由连接头、圆杆、连接耳和销轴等构成。该框架各主要构件间用销轴和固定卡连接，从而使拆卸和安装都很方便。框架连接耳通过立装销轴与推移千斤顶的活塞杆连接，框架座则通过横装销轴与刮板输送机连接。

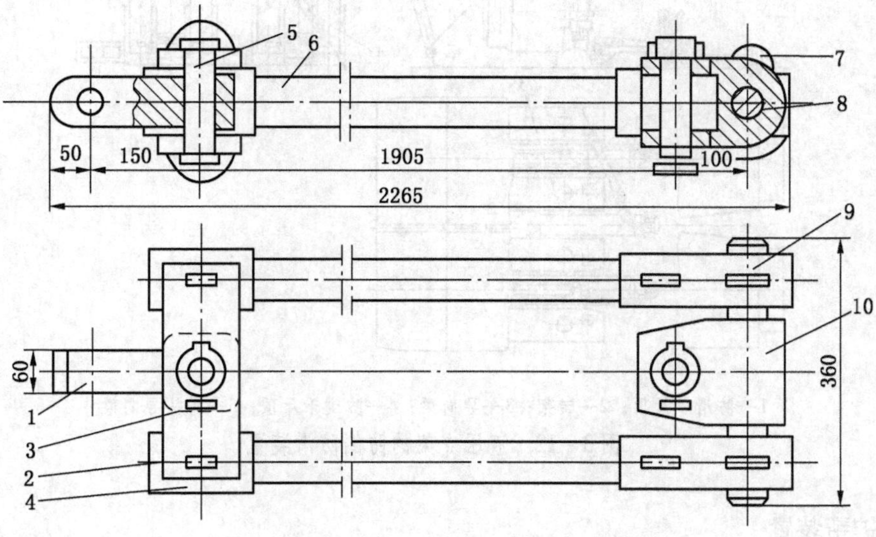

1—框架座；2—长固定卡；3—开口销；4—连接头；5—销轴；
6—圆杆；7—短固定卡；8—连接轴；9—长连接块；10—连接耳

图3－11 推移装置

2）导向装置

常用的导向装置是导向梁，其作用是为支架前移进行导向。它布置在相邻两支架的底座之间，一端与工作面输送机铰接并随输送机一起前移。移架时，上架支架的底座下侧面以该导向梁为导轨移动，可避免由于工作面的倾角和支架的间距而发生支架下滑或偏移。该支架装有侧护装置（主要由顶梁、掩护梁两侧的侧护板、梁内侧推千斤顶和推出弹簧组成），可以利用侧护千斤顶使侧护板伸出顶在下架支架的顶梁侧面，以侧面为导轨，对本架进行移架导向。

3）防滑防倒装置

液压支架在倾斜工作面使用过程中，由于支架自重在工作面倾斜方向上的分力使支架下滑；而且当工作面倾角较大，顶底板不平整时，还会导致支架受更大的侧向力而倾倒。所以，当工作面倾角大于15°时，液压支架必须采取防倒、防滑措施，如图3－12所示。

防滑防倒装置都是利用设在相邻支架上的防滑、防倒千斤顶在调架时产生一定的推力，以防止支架下滑、倾倒，并进行架间调整。

在工作面下出口采用排头导向梁的方法防止支架下滑及倾倒。即导向梁的一端与输送机连接，另一端用单体液压支架固定，并撑住顶板，移架时前架支架就能沿着排头导向梁前移而防止下滑。

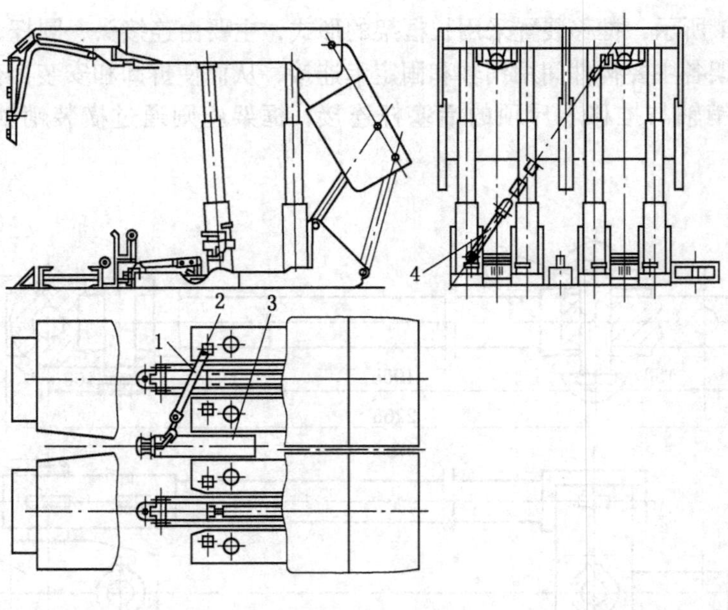

1—防滑千斤顶；2—转架；3—导向梁；4—防倒千斤顶；5—排头导向梁

图 3－12　液压支架的防倒防滑装置

4）护帮装置

护帮装置的作用是支护工作面的煤壁，从而防止片帮伤人和引起冒顶，主要用于厚煤层或煤质松软的中厚煤层开采。

护帮装置的主要组件有护帮板和护帮千斤顶。护帮板用钢板压制而成，在其与煤壁的接触面加焊了加强板，以提高强度。护帮千斤顶与前梁焊接耳座连接，活塞杆与连接杆连接。护帮装置伸出时，经连杆使护帮板紧贴煤壁；缩回时，将护帮板摆回到前梁下面。护帮千斤顶采用液压锁锁紧，省去了机械锁。在护帮千斤顶活塞腔内设有安全阀，用于限压，以防护帮板超载损坏。

3. 液压缸

液压缸包括立柱和各类千斤顶（前梁、推移、侧推、护帮和防倒等）。

1）立柱

立柱是支架实现支撑和承载的主要部件，它直接影响到支架的工作性能。因此，立柱除应具有合理的工作阻力和可靠的工作特性外，还必须有足够的抗压和抗弯强度、良好的密封性能、结构简单、使用维护方便。

立柱按伸缩数分为单伸缩和双伸缩，按供液方式有内供液和外供液两种。双伸缩立柱采用内供液方式，其调高范围大，但结构复杂；而单伸缩立柱多为外供液方式，其结构简单，加工维护方便。

如图 3－13 所示，该支架的立柱为单伸缩双作用式立柱。主要由缸体、活塞和活塞杆组成。缸底与缸体焊接为整体，活塞杆采用空心结构，直径较大，以保证足够的刚度。缸体与缸盖之间用钢丝、螺纹或卡环连接。活塞一般采用鼓形密封圈，铜环导向，在导向套上装密封圈和防尘圈。单伸缩立柱采用机构加长杆来扩大支架的支护高度范围。立柱底部和活塞杆的头部均采用球形结构，与支架的底座和顶梁的连接采用销轴或压块固定，使立柱在工作时有一定的适应性，以便更好地承受顶板压力。

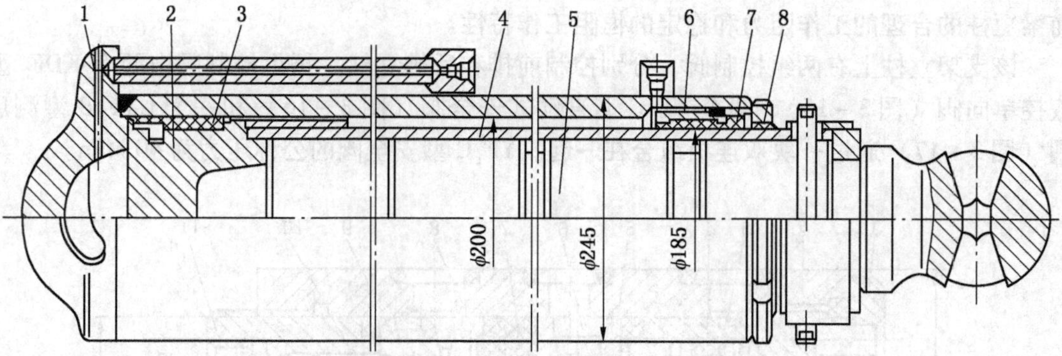

1—缸体；2—活塞；3—鼓形密封圈；4—活塞杆；5—加长杆；6—导向套；7—蕾形密封圈；8—防尘圈

图 3－13　立柱

2）千斤顶

该支架千斤顶均采用活塞式双作用外供液式结构，如图 3－14 所示。其中，前梁、侧推、护帮和防倒千斤顶的导向套与缸体之间使用钢丝挡圈固定，活塞与活塞杆之间利用压紧帽通过螺纹连接。推移千斤顶在支架内采用倒置方式，即缸体与支架底座前连接，而活塞杆与长框架后端连接，长框架另一端与输送机连接。

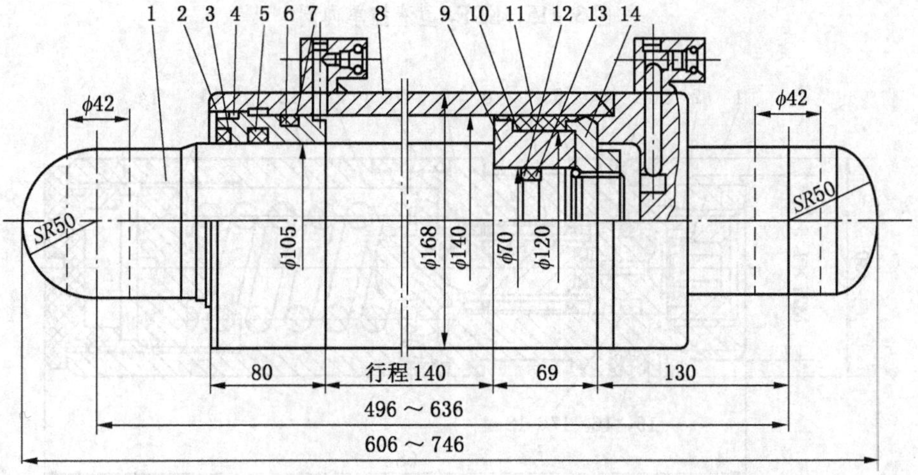

1—活塞杆；2—防尘圈；3—导向套；4—钢丝挡圈；5、7、11、13—密封圈；

6、12—挡圈；8—缸体；9—活塞；10—活塞导向环；14—压紧帽

图 3－14　活塞式双作用外供液式千斤顶

4. 液压控制组件

支架的液压控制组件主要包括控制阀、操纵阀等。

1）控制阀

控制阀是使支架正常工作，有效地控制顶板压力和围岩移动的关键液压组件，它由液控单向阀和安全阀组成。一般安装在每根立柱和前梁短柱的下腔进油路上，以保持立柱和前梁短柱的合理的工作阻力和稳定的恒阻工作特性。

该支架立柱上有两组控制阀，分别控制前排和后排立柱。每组控制阀由两个 KDF_2 型液控单向阀（图 3－15）、两个 YF_1C 型直动式安全阀（图 3－16）和一个 CYF_1B 型测压阀（图 3－17）通过一块双连板组合在一起。YF_1C 型安全阀的公称压力为 40 MPa。

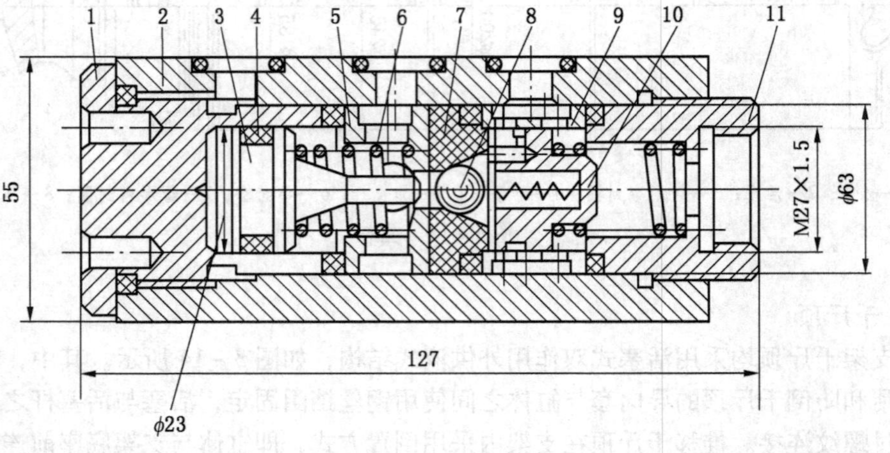

1—套杆；2—阀体；3—顶杆；4—O 形密封圈；5—套；6—弹簧；7—阀座；
8—钢球；9—压套；10—减振阀；11—端盖

图 3－15 KDF_2 型液控单向阀

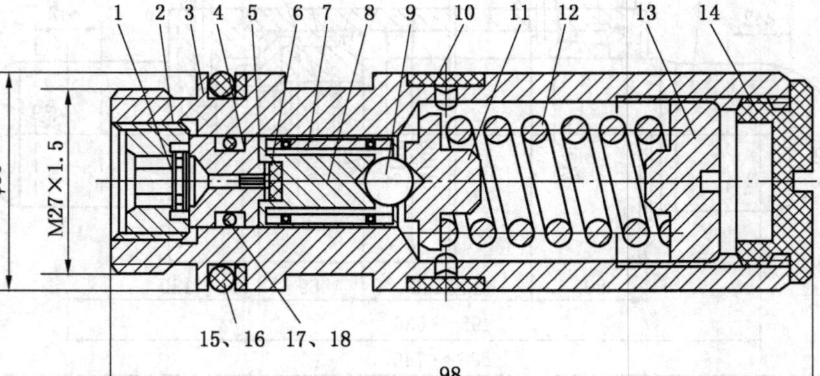

1—过滤器；2—固定圈；3—阀壳；4—阀座；5—阀针；6—阀垫；7—导向套；8—阀体座；9—钢球；
10—胶套；11—弹簧座；12—弹簧；13—调整盖；14—保护塞；15、17—O 形密封圈；16、18—挡圈

图 3－16 YF_1C 型直动式安全阀

前梁千斤顶控制阀由一个 KDF_2 型液控单向阀和一个 YF_5 型大流量安全阀（图 3－18）通过连接板组合而成。YF_5 型安全阀的公称压力为 35～40 MPa。

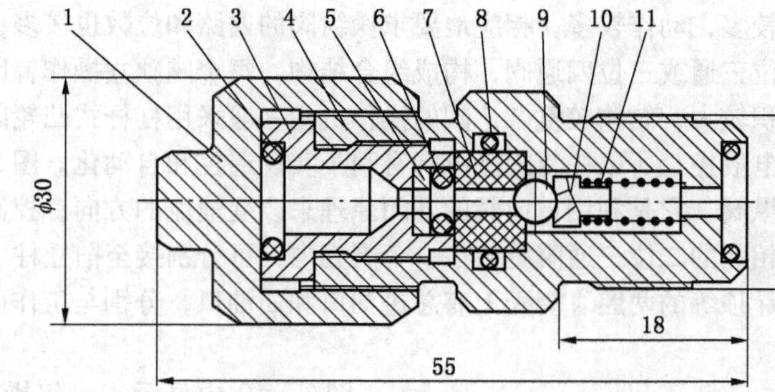

1—滚花螺母；2、6、11—O 形密封圈；3—压紧螺钉；4—阀壳；5—挡圈；
7—阀座；8—球形阀芯；9—弹簧座；10—弹簧

图 3-17　CYF_1B 型测压阀

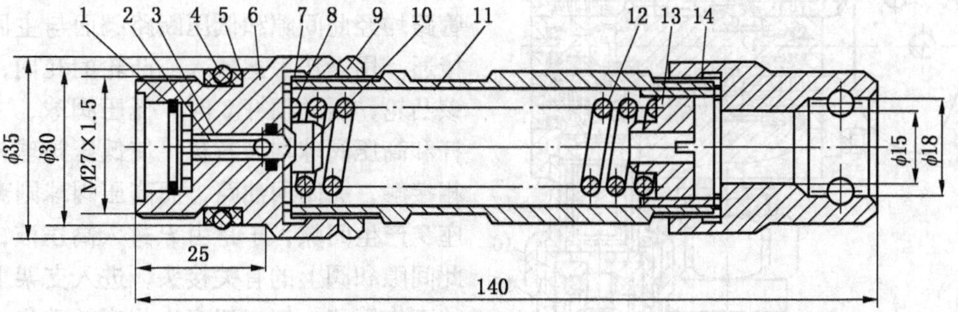

1，5—挡圈；2—过滤器；3—阀芯；4—O 形密封圈；6—阀体；7—尼龙垫；8—特制 O 形密封圈；
9—防松螺母；10—弹簧座；11—阀壳；12—弹簧；13—调整螺钉；14—接头

图 3-18　YF_5 型安全阀

利用液控单向阀的闭锁原理控制立柱下腔液体的工作状态。立柱初撑时，它可使工作液体进入立柱下腔产生初撑力；立柱承载时，它可封闭下腔的工作液体，产生与工作阻力相对应的压力；立柱卸载时，可使下腔液体排出。对液控单向阀的基本要求是密封可靠、动作灵敏、流动阻力小、工作寿命长、结构简单等。

安全阀在液压支架中的作用是防立柱或支架过载，保证支架安全工作。它是支架具有恒阻特性和可缩性的关键组件。

2）操纵阀

操纵阀是控制各液压缸进出油路、使支柱完成各种动作的开关，因此要求密封性好、工作可靠、操作方便。操纵阀的机能、通路和位数必须满足支架的动作要求。操纵阀的机能，一般在停止位置时，各个通路应全部回液，在工作位置时，除工作通路进液外，其余全部回液，相当于 Y 形机能。因此，操纵阀上有一个高压进液口和一个低压回液口。

操纵阀按控制方法可分为手控、液控、电控和电液控；按动作原理可分为往复式和回转式。操纵阀安装在阀座架上，7 片阀中有一片备用，另外 6 片阀可实现 12 个动作。

往复式操纵阀的阀芯元件是沿轴向作往复运动，开闭进出口油路，实现换向作用。由于支架上的液压缸较多，动作较多，相应地要求操纵阀的通路和位数也较多，故采用几个结构基本相同的二位三通或三位四通阀，构成组合结构，每个阀独立操作，因而可实现复合操作。但阀的体积较大，结构较复杂，阀的操作机构一般采用杠杆式凸轮闭锁的控制装置，也可用电控或电液控，所以往复式操纵阀有利于实现遥控和自动化。图 3－19 所示为一种往复式球形操纵阀。它是利用单向阀的开闭原理来改变液流的方向，控制支架各部分的动作。它由 4 组相同的二位三通阀叠装在一个阀壳内，可分别接至前立柱、后立柱、前梁千斤顶和移架千斤顶等的两腔。阀壳上有总进油口和回油口，分别与工作面高压液和回液主管道相接。

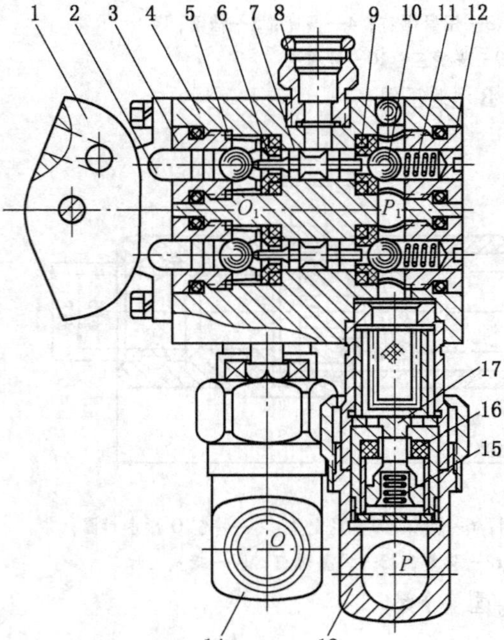

1—凸轮；2、17—顶杆；3—阀套；4—阀体；
5—低压阀球；6、9—阀座；7—中间顶杆；
8—接头螺帽；10—高压阀球；11—弹簧；
12—调节螺帽；13—高压断路阀；14—低压断路阀；
15—锥阀；16—螺母

图 3－19　往复式球形操纵阀

图 3－19 中显示出一组操纵阀的结构，其动作过程如下：高压液体经高压断路阀，进入阀壳内的高压腔 P_1，高压阀球在弹簧的作用下与阀座 9 接触，而低压阀球受中间顶杆的作用离开阀座 6 产生间隙，使支架各管路均经此间隙和低压断路阀而与主回油管接通。用操作手把插入一凸轮的孔内，搬动该凸轮，压动顶杆 2 时，低压阀球、中间顶杆和高压阀球均向右移，使低压阀球与阀座相接触，关闭回油路，而高压阀球则离开阀座 9 产生间隙，于是由 P 进入高压液，就经此间隙和阀上的有关接头，进入支架上相应的工作管路，使支架产生相应的动作。松开手把后，在弹簧的作用下，高压阀球复位，切断进油，恢复与主回油管路接通的状态，保持支架内管路的低压状态。

这种往复式球形操纵阀采用凸轮操作，两个二位三通阀构成一组，通过凸轮形成闭锁动作，相当于一个 Y 形三位四通阀，用以控制一组液压缸的两腔。因一个二位阀动作（进液），另一个二位阀仍处于不动状态（回油），所以它属于操纵进液和复位回油的操纵阀。

高、低压断路阀，二者结构相同，它们的作用是在检修支架的液压元件时，如拧动高压断路阀上的螺母，锥形阀就在弹簧的作用下关闭通向操纵阀内部的进油路和回油路，可对此架的系统元件进行检修。检修后，再拧紧螺母，锥形阀被顶杆顶开，断路阀可恢复常开状态。这种球形阀门式操纵阀的优点是操作方便可靠；缺点是零件多、拆装不方便，同时在操作过程中高、低压腔有时会有窜液现象。

（五）ZZ4000/17/35 型支撑掩护式支架液压系统

ZZ4000/17/35 型支撑掩护式支架液压系统如图 3－20 所示，采用以下操作控制方式：

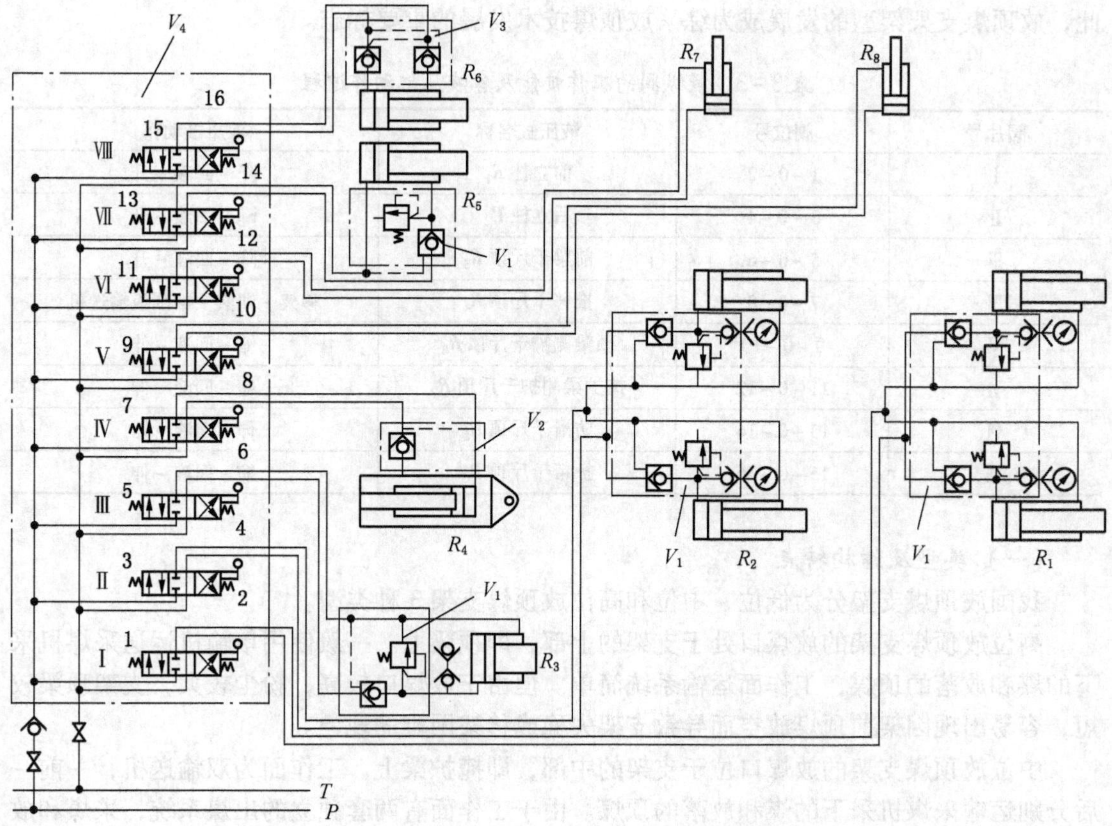

R_1—前立柱；R_2—后立柱；R_3—前梁千斤顶；R_4—推移千斤顶；R_5—防滑千斤顶；R_6—护帮千斤顶；
R_7—掩护梁侧护千斤顶；R_8—顶梁侧护千斤顶；V_1—控制阀；V_2—液控单向阀；V_3—双向锁；V_4—操纵阀

图 3-20　ZZ4000/17/35 型支撑掩护式支架液压系统

（1）前、后两排立柱的升降动作，各用 1 片操纵阀操作，所以根据需要可实现前、后排立柱同时升降，也可以单独升降。

（2）为了使前梁能及时支护新暴露出的顶板并迅速达到工作阻力，在前梁千斤顶（短柱）活塞腔的回路内装有大流量安全阀，升降时前梁千斤顶先推出，前梁端部先接触顶板，在支架继续升起直到顶梁撑紧顶板的过程中，前梁千斤顶被压，使活塞腔压力增大到大流量安全阀的整定压力时溢流，以保证前梁千斤顶的工作阻力。

（3）为了防止煤壁片帮，在支架上设有护帮机构，并用一只 SSF 型双向锁对护帮千斤顶中的活塞腔与活塞杆腔分别进行互相联锁。

（4）在推移千斤顶的活塞杆腔中接入闭锁回路，防止在移架时输送机往后退缩。

操纵阀各阀片的工作机能及各液压缸动作过程见表 3-3。

五、放顶煤液压支架

放顶煤开采方法是解决厚及特厚煤层开采的一种经济有效的方法，是综采放顶煤工艺的核心技术之一。放顶煤支架是随着放顶煤开采技术的发展应运而生的一种新型液压支架，其适应性及配套的合理性和可靠性是决定工作面产量、效率及回收率的关键因素。因此，放顶煤支架架型的发展成为综采放顶煤技术发展的重要标志。

表3-3 操纵阀的工作机能及各液压缸动作过程

阀片号	阀位号	液压缸名称	液压缸动作
Ⅰ	1-0-2	前立柱 R_1	降-回液-升
Ⅱ	3-0-4	后立柱 R_2	降-回液-升
Ⅲ	5-0-6	前梁千斤顶 R_3	降-回液-升
Ⅳ	7-0-8	推移千斤顶 R_4	移架-回液-推刮板输送机
Ⅴ	9-0-10	顶梁侧护千斤顶 R_8	缩-回液-伸
Ⅵ	11-0-12	掩护梁侧护千斤顶 R_7	缩-回液-伸
Ⅶ	13-0-14	防滑千斤顶 R_5	伸-回液-缩
Ⅷ	15-0-16	护帮千斤顶 R_6	缩-回液-伸

（一）类型及结构特点

我国放顶煤支架分为低位、中位和高位放顶煤支架3种类型。

高位放顶煤支架的放煤口处于支架的上部，即顶梁上。一般使用单输机运送采煤机采下的煤和放落的顶煤，工作面运输系统简单。但由于放煤口较高，粉尘较大，支架顶梁较短，容易出现因架前顶煤放空而导致支架失稳或移架困难的现象。

中位放顶煤支架的放煤口位于支架的中部，即掩护梁上。工作面为双输送机，一前一后分别运输采煤机采下的煤和放落的顶煤。由于工作面有两套独立的出煤系统，采煤和放煤间干扰较少，可以实现采、放平行作业，提高了工作面生产率。

低位放顶煤支架的放煤口位于支架后部掩护梁的下方，其后输送机直接放在底板上或底座后方的拖板上。由于该支架适应性强，是目前我国广泛使用的放顶煤液压支架。以反向四连杆低位大插板放顶煤液压支架为代表的新型高效放顶煤液压支架，成为放顶煤液压支架架型发展的方向。

反向四连杆低位放顶煤液压支架的结构如图3-21所示，该支架为双输送机配备，其结构和性能特点如下：

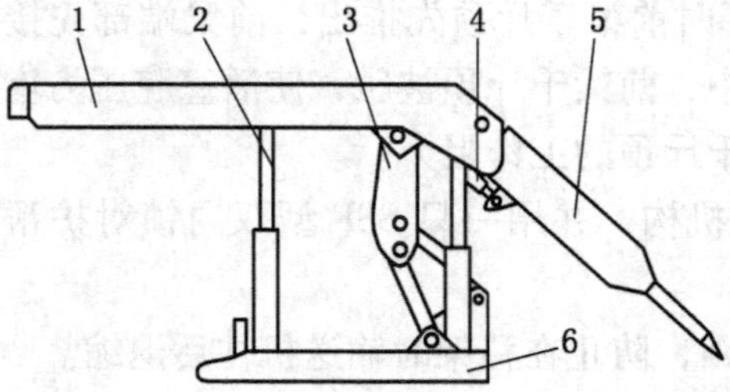

1—顶梁；2—立柱；3—掩护梁；
4—尾梁千斤顶；5—尾梁；6—底座

图3-21 反向四连杆低位放顶煤液压支架

（1）采用双前连杆和单后连杆结构的宽形反向四连杆机构，布置在前后立柱之间，提高了支架的抗偏载能力和整体稳定性。

（2）大插板式尾梁放煤机构，其尾梁千斤顶可双位安装，既可支设在顶梁上，也可支设在底座上，一般状态是支设在顶梁上。后部放煤空间大，为顺利放煤创造了良好的作业环境，可充分发挥后部输送机的输运能力，操作维修方便。尾梁摆动有利于落煤，插板伸缩量大，放煤口调节灵活，对大块煤的破碎能力强，可明显提高顶煤的采出率。

（3）支架为四柱支撑掩护式支架，后排立柱支承在顶梁与四连杆机构铰接点的后端，可适应外载集中作用点的变化，切顶能力强。

(4) 顶梁相对较长，掩护空间较大，通风断面大，而且对顶板的反复支承可使较稳定的顶煤在矿压作用下预先断裂破碎，有利于放煤。

(5) 反向四连杆机构经过总体参数优化设计，连杆力较小，支架结构的可靠性高。

(6) 底座对底扳压力分布合理，前端比压较小，能适应软底板条件，移架阻力小，有利于顺利移架。

(二) 放煤机构

放煤机构是设计放顶煤液压支架的关键，它不但能自主地控制放煤，而且具有对放下的大块煤破碎的功能，常用放煤机构主要有两种形式，即摆动式放煤机构和插板式放煤机构。

1. 摆动式放煤机构

摆动式放煤机构如图 3-22 所示，由放煤千斤顶、插板千斤顶、放煤摆动板和插板组成，其中主体是放煤摆动板。放煤摆动板内部设有轨道，用以安装插板，上端铰接在掩护梁放煤口上沿，在中下部由固定在底座上的两个放煤千斤顶推拉，使放煤摆动板上下摆动，与掩护梁形成一定的角度，用于破碎顶煤和打开整个放煤窗口。

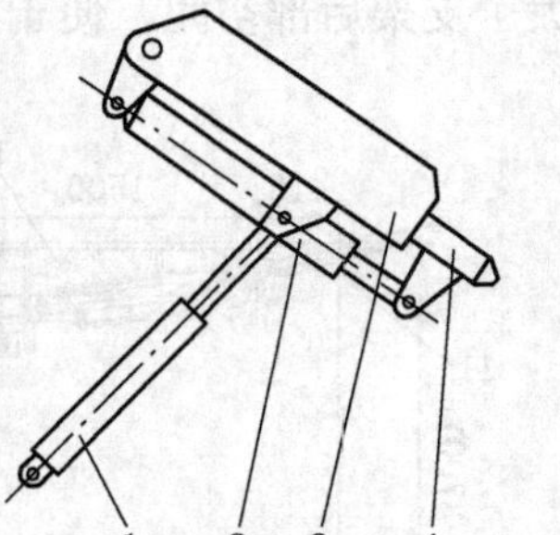

1—放煤千斤顶；2—插板千斤顶；3—放煤摆动板；4—插板

图 3-22 摆动式放煤机构

在放煤摆动板内装有可伸缩的插板，插板前端设有用于插煤的齿条，齿条下部有耳座，与插板千斤顶连接。在插板千斤顶作用下，插板可伸出或收回，用于启闭局部窗口。

摆动式放煤机构在关闭状态时，插板伸出，搭在放煤口前沿；放煤时，由液压控制系统先收回插板，以免损坏插板，然后摆动放煤机构。

2. 插板式放煤机构

插板式放煤机构如图 3-23 所示，主要由尾梁、尾梁千斤顶、插板和插板千斤顶等组成。

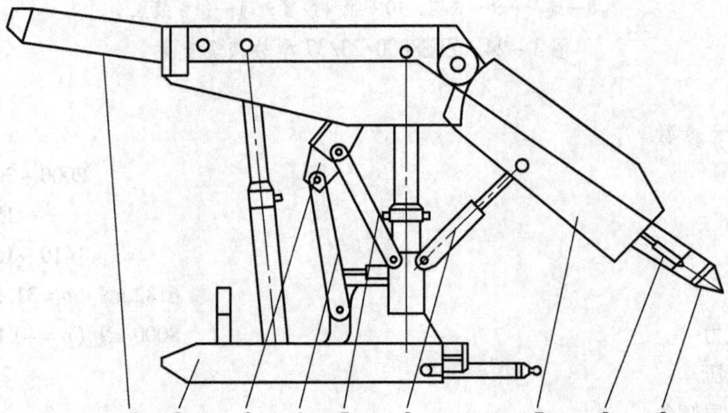

1—顶梁；2—底座；3—斜梁；4—前连杆；5—后连杆；6—尾梁千斤顶；7—尾梁；8—插板千斤顶；9—插板

图 3-23 插板式放煤机构

尾梁和插板都是由钢板焊接而成的箱形结构，尾梁体内设有滑道，插板安装在滑道内，操纵插板千斤顶可使插板在滑道上滑动，以实现伸缩。关闭或打开放煤门，操纵尾梁千斤顶，可使尾梁上下摆动，以松动顶煤或放煤，插板的前端设有用于插煤的齿条。

插板放煤机构在关闭状态时，插板伸出，挡住矸石流入后部输送机；放煤时，收回插板，利用尾梁千斤顶和插板千斤顶的伸缩调整放煤口进行放煤。

(三) ZFS8000/23/37 型放顶煤液压支架

ZFS8000/23/37 型放顶煤液压支架结构如图 3-24 所示。该支架是四柱支承式放顶煤液压支架，该支架四杆机构采用整体双前连杆、单后连杆结构，支架稳定性好，抗偏载能力强，可靠性高。由于后部采用单连杆，使得后部空间变大，底座绞接点位置较高，也增大了支架后部空间，便于后部设备的安装与维护。

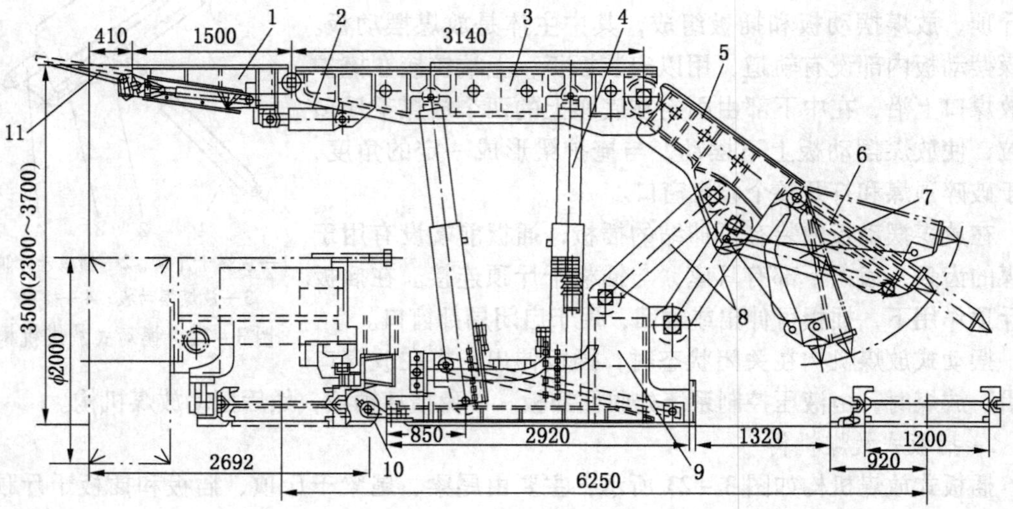

1—前梁；2—前梁千斤顶；3—顶梁；4—立柱；5—掩护梁；6—尾梁；7—尾梁千斤顶
8—连杆；9—底座；10—推移装置；11—护帮装置

图 3-24　ZFS8000/23/37 型放顶煤支架

1. 主要技术参数

高度	2000 ~ 3000 mm
中心距	1500 mm
宽度	1410 ~ 1580 mm
初撑力	6182 kN (p = 31.5 MPa)
工作阻力	8000 kN (p = 40.8 MPa)
底板比压	2.7 MPa
适应煤层倾角	≤20°
泵站压力	31.5 MPa
操作方式	本架
立柱	4 个
立柱缸径	250 mm

立柱行程	1790 mm
立柱初撑力	1514 kN
立柱工作阻力	2000 kN（$p=40.8$ MPa）
推移千斤顶	1个
推移千斤顶缸径/杆径	160/105 mm
推移千斤顶行程	900 mm
推移千斤顶推力/拉力	360/633 kN

2. 结构特点

（1）掩护梁较短，与水平夹角大，即掩护梁水平投影长度小，尾梁较长，尾梁的回转角度大，有利于顶煤垮落，保证了顶煤的挤压破碎能力。

（2）尾梁千斤顶的缸径大，增强了对煤块的破碎能力。提高了后部过煤高度，使输送机过大块煤能力加大。

（3）顶梁采用顶梁加铰接前梁及帮护板的结构，对顶煤的适应能力强，并增强了支架前端的支顶能力。

（4）底座采用开底式结构，拉架顺利，同时配备抬底机构，能有效防止底座前端扎底，提高移架速度，减少清理浮煤的工作量。

（5）推移装置采用长推移杆机构，采用二节铰接式，便于拆装，推移千斤顶采用倒装式，增大了推移力。

（6）拉后输送机装置为软连接，采用 $\Phi 28\times 92$ 高强度矿用圆环链连接。

【基本技能】

一、液压支架的安装、操作

为了保证综采工作面的稳产、高产，以及延长液压支架的使用寿命，必须配备专职的支架工操作。

（一）液压支架的安装

液压支架的安装采用地面组装、整架下井的方法布置安装在工作面。

1. 组装

（1）在地面机修厂对支架的立柱、各千斤顶进行试验，并达到出厂的性能要求，按工作面的使用条件对安全阀的动作压力进行整定。检查支架其他部件是否达到质量要求。

（2）将合格的零部件按照支架安装顺序和要求组装成一台整体支架。

（3）对整台支架进行通液试验，保证操纵阀和各液压缸的动作协调一致，支架整体的动作灵活，无漏油现象，符合支架的试验和质量标准。

（4）用橡胶塞封堵所有管路对外的通口，以防异物进入。

2. 工作面的布置安装

（1）在顶板较好的情况下，常采用后退式安装，即在准备好的工作面铺轨后由下出口向上出口方向逐架进行安装；在顶板破碎和工作面压力较大的情况下，也可采用前进式安装法，即由工作面上出口向下出口逐架进行安装。

（2）利用平板车将支架通过回风巷运输到工作面上出口，再运到安装地点。为了降低运输高度还可把支架放在专门制作的导向滑板上，利用绞车在铺设的轨道上从工作面上出口运到安装地点。当煤层底板坚硬平滑时，也可将支架直接放在底板上用绞车拖到安装地点。

（3）支架运送到安装地点后，要旋转90°调向，对准支架的安装位置卸下，放到安装位置后，对支架要进行调正，保持两支架的中心距为1.5 m，并与已安放的刮板输送机中部槽垂直，将推移千斤顶与中部槽连接。

（4）将安装到位置后的支架管路与乳化液泵站的管路连接并调试，使支架达到应具有的初撑力。

以上述工作方式安装全部支架，工作面液压支架布置完毕。

（二）液压支架的操作

1. 支架操作前的工作

（1）应先检查管路系统和支架各有关部件的动作是否有阻碍，要清除顶、底板的障碍物。注意管件不要被矸石挤卡或埋压，管路要齐全，接头要用U形销插牢，不得漏液。支架开始操作时，支架周围的人员应注意或离开，以免发生事故。

（2）工作面开始工作时，应先开动乳化液泵，利用推移千斤顶将工作面输送机推移成直线，以便采煤和移架。

2. 操作顺序

液压支架的操作顺序常采用先移架后推刮板输送机的方式。

1）移架

移架的方式与步骤，主要是根据支架结构来确定，其次是工作面的顶板状况与生产条件。在顶板比较破碎的情况下，移架过程分为降柱、移架、升柱3个动作。先接通操纵阀的卸载液路，打开支柱控制阀的单向阀，使支柱活塞卸载，活柱下降，顶梁逐渐下降脱离顶板。为使支架尽量做到擦顶移架，便于控制顶板，手把在此位置尽可能停留时间短些。当顶梁与顶板稍有松动后，随即将手把放到移架位置，开启液路，支柱的活塞腔停止卸载，顶梁也不再下降，而移架动作开始，直到支架移到新的位置时为止。这时应鳖压一下，以保证支架移足步距，并使支架与输送机成垂直布置。如果使用组合式片阀，卸载降柱与移架可同时动作，使支架能擦顶移动。

2）推刮板输送机

当采煤机移过8~9个架身后，即滞后采煤机后滚筒1~15 m时，即可进行推移刮板输送机。推移时，可根据工作面具体情况，采用逐架、间隔或几架同时推移的方式。为使输送机保持平直状态，支架工推移刮板输送机时，应注意随时调整步距，使输送机除推移段有弯曲外，其他部分应保证平直，以利于采煤机工作。

二、液压支架的使用与维护

综采设备投资较大，特别是液压支架的投资约占整个综采工作面全套设备投资的一半，为了延长其服务期限，保证支架能可靠的工作，除了严格遵守操作规程之外，还必须对液压支架加强维护保养和及时检查维修，使支架经常处于完好状态。

液压支架的维护与检查制度采用五检制度，即班检、日小检、周中检、月大检、总检。

1. 班检

生产班维修工跟班随检，着重维修保养支架和处理一般故障。

2. 日小检

班维护和检修支架上可能已发生的故障部位和零部件，基本上能保证3个班正常生产。日小检的内容和要求如下：

(1) 液压支架系统有无漏液、窜液现象，发现立柱和前梁有自动下降现象时，应寻找原因并及时处理。

(2) 检查所有千斤顶和立柱用的连接销，看其有无松脱，并要及时紧固。

(3) 检查所有软管，如有堵塞、卡扭、压埋和损坏，要及时整理更换。

(4) 检查立柱和千斤顶，如有弯曲变形和伤痕要及时处理，影响伸缩时要修理或更换。

(5) 推刮板输送机千斤顶要垂直于工作面输送机，其连接部分要完好无缺，如有损坏要及时处理。

(6) 当支架动作缓慢时，应检查其原因，及时更换堵塞的过滤器。

3. 周中检

对设备进行全面维护和检修，对损坏、变形较大的零部件和漏、堵的液压件进行"强制"更换。

4. 月大检

在周检的基础上，每月对设备进行一次全面检修，统计出其完好率，找出故障规律，采取预防措施。

5. 总检

一般在月检的基础上每季（年）进行总检。一般在一天内完成，也可与当天的日检结合进行，主要是统计季（年）设备完好率，验证故障规律，总结出经验教训，特别要处理好在井下不便处理的事故，使设备处于正常状态。

三、液压支架的常见故障及处理方法

液压支架的常见故障及处理方法见表3-4。

表3-4 液压支架的常见故障及处理方法

部位	故障特征	主要原因	处理方法
立柱	乳化液外漏	1. 密封件损坏或尺寸不合适 2. 沟槽有缺陷 3. 接头焊缝有裂纹	1. 更换密封件 2. 处理缺陷 3. 补焊
	不升或升速慢	1. 截止阀未打开或打开不够 2. 泵压低、流量小 3. 立柱外漏或内窜液 4. 系统堵塞 5. 立柱变形	1. 打开截止阀并开足 2. 查泵压、液源和管路 3. 更换 4. 清洗和排堵 5. 更换

表3-4（续）

部位	故障特征	主要原因	处理方法
立柱	不降或降速慢	1. 截止阀未打开或打开不够 2. 液控单向阀打不开 3. 操纵阀动作不灵 4. 顶梁或其他部位有蹩卡 5. 管路有泄漏、堵塞	1. 打开截止阀并开足 2. 检查压力是否过低，管路有无堵塞 3. 清理手把处堵塞的矸尘或更换操纵阀 4. 排除障碍物并调架 5. 排除漏、堵或更换管路
	自降	1. 安全阀泄液或调定压力值低 2. 液控单向阀不能闭锁 3. 立柱到阀连接板一段管路有泄漏 4. 立柱内泄漏	1. 更换 2. 更换 3. 查清，更换检修 4. 其他原因排除后仍自降，则更换立柱
	支撑力达不到要求	1. 泵压低 2. 操作时间短，未达到泵压即停止供液 3. 安全阀调压低，达不到工作阻力 4. 安全阀失灵	1. 调泵压，排除管路堵塞 2. 操作时充液足够 3. 更换安全阀，并按要求调定安全阀开启压力 4. 更换安全阀
千斤顶	不动作	1. 截止阀未打开或管路过滤器堵塞 2. 千斤顶变形，不能伸缩 3. 与千斤顶连接件蹩卡	1. 打开截止阀，清除堵塞并过滤 2. 更换 3. 排除蹩卡
	动作慢	1. 泵压低 2. 管路堵塞 3. 几个动作同时操作，造成短时流量不足	1. 检修泵并进行调压 2. 排除堵塞 3. 协调操作，尽量避免过多的动作同时操作
	个别联动现象	1. 操纵阀窜液 2. 回液阻力影响	1. 检修或更换操纵阀 2. 发生于空载情况，不影响支撑
	作用力达不到要求	1. 泵压低 2. 操作时间过短，未达到泵站压力 3. 闭锁液路漏液，达不到额定工作压力 4. 安全阀开启压力低 5. 阀、管路漏液 6. 单向阀、安全阀失灵，造成闭锁超阻	1. 调整泵压 2. 延长操作时间 3. 更换漏液元件 4. 调定安全阀的工作压力 5. 检修或更换阀和管路 6. 检修或更换单向阀和安全阀
	漏液	1. 密封件损坏或规格不对 2. 沟槽有缺陷 3. 焊缝有裂纹	1. 更换密封件 2. 处理缺陷 3. 补焊
	不操作时有液体流动声，或有活塞杆缓动现象	1. 钢球与阀座密封不好，内部窜液 2. 阀座上密封件损坏 3. 阀座密封面有污物	1. 更换 2. 更换 3. 多动作几次，如果无效则更换
	操作时液流声大且立柱，千斤顶动作缓慢	1. 阀芯端面不平，与阀垫密封不严，进回液窜通 2. 阀垫、中间阀套处密封件损坏	1. 更换 2. 更换

表3-4（续）

部位	故障特征	主要原因	处理方法
千斤顶	阀体外渗液	1. 接头和片阀间密封件损坏 2. 连接片阀的螺钉、螺母松动 3. 端面密封不好，手把端套处渗漏	1. 更换 2. 拧紧螺母 3. 更换
	操作手把折断	1. 重物碰击 2. 与片阀垂直方向重压手把 3. 材质制造缺陷	1. 更换 2. 更换 3. 更换
	手把不灵活，不能自锁	1. 手把处掉进碎矸、煤粉过多 2. 压块或手把工作凸台磨损 3. 手把摆角小于80°	1. 及时清理，采取防护措施 2. 更换 3. 摆足角度
液控单向阀和双向锁	闭锁腔不能回液，立柱、千斤顶不能回缩	1. 顶杆变形、折断，顶不开钢球 2. 控制液路阻塞，不能回液 3. 顶杆处密封件损坏，向回路窜液 4. 顶杆与套或中间阀卡塞，使顶杆不能移动	1. 更换 2. 拆检控制液管，保证畅通 3. 更换，检修 4. 拆检
安全阀	达不到调定工作压力就开启	1. 未按要求调定开启压力 2. 弹簧疲劳 3. 井下调定	1. 重新调定 2. 更换 3. 更换，井下严禁调定安全阀
	降到关闭压力不能及时关闭	1. 阀芯与阀体等有蹩卡现象 2. 弹簧失效 3. 密封面黏住 4. 阀芯、弹簧座错位	1. 更换，检修 2. 更换 3. 更换，检修 4. 更换，检修
	渗漏	1. O形密封圈损坏 2. 阀芯与O形圆不能复位	1. 更换 2. 更换安全阀
	超过额定压力，安全阀不能开启	1. 弹簧力过大，不符合性能要求 2. 阀芯、弹簧座、弹簧变形卡死 3. 杂质脏物堵塞，阀芯不能移动，过滤器堵死 4. 调整调压螺钉，使阀实际超调	1. 更换 2. 更换，检修 3. 更换，清洗 4. 更换，重新调定
其他阀类	截止阀关不严或不能开关	1. 阀座磨损 2. 其他密封件损坏 3. 进液方向和阀座、减震阀位置装反 4. 手把紧，转动不灵活 5. 球阀凹槽裂损，转把不能带动旋转	1. 更换 2. 更换 3. 检查，调位 4. 拆检 5. 更换
	回液断路阀失灵，造成回液倒流	1. 阀芯损坏，不能密封 2. 弹簧弱或损坏，阀芯不能复位密封 3. 阀座与阀芯的密封面破坏，密封失灵 4. 杂质、脏物卡塞不能密封	1. 更换 2. 更换 3. 更换 4. 更换
	过滤器堵塞或网烂，不起作用	1. 杂质、脏物堵塞 2. 过滤网破损 3. 密封件损坏，造成外泄漏	1. 定期清洗 2. 更换 3. 更换

表3-4（续）

部位	故障特征	主要原因	处理方法
辅助元件	高压软管损坏漏液	1. 胶管被挤、砸破 2. 胶管过期、老化 3. 接头扣压不牢 4. 升降、移架时胶管被挤坏 5. 高低压胶管误用	1. 更换 2. 更换 3. 更换，重新扣压 4. 更换，把好管卡 5. 更换，加强管理
	管接头损坏	1. 升降移架中挤坏 2. 装卸困难，加工尺寸或密封件不合规格	1. 更换 2. 更换，检修
	U形卡折断、丢失	1. U形卡质量不合格 2. 装卸时敲击折断 3. U形卡不合规格	1. 更换 2. 更换，防止重击 3. 更换

【技能训练】

通过矿井认识实习或实训矿井实习，了解液压支架的类型、适用条件，掌握液压支架的结构、工作原理、操作要求、日常维护以及常见故障的分析及处理方法。

【教学考核】

考核评价表见表3-5。

表3-5 考核评价表

项目名称	液压支架					
学生姓名		班级		考核时间		
评价方式	学生分组及组别□□ 自我□ 教师□					
评价地点	实训现场□ 教学做一体化教室□ 普通教室□					
设备、工具	放顶煤液压支架一台、专用工具等					
考核项目	内容和要求		标准分	评分标准	得分	
基本知识	1. 液压支架的分类方式与类型 2. 液压支架的适用条件 3. 液压支架的基本组成 4. 液压支架的工作原理 5. 液压支架的基本参数 （可以采取手指口述的方式考核）		30	每缺一项或回答不正确扣6分		
基本技能	1. 液压支架的安装要求 2. 液压支架的操作要求 3. 液压支架的使用和维护 4. 液压支架的常见故障及处理方法 （可以采取手指口述的方式考核）		40	每缺一项或回答不正确，操作不规范扣10分		
职业素质	1. 热爱劳动，积极参加 2. 学生之间协作学习 3. 口述表达准确流畅 4. 能正确使用常用工具 5. 能收集教材以外的资料 6. 注重工作现场整洁		30	每缺一项或工作达不到要求扣5分		

表 3-5（续）

考核项目	内容和要求	标准分	评分标准	得分
总分				

考核评价人签字：

年　月　日

复习思考题

1. 液压支架分哪几类，由哪几部分组成？
2. 试述液压支架的工作原理。
3. 我国煤矿采用的液压支架类型有哪几种？
4. 试分析液压支架操作时注意事项。
5. 液压支架常见故障主要有哪些？

项目三　乳化液泵站

【学习目标】

知识目标：了解乳化液泵站的组成、用途和液压系统，掌握乳化液泵、乳化液箱的结构和工作原理。

技能目标：掌握乳化液泵站的操作要求，使用与维护的基本技能和常见故障的处理方法。

【基本知识】

一、乳化液泵站的组成和用途

乳化液泵站是液压系统的动力源。乳化液泵站主要是为综合机械化采煤工作面液压支架或高档普采工作面单体液压支柱提供高压乳化液，也可以作为液压缸、阀件试验设备的动力源以及其他液压系统的动力源。各种不同流量和压力的乳化液泵站可分别满足普采工作面、高档普采工作面以及综采工作面的不同要求。

乳化液泵站主要由乳化液泵和乳化液箱及附属装置组成，通常是“两泵一箱”，如图 3-25 所示。两台乳化液泵通常是一台泵工作，另一台泵备用，交替使用。当工作面需要增大供液量时，可同时开动两台乳化液泵，也可根据要求做成由三台乳化液泵与一台乳化液箱组成的三泵一箱的泵站，其中两台泵同时工作，另一台泵备用。乳化液泵组由两台乳化液泵、防爆电动机、联轴器和底架等组成，通过连杆与乳化液箱连结为一个整体。

乳化液箱是储存、回收和过滤乳化液的装置。如在井下配置乳化液，还应在乳化液箱上附带自动配液器。

压力控制装置由手动卸载阀、自动卸载阀、压力表开关以及压力表等组成，用来控制供给液压支架乳化液的压力，并可实现对液压系统的保护。

乳化液泵站通过主供液管和主回液管与液压支架的供液、回液管路沟通，形成循环的泵—缸液压系统。

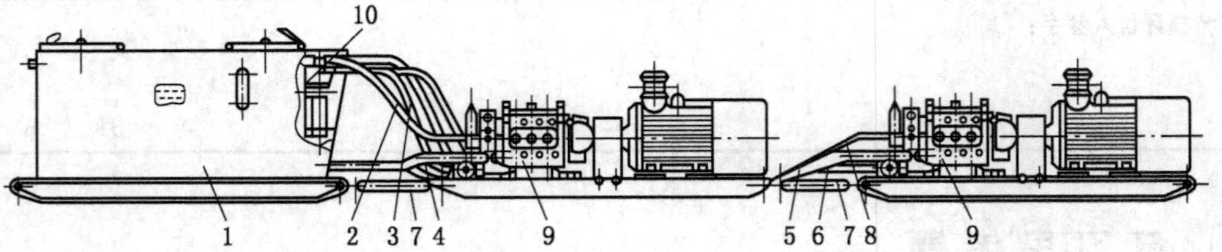

1—乳化液箱；2、8—回液软管；3、6—高压软管；4、5—进液软管；7—连杆；
9—乳化液泵组；10—压力控制装置

图3－25　BRW系列乳化液泵站

二、乳化液泵站的技术特征

BRW系列乳化液泵与乳化液箱组成乳化液泵站，主要用作煤矿综合机械化采煤工作面液压支架的动力源，也可用作其他液压系统的液压源。BRW系列乳化液泵主要有80系列、125系列和200系列等，其中80系列也可用作高档普采煤矿单体液压支柱的液压源。BRW系列乳化液泵的主要参数见表3－6，可以根据表中参数选择相适应的乳化液泵和配套的乳化液箱。

表3－6　BRW系列乳化液泵的主要参数

型　号	额定流量/(L·min^{-1})	额定压力/MPa	电动机功率/kW	柱塞直径/mm	配套液箱容积/L
BRW80/15	80	30	32		640
BRW80/20	80	20	37	32	640
BRW80/31.5	80	31.5	55	32	640
BRW80/40	80	40	75	32	640
BRW125/31.5	125	31.5	90	40	1000
BRW160/31.5	160	31.5	110	45	2000
BRW200/31.5	200	31.5	125	50	2000

三、乳化液泵型号含义

B R W 80 /31.5

- /31.5——公称压力为31.5 MPa
- 80——额定流量为80 L/min
- W——第一特征代号（结构特征），卧式
- R——第二特征代号（用途特征），乳化液
- B——泵

四、乳化液泵的工作原理

如图 3-26 所示，当电动机带动曲轴转动时，曲轴通过连杆和滑块，带动柱塞做往复直线运动。当柱塞向左运动时，缸体右端的容积由小变大而形成真空，乳化液箱内的乳化液在大气压力作用下顶开进液阀进入缸体。当柱塞向右运动时，缸体内容积减小，此时吸进的液体受到压缩而使其压力升高，打开排液阀由排液口经主供液管送到工作面液压支架。这样，柱塞往复运动一次，就吸、排液一次。由此可知，一个柱塞在吸液过程中就不能排液，所以单柱塞泵的排液量是很不均匀的。为了使排液比较稳定和均匀，可采用三柱塞泵或四柱塞泵、五柱塞泵等。

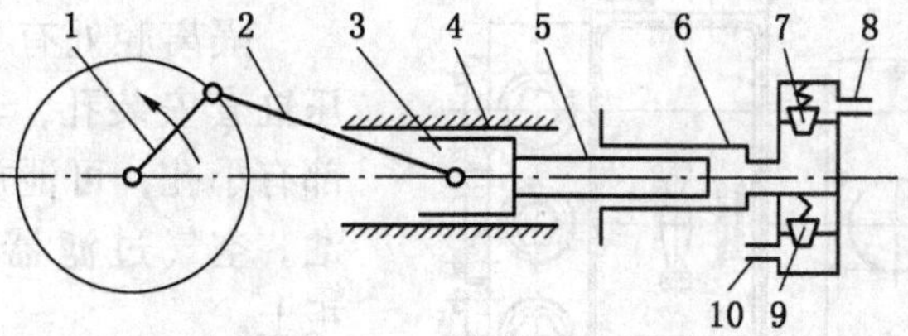

1—曲轴；2—连杆；3—滑块；4—滑道；5—柱塞；6—缸体；7—排液阀；
8—排液口；9—进液阀；10—进液口

图 3-26　乳化液泵的工作原理

五、BRW80/31.5 型乳化液泵的结构

BRW 系列乳化液泵为往复式柱塞泵，它主要由动力端（曲轴传动部分）和液力端（泵头高压腔部分）组成。动力端润滑系统配置了冷却装置，并采用飞溅润滑和强制润滑相结合的设计方法，大大改善了泵组的润滑条件，降低了油温，增强了泵组的可靠性和安全稳定性。该系列乳化液泵主要是为中厚与厚煤层的综采工作面提供高压乳化液，并作为液压支架和推移工作面运输机时的动力源。该泵站由两台乳化液泵与一台乳化液箱组成，其中一台泵工作，另一台泵备用。

BRW80/31.5 型乳化液泵的结构如图 3-27 所示，它主要由曲轴箱组件、泵头组件（含高压钢套组件）和泵用安全阀 3 个部分组成。

（一）曲轴箱组件

RBW200/31.5 型乳化液泵曲轴箱组件由箱体、一级减速齿轮、曲轴、连杆、滑块等主要零件组成。

1. 箱体

箱体是安装齿轮箱、齿轮、曲轴、连杆、滑块以及泵头的基础，又是承受柱塞推力及传动反转矩的主要受力构件，因此，箱体必须具有一定的强度和足够的刚度。乳化液泵的箱体为整体式结构，材料为高强度铸铁。箱体分为曲轴箱腔、乳化液进液腔和隔离腔 3 个腔体。

曲轴箱腔有 3 个滑道孔，上方设盛油池，用于滑道及连杆小头处的润滑。箱体上有曲轴和齿轮的安装孔，曲轴安装孔与滑道孔用专用镗床加工，加工精度高。曲轴箱后部有盖

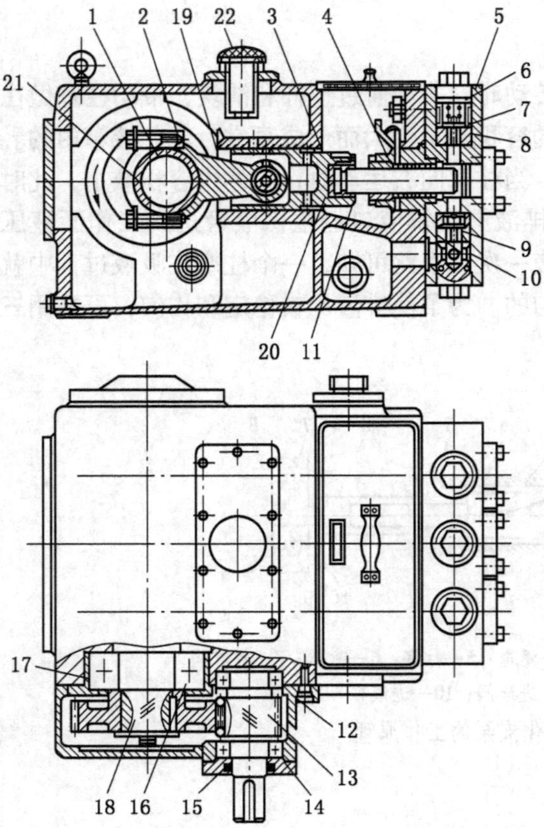

1—后轴瓦；2—前轴瓦；3、15—油封；
4—高压钢套组件；5—泵头；6—O 形密封圈；
7—排液阀阀芯；8—排液阀阀座；9—进液阀阀芯；
10—吸液阀阀座；11—锁紧螺套；12、14、16—轴承；
13—小齿轮；17—大齿轮；18—曲轴；19—连杆；
20—滑块；21—大头瓦；22—放气帽

图 3-27　RBW80/31.5 型乳化液泵的结构

板，以便清洗曲轴箱，其底部设有放油孔，曲轴箱腔内设有磁性过滤器，用于吸附润滑油中的磁性物质，以便提高润滑油清洁度。

乳化液进液腔设在箱体的前端，为五通腔，其中 3 个孔与泵头进液口相连，吸液接头与此腔相通。进液腔上方设有放气螺孔，用于排放进液腔的空气，以确保吸液性能。进液腔下方设有放液螺孔，可放出进液腔的积液。

隔离腔处有 3 个与滑道孔同轴的高压缸套安装孔，其上方为润滑油池，下部有小孔，可泄放漏出的乳化液及润滑油。空气过滤器安装在箱体上方的盖板上。

2. 一级减速齿轮

一级齿轮减速装置位于箱体的侧面，一对传动齿轮安装在齿轮箱内。主动轴齿轮与联轴器相连，大齿轮安装在曲轴上。齿轮选用优质合金钢为材料，齿面经磨削加工并进行表面硬化处理，精度高，寿命长。

3. 曲轴

曲轴为整体三曲拐结构，其 3 个曲拐呈 120°均匀分布，选用优质合金钢制造，经热处理后表面有较高的硬度，心部则有较高的强度，耐磨且寿命长。曲轴两端由一对型号为 42622 的轴承支撑。

4. 连杆

连杆用球墨铸铁制成，与曲拐相连的一端称为大头，与滑块相连的另一端称为小头。连杆大头为剖分式结构，其内装有前、后合金轴瓦，连杆瓦盖用连杆螺栓与连杆体连接，并用止退垫片防松。连杆瓦盖与连杆体由两个圆柱销定位。

5. 滑块

滑块是连接连杆与柱塞的构件，它将连杆的平面运动转化成柱塞的往复直线运动。滑块与滑道孔之间装有 3 道活塞环，以起油封作用，其密封性能良好，运行寿命较长。滑块与柱塞之间采用半圆环连接，以便在井下更换柱塞。

（二）泵头组件

泵头组件主要由泵头体、进液阀、排液阀、高压钢套（缸体）和柱塞等组成，如图 3-26 所示。

泵头体为整体结构，由锻钢加工而成，其强度较高。泵头内装有进液阀和排液阀，在排液阀阀芯上方由一个通孔连接3个排液阀的排液腔，成为排液集液腔。在集液腔的一端安装卸载阀，另一端安装泵用安全阀，柱塞腔前端设有压盖，用螺栓连接在泵头上。

（三）泵用安全阀

泵用安全阀是泵的压力保护元件。乳化液泵在使用过程中，当高压管道堵塞或自动卸载阀失灵时，将会引起泵压突然升高，导致泵及管道、阀件等零件损坏。泵用安全阀安装在泵头上，由阀体、阀芯、阀座及弹簧等组成。AF200/31.5A型泵用安全阀如图3－28所示。

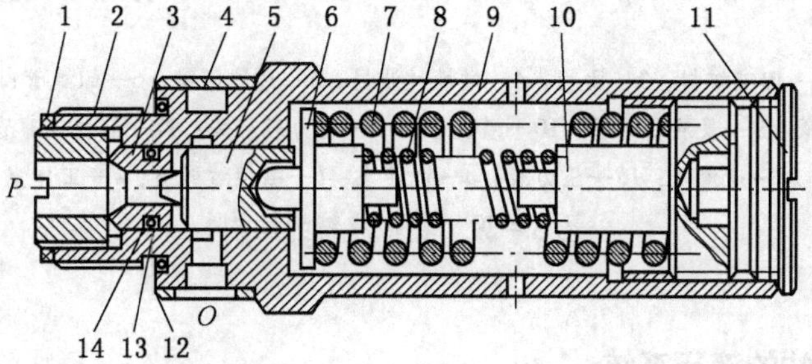

1—锁紧螺母；2—压紧螺套；3—阀座；4—阀套；5—阀芯；6—顶杆；7—弹簧；8—小弹簧；9—阀壳；10—弹簧座；11—保护塞；12、14—O形密封圈；13—挡圈

图3－28　AF200/31.5A型泵用安全阀

该阀为直接作用两级卸载的平面密封式安全阀，阀芯外径与阀体间有一隙缝阻尼段。该阀开前的密封直径小，打开后隙缝阻尼段的直径增大一倍，这就使阀打开前后液压力的作用面积发生变化，其结果是以高压瞬间打开，以降低了的压力持续泄液。为了防止乳化液因化学成分变化分解出的黏状物，以及阀芯开始移动的静摩擦力有可能造成安全阀开启压力超调。

该阀可根据乳化液泵额定工作压力的大小分别采用单弹簧和双弹簧，压力的大小通过调压螺钉调整，安全阀的调定压力为乳化液泵调定压力的1.1倍。

六、乳化液箱

乳化液箱与乳化液泵配套使用，其功用是储存、回收和过滤乳化液。乳化液箱的结构如图3－29所示，它包括箱体和控制装置两部分。主要由箱体、回液接口、隔板、磁性过滤器、蓄能器、交替进液阀、吸液断路器和卸载阀等部件组成。箱体采用钢板焊接而成，分为3个腔室，即沉淀室 a、磁性过滤室 b 和工作室 c。液压支架或卸载阀的回液先进入沉淀室，后流入磁性过滤室过滤液体中的磁性物质，再经过过滤网槽滤掉液体中的非磁性悬浮物等，然后进入工作室供乳化液泵使用。

控制装置有两套，安装在箱体的外侧板上，且每套与一台泵相连接。卸载阀是控制装置中的主要组件，包括自动卸载和手动卸载，要求其性能稳定可靠。它有3个作用：一是保证泵组在非供液时进入低压或空载运行，减少能量消耗，延长泵站使用寿命；二是在系统出现异常、压力超过整定压力时，起卸载保护作用；三是在泵启动时打开手动卸载阀，可实现无压启动。

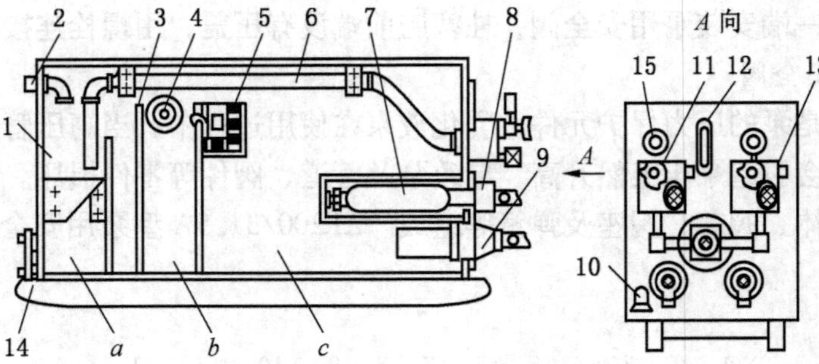

1—箱体；2—回液接口；3—隔板；4—磁性过滤器；5—过滤网槽；6—卸载管；7—蓄能器；
8—交替双进液阀；9—吸液断路器；10—溢流管；11—压力表开关；12—液位观察窗；13—卸载阀；
14—清渣盖；15—压力表；*a*—沉淀室；*b*—磁性过滤室；*c*—工作室

图3-29 乳化液箱的结构

七、乳化液泵站的液压系统

乳化液泵站的液压系统既能可靠地向工作面的液动装置输送所需压力等级的乳化液，又能将工作后释放能量而流回液箱的乳化液净化后再加压送出，形成一个连续的循环供液系统。

1. 对乳化液泵站液压系统的要求

为了保证工作面液压支架及其他液动装置有可靠的压力源和良好的工作性能，对乳化液泵站的液压系统有以下要求：

(1) 泵站液压系统应能满足工作面液压支架及其他液动装置的工作要求。当工作面液压支架及其他液动装置工作时，乳化液泵站能及时地供给规定压力和流量的高压乳化液，并能让工作后的乳化液顺畅地流回泵站的乳化液箱中。当工作面液压支架及其他液动装置不工作或暂时不用液时，乳化液泵站仍应正常运转，并能自动卸载，使乳化液泵站能在几乎空载的状态下启动，保证泵站能随时向工作面供液。

(2) 当乳化液泵站的排出压力超过调定值时，应有限压保护装置自动泄压。当压力降至调定值后，限压保护装置应能自动关闭，恢复液压系统的正常工作。

(3) 应能保证乳化液泵在空载状态下启动，启动后能很快进入正常工作状态。

(4) 当乳化液停止向工作面供液时，应保持工作面管路系统的压力。停泵时，应能保证液压支架及其他液动装置高压管路中的液体不倒流。

(5) 应有压力和流量的缓冲减振装置。

(6) 应有良好的过滤装置，以便能把混入乳化液中的铁屑、机械杂物及悬浮物过滤掉．防止其进入乳化液泵、液压阀件及液动装置而影响泵站的正常工作。

(7) 应有压力指示装置，以便随时观察泵站工作压力。

(8) 需要在乳化液泵站处就地配制乳化液时，应有乳化器、乳化油箱及水过滤装置与自动控制装置。

2. 乳化液泵站液压系统工作过程

乳化液泵站由两台并联的乳化液泵（一台工作，另一台备用）、安全阀、卸载阀组、蓄能器、乳化液箱和管路等构成，其液压系统如图 3 - 30 所示。其工作过程如下：

（1）启动乳化液泵。启动时先操作手动卸载阀处于打开位置，使泵排出的乳化液经卸载阀直接通乳化液箱，实现无压启动。

（2）泵站正常工作。待乳化液泵启动并运转正常后，慢慢关闭手动卸载阀，使泵的排液压力升高，直到手动卸载阀完全关闭为止。乳化液箱体内的乳化液经吸液过滤器及断路器被加压，再经过单向阀、交替进液阀去工作面用液系统。

（3）泵站卸载。当工作面液压支护设备不需要供液时，泵的排液压力上升，当升至预先调定压力时，先导阀和主阀相继开启，泵所排乳化液经主阀回乳化液箱，泵处于卸载状态下运行。在此工况中，利用蓄能器所储压力液可补偿支护系统的泄漏以保持系统的压力。当工作面液压支架需要重新用液时，高压液路压力下降到约为整定压力时卸载阀关闭，泵站恢复正常工作供液。

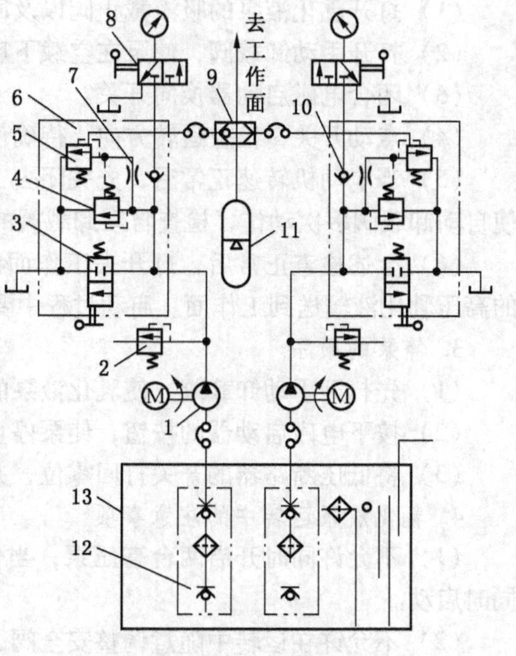

1—乳化液泵；2—安全阀；3—手动卸载阀；4—主阀；5—先导阀；6—卸载阀组；7—节流孔；8—压力表开关；9—交替进液阀；10—单向阀；11—蓄能器；12—吸液过滤器及断路器；13—乳化液箱

图 3 - 30　BRW 型乳化液泵站的液压系统

（4）泵站安全保护。乳化液泵站的安全保护实质上是压力保护。泵站的一级压力保护由卸载阀组实现。为了防止自动卸载阀组失灵或液压系统瞬时压力超过额定工作压力而损坏系统元件及乳化液泵，泵站液压系统中增设了安全阀，以实现对系统的二级超压保护。安全阀的调定压力约为卸载阀调定压力的 1.1 倍。当乳化液泵排出的压力一旦超过安全阀的调定压力，使安全阀开启喷液时，应立即打开手动卸载阀使乳化液泵卸载，然后停泵检查超压原因并进行处理，否则不能再次启动泵站。

【基本技能】

一、乳化液泵的操作与运转

1. 开泵前的准备工作

开泵的顺序、停泵的顺序，以及乳化液泵运转的好坏直接影响着采煤工作面液压支架，因此，必须正确使用乳化液泵站并在开泵前应对泵站进行以下几项内容的检查：

（1）检查各部件有无损坏，连接螺栓和螺钉是否松动。

（2）检查乳化液泵润滑油油位是否符合要求，不足时应及时补充。

（3）检查乳化液箱液位。对于附有自动配液装置的液箱，应检查乳化液液位是否符合要求，不足时应补充。严禁使用清水，以免引起液压系统元件的锈蚀。

（4）检查吸液断路器是否接通，过滤器是否堵塞，必要时应进行清洗。

（5）检查各工作管路、电路是否接通。

2. 开泵顺序

（1）打开乳化液泵的吸液截止阀以及回液管在乳化液箱上的截止阀。

（2）打开手动卸载阀，使泵在空载下启动。

（3）闭合电磁启动器换向开关。

（4）点动开关，检查运转方向，待确认方向正确后再开泵，禁止开倒车。

（5）当电动机转速正常后，先关闭去工作面的截止阀，然后反复开、关手动卸载阀，使自动卸载阀多次动作，检查自动卸载阀的动作是否灵敏，动作压力是否符合要求。

（6）上述检查正常后，打开去工作面的截止阀，关闭手动卸载阀，将乳化液泵输出的高压乳化液输送到工作面。启动过程中要随时注意各有关部位有无漏液现象。

3. 停泵的顺序

（1）先打开手动卸载阀，使乳化液泵的排液回乳化液箱，卸载运行。

（2）按下电磁启动器的按钮，使泵停止运转。

（3）将低压断路器的开关打回零位，并进行闭锁。

4. 乳化液泵运转中的注意事项

（1）不允许同时开启两台高压泵；当使用一台高压泵和一台低压泵时，不允许两台同时启动。

（2）不允许在运转中随意调整安全阀、卸载阀和减压阀的动作压力。

（3）不允许甩开高压过滤器直接供液。

（4）不允许甩开系统中的任何元件。

（5）注意机器运转声音是否正常。

（6）要经常观察压力表的指针是否在正确的指示范围之内，发现问题应及时停泵。

（7）注意卸载阀的工作状况是否正常。

（8）注意润滑泵的压力是否符合要求（润滑油压力一般要高于 0.2 MPa）。

（9）检查机器温度，最高不得超过 600 ℃。

（10）检查乳化液温度，最高不得超过 40 ℃。

（11）乳化液泵在运转过程中，如发现蓄能器、卸载阀、安全阀和压力表等保护装置失效时，应立即停泵进行处理。在未排除故障前严禁再次开泵。

（12）泵站周围应清洁、无杂物，工作中不允许随意打开乳化液箱盖。

二、乳化液泵站的维护

（一）乳化液泵站维护的基本要求

（1）为了使乳化液泵站连续、可靠、安全地运行，并预防乳化液泵站故障的发生，必须坚持对在井下使用的乳化液泵站进行维护和保养工作。它包括班检、日检、周检、月检等。检修制度应由泵站司机和专职检修人员按照检修内容严格执行，并做好详细的检修记录。

（2）乳化液泵站在井下使用一段时间后会出现较大故障，需要升井检修和试运转。

（3）建立健全泵站管理制度及维修工作制度，如泵站司机岗位责任制、操作规程、交接班制度、定期检修制度、检修规程等，这是保证乳化液泵站安全运行和延长泵站使用寿命的有效措施。

（二）乳化液泵站的检查

1. 班检

（1）检查泵站各部位的螺栓及连接件，特别是泵头吸液侧和排液侧的螺栓不得松动。

（2）检查弹性联轴器的各连接件与紧固件是否完整、紧固。

（3）检查各管路及接头，发现渗漏应及时处理。

（4）检查乳化液泵的润滑情况，如发现油量不足应及时补充。

（5）检查卸载阀的性能，及时调整不符合要求的压力。

（6）检查乳化液箱的液量，不足时应及时补充。

（7）用袖珍折光仪检查乳化液的浓度，不足时应及时调整。

（8）检查各种保护装置的动作是否灵敏、可靠。

（9）调整柱塞密封装置的螺母。

（10）清除泵站周围的杂物，擦拭设备上的积尘和油污。

2. 日检

（1）包括班检的全部内容。

（2）检查泵站各部位的螺栓、销钉是否松动。

（3）检查管路、阀、油箱的密封情况，看是否有渗液现象。

（4）检查乳化液箱内的液量、乳化液的配比以及乳化液是否变质。

（5）检查曲轴箱内的润滑油，观察油位是否在规定的范围内。

（6）检查泵的运转声音和卸载阀的动作情况是否正常。

（7）检查、清洗过滤器，擦拭机器。

如果发现以上检查内容出现问题时应及时处理。

3. 周检

（1）包括日检的全部内容。

（2）如需要时更换乳化液箱内的乳化液。

（3）检查吸液阀、排液阀的工作性能，检查复位弹簧是否断裂。

（4）检查乳化液泵各运动件和连接件是否松动、变形、损坏等。

（5）检查各部位密封圈是否有损坏现象，柱塞表面是否完好。

（6）检查蓄能器的充氮压力是否符合要求。

（7）检查电气系统、防爆面、开关接触器等是否完好。

4. 月检

（1）包括周检的全部内容。

（2）清洗乳化液箱和磁性过滤器。

（3）新乳化液泵运转 150 h 左右应换油一次，同时清洗油池。

（4）检查蓄能器的氮气压力，若低于规定值时应充氮气。

（5）检查乳化液泵的曲轴、连杆、轴瓦和滑块。

（6）检查齿轮的啮合和磨损情况。

5. 升井检修

泵站经半年运行后，由于磨损及锈蚀等原因，失去原有的精度和性能，因而要进行升井检查与维修，更换必要的易损件，调整各部位运动部件的间隙，以恢复原有的使用性能。乳化液泵站升井检修的注意事项如下：

（1）零件要进行清洗。

（2）各部位零件发现锈点时应清洗干净，并进行防锈处理。

（3）应更换损坏的过滤网。

（4）各密封圈如发现切断、损坏、老化现象应更换新件。

（5）各阀面如发现损坏应修复或更换新件。

（6）升井检修后进行装配，并按出厂检验要求进行试验。

6. 检修质量标准

（1）齿轮箱、乳化液箱不得有裂纹、开焊和严重损伤。

（2）乳化液泵滚动轴承要符合有关规定，其径向游隙不得超过0.1 mm；曲轴曲拐与轴瓦最大配合间隙不大于0.2 mm；线轮廓度误差不超过0.02 mm；连杆衬套与滑块销最大配合间隙不大于0.17 mm；滑块与滑块孔最大配合间隙不大于0.3 mm；柱塞与导向铜套的最大配合间隙不大于0.2 mm，进液阀和排液阀阀芯与阀座的径向间隙不大于0.2 mm。

（3）齿轮箱内齿轮的齿面不得出现大面积的点蚀，不得有塑性变形。

（4）齿轮的啮合特性符合有关规定。

（5）泵箱内必须清洗干净，不得有油污、铁屑等杂物。

（6）液位保护，温度保护，高、低压保护，润滑油压力保护装置等必须达到规定值，其误差不得超过原调整值的10%。

（7）蓄能器充气压力应达到原机规定要求。

（8）在额定压力和流量下测定高压过滤器两端的压力差，应不大于0.98 MPa。

（9）泵站检修后，经30 min空载运行，再经4 h额定载荷加载运行后，曲轴箱温度不得超过规定值，同时齿轮箱温度不得超过规定值。

三、乳化液泵站的故障及处理方法

乳化液泵站在井下的使用过程中，影响其不能正常工作的自身因素较多，如果在日常的维护和保养方面做得不好，乳化液泵站就会出现故障，直接影响井下的生产。在对有关生产厂家收集的资料进行统计后，对乳化液泵站使用过程中经常发生的故障进行现场分析，总结出故障的处理措施。

由于井下条件比较恶劣，会受到潮湿侵蚀及煤尘等的污染，加上乳化液泵本身的运行磨损，所以乳化液泵在井下使用的过程中，常常会出现故障。根据煤矿的调查报告，总结出乳化液泵常见的故障，并根据乳化液泵站常见故障产生的原因进行分析，制定的故障处理方法见表3－7。

表3－7　乳化液泵站的常见故障及处理方法

序号	故障特征	主要原因	处理方法
1	泵不能正常启动	1. 电动机电磁启动器操作按钮、电缆等处有故障 2. 乳化液箱乳化液不足，液位开关失灵 3. 联轴器损坏	1. 检查、处理 2. 补充至规定的液位 3. 检查、更换

表3-7（续）

序号	故障特征	主要原因	处理方法
2	有流量无压力或压力不足	1. 卸载阀或卸压阀密封不良 2. 先导阀密封不良 3. 卸载阀调压弹簧断裂或疲劳 4. 主阀密封不良 5. 压力表开关未打开或阀座变形、堵塞 6. 排液管道开裂 7. 泵内有空气没放掉 8. 吸液阀损坏或堵塞 9. 柱塞密封处漓液 10. 吸入空气 11. 配液口漏液	1. 修复或更换 2. 修复或更换 3. 更换 4. 修复或更换 5. 打开 6. 更换 7. 使泵通气，经通气孔注满乳化液 8. 更换吸液皿或清洗吸液管 9. 拧紧螺母 10. 排尽空气 11. 拧紧螺钉或更换密封圈
3	工作面无液压流量	1. 泵站或管路漏液 2. 安全阀损坏 3. 截止阀漏液 4. 蓄能器充气压力不足	1. 拧紧接头，更换坏管 2. 更换安全阀 3. 更换截止阀 4. 更换蓄能器或重新充气
4	乳化液中出现杂质	1. 乳化液箱口未盖严 2. 水质和乳化油有问题 3. 过滤器太脏，堵塞	1. 添液、查液后盖严 2. 分析水质，化验乳化油 3. 清洗过滤器或更换
5	液压系统有噪声	1. 泵吸入空气 2. 安全阀压力值调得太低，发生反作用 3. 液箱中没有足够的乳化液	1. 密封吸液管、配液器、接口 2. 重调安全阀 3. 补充乳化液
6	柱塞密封处漏液严重	1. 密封圈损坏 2. 柱塞室中心不准，柱塞表面有严重的划伤、拉毛处	1. 更换 2. 注意采取正确的装配工艺
7	运转噪声大撞击声严重	1. 曲轴曲拐与轴瓦磨损严重，间隙过大 2. 连杆螺钉松动 3. 泵内有杂物 4. 齿轮加工精度低或齿面损坏 5. 柱塞端部与承压块间隙大 6. 泵体上轴承精度差 7. 轴器安装不对中心 8. 杆衬套与滑块磨损严重 9. 液量不足	1. 更换或调整间隙 2. 拧紧 3. 清洗 4. 修复或更换 5. 更换 6. 更换 7. 调整 8. 更换 9. 检查吸液系统
8	润滑油油温升高，发热异常	1. 油不足或过多、太脏，或油质选取不符合要求，黏度低 2. 和轴瓦拉毛或轴瓦受压面不良，或配合间隙太小 3. 大头侧面与曲轴限板有阻卡现象 4. 荷运行时间过长 5. 联轴器间隔距离过小	1. 质要求控制油量 2. 调整间隙 3. 查原因并排除 4. 整负荷 5. 调整间隔距离
9	泵压突然升高	1. 泵用安全阀失灵 2. 系统中的故障 3. 卸载阀、先导阀或主阀不动作	1. 修复安全阀 2. 检查原因并排除 3. 检查、修复
10	滑块处漏油严重	1. 缸壁拉毛 2. 活塞环失效	1. 更换泵体 2. 更换活塞环

表3-7（续）

序号	故障特征	主要原因	处理方法
11	支架停止供液时卸载阀动作频繁	1. 支架输液管道渗漏 2. 卸载阀内单向阀密封损坏 3. 蓄能器压力过高 4. 卸载阀内顶杆形O形密封圈损坏	1. 更换管道 2. 修理或更换 3. 放气 4. 更换密封圈
12	液箱前、后液位差过大	过滤网板被污物堵死	清洗
13	卸载阀压力太高，不卸载	1. 主阀与推力活塞阻卡在关闭位置 2. 上节流阀堵堵塞 3. 先导阀阀芯阻卡在关闭位置	1. 清洗或修复 2. 清洗 3. 清洗或修复
14	卸载阀压力调不到规定值	1. 中节流阀堵或下节流阀堵堵塞 2. 推力活塞密封圈损坏 3. 先导阀密封不良 4. 调压弹簧失效	1. 清洗 2. 更换 3. 更换 4. 更换
15	卸载阀卸载后不复位	1. 先导阀阀芯阻卡在开启位置 2. 下节流阀堵堵塞 3. 推力活塞密封损坏 4. 主阀与推力活塞阻卡在开启位置	1. 清洗、修复 2. 清洗 3. 更换 4. 清洗

【技能训练】

通过矿井实习或实训室实习，了解乳化液泵站的类型、结构，掌握乳化液泵工作原理、操作要求、使用与维护的基本技能和常见故障的处理方法。

矿井技术人员或教师讲解，再由学生描述乳化液泵站组成，乳化液泵的结构原理、操作要求，及其使用与维护的基本技能和常见故障的处理方法。

【教学考核】

考核评价表见表3-8。

表3-8 考核评价表

<table>
<tr><td>项目名称</td><td colspan="6">乳化液泵站</td></tr>
<tr><td>学生姓名</td><td></td><td>班级</td><td></td><td colspan="2">考核时间</td><td></td></tr>
<tr><td>评价方式</td><td colspan="6">学生分组及组别□□　自我□　教师□</td></tr>
<tr><td>评价地点</td><td colspan="6">实训现场□　教学做一体化教室□　普通教室□</td></tr>
<tr><td>需要的设备、工具</td><td colspan="6">乳化液泵站一套</td></tr>
<tr><td>考核项目</td><td colspan="3">内容和要求</td><td>标准分</td><td>评分标准</td><td>得分</td></tr>
<tr><td>基本知识</td><td colspan="3">1. 乳化液泵站的基本组成
2. 乳化液泵的结构和工作原理
3. 乳化液箱的结构
4. 乳化液泵站的液压系统
（可以采取手指口述的方式考核）</td><td>40</td><td>每缺一项或回答不正确扣10分</td><td></td></tr>
</table>

表3-8（续）

考核项目	内容和要求	标准分	评分标准	得分
基本技能	1. 能读懂乳化液泵和乳化液箱的结构图 2. 能说出乳化液泵操作要求 3. 能分析乳化液泵站常见故障及处理方法 （可以采取手指口述的方式考核）	30	每缺一项或回答不正确，操作不规范扣10分	
职业素质	1. 热爱劳动，积极参加 2. 同学之间协作学习 3. 口述表达准确流畅 4. 能正确使用常用工具 5. 能收集教材以外的资料 6. 注重工作现场整洁	30	每缺一项或工作达不到要求扣5分	
总分				

考核评价人签字：

年　　月　　日

复习思考题

1. 乳化液泵站由哪几部分组成，各部分有何作用？
2. 乳化液泵主要由哪几部分组成，简述其工作原理。
3. 泵用安全阀有什么作用？
4. 乳化液箱有哪些用途？
5. 简述乳化液泵站液压系统工作原理。
6. 乳化液泵正确开泵、停泵顺序是怎样的？

模块四　掘 进 机 械

巷道（隧道）掘进方法有钻眼爆破法和掘进机法两种。钻眼爆破法简称钻爆法，主要工序是按照爆破设计，在巷道掘进面钻凿有规律的炮眼，装药爆破后装岩。使用的机械主要有凿岩机械、装载机械等。钻爆法工序多、进度慢、安全性差。掘进机法掘进则能同时完成破煤（岩）、装载、转载、喷雾降尘等多个综合工序，具有进度快、安全性好、形成巷道比较规整等优点。目前，煤矿井下煤巷掘进已普遍使用煤巷掘进机掘进，而岩巷掘进仍以钻爆法为主。

项目一　凿岩机与凿岩台车

【学习目标】

知识目标：了解凿岩机的类型和工作原理，掌握气动凿岩机的基本组成、操纵机构；掌握凿岩台车的组成。

技能目标：懂得气动凿岩机和凿岩台车的操作要求，熟悉凿岩机和凿岩台车的工作方式。

【基本知识】

凿岩机和凿岩台车是岩石钻孔机械，主要用于钻爆法施工中在坚硬和中等坚硬的岩石上钻凿炮眼，以及在爆破作业后破碎大块岩石，也可用于破碎混凝土等坚硬层的施工。

一、凿岩机械的类型和破岩原理

1. 凿岩机械的类型

凿岩机械按动力分为气动式（也称风钻）、电动式、内燃式、液动式4种；按支承方式分为手持式、支腿式和导轨式（钻车）等。

2. 破岩原理

凿岩机是凿岩机械中的工作机构，一般由冲击机构、转钎机构、除粉机构和钎子等主要部件组成，为冲击破碎原理钻孔。如图4－1所示是凿岩机冲击破岩原理图。

凿岩机工作时，缸体 b 内的活塞（冲击锤）a，在气体压力、液压力或机械冲击力的作用下作高频往复运动，不断的冲击钎杆尾端。在冲击力的作用下，钎子每冲击一次，使钎头上的钎刃凿入岩石一定深度，并将冲击点的岩石压碎，形成一道凹痕Ⅰ—Ⅰ；冲击后活塞返回行程时，在转钎机构的作用下，使钎子回转一定角度 β，当活塞（冲击锤）再次冲击钎尾时，又使钎刃在岩石上形成第二道凹痕Ⅱ—Ⅱ，相邻两道凹痕之间形成的扇形岩块，被钎刃上所能产生的水平分力剪切下来。

如此，活塞冲击钎尾、钎子不断的回转，就会形成直径和钎刃宽度相等的钻孔。与此同时，凿岩机上的除粉机构通过钎子的中心孔输送压缩空气和压力水，把岩粉从钻孔中冲出，最终形成一定深度的圆形炮眼，用于装填爆破炸药。

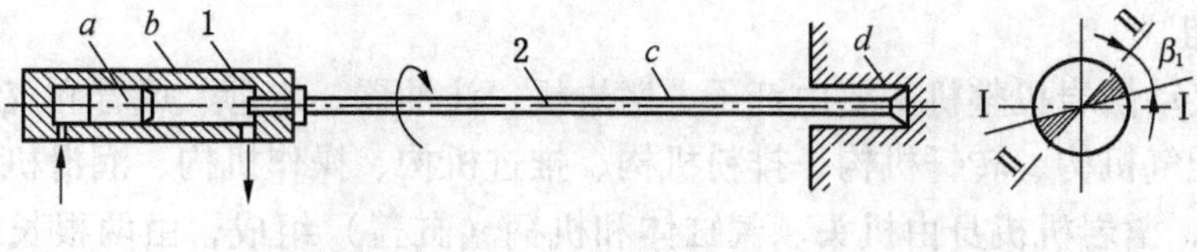

1—凿岩机；2—钎子；
a—活塞（冲击锤）；b—缸体；c—钎杆；d—钎头

图4-1　凿岩机冲击破岩原理

3. 钎子

钎子是凿岩机破碎岩石和形成岩孔的工作机具，由钎头、钎杆、钎肩和钎尾组成。目前普遍使用活头钎子，其结构如图4-2所示。这类钎子的钎头磨损后，更换钎头可继续使用。

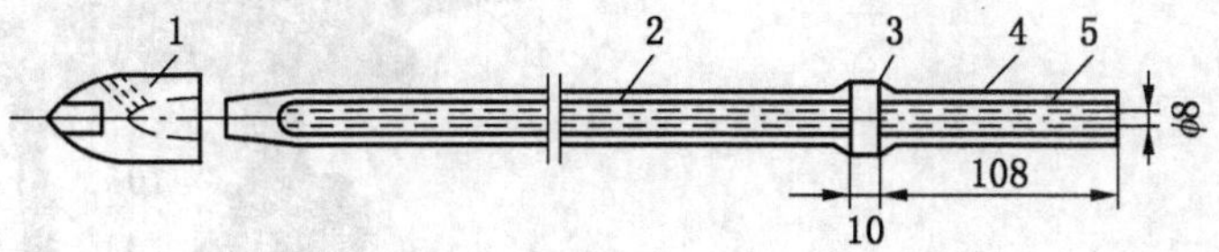

1—钎头；2—钎杆；3—钎肩；4—钎尾；5—水孔

图4-2　活头钎子结构

钎头按刃口形状不同，分为一字形、十字形和X形等。现场最常用的是镶嵌硬质合金片的一字形和十字形钎头，在致密的岩石中钻眼一般使用一字形钎头，在多裂隙的岩石中钻眼多使用十字形钎头。钎头直接破碎岩石，要求它锋利、耐磨、排粉顺利、制造和修磨简便、成本低。

钎杆是传递冲击和扭矩的部分，要求具有较高的强度，常用硅锰钢和硅锰钼钢制成。凿岩机钎杆由六角形空心钢制成，断面呈有中心孔的六角形。钎杆中心孔可以通水、通压气以清理钻孔内的岩粉。

钎尾直接承受凿岩机活塞的频繁冲击和扭转，要求既有足够的表面硬度，又有良好的韧性，故应对钎尾进行热处理。钎尾部的长度比凿岩机内转动套的长度稍长，以便活塞始终冲击钎尾，这个尺寸一般在凿岩机技术性能中注明，以便配用所需钎尾。

钎肩用来限制钎尾插入机体的长度，并使钎卡能卡住钎杆，不致从钎尾套中脱落。

二、凿岩机的组成和工作原理

（一）气动式凿岩机

气动式凿岩机也称为风钻，是以压缩空气为动力，通过冲击旋转破岩完成钻眼的机械，广泛用于采矿和勘探中的岩巷掘进。手持气腿式气动凿岩机质量小、安全可靠、价格低廉，目前仍是煤矿井下岩巷掘进应用最多的凿岩机械。气动式凿机的缺点是效率低、冲击力小、噪声大。气动式凿岩机型号较多，但基本组成和工作过程均较相似。

1. 结构组成

气腿式气动凿岩机整机主要由钎子、凿岩机、注油器、水管、风管和气腿组成。凿岩主机由冲击配气机构、转钎机构、排粉机构、推进机构、操作机构、润滑机构等组成。如图 4 - 3 所示，凿岩机机身由机头、气缸体和机柄（缸盖）组成，由两根长螺栓紧固在一起；钎子的尾部装入凿岩机的机头钎尾套内。润滑油注油器连接在风管上，工作时使润滑油混合在压缩空气中呈雾状而带入凿岩机内润滑各运动副。

由于采用了风水联动，开机时压力水由水管供至钎杆的中心孔直到到钎头，将钻孔内的粉尘冲洗排出。气压支腿的作用是支撑凿岩机并给以推进力。

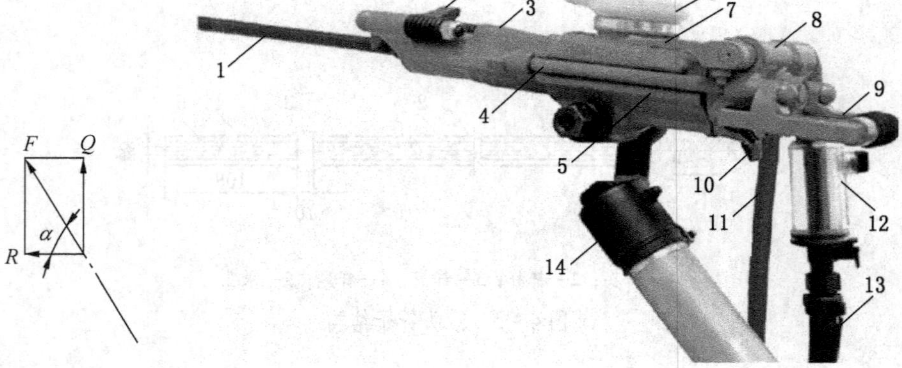

1—钎子；2—卡钎器；3—机头；4—连接螺栓；5—气缸体；6—消音罩；7—操纵阀手柄；8—机柄；9—手把；10—气腿调压阀；11—水管；12—润滑注油器；13—风管；14—气压支腿

图 4 - 3　气腿式气动凿岩机组成

2. 冲击和转钎机构

如图 4 - 4a 所示为气动凿岩机采用的内回转式冲击转钎机构，它由转动套、冲击活塞、棘轮和棘爪、螺旋棒、钎尾套等组成。

当气体推动活塞做冲击行程时，螺旋棒沿图 4 - 4a 中虚线方向转动一定的角度，这时棘爪在棘轮齿面上滑过，活塞直线向前冲击。而当活塞做返回行程时，棘爪在塔形弹簧的作用下，抵住棘轮内齿，使螺旋棒不能反向转动。由于螺旋母的作用，迫使活塞沿螺旋棒上的螺旋槽依图 4 - 4a 中实线所示的方向转动，从而带动转动套及钎子转动一定角度。这样活塞每冲击一次，钎子就转动一次，在岩石面上形成新的冲击槽。

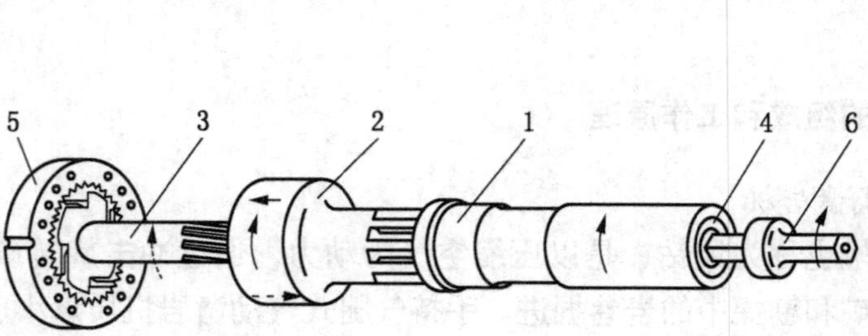

(a) 冲击转钎机构

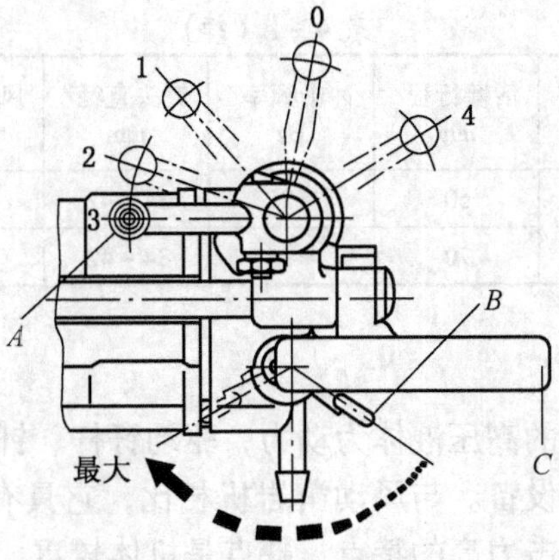

(b) 操纵控制机构

1—转钎套；2—冲击活塞；3—螺旋棒；4—钎尾套；5—棘轮；6—钎子；
A—操纵阀；B—调压阀手柄；C—换向阀扳机

图4-4　气动凿岩机冲击转钎机构和操作机构

3. 操纵控制机构

气动式凿岩机通过操纵阀、气压阀、换向阀3个控制阀来控制和调节凿岩机的运转。3个阀均为手动操作，集中安装在柄体上。各阀的作用和操作如下：

1）操纵阀

用来控制凿岩机开、停机。如图4-4b所示，其手柄“A”共有5个位置。

0位：停止工作、停风停水。

1位：轻运转、注水和冲洗炮孔。

2位：中运转、注水和冲洗炮孔，适合打软岩。

3位：全负荷运转、注水和冲洗炮孔。

4位：停止凿岩冲击、停水，进行强力吹扫。

2）调压阀

用来调节气腿支撑力和开停。如图4-4b所示，顺时针扳动调压手柄B到最大位置，则气腿支撑力也由小到最大，反之增大。

3）换向阀

控制气腿缩回，移动气腿支撑位置。如图4-4b所示，扳动位于凿岩机手柄内侧C处的塑料扳机，则气腿向上快速缩回，凿岩机司机可以更换气腿支撑位置或移动凿岩机。

4. 气动凿岩机主要技术特征

煤矿常用的气腿式气动凿岩机主要型号和技术特征见表4-1。

表4-1　国产气腿式凿岩机主要技术特征

型　号	质量/kg	气缸直径/mm	活塞行程/mm	冲击频率/Hz	钎头直径/mm	风管直径/mm	水管直径/mm	耗风量/($m^3 \cdot min^{-1}$)
YT-24	24	70	70	>30	34~42	19	13	<2.9
YT-26	26	75	70	>33	34~42	25	13	<3.5

表4-1（续）

型　号	质量/kg	气缸直径/mm	活塞行程/mm	冲击频率/Hz	钎头直径/mm	风管直径/mm	水管直径/mm	耗风量/($m^3 \cdot min^{-1}$)
YT-28	28	80	60	>37	34~42	25	13	<4.0
7655MZ	25.5	76	70	>34	34~42	25	13	<4.2

（二）液压凿岩机

液压凿岩机是利用循环的高压液体为动力，驱动钎杆、钎头，以冲击回转方式在岩体中凿岩的一种新型高效钻孔设备。与风动凿岩机相比，它具有凿岩速度快、动力消耗少、噪音小、工作面无油雾、冲击力高的特点；缺点是机体较重、价格高。由于液压凿岩机的运动零件都在油液中工作，因此不需要另外润滑，适应性强、钻具寿命长是今后发展的方向和推广使用的凿岩机械。

液压凿岩机分为两类：一类是高频重型液压凿岩机，如YYG系列，已普遍用于凿岩台车、潜孔钻机、工程机械等有导轨推进的钻眼机械上；另一类是轻型手持支腿式液压凿岩机，如YYT26、YYT28、YYT30型等，该类凿岩机需要配置液压动力站（车），或与有液压动力装置的机械等配套使用。

由于液压凿岩机对零件加工精度和维护使用技术要求较高，目前支腿式液压凿岩机还不能完全代替支腿式气动凿岩机在煤矿井下的使用。

1. YYG-80型液压凿岩机

如图4-5所示为YYG-80型液压凿岩机主机外形和组成结构。该机与凿岩台车配套使用，压力油由台车液压泵供给，主要由冲击机构、转钎机构、供水排粉机构、液压马达、配油阀和蓄能器等组成。

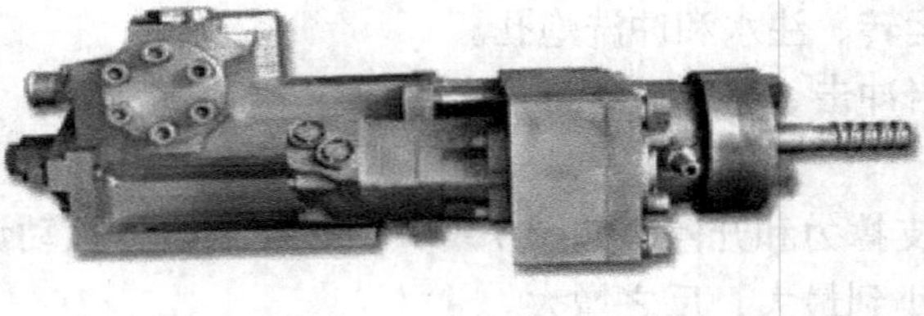

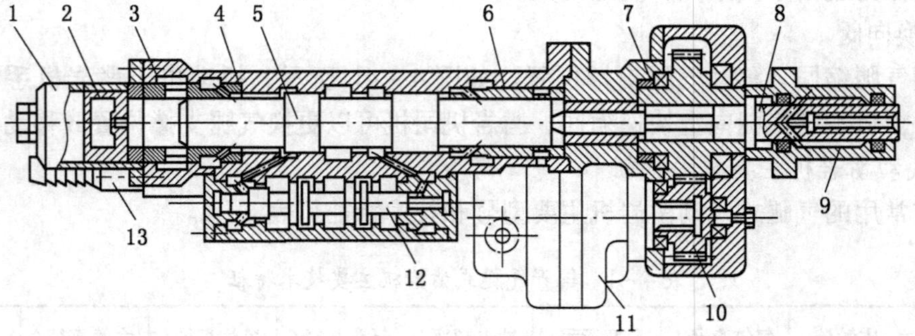

1—回程蓄能器外壳；2—活塞后腔；3、6—铜套；4—缸体；5—活塞；7、10—齿轮；
8—冲击钎；9—水套；11—液压马达；12—滑阀；13—进油管

图4-5　YYG-80液压凿岩机主机外形和组成结构

1）冲击机构

YYG－80 型液压凿岩机的冲击机构属于前后腔交替进、回油式，采用滑阀配油。冲击机构由缸体、活塞和滑阀等组成。缸体做成一个整体，滑阀与活塞的轴线互相平行，在缸孔中前后各有一个铜套支承活塞运动并导入液压油。滑阀的作用是自动改变压力油液进入冲击机构的方向，交替地进入活塞前、后腔，使活塞往复运动打击冲击杆的尾部，从而将冲击能量传给钎子以破碎岩石。

2）转钎机构

YYG 液压凿岩机采用独立外回转式转钎机构。转钎机构由摆线转子马达、减速齿轮及冲击杆等组成。齿轮 7 中压装有花键套与冲击杆上的花键相配合，钎尾插入冲击杆前端的六方孔内。因此，当液压马达带动齿轮 7 转动时，冲击杆和钎子都将跟着一起转动。在液压马达的液压回路中装有节流阀，可以调节液压马达的转速。排粉机构采用旁侧进水方式，高压大流量压力水经过水套进入钎子中心孔内冲洗水排粉。

液压凿岩机设有主油路蓄能器和回程蓄能器。主油路蓄能器可稳定油路压力，避免产生过大的液压冲击力，回程蓄能器可提高冲击力。

2. YYT30 型液压凿岩机

1）结构组成和特点

YYT30 型凿岩机是一种以液压油为工作介质来传递能量的人工手持支腿式钻眼机械。机重 30 kg 左右，凿眼直径为 36～46 mm，每分钟可凿眼深 1 m 以上，有效孔深可达 8 m。该机如与柴油机驱动的机动动力车配套使用，可到任意地点进行凿岩作业，无需外界供电和输送压缩空气，具有能耗低、效率高、噪声小、冲击能量可调的优点。如图 4－6 所示，YYT30 型支腿式液压凿岩机主要由机柄体、冲击器和回转机构三大部分组成。

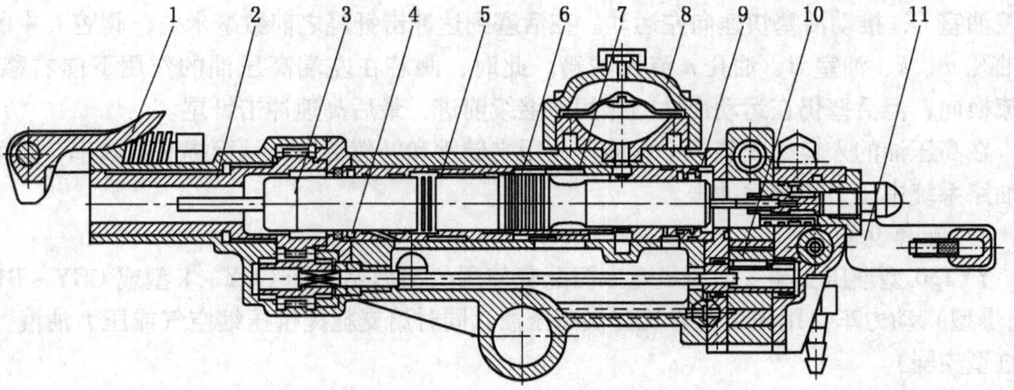

1—卡钎机构；2—转钎齿套；3—活塞；4—转钎轴；5—前部液压缸；6—分配器液压缸；
7—配油阀；8—蓄能器；9—后部液压缸；10—转钎马达；11—手柄

图 4－6　YYT30 型支腿式液压凿岩机结构

2）配油冲击原理

（1）活塞返回行程。如图 4－7 所示，活塞处于冲程结束回程开始的位置时，高压油经进油口 P、阀腔 D、油孔 e 进入活塞前腔油室 A，推动活塞做回程运动。这时，油室 C

的油经油孔 f、g，阀腔 H、I，油孔 j 流回油箱。当活塞回程至一定位置后，高压油从活塞前腔油室 A，流经油孔 k、m 和阀腔 L 推动阀芯向左移动，油流换向。这时，高压油经阀腔 D、H 和油孔 g、f 进入活塞后腔油室 C，由于运动惯性，活塞继续向右运动，直至制动换向。活塞返回行程时，棘轮被回转爪撑住不动，迫使活塞沿着螺旋槽回转一个角度，从而带动转动套也相应回转一个角度。在继续冲击时，与活塞直齿配合的转动套就带动钎杆回转，完成转钎运动。

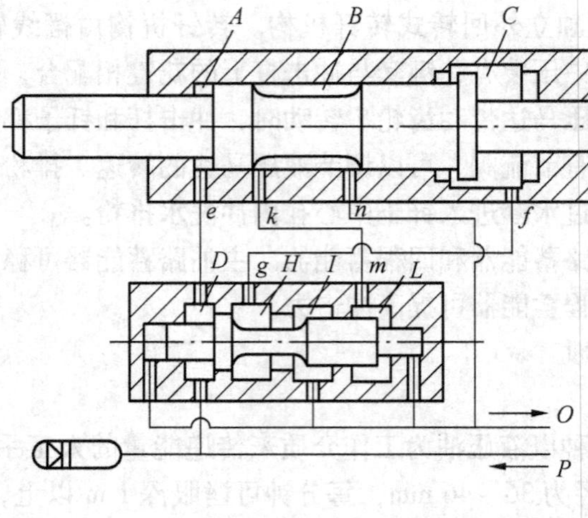

图 4－7　YYT30 型凿岩机活塞冲击原理

（2）活塞冲击行程。在活塞腔油室 C 中高压油的作用下，活塞向左运动，活塞前腔油室 A 中的油经油孔 e，阀腔 D、H，与液压泵输送来的高压油一道经油孔 g、f 进入活塞后腔油室 C，推动活塞快速向左运动。在活塞到达冲击钎尾之前数毫米处，阀腔 L 中的油经油孔 m、k、油室 B、油孔 n 流回油箱。此时，阀芯在左端高压油的作用下向右移动，油流换向，但活塞仍在运动惯性的作用下继续前进，最后高速冲击钎尾。

在高压油的入口处安装一个蓄能器，用来储蓄和补偿油流，从而提高了效率，并可消除油路系统中压力的脉动冲击。

3）配套设备

YYT30 型液压支腿式凿岩机有专门配套使用的动力站，即 CGY－1 型或 CGY－B1 型（防爆型）动力车，用来给凿岩机提供高压油，同时给支腿提供压缩空气或压力油液（液压缸型支腿）。

该型液压凿岩机还可与 PYZ3/2 型液压耙斗式装载机配套使用，装载机的液压泵站和附带的小型空气压缩机可为两台液压凿岩机提供所需动力和气动支腿用气以及凿岩机润滑用气。所用支腿可以配用 YT23 型风动凿岩机所配的 FT160B 型气腿，这样可以省去一套专门为液压凿岩机配套的液压泵站。

三、凿岩台车

凿岩台车是一种用于岩石巷道掘进的机械化钻眼设备，它将数台中、重型高频冲击式凿岩机连同推进装置一起安装在钻臂导轨上，每个钻臂安装一台凿岩机，配以行走机构，与装载、转载和运输设备配套使用，组成机械化快速作业线。工作时，司机坐在台车上操作凿岩钻孔，用来代替人工手持式凿岩机，快速钻孔，能有效提高钻进速度，减轻工人劳动强度，提高劳动生产率。

凿岩台车按行走机构的不同分为轨轮式、履带式和轮胎式；按安装的钻臂数目不同分为单臂、双臂、三臂；按动力不同分为风动—混合动力式和电动—全液压驱动式。下面以国产 CMJ－17 型凿岩台车为例，介绍凿岩台车的基本组成和工作方式。

1. 主要技术特征

CMJ－17 型凿岩台车为双臂履带式全液压掘进钻孔机械，外形如图 4－8 所示。该车主要适用于冶金、金属矿山、煤矿等以及水电、铁路、公路等部门的巷道、隧道、涵洞的掘进工程。主要技术特征见表 4－2。

表 4－2　CMJ－17 型凿岩台车主要技术特征

型　号		CMJ－17	CMJ－17－A	CMJ－17－B		CMJ－17－C
钻孔参数	钻孔速度/($m \cdot min^{-1}$)	0.8～2				
	钻孔直径/mm	ϕ33～43				
	钻杆长度/m	2.475	2.975	2.475	2.975	3.5
	钻杆深度/m	2.1	2.6	2.1	2.6	3.1
动力	电机功率/kW	45				55
	电压/V	660/1140				
尺寸与质量	运输长度/mm	7500	7500	7500		8500
	运输宽度/mm	1200				
	运输高度/mm	1750				
	整机质量/kg	8500	8700	8900		9200
适应断面	最大（宽×高）/(m×m)	5.2×4.5				

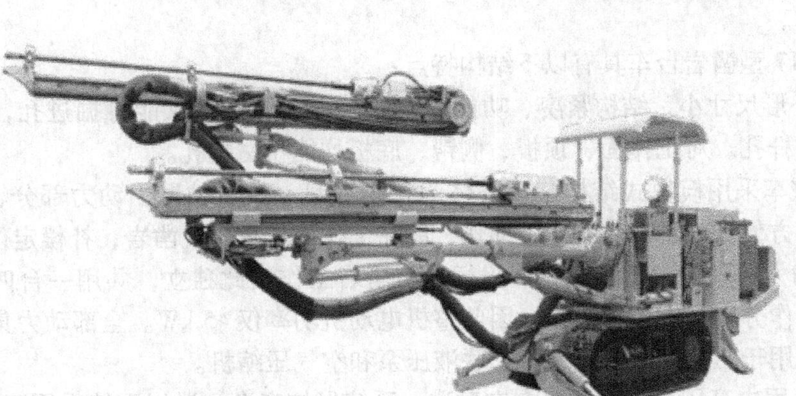

图 4－8　CMJ－17 型凿岩台车外形

2. 结构组成和特点

凿岩台车一般由凿岩机构、行走机构、电气系统、液压系统、操作机构等部分组成。CMJ－17 型凿岩台车结构组成如图 4－9 所示。

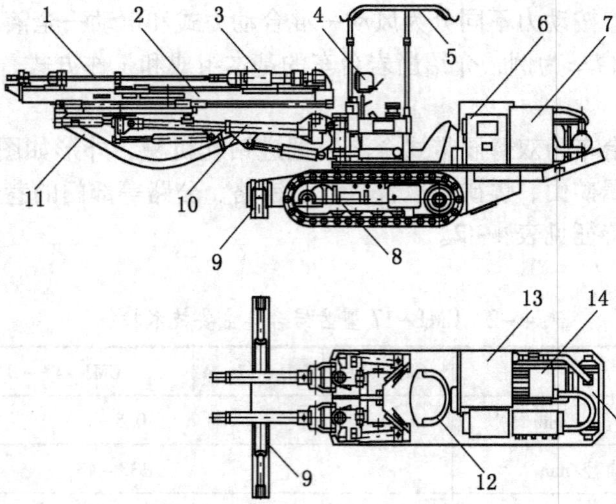

1—钎子；2—推进器；3—液压凿岩机；4—液压操纵系统；5—护顶棚；6—电控箱；7—液压系统油箱；8—履带行走部；9—前支腿；10—钻臂；11—管路系统；12—司机座；13—空气压缩机和润滑组件；14—电动机组件；15—水冷却系统

图 4－9 CMJ－17 型凿岩台车结构组成

工作时，由动力供应系统（即电源）把动力源接入凿岩台车的防爆电动机，由防爆电动机驱动四联液压泵和二联液压泵把电能转化成液压能，分路为台车各液压缸和马达提供动力。凿岩台车行走时，油压打开多片式制动器，由行走液压马达经减速箱驱动履带链轮转动。凿岩时，首先由液压系统驱动台车前后两边的支腿落下稳定钻车，然后操纵钻臂动作选择孔位，通过补偿装置使推进器定位，操作凿岩钻孔机构，完成凿岩、供风、冲洗炮孔等动作。

CMJ－17 型凿岩台车具有以下结构特点：

（1）外形尺寸小，结构紧凑、功能多、效率高。该机不仅能打掘进孔，装上短推进器还可打锚杆孔。对工作面、顶板、侧帮、底板均能钻凿炮孔。

（2）该车采用模块式结构，可解体为行走底盘、左右钻臂、动力部分、凿岩机构 4 部分，拆装方便。双钻臂具有 6 种动作，能在工作面任意位置凿岩，补偿定位准确。

（3）动力单一化，耗能低。钻车行走与凿岩工作彼此独立，共用一台四联液压泵供油，其他动作分别集中单独操作，因此整机电动机功率仅 45 kW。全部动力集中组成动力模块，分别用于驱动四联液压泵、二联液压泵和空气压缩机。

（4）采用中高压系统，油路左右对称，系统保护齐全。凿岩系统采用逐步打眼机构，当开始凿孔时可缓慢冲击，待孔定位后可逐步加压到最大冲击能量，当凿岩终止时可自动停止。卡钎时也可自动停止凿岩和推进，待故障排除后可继续凿孔作业。

在系统保护中有液位控制器，防止油位过低；油温控制器可防止油温过高；还有回油过滤和凿岩机高压过滤等装置。

3. 液压凿岩机构

CMJ－17 型凿岩台车液压凿岩机构主要包括钻臂、钻臂座、推进器和凿岩机等，机构组成如图 4－10 所示。

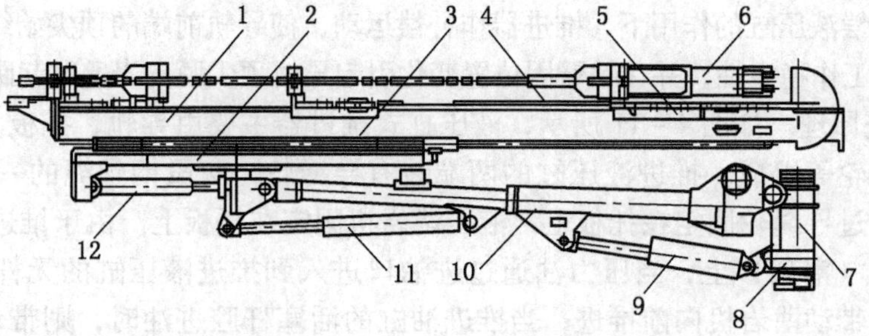

1—推进器导轨；2—推进器摆动架；3—补偿液压缸；4—推进液压缸；5—凿岩机托板；6—液压凿岩机；7—钻臂座；8—摆臂液压缸；9—升降液压缸；10—钻臂；11—俯仰液压缸；12—摆角液压缸

图 4－10 CMJ－17 型凿岩台车液压凿岩机构

1）钻臂

钻臂是用于支撑和推进凿岩机，并可自由调节方位以适应炮孔位置需要的机构，对台车的动作灵活性、可靠性及生产率有很大影响。按钻臂的结构特点及运动方式不同可分为直角坐标式钻臂和极坐标式钻臂两类。该车采用直角坐标式钻臂，它是利用钻臂液压缸和摆臂液压缸使钻臂上下、左右按直角坐标位移的运动方式确定孔位的钻臂。直角坐标式钻臂操作程序多，定位时间长，但其结构简单，适用于钻凿各种纵横排列的炮孔。

钻臂由臂架组件、滑道定向补偿装置、摆臂液压缸、摆角液压缸、俯仰液压缸所组成，可实现钻臂的摆动、升降和回转动作。

如图 4－10 所示，钻臂的一端由销轴与钻臂座铰接，另一端与推进器摆动架的转座铰接，钻臂座固定在钻车车架底座上。

钻臂水平回转的摆臂液压缸铰接在车架体和钻臂之间，完成钻臂绕钻臂座水平摆动的动作。

钻臂升降液压缸铰接在钻臂座与钻臂之间，实现钻臂的升降和起落支撑。为保证钻臂升起后工作时的稳定性，在进油路上装了双向液压锁。为保证钻臂下落时的平稳性，在钻臂下落时的回油路上装了节流阀。钻臂的回转由 BM200 液压马达驱动，通过蜗轮副的运动转换使钻臂缓慢转动。

2）推进器

（1）作用和组成部分。推进器用来使凿岩机沿导轨移动，从而接近或退出工作面，并提供凿岩时所需的轴向推力。推进器按工作原理不同有马达－丝杠式、液压缸式和链式推进器 3 种。该机采用液压缸式推进器。

如图 4－10 所示，推进器组件由推进器导轨、摆动架、推进液压缸、补偿液压缸、液压凿岩机托板和钢绳缠绕机构组成。每个推进器导轨是两个方形截面的导轨，上面一个导轨的作用是凿岩机推进时的导向（同时也作滑轮板的导向）机构，下面一个导轨是用于推进滑架补偿时的导向。滑架前端有一个十字头顶尖，在凿岩时顶尖始终顶着工作面前方岩体，以免打眼时孔位移动而出现故障。

(2) 推进器变位。如图 4-10 所示，利用摆角液压缸实现推进器的水平摆动，通过俯仰液压缸实现推进器的俯仰运动，可灵活调整钻孔的角度和位置，以钻凿不同方向的炮眼。通过钻臂上装的回转机构，可以使推进器绕钻臂杆轴线旋转任意角度。

在滑道补偿液压缸的作用下，推进器作补偿运动，使导轨前端的顶尖始终顶紧在岩壁上以增强钻臂的工作稳定性，并在钻臂因位置变化引起导轨顶尖脱离岩壁时起距离补偿用。

(3) 推进原理。如图 4-11 所示，液压缸式推进器主要由导轨、托板、推进液压缸、钢丝绳和导绳轮等组成。推进液压缸的两端装有导绳轮，两段钢丝绳的一端固定在导轨上，另一端绕过导绳轮固定在托板上，液压凿岩机固定在托板上。由于推进液压缸的活塞杆固定在导轨（滑架）上，当压力油通过进油口进入到推进液压缸的无杆腔时，缸体向前推进，同时带动凿岩机向前推进；当推进油缸的活塞杆腔进油时，则带动凿岩机后退，从而完成钻孔和退钎动作。推进液压缸行程为 1065 mm。

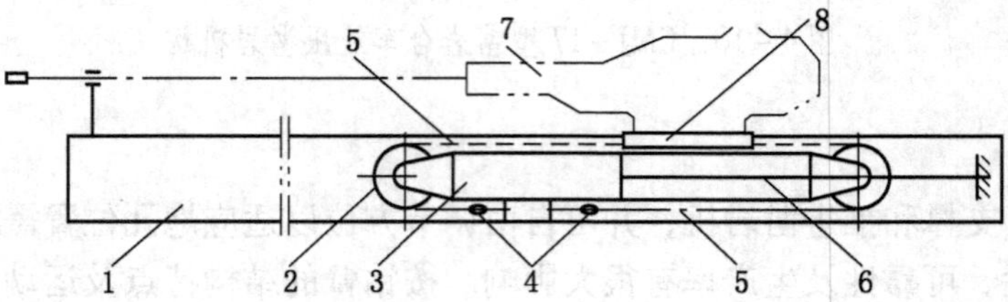

1—导轨；2—导绳轮；3—推进液压缸；4—调节装置；5—钢丝绳；
6—液压缸活塞杆；7—凿岩机；8—托板

图 4-11　液压缸推进原理

调节装置可控制钢丝绳的张紧程度。为了适应各种围岩条件，在钻车的液压推进系统上装有节流调速阀和逐步打眼阀，可根据不同岩性来调整推进速度和轴压力。

4. 台车液压系统

CMJ-17 型凿岩台车液压系统主要包括 1 台流量为 4×40 L/min 的四联径向柱塞泵，1 台流量为 2×15 L/min 的二联径向柱塞泵，1 个容积为 295 L 的油箱，2 组七联多路换向阀，2 个冲击换向阀，2 个转钎换向阀，2 个逐步打眼阀、液压集成块，7 个摆线马达，14 只液压缸和其他液压辅助元件。

钻车行走和液压凿岩机冲击、转钎共用一个四联泵。由于钻车在凿岩作业时不行走，走时不凿岩，所以四联泵交替供油。行走时四联泵中各有二联合流，分别向左、右液压马达供油，同时向液压制动器供油，打开制动器控制即可行走。停止行走时即停止向马达供油，并将液压制动器油口接回油箱，液压制动器在弹簧的作用下制动，停止行走。行走马达的制动器为失效制动，确保了制动的可靠性。

5. 供气系统

CMJ-17 型凿岩台车自带独立的空气压缩机和供气系统，不需外接压气气源。供气系统由空滤器、空气压缩机、冷却管、储气罐及控制阀件等组成。

其主要工作原理如下：由压缩机产生的压缩空气，经冷却管冷却后，进入调节器。将气压调至0.3～0.6 MPa再进入储气罐后分两路：一路经空气减压阀，将气压减至0.03 MPa，进入副油箱，给液压油加上一个背压，以弥补主、副泵自吸能力差的要求；另一路经减压调节器，将气压减至0.3～0.4 MPa。通过注油器携带油雾进入凿岩机，润滑凿岩机的转钎部分，同时还可起到散热、防尘、防止岩屑进入凿岩机和密封凿岩机的作用。

6. 供水系统

供水系统由进水接头、过滤器、水减压阀、安全阀、冷却器、调压阀、水泵、蓄能器、水压表、截止阀等组成。供水系统的作用，一是将压力水供入凿岩机冲洗孔底的岩屑，二是用流动的水通过冷却器冷却液压系统，使油温不会急剧升高。

供给凿岩机的水压可根据岩性的变化条件进行适当的调节，以达到凿岩穿孔的最佳效果，但水压最低不能低于0.6 MPa。

【基本技能】

一、凿岩机的使用和操作

1. 风动凿岩机的使用要求

（1）风动凿岩机使用时，要求凿岩机进风口处的压缩空气要干燥，风压应保持在500 kPa，最低不得低于400 kPa。

（2）要求使用洁净的软水，在不得已使用酸性或碱性水时，凿岩机工作完毕后应即时注入一些润滑油，关水空运转稍许时间。

（3）启用新机器时要进行清洗重装，重装后都要开一下空车，检查运转是否正常。但空车时间不能超过2～3 min，若时间过长，会造成气缸气垫区温度过高，容易产生研缸现象。

（4）做好管道清洗和例行的拆卸检修工作，使机器经常处于良好的工作状态，并应经常注意加润滑油，严禁无油作业。

（5）操作上应注意先开风后开水、先关水后关风，并注意水压应低于风压，防止水倒流凿岩机气缸内部，破坏机器正常润滑，影响机器正常运转。

（6）当凿岩机卡钎转动很慢时，应立即通过调压阀减小气腿的轴推力。如出现钎杆已不转、经减小气腿轴向推力无效时，应立即停止凿岩，消除卡钎故障后再进行凿岩。

（7）经常观察机器的排粉情况，气腿凿岩机不允许拆出水针作业或打干眼。

（8）伸缩式凿岩机向上作业时，注意沿钎子流下来的岩浆不得接近钎套，其间距至少需20 mm，否则即为吹扫力不足，此时应按程序检查钎套上的吹气孔是否通畅。

（9）伸缩式凿岩机向上作业时，除遵守一般凿岩工作的安全技术外，还应特别注意钎子的突然折断，防止发生工伤事故，并严禁长时间全速空转，拔钎时应开小车。

（10）工作完毕后，关闭水阀以小风让凿岩机短时间空运转，目的是排除积水，防止锈蚀。

（11）对导轨式凿岩机，当打完一根钎后，应停风，再打反转卸钎尾。反转卸钎时，应开小风。如果立即从正转变反转，由于惯性运动会产生很大的冲击，从而降低回转爪螺旋棒的使用寿命。

2. 风动凿岩机操作注意事项

1）钻眼前的准备工作

（1）检查凿岩机、钻架是否完好。

（2）风、水管是否完好畅通，风、水门是否跑风漏水。

（3）连接头是否牢固，凿岩机零部件是否完好齐全，螺丝是否紧固，并注油试运转。

2）钻眼操作顺序

（1）调整并支好气腿，司机扶住凿岩机，另一人用工具扶住钎杆对准眼位。

（2）司机扳动凿岩机上冲击配气机构的操纵阀手柄，压缩空气和压力水进入凿岩机内冲击凿岩，待钻入一定深度，眼位固定后由司机一个人操作。

（3）开钻时凿岩机操作阀先开到轻运转位置，待眼位固定并钻进 20 ~ 30 mm 后，再开到中运转位置钻进，钻进 50 mm 钻头不会脱离眼口时，再全速钻进。

（4）当需要钻凿深眼时，先用较短的钎杆和较大的钻头开眼，以后逐步换上较长钎杆和较小钻头。所以钻头应先大后小，逐渐减至所需孔径；钎杆应先短后长，一根一根换到需要深度。

（5）钻眼必须按中、腰线及作业规程中的爆破图表进行，画好轮廓及眼位，并按规定的眼位、方向、角度和深度钻眼。

3）钻眼时注意事项

（1）为避免断钎伤人，钻眼工要精力集中，时刻注意钻进情况。禁止骑钻作业。多台作业时，禁止交叉钻眼，禁止钻前钻杆下有人。

（2）钻眼时，凿岩机、钻杆与钻眼方向要保持一致。推力要均匀适量，不要过大，下扎眼要适当提钻减压，以防夹钻断钎。

（3）凿岩机钻眼过程中，要经常检查风、水管接头是否牢固，有无脱扣现象，如连接不好应停钻处理后再作业。

（4）钻杆与钻头连接要牢固。钻眼过程中，发现合金片脱落，必须及时更换钻头。

（5）严禁在残眼内继续钻眼。

（6）钻眼过程中，如发现岩层出水、瓦斯涌出异常现象时，要停止钻眼并不得拔出钻杆，迅速汇报矿调度室。

（7）钻完眼后，应将钻眼工具、设备等全部撤到安全地点存放。

3. 液压凿岩机保养注意事项

（1）液压凿岩机在启动前检查蓄能器的充气压力是否正常。

（2）检查冲洗水压和润滑空气压力是否正确。

（3）检查润滑器里是否有足够的润滑油，供油量是否合适；检查液压泵电动机的回转方向。

（4）液压元件的检验只能在极端清洁的条件下进行。连接机构拆下后，一定要用清洁紧配的堵头立即塞上。

（5）定期对回转机构的齿轮加柱耐高温油脂；定期检查润滑油箱中的油位，清除油箱内的污物和杂质。

（6）若要长期存放，则应用紧配的保护堵头将所有的油口塞柱，彻底清洗机器并放掉蓄能器里的气体。凿岩机应放在干燥清洁的地方存放。

4. 凿岩机卡钎、断钎事故原因和防止措施

凿岩机作业中经常出现断钎和卡钎事故，往往能造成人员伤害事故。因此应加强作业人员的技术培训和安全意识教育，并采取相应措施。卡钎、断钎事故原因和防止措施见表4-3。

表4-3 卡钎、断钎事故原因和防止措施

主要原因	防止措施
操作技术：操作人员精力不集中，凿眼时凿岩机钎杆左右摇摆，支腿（钻架）忽起忽落，造成炮眼不直，使钎杆在钻孔内弯曲扭别，强行推进造成卡钎或把钎杆弯断	提高钻眼技术，保持钻架稳定使钎子平直地钻进
岩石性质：在坚硬多裂缝的岩石中，如果采用一字形合金钎头钻眼，凿刃容易打到裂缝中去，钎头就被夹住，凿岩机继续冲击容易发生断钎事故	在坚硬多裂缝的岩石中采用十字形合金钎头钻眼，以减少卡钎头、断钎事故；在软岩中钻眼时，应适当减小轴推力，防止岩粉卡钎
钎杆质量：钎杆质量不合格或钎杆使用过久造成疲劳损坏	钻眼时使用旧钎子发现钎子中心孔不正，偏离中心轴线，造成危险断面时应立即捡出，不准使用

二、凿岩台车操作与注意事项

1. 开车前的准备检查

（1）检查液压软管、电缆、气管、水管是否完整无损，各螺纹连接是否紧固。

（2）检查油位与注润滑油。检查油箱油位、辅助气泵机油油位及润滑情况，按润滑图表对相对移动件表面与注油点加注润滑油。

（3）检查推进器传动系统。钢丝绳松紧度不符合要求应予以调节，推进器导轨表面与液压缸活塞杆表面是否清洁。

（4）检查行走部。履带有无杂物，松紧度应予以调整合适。

（5）检查电气系统。瞬间启动液压泵电动机，注意防止使泵反向运转。

（6）检查冲孔水压力。注意钎头前部通水孔不能被堵塞，及时更换损坏的注水密封圈套。

（7）检查液压系统。开动液压泵，检查液压系统的液压缸、主要运动构件动作是否正常，操作手柄位置是否正确。

（8）检查液压凿岩机。注意蓄能器充氮压力，要不低于规定值。

2. 凿岩台车操作程序

（1）台车驶入工作面，停在工作面正中。行走时必须开车灯，并注意观察机器前后、两侧情况，防止碰伤人员，损坏电缆、油管、设备。

（2）操纵液压缸驱动顶尖到距岩面600 mm左右的位置，放下千斤顶，固定机身，接好水管。

（3）根据工作面岩石情况调整钻进工作参数，如冲击频率、回转工作压力与钻眼推力。一般软岩宜采用高频低冲击能，硬岩宜采用低频高冲击能。

（4）司机操纵各有关手柄，按标定的炮眼位置调整好凿岩方位，并使推进器顶尖顶紧炮眼定位处岩壁，再打开给水阀门，开动凿岩机进行凿岩作业。

（5）每钻完一孔后，即可退钎、停水、停冲击运转，转换孔位，重复上述工序操作。一般一臂打炮眼，另一臂可打锚杆眼，交叉作业。

（6）停车。打眼结束后收拢钻臂，卸掉水管，收起支腿，退至距工作面 40 m 处，将操作手柄扳至零位，并关闭电源。

3. 凿岩台车操作中的注意事项

（1）台车行走前，应将钻臂收拢，防止钻臂碰撞岩壁或支架，防止压住风管、油管和电缆等。

（2）台车送电必须先合巷道中的总电源开关，后合台车上的开关；断电顺序相反。

（3）开钻前，先试液压系统油压，使其达到规定值。

（4）台车到达预定位置时，工作前应将机身固定。

（5）钻眼前及钻眼过程中，要将钻臂顶尖始终顶紧岩壁，不准推进器悬臂打眼。

（6）钻臂移位时推进器必须先缩回，使顶尖离开岩面。几个钻臂同时钻眼时要避免相互干扰。

（7）推进器的推进速度要与岩石的软硬程度相适应，钻进硬岩时不可推进过快。

（8）钻眼时，先开动凿岩机，后启动推进器。在眼内退钎时，凿岩机不得停钻。

（9）钻眼中出现夹钎时，可利用凿岩机推进器拔钎，但不许用推进器的补偿缸拔钎。

（10）钻眼时钻臂下方严禁站人，工作中人员必须离开凿岩机，防止发生人身伤害事故。

（11）操作各液压缸、风缸、手动换向阀时，动作要缓慢，不可突然从中位推向终位。手柄从中位扳到预定位置后，应立即返回中位，使工作机构固定在预定位置上。

（12）钻眼结束后，凿岩机台车应退至离工作面 20 m 以外的地方避炮，并加以遮盖。

（13）凿岩结束后操作人员离开台车前，必须断开台车的开关和巷道中的总开关。

【技能训练】

（1）分组对照图 4－12 拆装凿岩机主机，认识主要部件，并结合图 4－4 分析转钎原理。

（2）安装气腿、钎子、钎头；演示凿岩机开机和调整气腿支撑力、伸缩的操作。

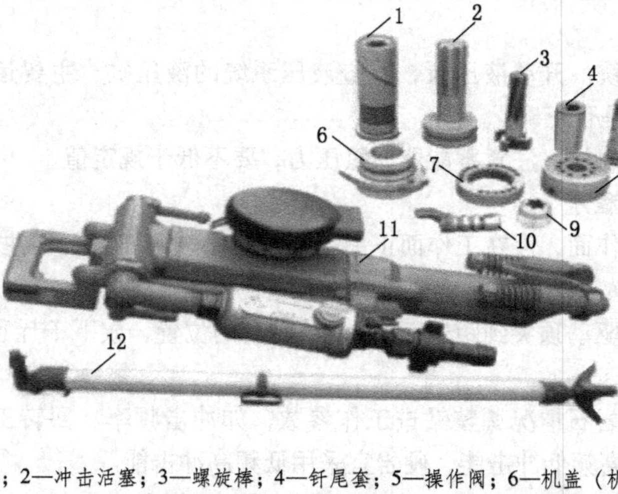

1—转钎套；2—冲击活塞；3—螺旋棒；4—钎尾套；5—操作阀；6—机盖（机柄）；7—棘轮；8—气阀组件；9—螺母；10—调压阀；11—凿岩机体；12—气腿

图 4－12　YT－23 型气动凿岩机的主要部件

【教学考核】

考核评价表见表4-4。

表4-4 考核评价表

项目名称	凿岩机与凿岩台车				
学生姓名		班 级		考核时间	
评价方式	学生分组及组别□□ 自我□ 教师□				
评价地点	实训现场□ 教学做一体化教室□ 普通教室□				
设备、工具	凿岩机、模拟器模型、电子三维仿真图、多媒体课件、常用拆装工具				
考核项目	内容和要求	标准分	评分标准	得 分	
基本知识	1. 说明气动凿岩机的组成和主要机构的作用 2. 说明液压凿岩机的特点 3. 说明凿岩台车的用途和结构特点 4. 说明凿岩台车与凿岩机的区别	28分	对照实物或多媒体课件，采取手指口述的方式考核。每缺一项或回答不正确扣7分		
基本技能	1. 描述凿岩机的破岩原理 2. 指出气动凿岩机3个控制阀的位置 3. 演示凿岩机的操作 4. 分析凿岩台车作业时需要实现哪些动作 5. 描述凿岩机操作中的主要注意事项 6. 分析断钎的主要原因和防止措施	42分	小组讨论分析，手指口述现场回答。每缺一项或回答不正确、操作不规范扣7分		
职业素质	1. 积极参加，遵守纪律 2. 协作学习，互相帮助 3. 表达准确，叙述流畅 4. 注重安全，能正确使用工具 5. 拓展知识，注重查阅资料 6. 清理环境，注重现场整洁	30分	每缺一项或工作达不到要求扣5分		
总分					
考核评价人签字： 年 月 日					

复习思考题

1. 画图说明凿岩机的破岩原理。
2. 气腿式凿岩气动机的组成有哪些？
3. 气动式凿岩机3个控制阀的作用各是什么？
4. 凿岩台车需要实现哪些动作？如何实现？
5. CMJ-17型液压凿岩台车结构上有何特点？

项目二　装　载　机　械

【学习目标】

知识目标：掌握常用装载机的基本组成、适应条件及特点、工作方式。

技能目标：熟悉装载机部件结构，掌握装载机操作方式及使用与维护要求。

【基本知识】

井下装载机械的用途是在钻爆法掘进巷道时，将爆破后碎落的岩石装载到矿车或其他运输设备上运出工作面。按照工作机构的结构特点划分，常用的装载机有耙斗式、铲斗式、挖掘式等。

一、耙斗装载机

耙斗式装载机又称耙装机，可用于平巷或倾角在30°以内斜巷及上、下山，也可在巷道的交叉处使用；既可用于10 m^2 左右的大断面巷道装载，也可用于4 m^2 左右的小断面巷道装载；既可装岩，又可装煤和半煤岩。其结构简单，维修方便，成本低，是目前我国采掘巷道中使用最多的装岩设备。耙斗式装载机的缺点是钢丝绳及耙斗磨损较快。国产耙斗式装载机的结构略有不同，但工作原理基本相同，下面以P－30B型耙斗式装载机为例介绍其组成和工作过程。

1. 组成

如图4－13所示，耙斗式装载机主要由钢丝绳、耙斗、台车、绞车、电动机及机槽等组成。台车是耙装机的机架，牵引耙斗的绞车和操纵机构、电动机等电气设备和由簸箕口、连接槽、中间槽、卸载槽组成的机槽都安装在台车上。耙斗式装载机靠人力或用绞车牵引在轨道上行走，工作时用卡轨器固定在轨道上。耙斗的前端连有工作钢丝绳，后端连有返回钢丝绳，钢丝绳绕过各尾轮、头轮，固定到绞车的工作卷筒和回程卷筒上。

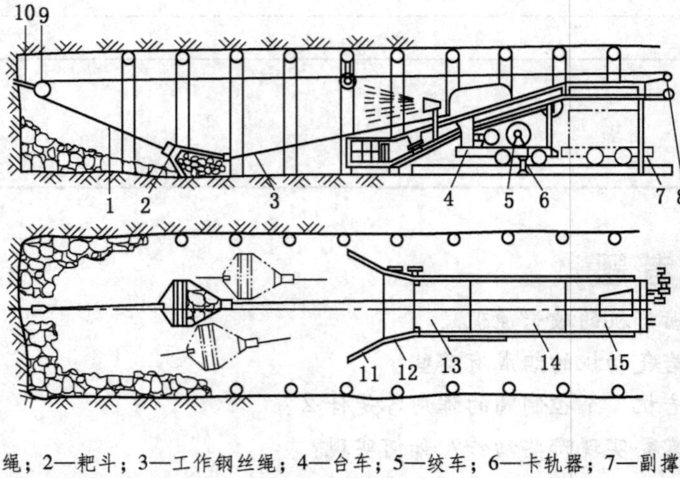

1—返回钢丝绳；2—耙斗；3—工作钢丝绳；4—台车；5—绞车；6—卡轨器；7—副撑脚；8—头轮；9—尾轮；10—尾轮楔；11—簸箕口；12—升降装置；13—连接槽；14—中间槽；15—卸载槽

图4－13　耙斗式装载机组成和工作方式

2. 工作过程

（1）如图4－13所示，爆破后先在工作面打好上部炮眼，在打好的炮眼内或利用剩余的炮眼插入固定楔，悬挂好尾轮。送电后，根据需要调整耙斗位置。

（2）操纵绞车返回卷筒手柄，使返回卷筒转动，在回程钢丝绳的牵引下将空耙斗拉到工作面岩堆后停止牵引，耙斗靠自重插入岩堆。

（3）操纵绞车上工作卷筒的操纵手柄，使工作卷筒转动。工作钢丝绳牵引耙斗带动岩石向机槽运动，沿簸箕口、连接槽、中间槽到卸载槽口，将岩石从卸载槽口溜入矿车内，然后再操纵返回手柄，使耙斗返回，依次重复耙岩动作，直至装满一个矿车。

（4）矿车装满岩石后，需进行调车，司机可利用调车时间，连续耙岩到簸箕口前，也可使少量岩石耙到机槽上，待矿车到达时，司机连续操作装车，这样可充分利用时间，提高效率。

（5）耙取巷道两侧岩石时，只需向左、右移动尾轮即可。

（6）在90°弯道中使用时，常采用如图4－14所示分段耙取岩石方法。即打上中间尾楔、挂上双滑轮，先将工作面岩石耙到转弯处，然后再移动尾轮位置，把转弯处岩石耙装到矿车内。

（7）耙装工作结束后，将耙斗开到耙装机前，操纵手柄放在松闸位置，关闭耙装机，切断电源，锁好开关，卸下操作手把。

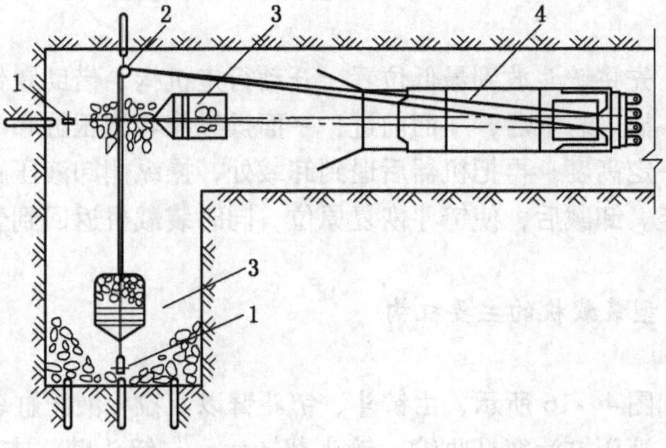

1—尾轮；2—导向双滑轮；3—耙斗；4—装载机

图4－14 耙斗式装载机在弯道中的工作方式

二、侧卸式铲斗装载机

铲斗式装载机又称铲装机，它利用铲斗铲取岩石，然后提升铲斗将岩石卸入矿车或其他运输设备，卸载后再将铲斗放下进行第二次铲取。由于其铲装过程为间断式装载过程，故适宜装载较大块度且坚硬的岩石。铲斗式装载机分为前卸式、后卸式、侧卸式3种，后卸式只能在轨道上行走，而前卸式和侧卸式分别采用轮胎和履带行走机构。

ZYC和ZMC系列全液压履带行走侧卸式铲斗式装载机主要用于水平巷道或倾角小于8°的煤巷、半煤岩巷及全岩巷中装载物料。下面以ZMC－30型侧卸式铲斗装载机为例进行介绍。

（一）ZMC－30 型装载机的组成和工作方式

ZMC－30 型全液压侧卸式铲斗装载机是以电动机为动力源、液压马达驱动履带行走、液压缸控制铲斗的侧卸式装载设备。如图 4－15 所示，它由工作机构、履带行走机构、车架、液压装置、电气系统、操纵系统 5 大部分组成。

1—铲斗；2—铲斗臂；3—拉斗液压缸；4—举铲液压缸；5—履带行走机构；
6—车架；7—操纵台；8—液压装置；9—电气系统

图 4－15　ZMC－30 型侧卸式铲斗装载机

装载机工作时，先将铲斗放到最低位置，开动行走机构，借助履带行走的力量，使铲斗插入岩堆。当铲斗插入岩堆后，一面前进，一面操纵拉斗液压缸和举铲液压缸将铲斗装满，并把铲斗举到一定高度，再把机器后退到卸载处，操纵侧卸液压缸，将岩石卸到矿车或胶带输送机上运走。卸载后，使铲斗恢复原位，同时装载机返回到岩堆处，完成一个装载工作循环。

（二）ZMC－30 型装载机的主要机构

1. 铲斗工作机构

铲斗工作机构如图 4－16 所示，由铲斗、铲斗臂以及拉斗液压缸、举铲液压缸和侧卸液压缸组成。当拉斗液压缸活塞杆收缩、铲斗翻转后，与铲斗臂、支架间形成平行机构。两个举铲液压缸使大臂上下摆动，升降铲斗。侧卸液压缸能使铲斗与铲斗座以连接销轴为中心转动，以实现卸载。操作侧卸液压缸可使铲斗向一侧倾斜，进行卸载。铲斗通过直径 45mm 的主销轴与铲斗座铰接，调换主销轴的位置，可调换卸载方向。主销轴在铲斗右侧时铲斗向右侧卸载，反之向左侧卸载。

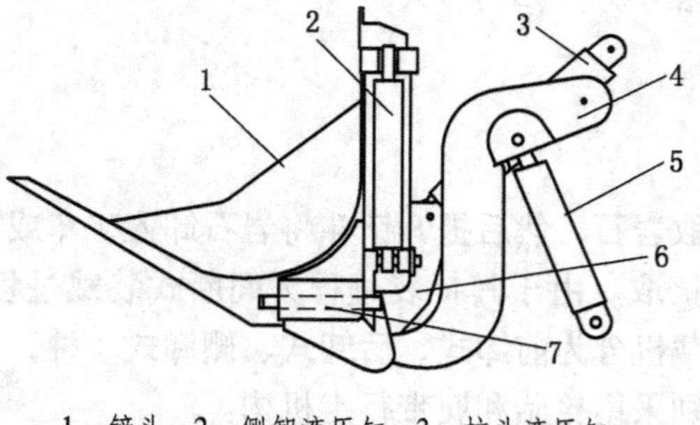

1—铲斗；2—侧卸液压缸；3—拉斗液压缸；
4—铲斗臂；5—铲斗举升液压缸；6—铲斗座；7—销轴

图 4－16　铲斗工作机构

2. 行走机构

行走机构由引导轮、支重轮、链轮、履带总成、张紧缓冲装置和左右履带架组成。左右履带由左右行走液压马达，经行走减速器、链轮分别进行驱动。

3. 液压装置

液压装置由三联泵、左右履带行走马达、工作机构液压缸、多路换向操纵阀、马达操纵阀及平衡制动阀、滤油器、空气滤清器、冷却器、主副油箱、油管以及压力表接头等组成。

4. 电气系统

电气系统由照明灯、按钮开关、控制箱、泵电动机等组成。控制箱由隔爆外壳和内部元件组成。

（三）侧卸式铲斗装载机的主要特点

（1）司机坐在司机座上操作，安全可靠，劳动强度小。

（2）铲斗的升降和卸载、履带行走驱动分别采用液压缸和液压马达完成，由司机通过操作手柄集中操作，有利于提高生产率。

（3）装载功能强，履带行走插入力大，全断面作业，适用于各种断面的平、斜巷道施工。在较大断面巷道或巷道交岔点施工时，能充分发挥其高技术生产率的特点。

（4）综合配套性能好、机动灵活、适应性强。可以很方便地与巷道中的其他设备如钻车、刮板输送机、带式输送机及矿车等配套。

（5）一机多用是煤矿用侧卸式装岩机优于其他类型装岩机的最主要的特点。可用铲斗举升重物，如支护用金属支架、碹胎；铲斗举升后可以充当支护工作平台，便于顶板控制；可在工作面短距离运送物料，如搬运背板、沙石和小型设备；可为其他设备提供高压油源，如为液压锚杆钻机提供动力；作业安全，可显著减少在危险区内的装载作业、搬运材料时间；完成挖底、清帮等辅助性作业，实现装载作业100%的机械化。

三、全液压挖掘式装载机

全液压挖掘式装载机是一种连续高效的新型装载设备，主要用于煤矿和其他矿山掘进装载，也可以用于铁路、水利工程隧道和国防洞窟施工中装载作业。该类装载机以外接电源或柴油机为动力，结合了挖掘耙渣和连续运输的特点，能够连续装载、转载和装车，具有装载平稳、操作灵活简单、不洒料等优点，最大适应坡度可达25°，是今后煤矿耙斗式装载机的主要替代品。

如图4－17、图4－18所示，挖掘式装载机按行走方式不同，可分为轮胎式、履带式；按运输方式不同，可分为刮板输送机式和带式运输机式。下面以轮胎式为主，介绍全液压挖掘式装载机的组成和工作过程。

图4－17　轮胎行走、带式运输机式挖掘装载机

图4－18　履带行走、刮板输送机式挖掘装载机

（一）轮胎行走挖掘式装载机的组成

轮胎行走挖掘式装载机以外接电源为动力，主要由挖掘装载部分、输送带运输机构、底盘行走机构、液压系统和电气与控制系统五大部分组成，如图4－19所示。整机通过电气开关和液压操纵装置控制，实现机器行走、转向、制动、挖掘、装载、输送、回转、卸料等功能。

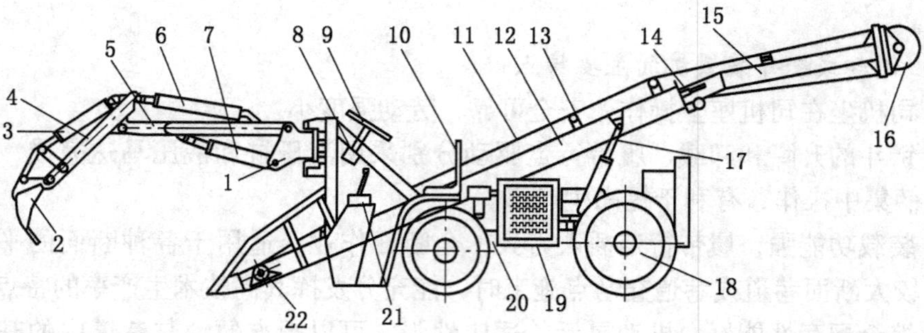

1—回转座；2—挖斗；3—挖斗液压缸；4—斗杆；5—大臂；6—斗杆液压缸；7—大臂液压缸；8—换向器；9—方向机；10—司机座；11—带式输送机；12—机架；13—输送带托棍；14—调节螺栓；15—输送机调整架；16—输送带驱动滚筒；17—机架升降液压缸；18—行走驱动轮；19—液压油散热器；20—底盘架；21—多路换向阀；22—从动支座

图4－19　轮胎行走挖掘式装载机的组成

（二）轮胎行走挖掘式装载机工作方式

如图4－19所示，工作时将装载机开到工作面后，司机用操纵手柄控制多路换向阀，使大臂液压缸、斗杆液压缸和挖斗液压缸动作，挖斗挖掘矿石、渣料，将渣料装到带式输送机的料槽内，由运行的输送带运输卸载到装载机后面搭接的运输设备上完成装载和转载卸料。若配套的设备可以连续运输，则能实现连续装载。操纵大臂回转座转动，就能使挖斗左右摆动回转，收集两侧渣料。

（三）轮胎行走挖掘式装载机主要机构

1. 底盘行走机构

如图4－20所示，底盘行走机构由车架、前桥、后桥、车轮、液压泵电动机、行走液压马达、散热器、油箱、电气控制箱等组成。

电动机带动液压泵输出高压油，液压油驱动行走马达运转，通过变速箱带动前、后桥，驱动车轮转动，实现行走。司机通过转向盘控制多路换向阀，使转向液压缸伸缩，控制前轮左、右转动，从而实现转向；通过操作手柄控制液压马达的正、反转，从而实现装载机的前进和后退。

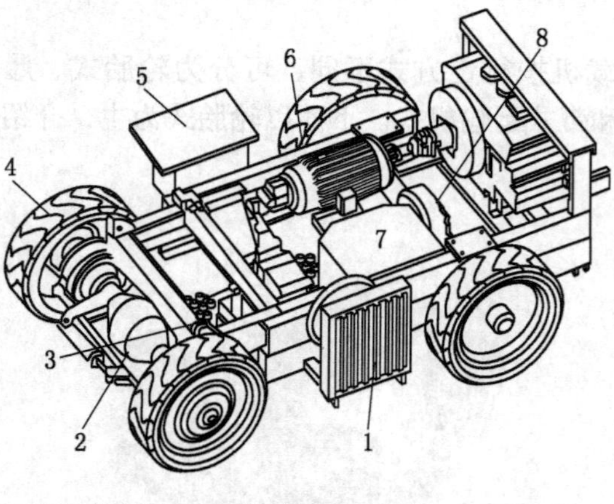

1—液压装置散热器；2—前桥；3—行走液压马达；4—车轮；5—电气控制箱；6—液压泵电动机；7—油箱；8—后桥

图4－20　底盘行走机构

2. 液压和操纵系统

挖掘式装载机液压系统主要由油箱、齿轮泵、液压管路、多路换向阀、方向转向阀、液压马达、液压缸、滤清器、压力表、散热器等部件组成。

液压系统的工作原理如图4-21所示。齿轮泵从油箱中吸油，供出的高压油经 a 油路到多路换向阀、经 b 油路到转向器阀。司机通过操纵手柄控制相应阀路，把压力油液输送到各液压缸、马达，驱动各液压缸和液压马达动作，完成挖掘、左右回转、行走和转向、输送机机架升降等动作。

各液压缸和液压马达动作时，回油经 d、e 油路到三通回液管、液压油滤清器、散热器流回油箱；当不操作时，齿轮泵排出的油液经 c 油路直接排回油箱。

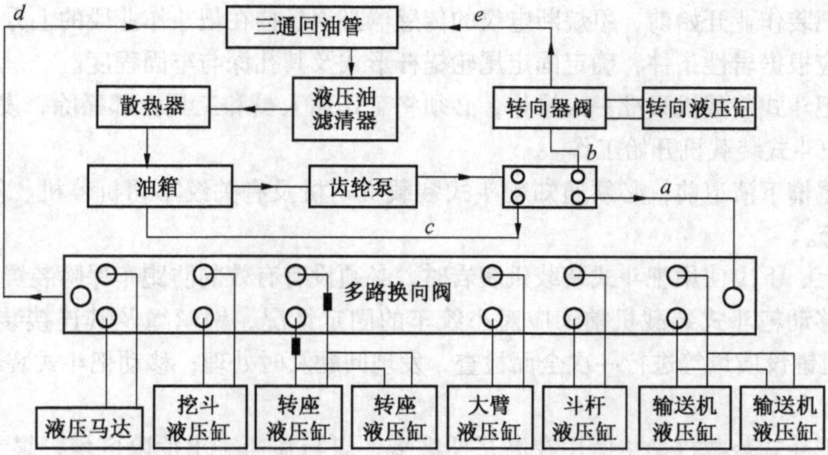

图4-21 液压系统工作原理

液压系统的操纵从左到右共有4个手柄，各手柄操作和对应的动作如图4-22所示。

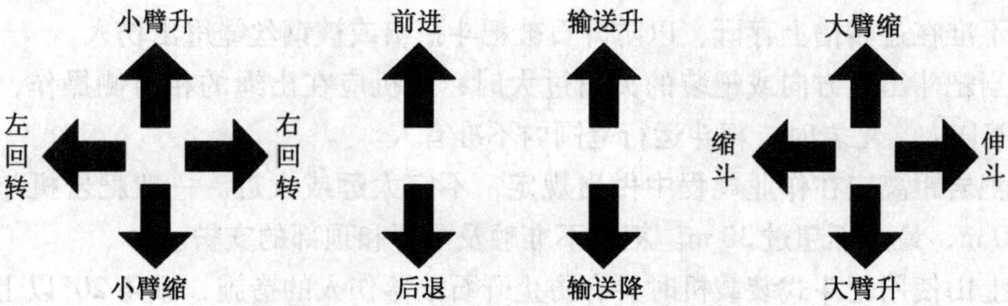

图4-22 挖掘式装载机液压系统操作

3. 电气系统

挖掘式装载机电气系统由外接电源、电动机、电气控制箱、照明灯、电缆、控制按钮、输送机电动滚筒等组成。操纵台旁装有控制按钮，按下绿色按钮，启动主电动机、齿轮泵；按下红色按钮，则电动机停止工作。另外还有电动滚筒和照明灯控制按钮。

整车电器系统采用矿用隔爆型电磁起动器，实现对电动机的控制，确保人身和设备安全。

【基本技能】

一、耙斗式装载机的使用与维护

1. 耙斗式装载机的使用要求

（1）耙斗式装载机绞车的刹车装置必须完整、可靠。

（2）必须装有封闭式金属挡绳栏和防耙斗出槽的护栏；在拐弯巷道装岩或装煤时，必须使用可靠的双向辅助导向轮，清理好机道，并有专人指挥和信号联系。

（3）耙装作业开始前，甲烷断电仪的传感器必须悬挂在耙斗作业段的上方。

（4）应根据岩性条件，确定固定尾轮锚杆形式及其孔深与牢固程度。

（5）耙斗式装载机只准一人操作，必须将工作面人员和工具全部撤除，发出信号后，方准启动耙斗式装载机开始工作。

（6）尾槽下清道前，必须通知耙斗式装载机司机及有关绞车司机停机、停车，断电后方可进行。

（7）上、下山使用耙斗式装载机装岩时，必须设有有效的防跑车保险装置。

（8）移动耙斗式装载机前，应对小绞车的固定情况、钢丝绳及其连接装置、信号、滑轮和轨道铺设质量等进行一次全面检查，发现问题及时处理；移动耙斗式装载机过程中严禁下方有人。

（9）耙斗式装载机禁止使用在高瓦斯区域、煤与瓦斯突出危险区域、煤巷掘进工作面。

2. 耙斗式装载机操作中的安全事项

（1）操作耙装机时不准将两个手把同时拉紧以防耙斗飞起、断绳。

（2）遇有大块岩石或耙斗受阻时不可强行牵引耙斗，应将耙斗退回 1 ~ 2 m 后重新耙取，以防断绳或烧毁电动机。

（3）不准在过渡槽上存矸，以防矸石被耙斗挤出或被钢丝绳甩出伤人。

（4）当耙斗出绳方向或耙装的夹角过大时，司机应在出绳的相对侧操作，以防耙斗窜出中部槽伤人。耙岩时，耙斗运行范围内不准有人。

（5）耙岩距离应在作业规程中做出规定，不宜太远或太近。一般耙岩机与工作面距离为 7 ~ 20 m，最大不超过 30 m。耙斗不准触及两帮和顶部的支护。

（6）上山使用耙斗式装载机时要有防止矸石滚落伤人的措施，倾角 20°以上上山掘进时在司机前方必须打护好护身柱。

（7）耙斗式装载机在使用中发生故障时，必须停车切断电源后进行处理。

（8）工作面装药时应将耙斗拉到前槽上，切断电源，用木板挡好电缆、操作按钮等。爆破后，将耙斗式装载机上面及其周围岩石清理干净后方可开车。

（9）在耙岩过程中，司机应时刻注意机器各部件的运转情况，当发生电气或机械部件温升超限、运转声音异常或有强烈振动时，应立即停车进行检查和处理。

二、侧卸式铲斗装载机的操作

1. 操作要求

（1）装载机司机要求编员两人，一人操作机器，一人照看电缆或转载运输设备的配合。司机必须经过专业系统培训，熟悉本机性能。

（2）认真执行交接班制度和填写工作日记，接班司机要认真检查机器和各部件工作情况。

（3）严禁非司机人员驾驶。运行时，机器不准搭载无关人员运行。

（4）机器要保持整洁，各运转机件间不得残留矸石等杂物，司机每班清理（冲洗）机器。

（5）注意安全，机器运行范围内不许站人或放置任何设备、工具。

（6）机器的运载距离一般应控制在 6 m 以内，以减少履带等行走部件的磨损。装载机距离越长，机器的使用寿命越短，装载效率也就越低。

（7）未经批准，司机不准修改、增加、松动、拆除机器安全设施的零部件，以免影响整机的安全性能。

（8）搬运重心不能确定的载荷时，操作机器必须十分小心，应进行多次试验，找准重心后方可装运。

（9）正常上、下坡度应不大于 16°，大于 16°时应采取保护措施，禁止超坡度作业。上、下坡时要缓慢小心。

2. 操作前的检查

（1）首先检查电动机和控制变压器的接线。

（2）检查油泵电动机转向。从油泵电动机后部朝前看，风扇转向应为顺时针。

（3）检查行走电动机的旋转方向，将主令开关手柄向前点动，机器应直行前进。

（4）在正常连续施工时，每班应检查油泵电动机转向；若相反，只需将磁力启动器手柄反向扳动即可使电动机正转工作。

（5）进行电压检查、电缆检查，要求吊挂可靠，不得承受附加压力。

3. 操作方法及注意事项

（1）司机应借助扶手从机器左侧上机，严禁横向拉拽多路阀操作手柄，严禁踩踏液压油管。

（2）司机坐姿要正确，注意力集中，用左、右手分别握住两侧操作手柄，两眼根据机器的不同作业过程照看好前后人员、电缆等。

（3）司机在确认前后、左右无人和其他机具，按警示铃后方可操作、移动机器。

（4）装载前应将机器运行范围内的巷道清理干净，将铲斗放平，平推清理障碍物、底板突出的岩石。用其他方法处理不需硬推，履带不准跨越高于 20 cm 的障碍物。

（5）装载时侧卸液压缸必须复位，通过工作机构举升液压缸、拉斗液压缸来调整铲斗铲装角度。

（6）装岩时必须经有专人监护电缆。人员位于机器 5 m 以外，发现问题立即发出停机信号。

（7）机器铲斗铲入一定深度后，通过拉斗液压缸及时适度翻转铲斗，提高铲斗的装满系数和及时降低机器装载时的负荷。

(8) 机器行走中遇到大块散落矸石应停机将其铲移开，严禁机器履带碾压大块矸石，作业受阻时，应迅速将手把复至中位，避免系统溢流发热。

(9) 减少频繁启动、点动次数，不可前后猛拉手把，避免压力冲击机器效动，停车要准、稳，要求前进、后退一次完成一个循环动作。

(10) 应尽量避免不必要的转弯和急转弯，避免机器拧擦、左右摇晃与铲车碰撞，机器行走轨迹要平稳。

(11) 遇喷浆作业时应将机器退出作业区，爆破前机器应退离工作面 50 m 以外，加以保护。

(12) 司机在特殊情况下（如操作阀不能复位）需急停车时，一定要冷静。司机正前方操作顶板上设有液压泵电动机按钮及远方电源控制按钮，按其中任何一个按钮都能强迫停车。

(13) 作业完毕后，将机器退出工作面的安全处停放，铲斗落地，停液压泵、电动机，各手柄复零位，停总电源。

(14) 检查机器各部件，清理（冲洗）电动机外表面、履带架处、液压缸活塞杆上的泥沙污物，认真执行交接班制度，填写工作日记。

三、全液压挖掘式装载机的使用与维护

1. 作业前的准备与检查

(1) 检查液压系统油管、液压缸接头紧固情况，保证无泄漏。储油量大于油箱总容积的 4/5。

(2) 液压系统各手柄应处于中立位置，操纵灵活，无卡滞现象。

(3) 输送系统和输送带应完好、无跑偏现象，张紧度合适，托辊转动灵活、无异响。

(4) 漏电断路器是否灵敏可靠，供电电压是否正常，电缆是否完好，接线端有无松动脱落。

2. 操作中的主要注意事项

(1) 装载作业期间，在作业半径内严禁任何人员停留，以免发生危险。

(2) 工作 8 h 后，应对各运动部位添加润滑油脂，并检查注油点各个油嘴是否完好。如有损坏，应立即更换。

(3) 发现各个连接关节的螺母和销轴有松动、滑落现象时，应立即停止工作，将其拧紧。

(4) 输送机运料前应先空转 3 ~ 5 min，在空转中检查输送带、滚筒、托辊有卡滞现象。

(5) 液压系统工作时保持液压油温不超过 70 ℃，并在启动时先空转 3 ~ 5 min 后再操作。

(6) 保养时需将挖斗落至地面，断开电源，搬动各操作手柄、脚踏，使液压系统卸载；在维修或加注润滑油脂时，对液压缸受力点必须采取支撑保护措施。

【技能训练】

(1) 拆装耙斗式装载机绞车，并进行绞车操作练习。

(2) 熟悉铲斗式或挖掘式装载机的结构、操作方式。

【教学考核】

考核评价表见表4-5。

表4-5 考核评价表

项目名称	装载机械				
学生姓名		班级		考核时间	
评价方式	学生分组及组别 □ □　自我 □　教师 □				
评价地点	实训现场 □　教学做一体化教室 □　普通教室 □				
设备、工具	装载机、模拟模型、电子三维仿真图、多媒体课件、常用拆装工具				
考核项目	内容和要求	标准分	评分标准		得分
基本知识	1. 说明耙斗式装载机的组成和各部分的作用 2. 说明侧卸式铲斗装载机的组成 3. 说明后卸式铲斗装载机的组成 4. 说明全液压挖掘式装载机的组成和特点	28分	对照实物或多媒体课件，采取手指口述的方式考核。每缺一项或回答不正确扣7分		
基本技能	1. 演示耙斗式装载机的操作装载过程 2. 描述后卸式铲斗装载机装载作业方式 3. 描述侧卸式铲斗装载机装载过程 4. 挖掘式装载机作业时需要实现哪些动作 5. 描述挖掘式装载机操作中注意事项 6. 分析比较耙斗式和挖掘式装载机各自的工作特点	42分	小组讨论分析，手指口述现场回答。每缺一项或回答不正确、操作不规范扣7分		
职业素质	1. 积极参加，遵守纪律 2. 协作学习，互相帮助 3. 表达准确，叙述流畅 4. 注重安全，能正确使用工具 5. 拓展知识，注重查阅资料 6. 清理环境，注重现场整洁	30分	每缺一项或工作达不到要求扣5分		
总分					

考核评价人签字：

年　月　日

复习思考题

1. 耙斗式装载机的使用条件是什么？
2. 耙斗式装载机由哪些部分组成，如何装载？
3. 侧卸式铲斗装载机的组成部分有哪些？
4. 挖掘式装载机有什么特点？
5. 侧卸式铲斗装载机装载时要注意的事项有哪些？

项目三　掘　　进　　机

【学习目标】

知识目标：了解煤、岩巷掘进机的类别、基本组成和工作原理，掌握掘进机的用途。

技能目标：熟悉掘进机的工作方式、配套关系，懂得掘进机各部件作用和煤巷掘进机的基本操作和基本维护方法。

【基本知识】

掘进机又称为综掘机，是能破落煤、岩，并同时实现装载、转运和喷雾降尘等多项工序的综合机组。掘进机按工作方式不同，可分为部分断面掘进机和全断面掘进机；按使用地点不同，又可分为煤巷掘进机和岩巷掘进机。煤矿井下普遍使用的是部分断面煤巷掘进机。全断面岩巷掘进机机组庞大，主要用于铁路、公路、城市地铁等大型岩石隧道工程的施工。

一、煤巷掘进机

（一）煤巷掘进机分类

煤巷掘进机主要用于煤巷、半煤岩巷的掘进，有的可用于软岩巷道的掘进，是以循环截割方式作业的部分断面掘进机，又称为悬臂式掘进机。按截割机构分为如图 4－23 所示的纵轴式和横轴式两类。纵轴式掘进机截割头的旋转轴线与悬臂的轴线重合，工作时纵向旋转；横轴式掘进机截割头的旋转轴线与悬臂轴线垂直，工作时横向旋转。

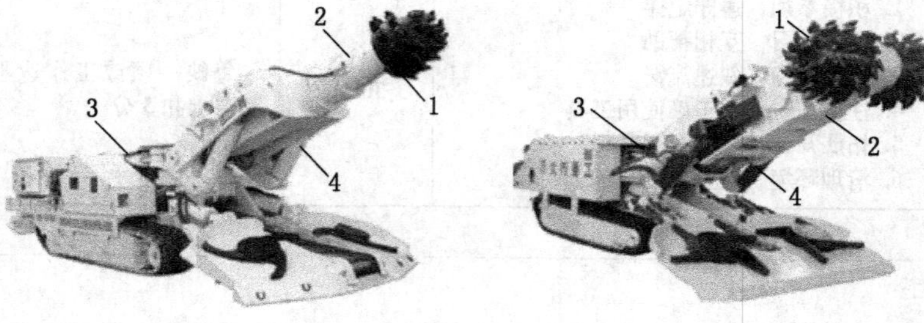

(a) 纵轴式煤巷掘进机　　(b) 横轴式煤巷掘进机

1—截割头；2—悬臂；3—回转液压缸；4—悬臂升降液压缸

图 4－23　煤巷掘进机

（二）截割方式

如图 4－24a 所示为纵轴式煤巷掘进机的工作方式。锥形截割头旋转钻入煤壁（掏槽）后，工作臂按一定规律摆动。随着截割头旋转，截齿破碎煤岩，直至掘出所需要的断面。

纵轴式掘进机的截割头多数为锥形，其优点是结构简单，容易实现内喷雾，易切出轮廓光滑的巷道，截割时产生的煤尘量较小，并且利用截割头可以开挖水沟和柱窝；缺点是由于纵向旋转，截割头破碎的煤岩向两侧堆积，需要用截割头在下部进行辅助装载作业，影响装煤效果。

图 4－24b 所示为横轴式煤巷掘进机的工作方式。截割头横向旋转掏槽，切入煤体达到截割头直径 2/3 的深度后按一定方向循环摆动截割。掏槽时需要做小幅度摆动，以截落位于两半截割头中间位置的煤岩。

横轴式截割头的形状为双半球形，在全煤巷道中截割效率高，安装的镐形截齿的齿尖运动方向和煤岩下落的方向一致，装载效率较高。缺点是不易掘出断面轮廓光滑的巷道，也不能利用截割头开挖水沟和柱窝，且工作时产尘量较多。

由于纵轴式煤巷掘进机操作简单，且对半煤岩巷道和岩石巷道适应性较强，所以应用较多。煤巷掘进机型号众多，但基本组成、操作方式和工作过程基本相似。

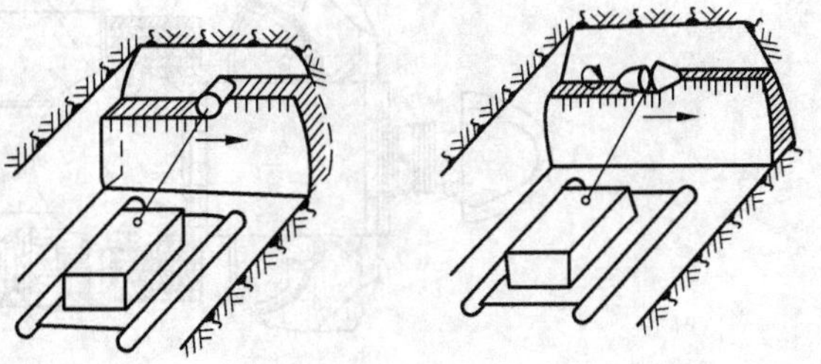

(a) 纵轴式　　(b) 横轴式

图 4－24　煤巷掘进机的截割方式

（三）EBZ160TY 型煤巷掘进机

1. 适用范围

该机主要适用于煤及半煤岩巷道的掘进，以及条件类似的其他矿山及工程巷道的掘进，也可用于单向抗压强度不大于 80 MPa、坡度不大于 16°、最宽 5.5 m、最高 4 m 的任意断面形状煤岩巷道的掘进。

2. 型号含义

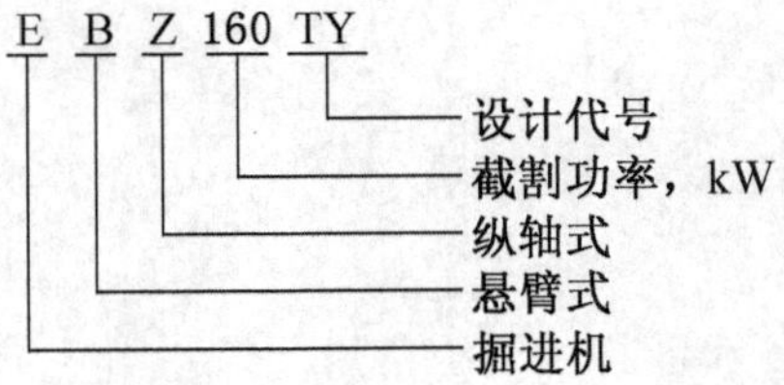

除设计代号外，国产煤巷掘进机型号含义基本相同。

3. 基本组成和工作原理

如图 4－25 所示，EBZ160TY 型煤巷掘进机主要由截割部、装载部、刮板输送机、回转机构和机架、履带行走部、电气系统、液压系统及冷却和喷雾降尘系统等部分组成。与掘进机配套的后转载运输设备有桥式胶带转载机、可伸缩带式输送机、刮板输送机、运煤梭车等设备。选用连续运输设备可以有效提高掘进机的工作效能。

掘进机工作时，截割头截落下来的煤岩落到装载部铲板上，由装载部的星轮将煤推入刮板输送机的中部槽，由刮板输送机运到后面配套的转载和运输设备上，从而完成破碎煤岩、装载、运输等工序，并同时实现喷雾降尘、瓦斯监测报警等功能。

除截割部直接由截割电动机驱动外，掘进机行走调动，截割臂升、降、回转，铲板升、降，装载、运输、后支撑起落等动作，均由司机通过操纵台上的液压系统操纵手柄控制各液压缸和液压马达完成。

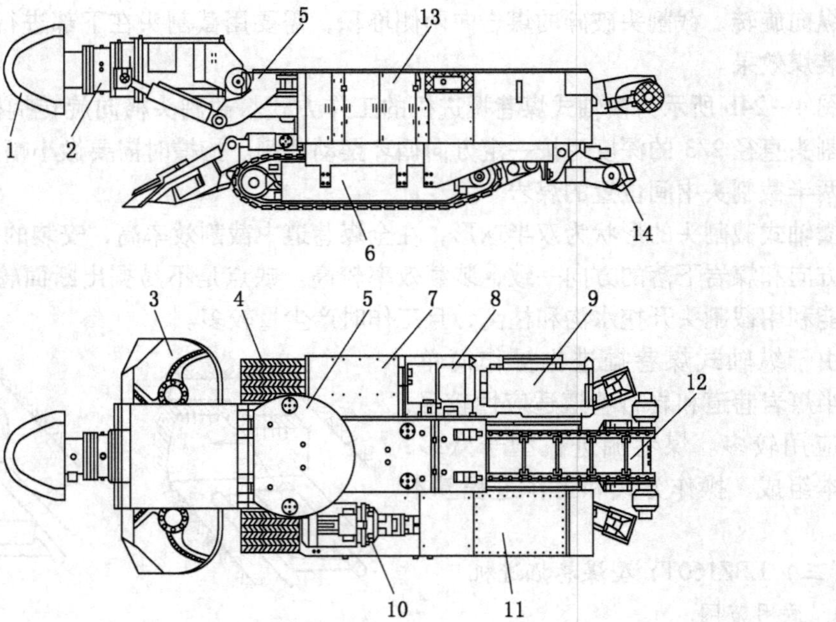

1—截割头；2—截割部；3—铲板装载部；4—履带行走部；5—回转部和机架；6—履带；7—操纵台；8—司机座；9—电气控制箱；10—液压泵站；11—油箱；12—刮板输送机；13—护板总成；14—后支腿

图 4－25　EBZ160TY 型煤巷掘进机结构组成

4. 主要技术参数

掘进断面	9～21m^2
装运能力	240 m^3/h
行走速度	0～15 m/min
供电电压	1140 V
供电电流	250 A
截割电动机功率	160 kW
泵站电动机功率	90 kW
总功率	250 kW
机器质量	51.5 t
截割头最大摆动角度	上 37°，下 31°，左右各 37°
外形尺寸	机长 9.8 m，机宽 2.55 m，机高 1.7 m

5. 主要部件的结构和作用

1） 截割部

如图 4－26 所示，截割部由截割电动机、二级行星减速器、截割臂和截割头等组成，整体通过悬臂销轴铰接在本体部回转台上。

采用双速水冷电动机输入动力，经轴套传至二级行星减速器，经传动轴，将动力传给截割头，通过截割头的旋转和履带推进实现钻进运动，通过截割头的旋转和升降以及回转台水平回摆实现径向切割，从而达到破碎煤岩的目的。截割头最大外径为 $\phi1120$，其周围安装有 36 把强力镐形截齿。

在掘进机的工作过程中双速截割电动机可以提供高、低不同的两种切割速度。低速时速度慢，输出扭矩大，适用于硬岩切割；高速时速度快，输出扭矩小，适用于软岩及煤岩切割。

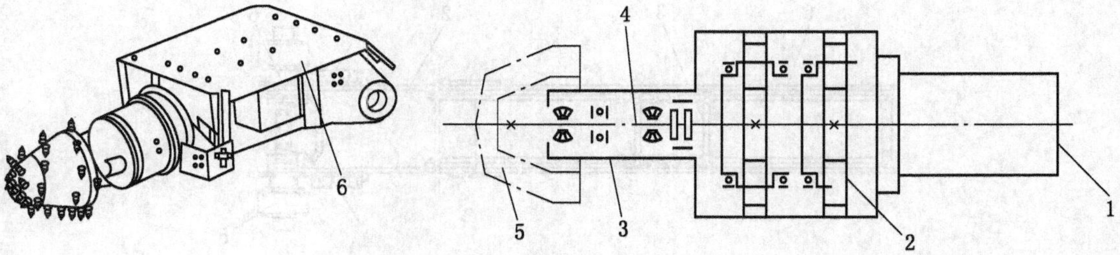

1—截割电动机；2—二级行星减速器；3—截割臂；4—传动轴；5—截割头；6—电动机护板

图 4-26　掘进机截割部组成

2）铲板装载部

如图 4-27 所示，铲板装载部由铲板、三爪星轮、液压马达、星轮驱动装置等组成。掘进机工作时，安装在铲板座上的液压马达带动驱动装置使左、右两个三爪星轮相向转动，将截割头截落的煤岩装到刮板输送机上完成装载，整体与机架前端铰接。

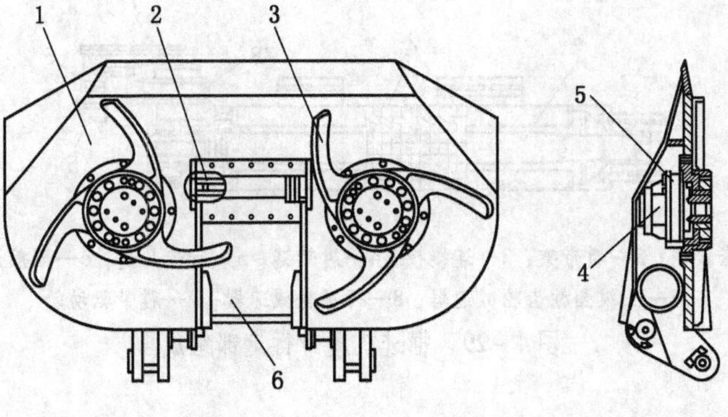

1—铲板；2—输送机导向链轮；3—三爪星轮；4—装载部液压马达；5—驱动装置；6—输送机连接板

图 4-27　掘进机铲板装载部结构组成

3）刮板输送机

刮板输送机位于机器中部，前端与主机架和铲板铰接，后部托在机架上。如图 4-28 所示，刮板输送机由前后部溜槽、刮板链、液压马达、驱动链轮组件和液压紧链装置等组成。工作时两台液压马达驱动刮板输送机链轮组件转动，带动边双链刮板在中部槽内运行，将星轮装入中部槽的煤岩运输到机尾，完成运输转载。

4）行走部

本机采用无承重轮履带式行走机构，两侧机构相同，如图 4-29 所示，由履带架、履带链、液压行走马达、减速器机构和履带张紧装置等组成。减速器与履带架联接；履带架通过两个连接板，用螺栓固定在机架（机本体）两侧。

机器调动时，液压马达经三级圆柱齿轮减速器和行星轮减速器传动驱动链轮、驱动履带运动，实现机器行走。通过控制液压马达的转向和摩擦离合器，可实现机器前进、后退和转弯。

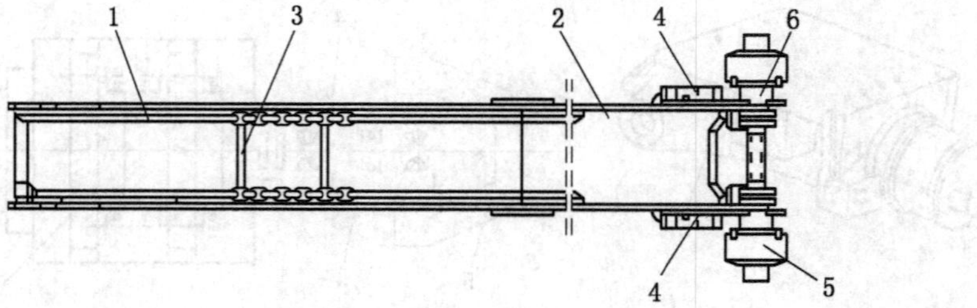

1—机身前部；2—机身后部；3—边双链刮板；4—紧链装置；5—驱动马达；6—驱动链轮组件

图 4-28　掘进机刮板输送机组成

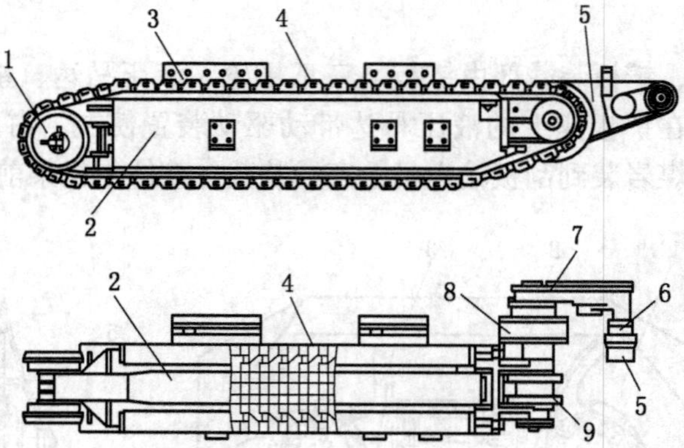

1—导向张紧轮；2—履带架；3—连接板；4—履带链；5—行走马达；6—摩擦片制动器；
7—三级圆柱齿轮减速器；8—行星轮减速器；9—履带驱动轮

图 4-29　掘进机履带行走部组成

5）机架

机架也称为机本体，是整个机器的骨架，掘进机各主要部件均用螺栓或销轴连接在机架上。如图 4-30 所示，机架由回转台、前机架、后机架、后支腿等部件组成。前、后机架为焊接组件，用螺栓连接。

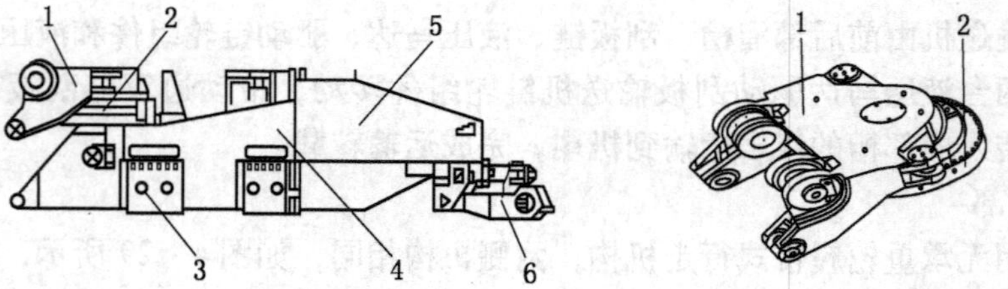

1—回转台；2—回转支撑装置；3—履带连接装置；4—前机架；5—后机架；6—后支腿

图 4-30　掘进机机架组成

回转台用于支撑、连接并实现截割机构的升降和回转运动。工作时，由安装在回转台两侧的回转液压缸带动截割机构水平回转；铰接安装在回转台支座左右耳轴上的液压缸带动截割机构升降。

后支腿通过支撑液压缸和销轴与后支架连接。后支腿的作用是截割时落下，增加机器稳定性、抬高机器后部，增强截割卧底深度；窝机时抬起履带，在履带下面垫板，并可配合处理履带断链和张紧的操作。

6）液压系统

液压系统主泵站由一台90 kW电动机驱动一台三联柱塞泵，分别向液压缸回路、行走回路、装载回路、输送机回路及增设的锚杆钻机回路提供压力油。液压系统主要元件和作用见表4－6。

表4－6　煤巷掘进机液压元件一览表

名　称	数量	特　征	作　用
主液压泵	1	三联柱塞泵	给各回路液压缸和液压马达提供压力油
油箱	1	封闭式专用油箱	储存、冷却、沉淀油液
操纵台	1	多联换向阀组手动操作	操作完成除截割头旋转外的各个动作
截割臂升降液压缸	2	单杆活塞式双作用液压缸	实现截割臂上下摆动升降
截割臂回转液压缸	2	单杆活塞式双作用液压缸	实现截割臂水平摆动回转
铲板升降液压缸	2	单杆活塞式双作用液压缸	调节铲板高度、增加机器稳定性
后支撑液压缸	2	单杆活塞式双作用液压缸	收放支腿，增加机器稳定性
装载部驱动马达	2	低速大扭矩径向柱塞马达	驱动星轮转动装载
刮板输送机驱动马达	2	低速大扭矩径向柱塞马达	驱动链轮带动刮板运输煤岩

7）电气系统

掘进机电气系统由电控箱、操作箱、急停按钮系统、截割电动机、液压泵电动机、照明、蜂鸣器、瓦斯断电仪等部分组成。操作箱上有截割按钮、液压泵电动机按钮及其他电气装置的开关、指示灯等。作用是完成掘进机通断电、液压泵电动机和截割电动机的启动与停止、紧急停机等控制。

二、全断面掘进机

（一）用途和特点

全断面掘进机是一种能够直接截割、破碎工作面岩石，同时完成装载、转运岩石，并可实现行走和喷雾、除尘等功能的隧（巷）道掘进综合机械。该机主要适用于直径一般为2.5～10 m、单轴抗压强度50～350 MPa的全岩隧（巷）道的掘进，可一次截割出形状为圆形的断面。

全断面掘进机具有掘进速度快（开挖速度一般是钻爆法的3～5倍）、对巷道围岩的影响小、超挖量少、巷道壁面光滑、易维护等优点。但由于机组体积庞大、价格昂贵，全断面掘进机主要用于工程涵洞和铁路、公路、城市地下铁路等长距离隧道的掘进。

（二）分类

1. 按适用的岩石硬度分类

按适用的岩石硬度不同，可分为敞开式全断面掘进机和护盾式全断面掘进机。

（1）敞开式全断面掘进机适合于硬岩的开挖截割，掘进机无护壳，岩石稳定，不用支护，所以称为敞开式。

（2）护盾式全断面掘进机适合于软岩和土层的开挖，由于有护盾所以又称为盾构机。

2. 按截割直径分类

按截割直径不同，可分为小直径全断面掘进机和大直径全断面掘进机。

（1）小直径（直径2.5～5 m）全断面掘进机适用于小型水利水电隧道工程和矿山巷道工程掘进。

（2）大直径（直径在5 m以上）全断面掘进机适用于大型的隧道工程。国外生产的岩石掘进机直径较大，目前最大可达13.9 m。

（三）EJ系列全断面岩巷掘进机

1. 掘进机的组成和工作方式

EJ－30型和EJ－50型是我国定型生产的EJ系列岩巷掘进机，是适用于硬岩掘进的敞开式全断面岩巷掘进机。如图4－31所示，EJ－30型主要由刀盘、机头架、传动装置、推进液压缸、支撑机构、液压泵站、带式转载机、除尘抽风机和大梁等组成。

工作时，两台电动机通过传动装置驱动支撑在机头架上的刀盘低速转动，并借助推进液压缸4的推力将刀盘压紧在工作面上，随着刀盘作圆周运动，刀盘上的滚刀截割破碎岩石，破落的岩碴由均布在刀盘周围的6个铲斗在转至最低位置时装入铲斗内。当铲斗转至最高位置时，岩碴在自重作用下卸入受料槽内落到带式转载机上，转运至机器尾部后再装入矿车或其他运输设备。

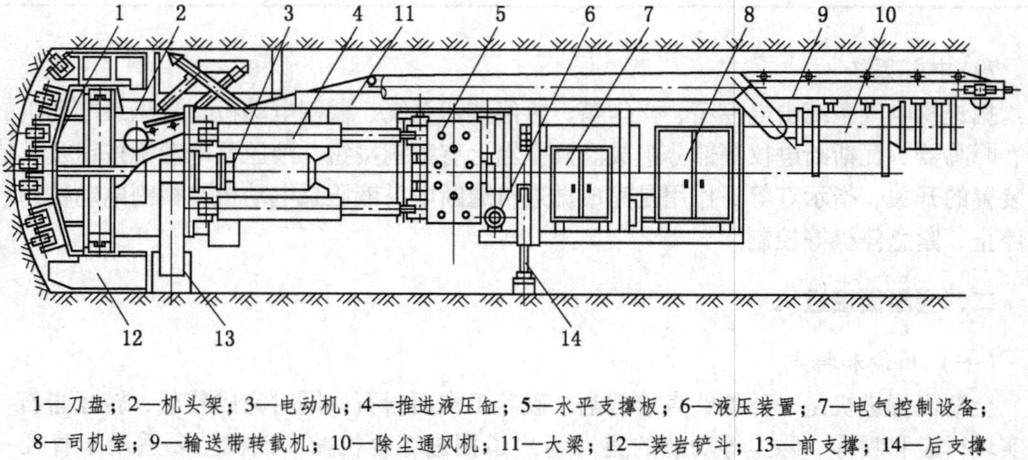

1—刀盘；2—机头架；3—电动机；4—推进液压缸；5—水平支撑板；6—液压装置；7—电气控制设备；8—司机室；9—输送带转载机；10—除尘通风机；11—大梁；12—装岩铲斗；13—前支撑；14—后支撑

图4－31　EJ－30型全断面岩巷掘进机

在推进液压缸组和各支撑液压缸的配合下机器实现迈步行走，每掘够一个行程依据围岩情况进行巷道支护。

安装在机头架上的导向装置可使刀盘稳定工作；利用激光指向器可及时发现机器推进

方向的偏差，并用浮动支撑机构及时调向，以保证机器按预定方向向前推进；除尘通风机可消除破碎岩石时所产生的粉尘，还可通过供水系统从安装在刀盘表面上的喷嘴向工作面喷雾来降低粉尘。

2. 全断面岩巷掘进机破岩原理和工作机构

1）滚刀结构

全断面掘进机采用盘形滚刀破岩。盘形滚刀的结构如图 4－32 所示，主要由刀圈、刀体、轴承、心轴及密封装置组成。

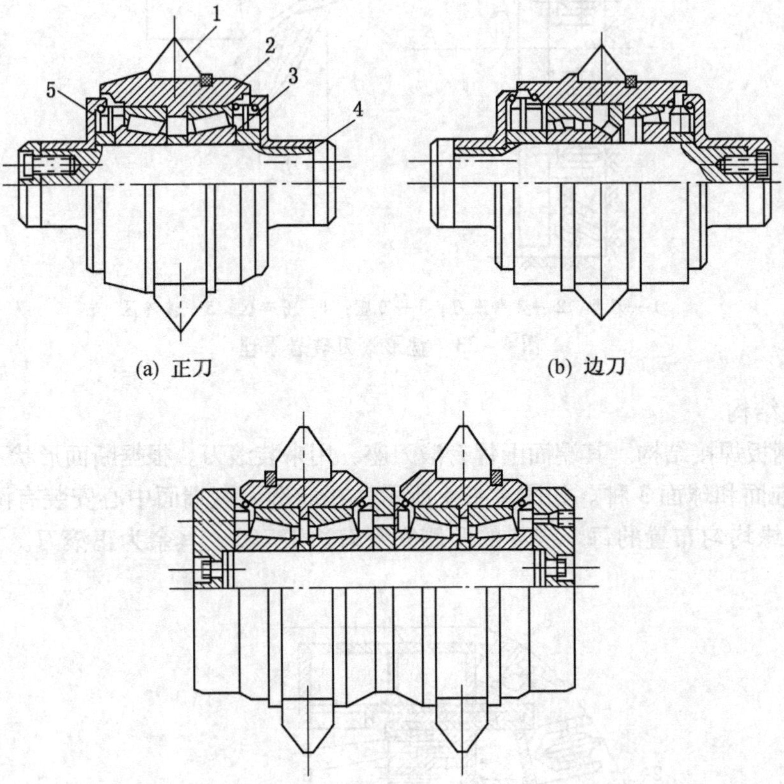

(a) 正刀　　(b) 边刀

(c) 中心刀

1—刀圈；2—刀体；3—轴承；4—心轴；5—密封装置

图 4－32　盘形滚刀的结构

安装于刀体上的刀圈可相对于心轴转动，为防止污物进入轴承，在刀体的两侧装有金属密封装置，心轴固定于刀盘的滚刀架上，使滚刀可随刀盘一起转动。工作时在刀盘推压力的作用下，刀盘被压紧在岩石上受载很大，因此要求其具有良好的抗磨、抗压和抗冲击性能。

2）破岩原理

盘形滚刀是利用挤压力和剪切力以滚压方式破碎岩石的。如图 4－33 所示，在刀盘推压力的作用下，滚刀前面的岩石被挤压成粉末，形成处于三向挤压状态下的粉碎区 4，同时还把粉末区外的岩石挤碎，形成破碎区。在滚刀接触压力的作用下，粉碎区内的岩粉沿着滚刀两侧向外喷出。

随着刀盘的转动，滚刀在工作面上形成了许多同心圆截槽。滚刀的楔形边在推压力的作用下，会产生平行于工作面的分力，在此分力作用下，相邻截槽间的岩石被成片地剪碎，从而形成圆形断面，断面大小取决于刀盘直径。

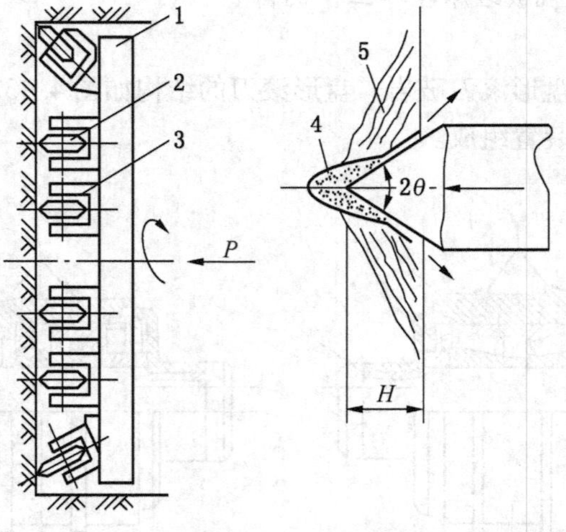

1—刀盘；2—盘形滚刀；3—刀座；4—粉碎区；5—破碎区

图 4-33　盘形滚刀破岩原理

3）刀盘结构

刀盘为钢板焊接结构。其端面上焊有滚刀座，用来装滚刀。根据断面形状不同，刀盘有平面、锥面和球面 3 种。如图 4-34 所示，在球形刀盘端面中心安装有两把中心滚刀 1，在刀盘边缘均匀布置的每个铲斗的两侧安装有边滚刀 3，其余为正滚刀。

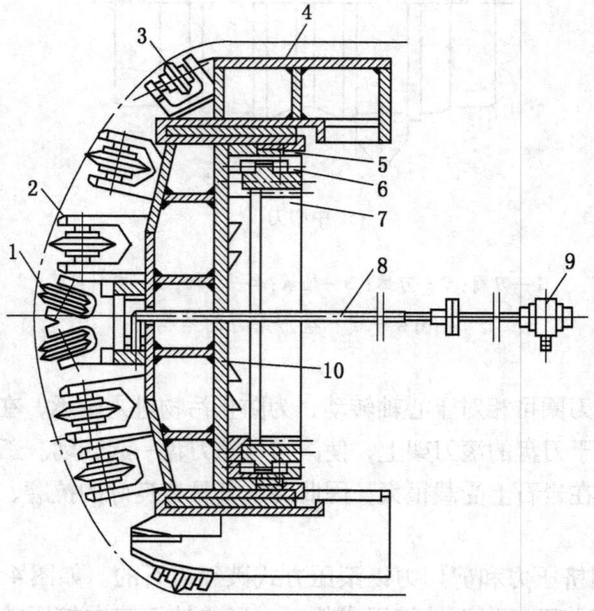

1—中心滚刀；2—正滚刀；3—边滚刀；4—铲斗；5—密封装置；6—组合轴承；
7—内齿圈；8—中心水管；9—水泵；10—刀盘

图 4-34　刀盘结构和滚刀布置

刀盘用组合轴承支承在机头架上。组合轴承的内、外座圈分别用螺钉固连在刀盘和机头架上。组合轴承的内座圈上带有内齿圈，与减速器输出轴上的小齿轮相啮合，可驱动刀盘旋转。水泵9经水管8向布置在刀盘前端的8个喷嘴供水，实现喷雾灭尘。

在刀盘与机头架的相对运动处装有密封圈5，以防止岩尘进入刀盘内腔，引起组合轴承内座圈的过早磨损。组合轴承有两列滚子，分别承受径向力和轴向力，并传递到机头架上。

4）刀盘传动装置

由于刀盘转速较低且要求传递的扭矩较大，因此刀盘传动一般采用两组二级行星减速器传动。传动方式如图4－35所示，其中z表示各齿轮齿数，m表示各齿轮模数。减速器的输入轴用弹性联轴器与电动机的输出轴连接，以减缓刀盘传来的动载荷。减速器采用强迫润滑，使各部分得到充分润滑，适应重载传动。驱动刀盘的电动机和驱动润滑泵电动机之间采用电气连锁（只有开动润滑泵电机之后，才能开动刀盘电机），以防止减速器在无润滑状态下工作。

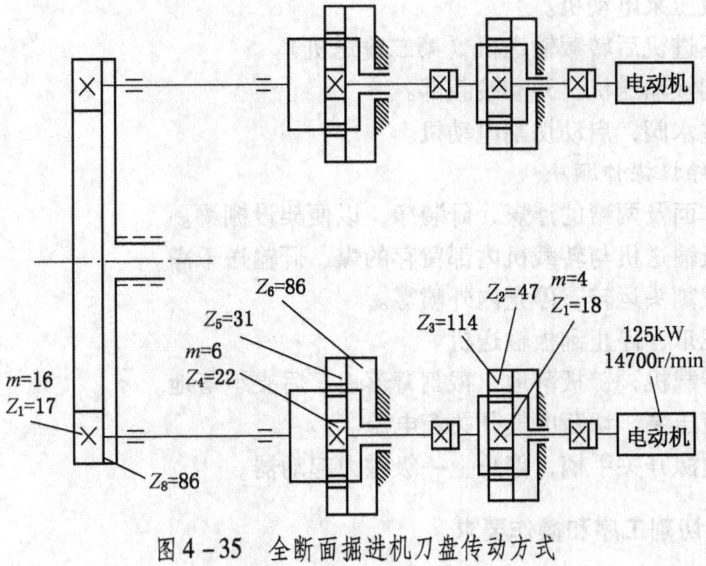

图4－35　全断面掘进机刀盘传动方式

【基本技能】

一、煤巷掘进机的操作

（一）开机前的检查事项

1. 作业环境检查

（1）工作面支护是否符合作业规程的规定。

（2）工作面瓦斯浓度是否超限（由瓦斯检查员负责检查）。

（3）工作面有无障碍。

（4）供水、供电是否正常。

（5）配套设备是否完备。

（6）确认铲板前方和截割臂附近无人。

（7）所有安装机载照明的后配套设备照明是否全部开启，发出开机信号，确认其他人员离开。

2. 机器本身检查和准备

（1）各操作手把和按钮位置是否正确、灵活可靠。

（2）电控箱是否处于可靠的锁紧位置，电控箱上控制开关手柄是否均处于零位。

（3）截齿是否锐利、齐全。

（4）各零部件是否齐全、紧固、可靠。

（5）各减速器、液压缸及油管有无漏油、缺油现象，并按规定注油。

（6）刮板链、履带链松紧程度是否适宜。

（7）电缆、水管、喷雾灭尘装置是否正常。

（8）送电、解除闭锁。压下紧急停止按钮 SB1，把隔离开关 QS 的手柄置于合的位置，然后将紧急停止按钮 SB1 拔出。

（二）开机操作顺序

（1）扳动电控箱上的电源开关，给掘进机通电。

（2）启动液压泵电动机。

（3）开动掘进机后转载输送机（第二输送机）。

（4）开动刮板输送机，开动装载部。

（5）打开供水阀，启动切割电动机。

（三）正常停机操作顺序

（1）把工作面及两帮的浮煤、矸装净，以便架设棚梁。

（2）把刮板输送机与转载机内部留存的煤、矸输送干净。

（3）停止截割头运转，停止内外喷雾。

（4）停止耙爪，停止刮板输送机。

（5）停止转载机，铲板落地，截割臂落地，后支承落地。

（6）停止液压泵，切断电气开关箱电源。

（7）取下电源开关手柄，停止上一级磁力起动器。

二、掘进机切割工序和操作要求

1. 合理切割的一般原则

（1）有利于顶板的控制和维护。

（2）以较小的切割阻力钻进和开切。

（3）尽量增加钻进深度，减少切割头的空行程。

（4）少出大块，以利装载和运输。

2. 采用正确的切割工序

（1）较均匀的中硬煤层，采用图 4－36a 所示顺序先割柱窝、掏底槽，再由下向上横向切割。

（2）层理发育的软煤层，采用 4－36b 所示顺序中心开钻、四边刷帮的方法切割。

（3）对破碎顶板，采用留顶煤先割两帮、中间留煤垛的分两次切割的方法。

（4）半煤岩工作面先割软后割硬，先掏槽后割底，在煤岩分界线的煤侧钻进开切，沿线掏槽。

无论采用哪种方法切割，都必须铲板落地，注意扫底，防止出现越掘越高的现象。

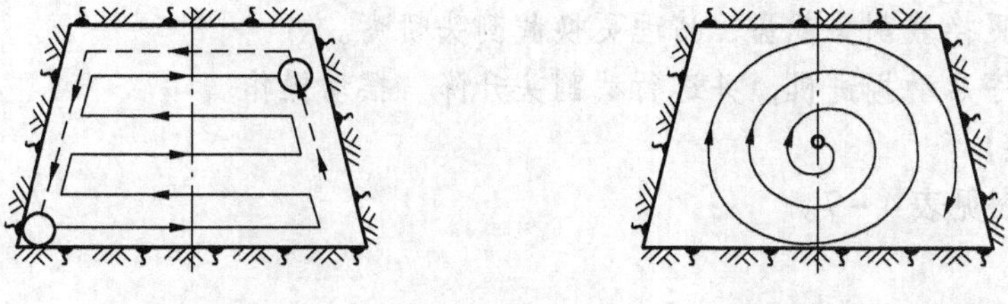

图 4-36 煤巷掘进机切割工序

3. 操作和维护注意事项

（1）发现异常应停机检查，处理好后再开机。

（2）截割头必须在空载旋转工况下才能向煤岩壁钻进。

（3）掘进机前进或后退时，必须收起后支腿，抬起铲装板。

（4）截割部工作时，若遇闷车现象应立即停车，防止截割电动机长时间过载。

（5）对大块掉落煤岩，应破碎后再进行装载。

（6）输送机减速器中的湿式摩擦离合器，其打滑时间为 15 s。若在使用过程中出现打滑现象，应及时关闭截割电动机和装运电动机，避免有关零部件损坏。

（7）液压系统和供水系统的压力不能随意调整，需要调整时应由专职人员操作。

（8）若油箱油温不小于 70 ℃，此时油温指示灯亮，应停机冷却，降温后再开机工作。

（9）若油箱油位低于工作油位，指示灯亮，应停机注油。

（10）注意观察油箱回油滤油器上的压差指示器，若指针从绿色指到红色，即需更换滤芯。

（11）人工加油时，须用洁净的容器，避免油质污染造成元件损坏。

（12）若外喷雾供水压力低于 1.5 MPa，需打开水泵站中与减压器并联的球阀，保证冷却水供应。

（13）掘进机工作中若遇到非正常声响和异常现象，应立即停机查明原因，排除故障后方可开机。

【技能训练】

（1）对照煤巷掘进机和图 4-37 说出各部分的名称和作用。

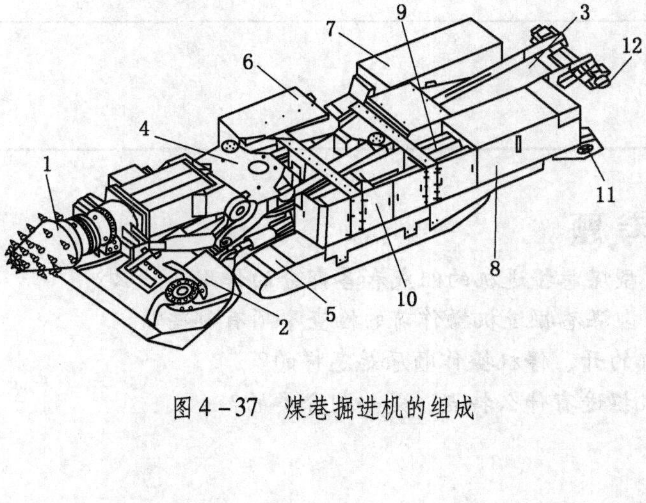

图 4-37 煤巷掘进机的组成

（2）拆装更换截割头截齿，清理更换截割头喷嘴。

（3）按顺序启动掘进机，并进行截割头升降、摆动操作。

【教学考核】

考核评价表见表4－7。

表4－7 考核评价表

<table>
<tr><td>项目名称</td><td colspan="5">掘 进 机</td></tr>
<tr><td>学生姓名</td><td></td><td>班 级</td><td></td><td>考核时间</td><td></td></tr>
<tr><td>评价方式</td><td colspan="5">学生分组及组别 □ □ 自我 □ 教师 □</td></tr>
<tr><td>评价地点</td><td colspan="5">实训现场 □ 教学做一体化教室 □ 普通教室 □</td></tr>
<tr><td>设备、工具</td><td colspan="5">煤巷掘进机、模拟器、电子三维仿真图、多媒体课件、常用拆装工具</td></tr>
<tr><td>考核项目</td><td colspan="2">内容和要求</td><td>标准分</td><td>评分标准</td><td>得 分</td></tr>
<tr><td>基本知识</td><td colspan="2">1. 说明EBZ160TY型煤巷掘进机的适用条件
2. 说明EBZ160TY型煤巷掘进机的组成部分
3. 说明EBZ160TY煤巷掘进机型号含义
4. 说明EJ型全断面岩巷掘进机的组成</td><td>28分</td><td>对照实物或多媒体课件，采取手指口述的方式考核，每缺一项或回答不正确扣7分</td><td></td></tr>
<tr><td>基本技能</td><td colspan="2">1. 描述纵轴式煤巷掘进机截割方式
2. 描述煤巷掘进机的开机操作顺序
3. 描述煤巷掘进机操作前的检查事项
4. 演示煤巷掘进机液压部分动作的操作
5. 描述煤巷掘进机在软、硬岩中的截割工序
6. 分析全断面煤巷掘进机的破岩原理</td><td>42分</td><td>小组讨论分析，手指口述现场回答，每缺一项或回答不正确、操作不规范扣7分</td><td></td></tr>
<tr><td>职业素质</td><td colspan="2">1. 积极参加，遵守纪律
2. 协作学习，互相帮助
3. 表达准确，叙述流畅
4. 注重安全，能正确使用工具
5. 拓展知识，能收集补充资料
6. 清理环境，工作现场整洁</td><td>30分</td><td>每缺一项或工作达不到要求扣5分</td><td></td></tr>
<tr><td>总分</td><td colspan="5"></td></tr>
<tr><td colspan="6">考核评价人签字：

年 月 日</td></tr>
</table>

复习思考题

1. EBZ160TY型煤巷掘进机的组成和各部分的作用是什么？
2. EBZ160TY型煤巷掘进机操作前的检查事项有哪些？
3. 煤巷掘进机的开、停机操作顺序是怎样的？
4. 岩巷掘进机掘进有什么特点，是如何分类的？

模块五　运　输　机　械

项目一　刮　板　输　送　机

【学习目标】

知识目标：了解刮板输送机的类型、适用条件和基本参数；掌握刮板输送机的结构、工作原理和操作要求。

技能目标：熟悉刮板输送机的安装与操作、使用与维护的要求；掌握刮板输送机常见故障及处理方法。

【基本知识】

一、刮板输送机的组成及工作原理

刮板输送机主要用于长臂采煤工作面，也可用于采区顺槽、联络眼、采区上下山及掘进工作面，承担运输任务。虽然其类型和组成部件的形式多种多样，但基本组成与工作原理相同。刮板输送机的基本组成如图5－1所示，主要组成部分有机头部（包括机头架、驱动装置、链轮组件等）、中间部（包括溜槽、刮板链等）、机尾部（包括机尾架、驱动装置、链轮组件等）和附属装置（铲煤板、挡煤板、紧链器等），以及供移动输送机用的推移装置。

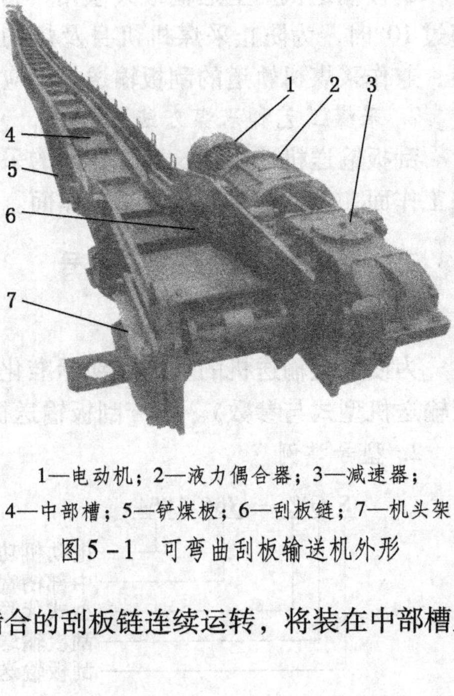

1—电动机；2—液力偶合器；3—减速器；
4—中部槽；5—铲煤板；6—刮板链；7—机头架

图5－1　可弯曲刮板输送机外形

刮板输送机的工作原理如图5－2所示。由绕过机头链轮和机尾链轮的无极循环刮板链作为牵引机构，以中部槽作为承载机构，电动机经过联轴器、减速器驱动链轮旋转，使链轮带动与之啮合的刮板链连续运转，将装在中部槽上的货载从机尾运到机头处卸载。

二、刮板输送机的类型和使用范围

（一）类型

国内外现行生产和使用的刮板输送机类型较多，按机头卸载方式和结构分为端卸式、侧卸式和90°转弯式3种；按中部槽布置方式和结构分为重叠式、并列式、敞底式、封底式4种；按刮板链的数目和布置方式分为中单链型、边双链型和中双链型3种；按单电动机额定功率大小分为轻型（$P \leq 40$ kW）、中型（40 kW $< P \leq 90$ kW）、重型（$P > 90$ kW）3种。

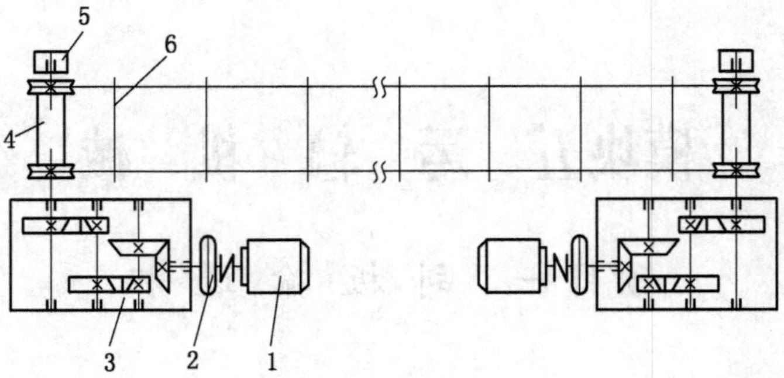

1—电动机；2—液力偶合器；3—减速器；4—链轮组件；5—盲轴；6—刮板链

图5-2　SGB-150型刮板输送机的工作原理

（二）适用范围

1. 煤层倾角

刮板输送机向上运输最大倾角不得超过25°，向下运输不得超过20°。当工作面倾角超过10°时，为防止采煤机机身及煤的重力分力以及振动冲击引起的刮板输送机机身下滑，兼作采煤机轨道的刮板输送机，应采取防滑措施。

2. 采煤工艺和采煤方法

刮板输送机适用于长壁工作面的采煤工艺。轻型适用于炮采工作面，中型主要用于普采工作面，重型主要用于综采工作面。

三、刮板输送机的系列与型号

1. 基本参数系列

为使刮板输送机的生产达到标准化、系列化和通用化，我国制定并发布了《矿用刮板输送机型式与参数》。国产刮板输送机典型机型的技术特征见表5-1。

2. 型号举例

S G Z - 764 / 264

- 264——电动机功率，kW
- 764——中部槽宽度，mm
- Z——型式代号：D—中单链型；S—边双链型；Z—中双链型
- G——刮板输送机代号：G—刮板式
- S——刮板输送机代号：S—输送机

SGZC-730/264型：C—侧卸式，其他符号意义同前。

四、刮板输送机主要部件

（一）机头部

机头部由机头架、链轮组件、驱动装置（电动机、联轴器、减速器）及其他附属装置组成。

1. 机头架

机头架是支撑和装配链轮组件、驱动装置以及其他附属装置（舌板、拨链器、压链块

表5-1　国产典型刮板输送机的主要技术特征

技术特征		SGB-620/80T	SGB-620/40S	SGB-630/150C（SGB-630/150B）	SGD-730/320	SGB-764/320（SGB-764/264W）	SGZC-764/320（SGB-764/320）	SGZ-880/800（张家口煤机厂）	SGZ-880/2×400（西北煤机一厂）	SGZ-1000/1050（张家口煤机厂）
设计长度/m		160	100	200	200	200	200	250	250	250
运输量/$(t \cdot h^{-1})$		150	150	250	700	700	900	1500	1500	2000
链速/$(m \cdot s^{-1})$		0.86	0.43/0.68	0.868	0.93	1.12	0.95	1.1	1.2	1.25
减速器速比		24.564	24.564	24.44	39.739	25.444	32.677	38.25	37.125	37.952
电动机	型　号	DSB-40	DBYD-40/22	DSB-75	YSB-160	KBY-132	YSBS-160/80	YBSD-400/200-4/8	—	—
	额定功率/kW	40×2	40/22	75×2	160×2	132×2	160/80×2	400×2	400×2	525×2
	额定电压/V	380/660	380/660	660	660/1140	1140	1140	1140	1140	3300
	额定转速/$(r \cdot min^{-1})$	1450	1475	1480	1480	1470	1475/738	740/1480	—	738/1486
联轴器	型　号	YL-400A_4	对轮联轴器	YL-450A	TV562	YL-500X_1Q	爪型弹性	弹性联轴器	—	摩擦限矩偶合器
	额定功率/kW	40	40	75	160	132	160	—	—	—
	工作液体	难燃液		难燃液	难燃液	难燃液	—	—	—	—
	充液量/L	8.1		12.6	17.1	16.2	—	—	—	—
刮板链	型　式	边双	边双	边双	单中	边双	中双	中双	中双	中双
	规格/mm	φ18×64-2	φ18×64-2	φ18×64-2	φ30×180-1	φ22×86-2	φ26×92-2	φ34×126-2	φ34×126-2	φ38×137-2
	链环破断力/kN	410	410	410	1130	610	850	1450	1450	1810
	链条中心距/mm	500	500	500		600	100	160	180	—
	每米质量/kg	18.6	18.6	18.6	42.2	41.5	57.1	—	—	—
中部槽	长×宽×高/(mm×mm×mm)	1500×620×180	1500×620×180	1500×630×190	1500×730×222	1500×764×222	1500×764×222	1500×880×344	1500×880×320	1753×1000（内宽）×337
	水平可弯角度/(°)	3	3	3	1.2	2	2	1	1	0.7
	垂直可弯角度/(°)	3	3	3	4	4	6	3	3	3
紧链方式		摩擦	摩擦	摩擦	闸盘	液压马达/闸盘	液压马达	闸盘	闸盘	液压马达与可伸缩机尾
整机质量/t		25.6	17.6	82.6（93.8）	140	158	180	—	—	—

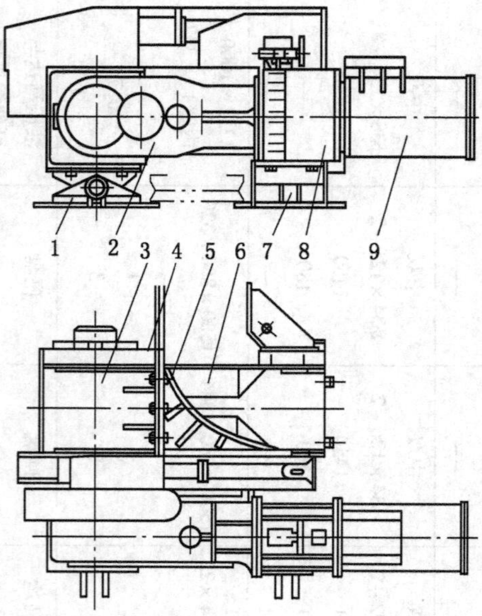

1—铰接推移架；2—减速器；3—回煤罩；
4—侧卸挡板；5—犁式卸煤板；6—倾斜中板；
7—推移架；8—连接罩；9—电动机

图5-3　侧卸式刮板输送机机头部

等）的构件，应保证有足够的强度和刚度，由厚钢板焊接而成。机头架为左右对称结构，以适应左右工作面的互换。压链块的作用是防止刮板链由中部槽进入机头后上飘。拨链器为焊接构件，用螺栓固定在机头架上，其拨叉插入链轮齿的沟槽内，在输送机运行时，使刮板链与链轮能顺利地啮合和分离，避免卡链、堆链，造成断链或链轮打牙等事故。舌板的作用是利于链轮和拨链器的拆装与更换。

机头架有端卸式（图5-1）、侧卸式两种。端卸式为避免卸载后空段刮板链带回煤，机头需要一定的卸载高度，这会影响采煤机运行到工作面上、下出口位置自开切口。侧卸式机头部低，改善了这种状况。侧卸式机头部如图5-3所示，机头部跨过转载机机尾部的落地段，机头架侧面卸载处的中板向两侧倾斜，在固定的犁式卸煤板的辅助下，将大部分煤卸入转载机中。刮板链从犁式卸煤板下面带走的煤，经机头链轮卸到回煤罩内，由刮板链返程带回经机头架底板的卸煤孔卸到转载机上。

2. 减速器

我国现行生产的双边链刮板输送机的转动装置多为并列式布置（电动机轴与转动链轮轴垂直），采用三级圆锥圆柱齿轮减速器，减速器的箱体为剖分式对称结构（图5-4），用球墨铸铁制造，以保证强度。为使在倾斜状态下第一轴的球轴承得到润滑，用挡环和油封隔成一个独立的油室，使润滑油不会流入箱体油室。在倾角较大的工作面为使锥齿轮得到润滑，箱体相应部位设隔油室。箱底部设冷却水管，防止工作时油过热造成故障。

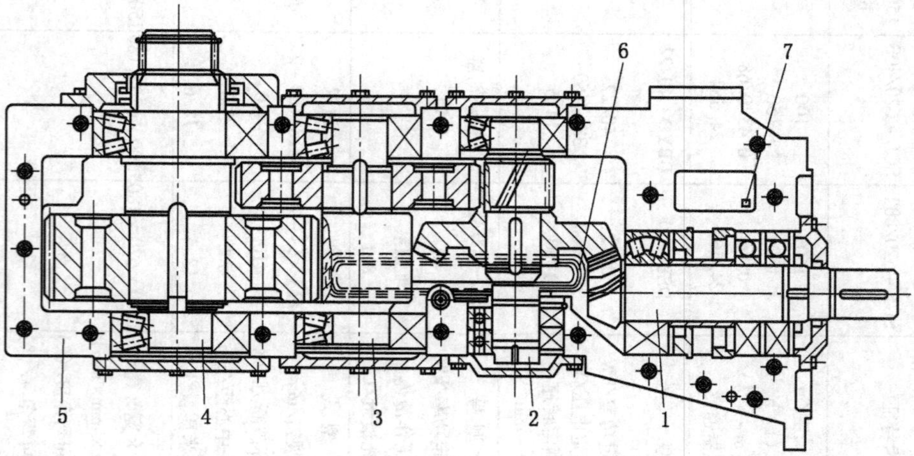

1—一轴锥齿轮组件；2—二轴齿轮组件；3—三轴齿轮组件；4—四轴齿轮组件；5—箱体；6—冷却装置；7—油位尺

图5-4　三级圆锥圆柱齿轮减速器

3. 链轮组件

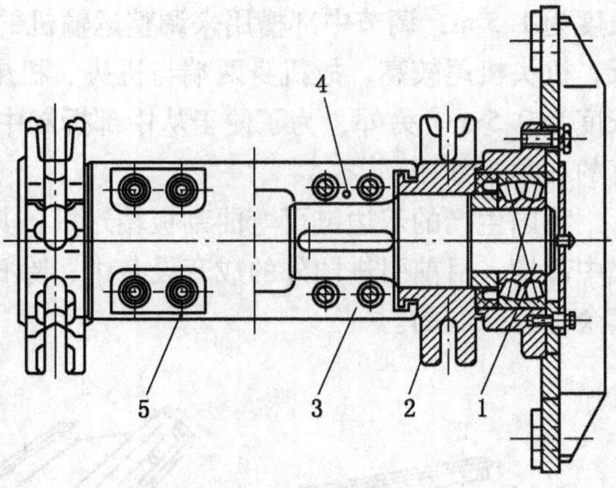

1—盲轴；2—链轮；3—滚筒；4—定位销；5—螺栓

图5-5　边双链链轮组件及盲轴

链轮组件由链轮和连接滚筒组成。链轮是传力部件，也是易损件，运转中除受静载荷外，还受脉动和冲击载荷。为此要求链轮既要有较高的强度和耐磨性，又要有良好的韧性，能够承受工作中的冲击载荷，一般由高强度镍合金钢锻造并经电解加工而成。图5-5所示为边双链用的链轮组件，两个七齿链轮通过内花键孔分别与盲轴和减速器输出轴的花键连接（减速器输出轴轴端的内侧是花键，外侧是平键）。两个剖分式连接滚筒扣合在一起，用8个螺栓紧固，滚筒两边的扣环分别扣在链轮的环槽内，内孔两端通过平键分别与减速器的输出轴和盲轴连接。安装时必须保证两个链轮的轮齿在相同的相位角上。盲轴装在无传动一侧机头架的侧板上，配合减速器的输出轴共同支撑链轮组件。

图5-6所示为中双链焊接链轮组件，整体连接筒与链轮焊接成一体，两端的内花键分别与减速器输出轴和盲轴连接。这种结构拆装维修都很方便。链轮用优质钢铸造并调质处理，链窝和齿形经淬火处理。为保证链轮的质量，轻型刮板输送机的链轮使用寿命应不低于1年；中、重型刮板输送机的链轮寿命，应不低于1.5年。

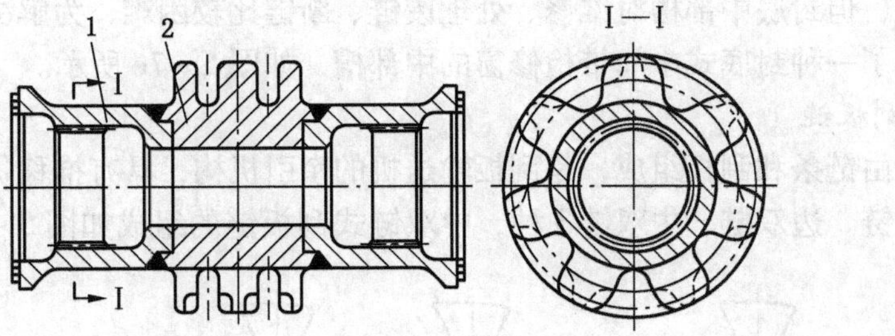

1—滚筒；2—链轮

图5-6　中双链焊接链轮组件

中单链链轮组件与中双链链轮组件结构类似，在此不再赘述。

（二）机尾部

机尾部分为有驱动装置和无驱动装置两种。有驱动装置的机尾部，因机尾不需卸载高度，除机尾架比机头架短矮外，其他部件与机头部相同。无驱动装置的机尾部，尾架上只有供刮板链改向用的机尾轴部件，机尾轴上的链轮也可用滚筒代替。

（三）中部槽及附件

中部槽既是刮板输送机机身的主体，作为货载和刮板链的支承机构，又是采煤机的运行轨道。煤和刮板链子在中部槽中滑行，不仅工作阻力大，而且对中部槽的磨损严重。同时中部槽承受采煤机的全部重力，采煤机在槽帮上滑行对槽帮产生磨损。为此，要求中部槽要有足够的强度和刚度以及较高的耐磨性能。

中部槽分为标准中部槽、过渡中部槽、调节中部槽。标准中部槽占绝大部分，且每节长度为1.5 m；调节中部槽用来调整运输机的铺设长度有0.5 m和1 m两种。因为机身较低，机头机尾较高，故机身两端与机头、机尾联接时需要1~2节过渡槽，过渡槽的每节长度为0.5 m。另外，为了便于从中部拆卸中部槽，SGW-80T型输送机还使用了一种特有的三角中部槽。

我国生产的双边链可弯曲刮板输送机，其中部槽的结构都采用如图5-7所示的开底式中部槽，目前引进国外的成套设备中，除日本、英国的可弯曲刮板输送机有封底的外，其余都为开底的。

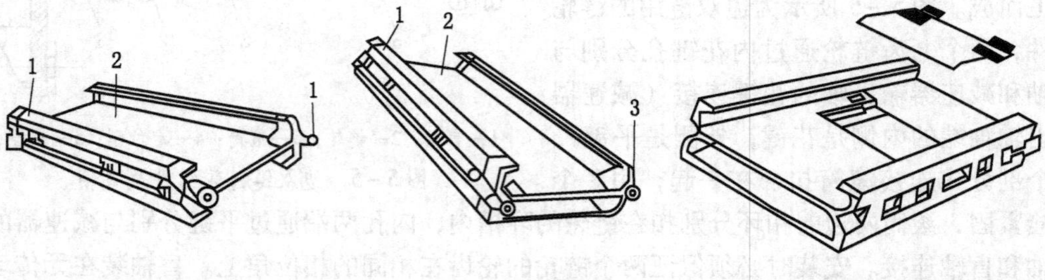

(a) 开底中部槽　(b) 封底中部槽　(c) 带检修窗的封底中部槽

1—槽帮；2—中板；3—连接头

图5-7　中部槽

开底中部槽结构简单，维修方便。缺点是遇到软底板时，机体因支撑面小，压强太大，易使槽帮下沉陷入底板，造成回空链子不能正常运行。这种软底如用封底中部槽则可避免此缺陷，但封底中部槽对维修、处理废链、断链比较困难，为解决这个问题，国外还制造和使用了一种封底式中间带检修窗的中部槽，如图5-7c所示。

（四）刮板链

刮板链由链条和刮板组成，是刮板输送机的牵引机构，具有推移货载的功能。目前使用的有中单链、边双链、中双链3种，中双链式刮板链的组成如图5-8所示。单链受力

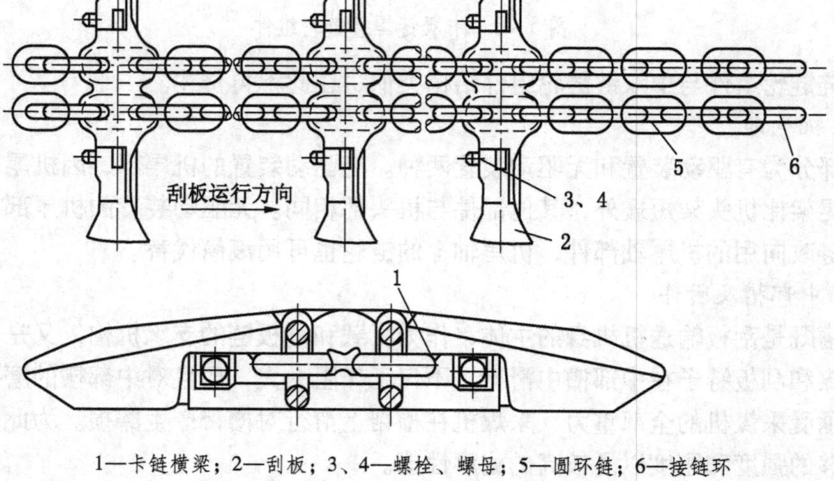

1—卡链横梁；2—刮板；3、4—螺栓、螺母；5—圆环链；6—接链环

图5-8　中双链式刮板链

均匀，水平弯曲性能好，刮板遇刮卡阻塞可偏斜通过；缺点是预紧力大。边双链与单链比较，承受的拉力大，预紧力较低。水平弯曲性能差，两条链子受力不均匀，特别是中部槽在弯曲状态下运行时更为严重，断链事故多，链轮处易跳链。在薄煤层、倾斜煤层和大块较多的硬煤工作面使用性能较好，拉煤能力强。顺槽转载机上也常优先采用。中双链受力比边双链均匀，预紧力适中，水平弯曲性能较好，便于使用在侧卸式机头的输送机上。目前大运量长距离大功率工作面重型刮板输送机普遍采用单链和中双链。

1. 刮板

刮板的作用是刮推槽内的物料和在槽帮内起导向作用。在运行时还有刮底清帮、防止煤粉粘结和堵塞的功能。在图 5-8 中，刮板的内凹曲线一侧朝链条运动方向。

2. 圆环链

链条在运行中不仅要承受很大的静负荷和动负荷，还要受矿水的浸蚀，因此要求链条组件要有高的抗拉强度、抗冲击韧性、疲劳强度和防锈抗腐蚀性。链条均用圆环链，其型式、基本参数及尺寸、技术要求、试验方法及验收规则已有统一的国家标准（GB/T 12718—2009）。

圆环链由圆环链编焊机专用设备加工，制成一定长度的标准链段。按链段的长短又分为长链段和短链段，长链段主要用于单链、中双链，短链段主要用于边双链及轻型刮板输送机。同时还配有多种长度的调节链段，用来调节刮板链长度，以适应输送机的长度变化和紧链需要。如 SGZ-880/800 重型刮板输送机的标准链段为 199 环，长 25.074 m。调节链的规格有 95 环、39 环、31 环、23 环、15 环、7 环、5 环、3 环。由于每一链段的两条链条是配对组装出厂的，其长度公差在规定的范围之内，更换时也应成对更换。若以任意两段链条配对安装，其长度误差会很大，运行中将会出现受力不均、刮板倾斜及与链轮不能正常啮合传动，容易发生链轮损坏和断链事故。另外，安装圆环链时，在上槽中立环焊口应该朝上，双链的平环焊口都应朝向中部槽中心。

3. 接链环

接链环的作用是将两段刮板链条连接在一起。其型式种类较多，较为常用的有锯齿形接链环、梯形齿接链环、弧形齿接链环和扣环式接链环等。梯形齿接链环如图 5-9 所示，它由两个相同的带梯形齿的半链环和圆柱销组成。安装时，先在两个半环上各自挂上要连接的链环，然后对准齿形吻合安装，再装上圆柱销。接链环是配对出厂的，使用时不得混装，在中部槽中应处于水平位置，不可竖直放置，否则在绕经链轮时会被卡住，造成事故。必须注意检查，必要时应更换。

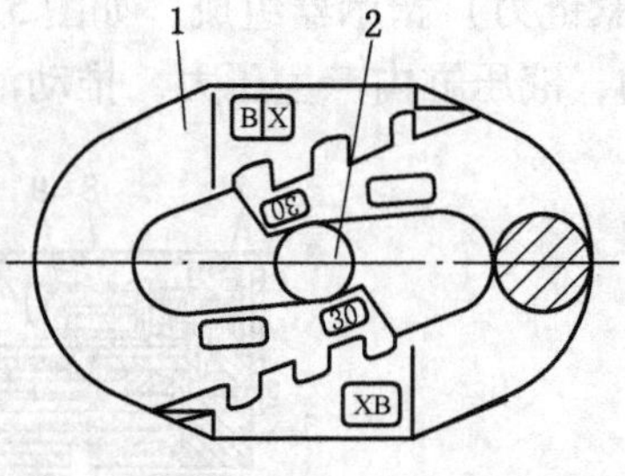

1—半接链环；2—弹性圆柱销

图 5-9 接链环

（五）紧链装置

紧链装置的作用是用来拉紧刮板链，给刮板链施加一定的预紧力，使其处于适度的张紧状态，以保证刮板链的正常运转。

紧链常用的方法是链轮反转式，其原理如图 5-10 所示，紧链时先把刮板链一端固定在机头架附近，另一端绕经机头链轮放置在上槽。然后使链轮反转，待链子张紧程度达到要求时，用紧链器将链轮制动住并使其停转。拆除多余的链条，再用接链环接好刮板链。

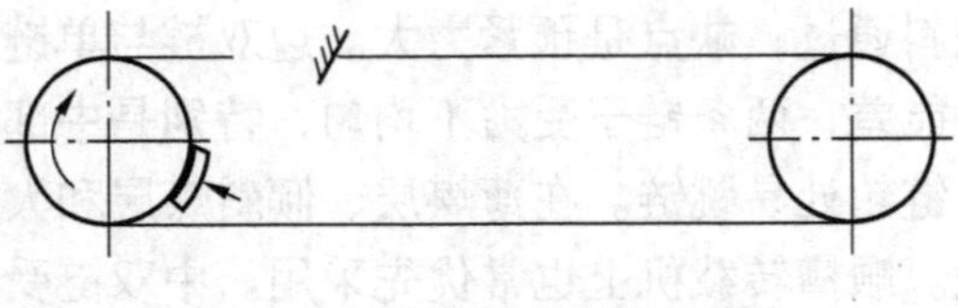

图 5－10 链轮反转紧链示意图

按使链轮反转的动力源不同分为电动机反转式紧链和专设液压马达紧链两种方式。

1. 电动机反转紧链方式

这种紧链方式常用的紧链器有摩擦轮紧链器、闸盘紧链器两种，它们在紧链过程中起制动作用。前一种用于轻、中型刮板输送机，后一种用于中、重型刮板输送机。

（1）摩擦轮紧链器。摩擦轮紧链器也叫闸带紧链器，如图 5－11 所示，摩擦轮紧链器的制动轮安装在减速器二轴的伸出端，闸带环绕在制动轮外缘。制动时使用手把经偏心轮、拉杆将闸带拉紧，在制动轮轮缘上产生摩擦制动力。紧链时，首先将刮板链的一端用两条紧链挂钩固定在机架上，然后将紧链器的手把扳到“运行位置”，即松闸状态。一人反向起动电动机，使机头链轮反转，将底链向上槽牵引，当链子拉紧到合适的张紧程度时，断电停车。另一人立即用手把扳动偏心轮至“紧链位置”，用闸带将制动轮闸住。然后把多余的链条拆掉并将刮板链两端接在一起。最后，正向启动电动机，取下紧链挂钩。

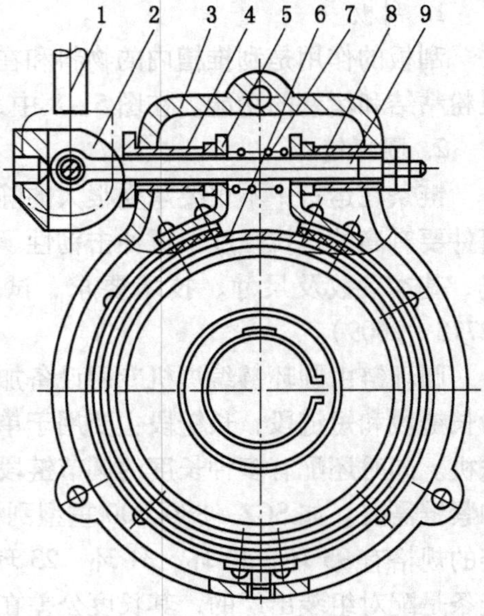

1—手把（运行位置）；2—偏心轮；3—外壳；4、8—套；5—闸带；6—制动轮；7—弹簧；9—拉杆

图 5－11 摩擦轮紧链器

（2）闸盘紧链器。闸盘紧链器由闸盘和夹钳式制动机构组成，闸盘装在减速器一轴上，夹钳式制动装置装在液力偶合器的连接罩上。

夹钳式制动装置由手动夹紧机构和张紧力（紧链力）指示器组成，如图 5－12 所示。制动时，顺时针转动手轮，丝杠使柱塞向前移动，液压缸内产生压力，推动油缸前移，使左夹钳以销轴为支点向夹紧闸盘的方向转动。

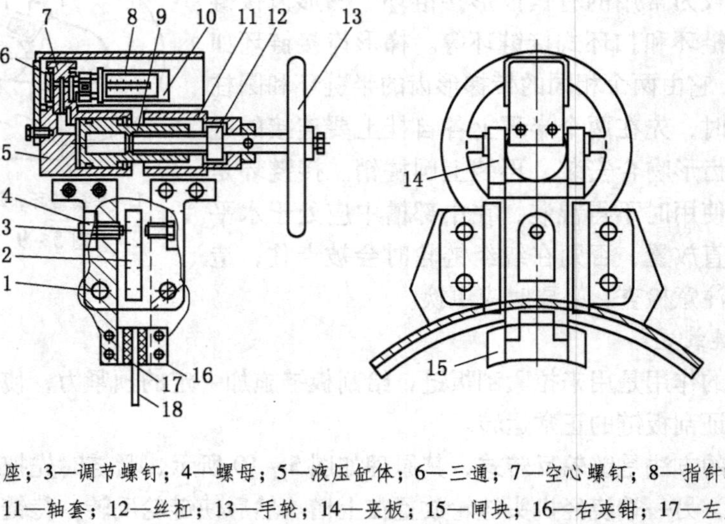

1—销轴；2—连接座；3—调节螺钉；4—螺母；5—液压缸体；6—三通；7—空心螺钉；8—指针机构；9—柱塞；10—张力指示器；11—轴套；12—丝杠；13—手轮；14—夹板；15—闸块；16—右夹钳；17—左夹钳；18—闸盘

图 5－12 夹钳式制动装置

同时轴套向后移动，使右夹钳以另一销轴为支点，向夹紧闸盘的方向转动。这样，夹钳上的闸块便对闸盘产生了制动力，也就对减速器产生了制动力。

紧链时挂好紧链挂钩，反向点动电动机，待电动机停转时，立即扳动手轮闸住闸盘，切断电源。这时链条张力显示在张力指示器上。根据需要慢慢反转手轮，放松刮板链到所需紧力时，立即闸死闸盘。拆除多余的链子，重新接好，松开夹钳，取下紧链挂钩。

闸盘紧链器用于中型和重型刮板输送机。

2. 液压马达紧链器

液压马达紧链器安全、方便，紧链时链轮的反转动力与制动力均由液压马达紧链器提供，用于中、重型刮板输送机。

国产新型液压马达紧链器的结构如图5－13所示。主要由紧链传动齿轮、液压马达的液压控制系统及联锁开关等组成，紧链器安装在驱动装置的连接罩上。液压马达与惰轮安装在回转机架上，回转机架与基架通过销轴铰接，基架固定在连接罩上。指示销、开关箱固定在基架上，操纵螺杆的下端连接在基架上且在垂直方向可小幅度的摆动。在紧链装置不工作时，回转机架被指示销中的水平定位销限位在上方，此时惰轮与外齿圈脱离啮合。紧链时，断开电机电源，从指示销上拔掉水平定位销，并松开锁紧螺母，用扳手逆时针转动操纵螺杆，直到水平定位销可以插在回转机架板上方的指示销中，此时惰轮与外齿圈处于啮合状态。同时联锁限位开关被压下，确保电动机处于安全断电状态。然后操作液压马达转动，即可实现紧链工作。

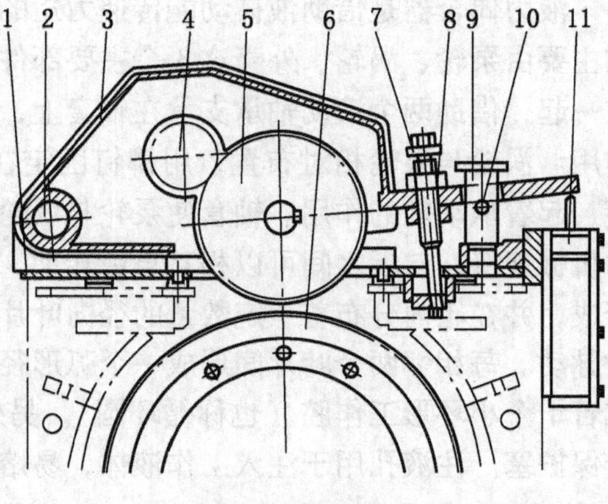

1—基架；2—销轴；3—回转机架；4—液压马达（带齿轮）；5—惰轮；6—摩擦限矩偶合器的外齿圈；7—操纵螺杆；8—锁紧螺母；9—指示销；10—水平定位销；11—开关箱及联锁限位开关

图5－13　国产新型液压马达紧链器结构

（六）推移装置

推移装置是为满足工作面不断推进的需要，按步距推移输送机的装置。综采工作面使用液压支架的推移千斤顶，非综采工作面用单体液压推移器。单体液压推移器沿输送机全长隔4.5m均匀布置，在机头、机尾处布置间隔较小。推移器由乳化液泵站供液。

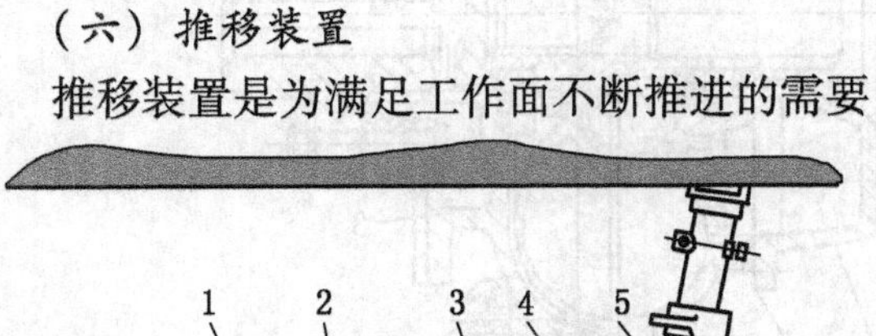

1—挡煤板；2—活塞杆接头；3—缸体；4—底座；5—斜撑支柱

图5－14　单体液压推移器安装图

液压推移器装置如图5－14所示。工作时将推移器的活塞杆用插销连接到中部槽挡煤板上，再将其底座用支柱撑在顶板上。扳动操纵阀，向活塞腔注入高压乳化液，活塞杆伸出将中部槽推向煤壁；向活塞杆腔注入高压乳化液，则缸体和底座向前收回。

（七）联轴器、CST 控制简介

1. 联轴器

联轴器是输送机传动装置的一部分，主要作用是将电动机轴和减速器轴连接起来以传递转矩，而且有的联轴器还可作为保护装置。

刮板输送机常用的联轴器有木销联轴器、螺栓联轴器、弹性联轴器、胶带联轴器、梅花弹性联轴器、CST 控制器、液力偶合器 7 种。前 4 种联轴器，主要用于要求不高、功率较小的刮板输送机上，梅花形弹性联轴器主要适用于启动频繁、正反转、中高速、中等扭矩和要求高可靠性的工作场合，功率较大的刮板输送机主要使用液力偶合器。

1）组成

液力偶合器是借助液体动能传递力矩的液力组件，外形和结构组成如图 5－15 所示，它主要由泵轮、涡轮、外壳这 3 个主要部件组成。泵轮、外壳与弹性联轴器通过螺栓连接在一起，借助两个滚动轴承支承在轴套上，通过弹性联轴器与电动机连接，起着主动轴的作用。涡轮与泵轮相对布置，用铆钉固定在轴套上，通过轴套内花键与减速器输入轴连接，起着从动轴的作用。轴套使泵轮与涡轮互为支承，因而主动轴与从动轴是一种无刚性的机械连接，二者之间可以相互自由转动。泵轮、涡轮是主要工作部件，由高强度铝合金铸成，并在轮内分布着一定数量的径向叶片，一般泵轮比涡轮多 1～3 个叶片，以避免流量脉动。每相邻两个叶片间形成一个弧形径向槽（也称叶道），两轮的径向槽相互吻合形成若干个小环形工作腔（也称循环圆）。另外在外壳上对称设置两个注液孔和两个易熔合金保护塞。注液孔用于注入工作液体，易熔合金保护塞具有过载保护作用。

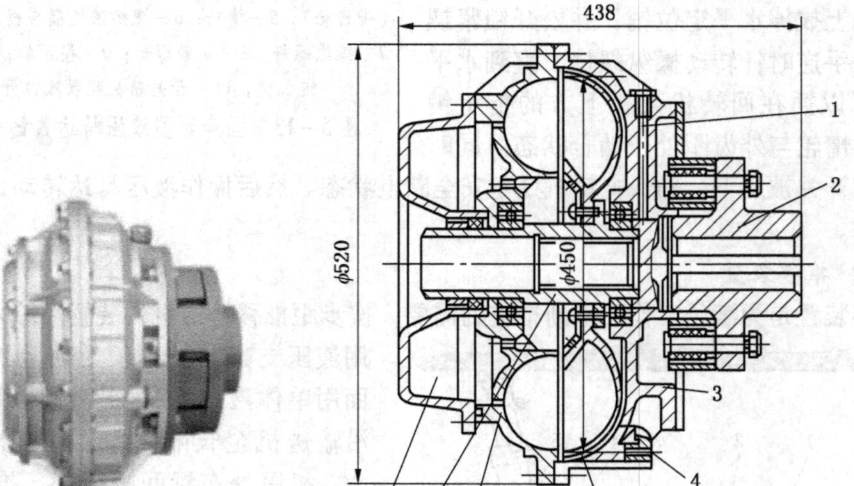

(a) 外形图　　(b) 结构图

1—注油孔；2—弹性联轴器；3—外壳；4—易熔合金保护塞；5—涡轮；6—泵轮；7—轴套；8—后辅助室

图 5－15　YL－450 型限矩型液力偶合器

工作液体是液力偶合器能量转换和传递力矩的工作介质，应使用难燃工作液，如水、合成难燃液等，有利于预防火灾和瓦斯、煤尘爆炸，也比较经济。

2）工作原理

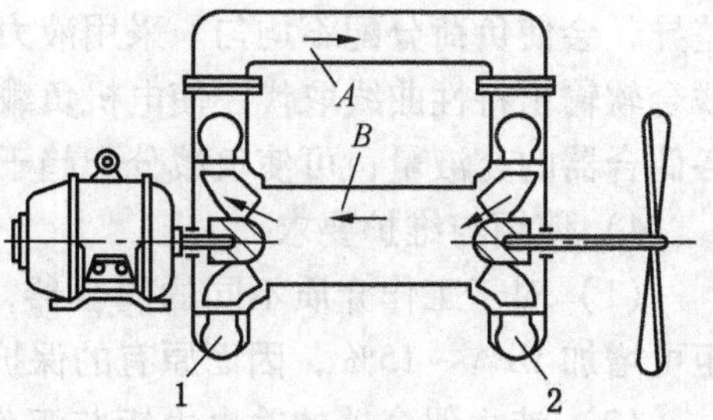

1—泵轮；2—透平轮；A、B 输液管路

图 5－16 液力偶合器的工作原理

液力偶合器的工作原理如图 5－16 所示，电动机带动泵轮旋转时，从泵轮流出来的获得动能的液体，经管路 *A* 冲击透平轮，使其随之转动，从透平轮流出来的液体又经输液管路 *B* 回到泵轮，若泵轮转速加快，则透平轮转速随之加快，反之亦然，这就是最早的液力转动形式。据此道理，则泵轮和透平轮放在同一个外壳里，取消输液管路，即形成了现在的液力偶合器。

在液力偶合器内充满适量的工作液体，起动电动机，通过弹性联轴器、后辅室外壳带动泵轮与透平轮外壳开始转动，因为透平轮通过轴套与减速器输入轴相连，而与泵轮及透平轮外壳无机械连接，故此时透平轮不转动，减速器输入轴亦不转动，电动机可认为是空载起动。电动机起动后，带着泵轮和透平轮外壳不断提高转速，液力偶合器中的工作液体便被泵轮叶片驱动，速度和压力不断增大，在离心力的作用下，沿泵轮工作腔的曲面流向透平轮，冲击其叶片，使透平轮上获得转矩，当转矩足以克服透平轮上的负荷时，透平轮就带动工作机械一起运动，逐步上升到额定转速。其能量的传递过程是电动机输出的机械能→泵轮机械能→工作液体动能→透平轮机械能。可见，在正常工况下，工作液体在液力偶合器中是由泵轮到透平轮又返回泵轮的环流运动，由于工作液体质点除绕偶合器进行旋转运动（牵连运动）外，还要在液力偶合器内进行环流运动（相对运动），因而液体质点的绝对运动轨迹是螺管状的复合运动，如图 5－17 所示。由于工作液体与叶片等摩擦引起能量损耗，所以透平轮的转速总是低于泵轮的转速，这个差值称为“滑差”。通常液力偶合器在额定转矩下的滑差为 3%～5%，正是由于这个滑差的存在，才使得液力偶合器中产生工作液体的环流运动，从而实现能量的传递和转换。

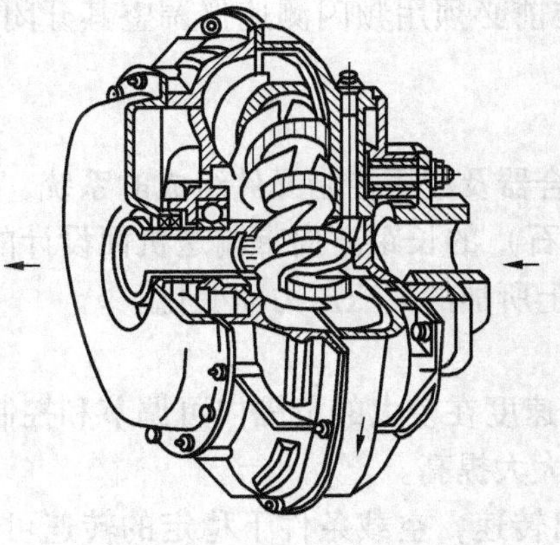
图 5－17 液力偶合器液流

3）与电动机联合运行的特点

（1）改善输送机起动性能，使电动机轻载起动，起动电流小，起动时间缩短；改善了鼠笼式电动机的起动性能，可充分利用电动机过载能力，在重载下平稳起动。

（2）具有良好的过载保护性能。输送机过载时，部分工作液体进入辅助室，使电动机不过载。当输送机被卡住或持续过载时，涡轮被堵转或转速很低，泵轮与涡轮间的滑差达到或接近最大值（$s=1$），工作液体受内摩擦力作用而温度升高，达到易熔合金保护塞的熔点（120～140 ℃）时，合金塞熔化，工作液体喷出，偶合器不再传递能量和力矩，输送机停止运转，电动机空转，从而保护电动机和其他工作部件。

（3）能减缓传动系统的冲击振动。液力偶合器为非刚性传动，能吸收震动，减少冲击，使工作机构平稳运行，提高设备的使用寿命。

（4）能使多电机驱动时负载分配趋于均衡。由于型号相同的电动机其机械特性也有差异，会使负荷分配不均匀。采用液力偶合器后，电动机特性曲线被电动机—液力偶合器联合软输出特性曲线取代，使电机负载差值下降，改善了负荷分配不均状况。再通过调节各偶合器的充液量，可使负载分配趋于均衡。

4）使用与维护要求

（1）对于工作介质不同的偶合器，严禁工作介质相互替代。如用水代替油，传递力矩可增加 10% ~15%，因而原有的保护性能就不能保证，同时还会使轴承锈蚀磨损。

（2）液力偶合器的输出力矩与工作液体的重度、充液量成正比，因此在使用时，一定要按规定的工作液体及充液量注入。

（3）使用时发现漏油要及时采取修理措施或更换，否则会导致传递力矩下降、起动困难或多电机驱动时功率不平衡。

（4）要使用规定的易熔合金保护塞，如失去保护作用，一方面会造成工作腔中工作介质温升过高和压力增大，使轴向密封迅速破坏；另一方面对电机不能起过载保护作用。

（5）修理时，应注意泵轮、外壳、辅助室外壳的位置不要错动；更换螺栓、螺母应使其规格一致，以防破坏其平衡性能。检修后重新组装的液力偶合器应进行静平衡试验和密封试验。

（6）对于带过流阀的偶合器，要特别注意在组装前必须用频闪测速仪调整其开闭的工作速度范围，使其在工作中能及时开启和关闭。

2. CST 控制器

CST 控制器是一个由多级齿轮减速器加上湿式离合器及液压控制元件组成的系统，它是专门为平滑启动运送大惯性载荷（如煤炭或金属矿石）的长距离皮带输送机而设计的。CST 的输出扭矩是由液压系统控制的，它随着离合器上所加的液压压力而变化。

CST 的主要功能及优点如下：

（1）可精确跟踪设定的启动及停车曲线，加、减速度在较大的范围内可调节和控制，输送机平稳启动使输送带、滚筒、托辊及结构的寿命大大提高。

（2）由于湿式离合器的应用，可大范围调节输出转速，空载条件下稳定的转速可在 10% ~100% 之间任意调整。

（3）湿式离合器提供了对减速机及负载的双向保护，它既保护了减速机免受输送机冲击负载的影响，又因限制了最大传递转矩，保护了输送机免受大驱动转矩的损害。离合器组件装在输出端，吸收了冲击并保护了电机、齿轮箱、轴承、托辊、滚筒及胶带接头。

（4）由于 CST 主电机为空载顺序启动，因此电机的选择是按运动负载进行而不按启动负载进行，减少了电机功率，大大提高了电机的使用寿命。此外，电机的空载启动大大减少了对电网的冲击（电机真正实现空载启动，启动次数降低）。

（5）能精确控制输送带的速度及多台 CST 之间的功率平衡，其准确度可达 2%，从而为多个驱动装置同步提供了可能。避免“小马拉大车”，提高了使用效率。

（6）湿式离合器使离合片之间没有直接接触，离合片没有磨损。

五、桥式转载机

1. 桥式转载机组成及工作原理

如图 5 – 18 所示，桥式转载机实际是一种结构特殊的短刮板输送机，其传动系统和驱动装置与刮板输送机相同，而机身结构组成有区别，如图 5－19 所示，机身主要由拱桥段、爬坡段与落地段 3 部分组成。拱桥段部分由标准中部槽、挡板和封底板组成，三者用螺栓连接成一刚性整体。连接时中部槽、挡板和封底板的接口要互相错开，以增加机身的刚度。拱桥段的前端与机头部连接，后端与爬坡段的凸形中部槽连接。爬坡段由凸形中部槽、爬坡段中部槽、凹中部槽组成，将货载抬高，并与拱桥段组成一刚性整体结构，构成与可伸缩带式输送机机尾搭接的足够长度，后端的凹中部槽与破碎机的出料腔连接。落地段的前方与破碎机的进料口连接，后方与机尾连接，其各中部槽间均用哑铃连接，允许在水平和垂直方向有一定的偏转，以适应底板的变化。

图 5－18　桥式转载机外形

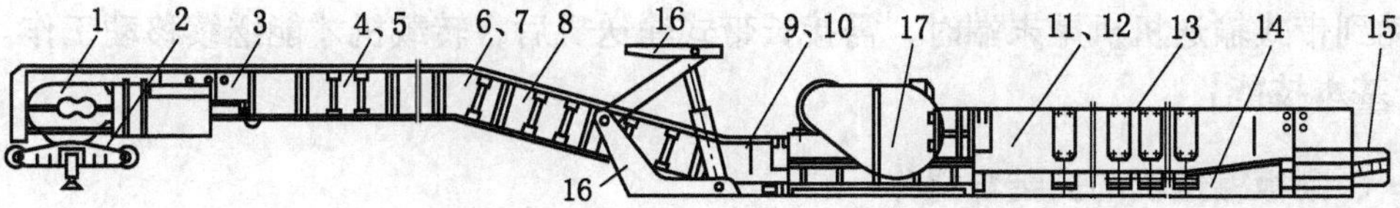

1—机头传动部；2—行走小车；3—可伸缩机头架；4—拱桥段挡板；5—标准溜槽；6—凸溜槽挡板；7—凸溜槽；8—爬坡段溜槽；9—凹溜槽挡板；10—凹溜槽；11—落地段挡板；12—封底溜槽；13—0.5 m 挡板；14—过渡溜槽；15—机尾部；16—自移机构

图 5－19　SZZ1100/200 型桥式转载机

机头部通过垂直销轴与行走小车的安装板连接，使机头部可绕此销轴在水平方向上偏转一定角度。安装板通过横梁及水平销轴与车架相连，可在垂直方向允许一定偏转。在小车前部还装有卸载导料槽挡板，防止输送带的偏载和减小对输送带的冲击。行走小车支撑在可伸缩胶带输送机机尾架的导轨上，用以实现二者的搭接和相对移动。可伸缩机头架是在转载机运行过程中，刮板链伸长、磨损而造成松弛时进行微调张紧之用，它的结构与刮板输送机可伸缩机尾相似，不同之处是手动调整后用定位销插入定位板中定位。

机尾部无传动装置，主要由机尾架、机尾链轮组成。与刮板输送机相比，转载机也是使用中双链刮板链，但两个链子中心距较大（也称准边链），刮板间距也较短，以适应其爬坡段运煤的要求。

2. 型号示例

S Z Z 1100／200
- 200 — 电动机功率，kW
- 1100 — 中部槽宽度，mm
- Z — 中双链型
- Z — 转载机
- S — 输送机

3. 桥式转载机的工作原理

桥式转载机的机头部通过横梁和小车搭接在可伸缩带式输送机尾部两侧的轨道上，并沿此轨道整体移动；机尾和水平装载段则沿着巷道底板滑行。转载机与可伸缩带式输送机配套使用时的最大移动距离，等于装载机机头部和中间悬挂部分与带式输送机机尾的搭接长度，当装载机移动到极限位置时，须将带式输送机进行伸缩（伸长或缩短），搭接状况达到另一极限位置后，转载机才能继续移动与带式输送机配合工作。

4. 桥式转载机的移动方式

转载机在采煤工作面运输平巷中使用时，可按照采煤工艺进行整体移动，当采煤工作为后退式回采时，转载机应与工作面输送机同步前进。由于转载机和可伸缩带式输送机的有效搭接长度为12 m，所以转载机移动12 m后，必须缩短带式输送机，转载机才能继续移动工作。

转载机在采煤工作面运输平巷中使用时，可由绞车牵引、液压支架的水平油缸和专设推移油缸推移。专设推移油缸放置在平巷的适当地方，推移油缸活塞杆与转载机连接，另一端与固定在顶底板间的锚固座相连。操作推移油缸实现转载机的整体移动。

转载机在掘进巷道中使用时的移动，可用绞车牵引。当转载机机头行走小车及传动装置移动到带式输送机机尾末端时，需接长带式输送机后，转载机才能继续移动工作。

【基本技能】

一、刮板输送机的安装与操作

1. 安装要求

对于刮板输送机安装总的要求是“三平、三直、一稳、二齐全、一不漏、两不准”的标准。“三平”是指中部槽接口要平，电机与减速器底座要平，电动机、减速器、液力偶合器中心要在同一水平；三直是指机头、中部槽、机尾要直，电机与减速器中心要直，大小链轮要直；一稳是指整台刮板输送机安设要稳，开动时不摆动；二齐全是指刮板要齐全，链环螺栓要齐全；一不漏是指中部槽接口要严密不漏煤；两不准是指运转时刮板链不准跑偏、不准飘链。

2. 操作注意事项

（1）启动前要发出信号，先断续点动，隔几秒钟再正式启动。

（2）防止强行带负荷启动。

（3）无论有无集中控制，都要由外向里（由放煤眼至工作面）沿逆煤流方向依次启动。

（4）刮板输送机停止运转后，不要向输送机内装煤，机采工作面应停止采煤机割煤。

（5）炮采工作面应采取措施防止爆破，将中部槽崩坏、崩脱节。同时要采用分段放炮的方法，防止因满载压住输送机，使输送机无法启动。

（6）采煤工作面顶板淋水较大，要采取措施对电动机和减速器加以保护，以免电动机受潮和减速器内润滑油乳化，影响润滑效果。

（7）不要往中部槽内装入大块硬煤和矸石。

（8）刮板输送机在使用过程中要经常检查并及时紧链。

（9）保持刮板输送机转动部件的清洁，以便检查维护及本身的散热，更不准将机头、机尾的转动部件淤埋在煤堆中。

(10) 对刮板输送机转动部件的各个润滑点应及时进行注油润滑，润滑油的牌号、润油周期、注入油量及注油方法都要符合有关规定。

(11) 不允许在减速器或电动机上打支柱或作为起重工具的支撑座。

(12) 在工作面停止出煤以前，应将中部槽中的煤、矸输送干净，然后由里向外沿煤流方向依次停止各部输送机转动。

(13) 无煤时，禁止刮板输送机长时间空转，以减少电耗量和中部槽、刮板链的磨损。

(14) 刮板输送机停止使用时，必须将磁力起动器控制手把打到零位的停电位置并锁死。若停机检修，还要挂上"有人作业，禁止送电"标示牌，以确保作业人员的生命安全。

(15) 运转中要使刮板输送机机身正确地弯曲。推移刮板输送机时要使刮板输送机处于运转状态，不要停机时推移输送机，以免中部槽底部带入煤粉塞住刮板输送机。同时，要使输送机弯曲段不小于八节中部槽长度，推移时要注意前后液压千斤顶动作相互配合，避免出现急弯，以免引起中部槽脱节而发生断链或底链出槽等事故。

二、刮板输送机的使用与维护

1. 使用

(1) 所有司机和维修人员应熟悉刮板输送机的结构性能，严格执行操作规程、作业规程、《煤矿安全规程》和岗位责任制及交接班验收制度。司机必须正确使用信号，听清信号才准开车，启动时要一开一停 2 ~ 3 次无问题才能正常启动。

(2) 在运完中部槽上的煤以后，应再空运转几个循环，以便于将煤粉从中部槽槽帮滑道内清除干净，防止煤粉结块而增大启动负载和运行阻力。

(3) 输送机正常运行时，不要将其推移成许多弯曲段，使附加张力增加；除机头、机尾可以停机推移外，工作面内的中部槽要在输送机运行中推移，不准停机推移。运行中应滞后采煤机后滚筒 15 m 左右处开始推移中部槽，保证弯曲段不小于 8 节中部槽长度，且不得推成急弯。

(4) 尽量避免频繁启动，严禁强制启动和超载运行。无载时不得长时间空运转。

(5) 不得用脚踩刮板链的方法处理飘链，在运行遇到大块煤应停机进行处理。处理故障时必须切断电源。

(6) 减速器的冷却器要保持良好的工作状态，严禁在井下打开减速器。勤清扫机头、机尾两侧的浮煤及驱动装置上的煤粉和集尘，以利散热。

2. 维护

为保证输送机设备各部件的正常工作及运转，必须严格对输送机进行维护工作。

(1) 检查。检查工作分为班检、日检、周检、月季和季检 5 类。应按照各类检查规定的检查内容进行，发现问题应及时处理。

(2) 润滑。润滑应根据规定，按时在润滑点注符合规定的润滑油，要做到无尘注油。减速器首次使用 200 h 后，应放旧油换新油，以后工作 5 个月后再重新换油，换油时应遵循泄油、冲洗、再注油原则。

三、刮板输送机的常见故障分析及处理方法

刮板输送机运转中由于维护不当或其他原因，可能发生各类事故。刮板输送机的常见故障及处理方法见表5-2。

表5-2　刮板输送机的常见故障及处理方法

序号	故障特征	主要原因	处理方法
1	电动机工作，但刮板链不动	1. 刮板链卡住 2. 负荷过大 3. 液力耦合器的油量不足 4. 液力耦合器易熔合金保护塞损坏	1. 处理被卡的刮板链 2. 将中部槽内的煤卸载一部分 3. 按规定补充油量 4. 更换易熔合金保护塞并充油
2	电动机不能启动	1. 电气线路损坏 2. 单相运转	1. 检查线路，修复损坏部分 2. 检查原因并排除
3	电动机温度过高	1. 超负荷长时运行 2. 通风散热条件不好	1. 减轻负荷 2. 清除电动机周围的杂物
4	减速器声音不正常	1. 锥齿轮调整不合适 2. 轴承、齿轮磨损严重或损坏 3. 轴承游隙过大 4. 减速器内有杂物	1. 重新调整好 2. 更换磨损或损坏的部件 3. 重新调整好 4. 清除杂物
5	减速器温度过高	1. 润滑油污染严重 2. 油位不符合要求 3. 冷却不良，散热不好	1. 更换润滑油 2. 按规定注油 3. 清除减速器周围的杂物，对水冷减速器还应检查供水情况
6	减速器漏油	1. 密封圈损坏 2. 箱体结合面不严	1. 更换密封圈 2. 拧紧螺钉
7	两个液力偶合器中的一个温度过高	两个液力偶合器的油量不等	调整油量，使之均衡
8	液力偶合器漏油	1. 注油塞或易熔合金保护塞松动 2. 密封圈或垫圈损坏	1. 拧紧 2. 更换
9	液力偶合器温度已超过规定值	易熔合金保护塞配方不对	重新配置
10	盲轴温度过高	1. 密封损坏，润滑油不干净 2. 轴承损坏 3. 油量不足	1. 更换密封圈，清洗轴承，换新油 2. 更换轴承 3. 补充油量
11	刮板链掉道	1. 刮板链过松 2. 刮板过渡弯曲 3. 输送机弯曲严重 4. 过渡槽磨损严重	1. 更换紧链 2. 换刮板 3. 推移刮板输送机时要严加注意，不可以把输送机推得过于弯曲 4. 更换过渡槽
12	刮板链在链轮处跳牙	1. 链条拧麻花 2. 刮板弯曲 3. 链轮齿磨损严重 4. 刮板链过松	1. 整理链条 2. 更换刮板 3. 更换链轮 4. 重新紧链

四、桥式转载机的开停顺序

（1）桥式转载机与破碎机、刮板输送机配套使用时，一定要按破碎机→桥式转载机→刮板输送机的顺序依次启动，停车时应按相反顺序进行操作。为了便于桥式转载机的启动，应首先使刮板输送机停车，待卸空转载机中部槽上的物料后，才能使转载机停车。

（2）当装载机中部槽内存有物料时，无特殊原因不能反转。

（3）发生事故后，必须及时停止桥式转载机。

五、桥式转载机的常见故障及处理方法

桥式转载机的常见故障及处理方法见表5－3。

表5－3　桥式转载机的常见故障及处理方法

序号	故障特征	主要原因	处理方法
1	电动机无法启动或启动之后又缓慢停下来	1. 接线不好 2. 电压下降 3. 控制线路损坏 4. 单相运转	1. 重新接线 2. 检查电压 3. 检查线路，排除损坏部位 4. 检查排除
2	液力偶合器严重打滑	1. 液力偶合器注液量不足 2. 桥式转载机严重超载 3. 刮板链被卡住 4. 紧链器处于工作位置	1. 按规定补足工作液体 2. 卸掉一部分煤 3. 处理被卡的部位 4. 将紧链器手柄扳到非工作位置
3	减速器有异常声响，箱体温度过高	1. 齿轮啮合不正常 2. 齿轮或轴承磨损超限 3. 润滑油变质或油量不符合要求 4. 减速箱内有金属杂物	1. 重新调整 2. 更换已损坏的轴承或齿轮 3. 按规定更换润滑油或注油 4. 清除杂物
4	刮板链在链轮处跳牙	1. 刮板链过松 2. 连接环装反或链条拧麻花 3. 刮板严重变形 4. 链轮轮齿磨损严重 5. 两条链的长度或伸长量不相等或环数不同	1. 重新紧链 2. 重新正确安装 3. 更换刮板 4. 更换链轮 5. 更换并需使用奇数环链条
5	机尾滚筒不转或发热严重	1. 机尾变形，滚筒歪斜 2. 轴承损坏 3. 密封损坏，润滑油太脏 4. 油量不足	1. 校正或更换 2. 更换轴承 3. 更换密封，清洗轴承并换油 4. 补足润滑油
6	桥身悬拱部分有明显下垂	1. 连接螺栓松动或脱落 2. 连接挡板焊缝开裂	1. 拧紧或补充螺栓 2. 更换连接挡板

【技能训练】

（1）力求在“教、学、做”一体化教室教学，将理论知识的讲授与机械设备的实操有机结合。

(2) 在实训基地或顶岗实习、生产实习中参加生产劳动，操作使用刮板输送机和桥式转载机。

(3) 在操作使用刮板输送机、桥式转载机的过程中观察发现常见故障，并参与故障分析和处理。

(4) 学生熟悉刮板输送机、桥式转载机的布置环境、结构、安装要求、使用要求等内容之后，在教师的指导下按照任务驱动法分小组让学生完成刮板输送机、桥式转载机的启动、停止、安装等操作。

【教学考核】

考核评价表见表5－4。

表5－4　考核评价表

项目名称	刮板输送机与刮板转载机				
学生姓名		班级		考核时间	
评价方式	学生分组及组别 □ □　自我 □　教师 □				
评价地点	实训现场 □　教学做一体化教室 □　普通教室 □				
需要的设备、工具	刮板输送机一台、中部槽若干节、刮板链若干组、刮板转载机一台				
考核项目	内容和要求	标准分	评分标准	得分	
基本知识	1. 刮板输送机的分类方式与类型 2. 刮板输送机的适应条件和范围 3. 刮板输送机的基本组成 4. 刮板输送机的工作原理 5. 刮板转载机的作用 6. 刮板转载机的基本组成 (可以采取手指口述的方式考核)	24	每缺一项或回答不正确扣4分		
基本技能	1. 能看懂各部件的结构图 2. 说明刮板输送机使用要求 3. 说明刮板输送机的安装要求 4. 能说出刮板输送机6条操作注意事项 5. 能说出刮板输送机3种常见故障及处理方法 6. 说明刮板输送机的维护要求 7. 说明刮板转载机的移动过程	46	每缺一项或回答不正确，操作不规范扣6分		
职业素质	1. 热爱劳动，积极参加 2. 同学之间协作学习 3. 口述表达准确流畅 4. 能正确使用常用工具 5. 能收集教材以外的资料 6. 注重工作现场整洁	30	每缺一项或工作达不到要求扣5分		
总分					

考核评价人签字：

年　月　日

复习思考题

1. 试述联轴器的作用及类型。
2. 试述液力偶合器的工作原理。
3. 试述 CST 控制器的主要功能及优点。
4. 紧链装置的作用是什么？有哪些类型？以一种紧链装置为例说明紧链过程。

项目二　带式输送机

【学习目标】

知识目标：了解带式输送机的类型、适用条件和基本参数，掌握带式输送机的工作原理、结构以及各部分的作用。

技能目标：理解带式输送机的安装与操作，使用与维护的要求，掌握带式输送机常见故障的处理方法。

【基本知识】

一、带式输送机的组成及工作原理

带式输送机的基本组成及工作原理如图 5－20 所示。输送带绕经驱动（主动）滚筒和机尾改向（换向）滚筒形成一个无极的环形带。上、下输送带由安装在机架上转动的托辊支撑。上股输送带运送货载称为工作段或重段，由槽形托辊支撑，以增加承载断面积，提高运输能力；下股输送带不装运物料称为回空段，常用平形托辊支撑。拉紧装置的作用是为输送带的正常运转提供所需的张紧力。

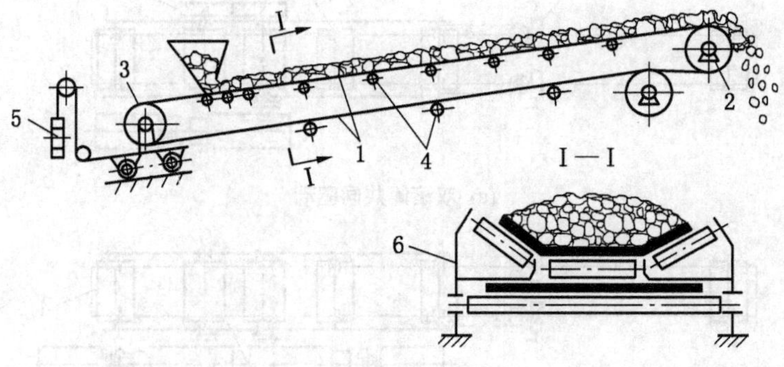

1—输送带；2—驱动滚筒；3—机尾改向滚筒；4—托辊；5—拉紧装置；6—固定机架

图 5－20　带式输送机工作原理

带式输送机的工作原理是主动滚筒在电动机驱动下旋转，通过主动滚筒与输送带之间的摩擦力带动输送带及输送带上的物料一同连续运行，当物料运到端部后，由于输送带的换向而卸载。利用专门的卸载装置也可以在中部任意位置卸载。

二、带式输送机的适用条件

带式输送机用于运输散状物料，可水平、倾斜铺设。通常情况下，沿倾斜向上运输原煤时，倾角不超过 18°；倾斜向下运输时，倾角不大于 15°。运送附着性和黏着性大的物料时，倾角还可大一些。

三、带式输送机的类型

带式输送机的类型很多，适应范围和特征各不相同。煤矿常见的带式输送机主要类型如下：

1. 普通型带式输送机

TD－75 型带式输送机，机架固定在底板或基础上。一般使用在运输距离不长的永久使用地点，如选煤厂、井下主要运输巷。这种输送机由于拆装不方便而不能满足机械化采煤、工作面推进速度快的采区运输的需要。

2. 绳架吊挂带式输送机

SPJ－800 型绳架吊挂式输送机的传动系统及钢丝绳机架，如图 5－21、图 5－22 所示。这种机架是由两根纵向平行布置的钢丝绳组成，每隔 60 m 安装一个紧绳托架，通过紧绳装置拉紧钢丝绳。由于机架是用中间吊架吊挂在巷道顶梁上，机身高度可以调节，不受巷道底板底鼓的影响。为了保证两根钢丝绳的间距，在两个槽型托辊之间安装一个分绳架。利用蜗轮蜗杆传动钢丝绳将拉紧滚筒（图 5－21）拉紧。根据实际运输任务和输送长度对功率的要求，可采取双电机或单电机驱动。这种输送机可供工作面运输巷、采区上下山运输之用。

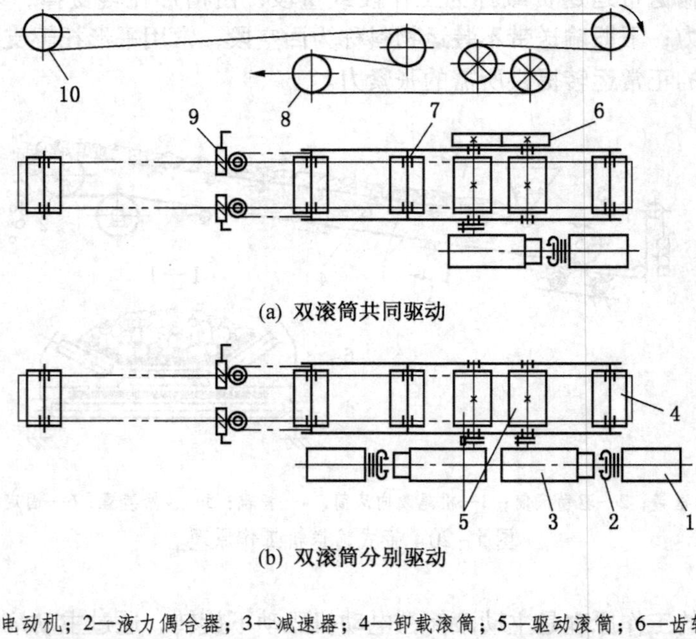

1—电动机；2—液力偶合器；3—减速器；4—卸载滚筒；5—驱动滚筒；6—齿轮对；7—改向滚筒；8—拉紧滚筒；9—手动蜗轮卷筒；10—机尾改向滚筒

图 5－21　SPJ－800 型绳架吊挂带式输送机传动系统

3. 可伸缩带式输送机

随着综合机械化采煤技术的迅速发展，采煤、掘进工作面推进速度较快，要求运输平

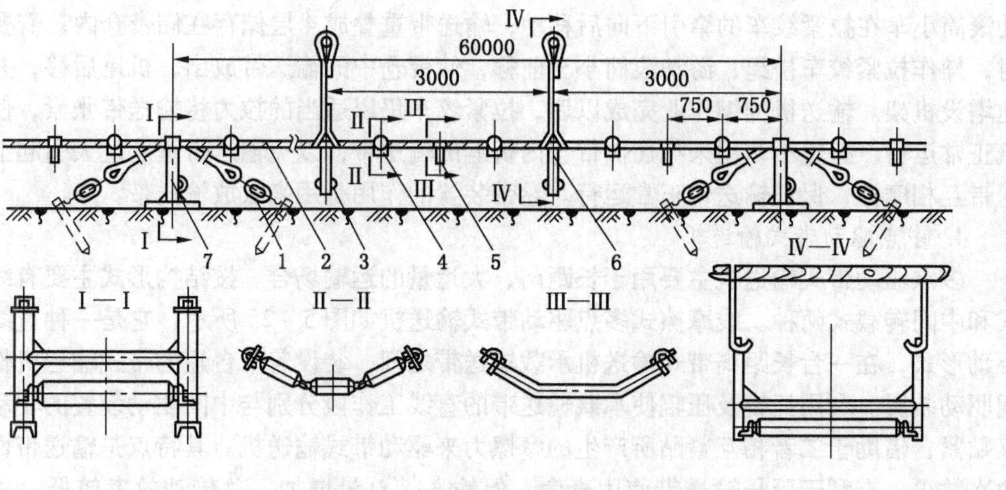

1—紧绳装置；2—钢丝绳；3—下托辊；4—铰接槽型托辊；5—分绳架；6—中间吊架；7—紧绳托架

图 5-22　绳架吊挂带式输送机的钢丝绳架

巷中的运输设备能够灵活迅速地进行缩短或伸长，以减少拆移次数，节省时间，提高采煤生产能力。可伸缩带式输送机是在固定式带式输送机基础上研发的，它是工作面运输巷和巷道掘进的专用运输设备。这种输送机在结构上的主要特点是比通用固定式带式输送机多一个储带装置。储带装置位于机头部后面，主要由储带仓、固定滚筒、游动滚筒小车（拉紧小车）、拉紧绞车、托辊小车、卷带装置等组成，如图 5-23、图 5-24 所示，两者的储带滚筒布置方式不同。

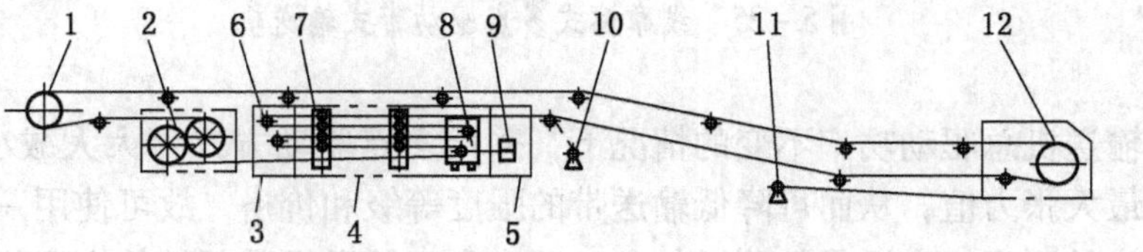

1—卸载滚筒；2—驱动滚筒；3—固定滚筒段；4—储带仓段；5—拉紧绞车段；6—固定滚筒；
7—托辊小车；8—拉紧小车；9—拉紧绞车；10—卷带装置；11—机尾牵引机构；12—机尾改向滚筒；

图 5-23　SPJ-800 型可伸缩带式输送机工作原理

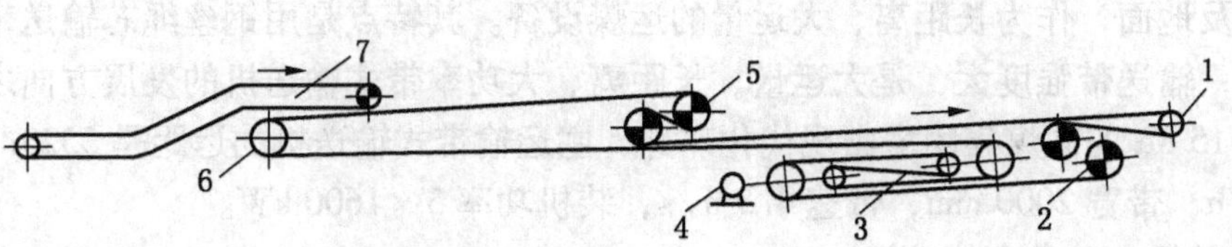

1—卸载滚筒；2—机头驱动滚筒；3—储带仓；4—自动拉紧绞车；
5—中间驱动滚筒；6—机尾改向滚筒；7—桥式转载机

图 5-24　SSJ1200/4×200M 可伸缩带式输送机

需要缩短带式输送机时，先拆除机尾部前端的机架，用机尾牵引机构使机尾前移，游动滚筒小车在拉紧绞车的牵引下向后移动，输送带重叠成4层储存在储带仓内；需要伸长时，操作拉紧绞车松绳，游动滚筒小车前移，储带仓中的输送带放出，机尾后移，并相应地增设机架。输送机伸缩作业完成以后，拉紧绞车仍以适当的拉力将输送带张紧，使输送机正常运行。托辊小车用来托住储带仓内折返的输送带，以免输送带垂度过大引起上下输送带互相摩擦，保证输送带正常运行。卷带装置的作用是用来收放输送带。

4. 多点驱动带式输送机

多点驱动带式输送机主要用于长距离、大运量的运输场合。按结构形式主要有线摩擦式和中间转载式两种。线摩擦式多点驱动带式输送机如图5－25所示，它是一种直线摩擦驱动形式，在一台长距离带式输送机承载输送带之间，装设若干台短的带式输送机作为中间驱动装置。利用托辊及压辊使承载输送带的直线工作段分别与中间驱动装置的驱动带相互贴紧，借助于二者相互紧贴所产生的摩擦力来驱动带式输送机。其特点是输送带回转弯曲次数少，有利于延长输送带使用寿命，但输送带总量增加，总传动效率较低，故障率高。中间转载式多点驱动，是在承载输送带适当的位置上设置驱动装置，属于挠性体摩擦传动。特点是结构简单，传动装置可以通用，节省输送带，拆装方便，比较适合井下工作面运输巷运行条件，但输送带受物料冲击次数及回转弯曲次数多，使用寿命有所降低。目前，国内外高产高效综采工作面的运输平巷多采用中间转载式多点驱动可伸缩带式输送机。

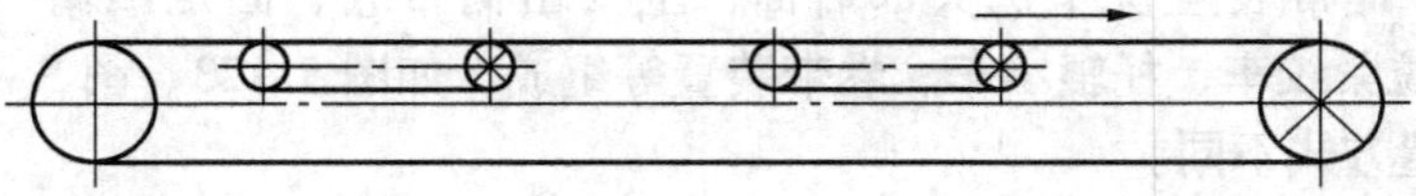

图5－25　线摩擦式多点驱动带式输送机

在带式输送机总驱动功率不变的情况下，采用多点驱动方式可大大减小单电机功率，降低输送带最大张力值，从而可降低输送带的强度等级和价格，故可使用一般强度的普通输送带来完成长距离、大运量的输送任务，还有利于输送机零部件的小型化、通用化和标准化，技术经济性好，是国内外长运距、大运量带式输送机的发展方向之一。

5. 钢丝绳芯带式输送机

钢丝绳芯带式输送机又称强力带式输送机。主要用于平硐、主斜井、大型矿井的主要运输巷道及地面，作为长距离、大运量的运煤设备。其特点是用钢丝绳芯输送带代替了普通输送带，输送带强度大，是大运量、长距离、大功率带式输送机的发展方向之一。如设计能力为15 Mt的同煤集团塔山现代化矿井，主运输带式输送机的运距是3523.3 m，运量为5750 t/h，带宽2000 mm，带速4.5 m/s，装机功率3×1600 kW。

6. 钢丝绳牵引带式输送机

钢丝绳牵引带式输送机是一种特殊形式的强力带式输送机。它以钢丝绳做为牵引机构，输送带只起承载作用，不承受牵引力。这样，使牵引机械和承载机构分开，从而解决了运输距离长、运输量大、输送带强度不够的矛盾。钢丝绳牵引带式输送机的组成如图5－26所示。

钢丝绳牵引带式输送机两条平行的无极钢丝绳，绕过主动绳轮和尾部钢丝绳张紧车上的绳轮。主动绳轮转动时借助于其衬垫与钢丝绳之间的摩擦力，带动钢丝绳运行，输送带以其特制的绳槽搭在两条钢丝绳上，依靠输送带与钢丝绳之间的摩擦力拖动运行，完成物料输送任务。

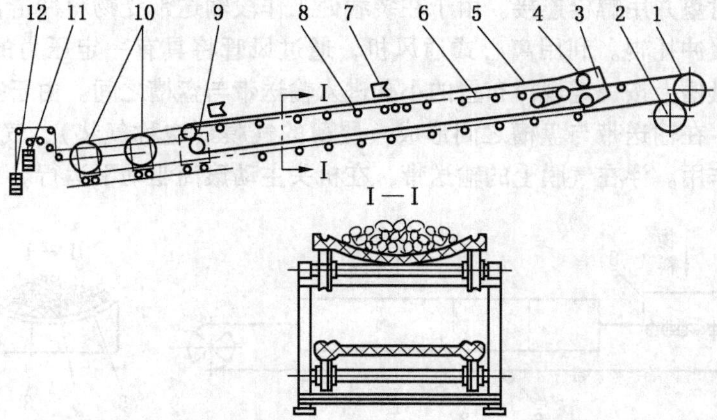

1—传动轮；2—导绳轮；3—卸载漏斗；4—输送带换向滚筒；5—输送带；6—牵引钢丝绳；7—给煤机；8—托绳轮；9—输送带张紧车；10—钢丝绳张紧车；11、12—拉紧重锤

图5-26　钢丝绳牵引带式输送机

输送带在机头及机尾换向滚筒处应脱离钢丝绳，从两条钢丝绳之间弯曲转向，因此在输送带换向弯曲处必须使胶带抬高，使两条钢丝绳间距加大，因而在输送带张紧车上设有分绳轮，在输送带卸载加上也设有分绳轮。

为了保证钢丝绳的一定张力和使钢丝绳在托绳轮间的悬垂度不超过一定限度，在机尾设有钢丝绳拉紧装置，如钢丝绳张紧车和钢丝绳拉紧重锤，其作用是使输送带不至于松弛。钢丝绳牵引带式输送机设有尾部和中间装载设备，为保证装载均匀，一般采用给煤机装煤。卸载一般在机头换向滚筒处借助卸载漏斗实现。

钢丝绳牵引带式输送机的缺点是设备投资大，钢丝绳及托绳轮衬垫寿命短、维护量大、运转维护费用高。因此，该机型多用于斜井主提升系统。

7. 双向运输带式输送机

该机型主要用于掘进工作面的巷道运输。它是在可伸缩带式输送机的基础上，增设下输送带装、卸料装置设计而成。工作原理如图5-27所示，上输送带用来向外运送掘进落下的煤或矿石，下输送带用来向掘进工作面运送支护材料（长度小于4 m的直线材料、工字钢、木板等）。下输送带可以通过自动装、卸料装置，实现定点自动装、卸料。装料点位于储带装置后面，卸料点随机尾可一起延伸。其特点是一机多用，操作方便，替代了人工拉、扛支护材料，减轻了劳动强度，提高了生产率。

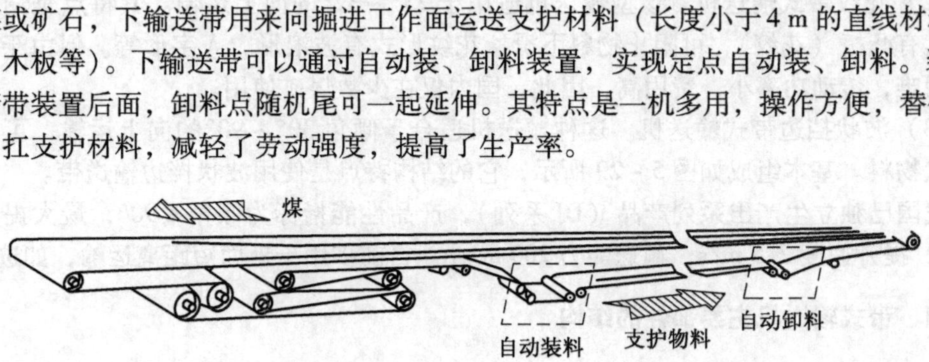

图5-27　双向运输可伸缩带式输送机工作原理

8. 气垫带式输送机

气垫带式输送机分为全气垫式和半气垫式（上输送带用气室、下输送带用托辊支承），我国常采用半气垫式，基本组成与工作原理如图 5 - 28 所示。一般每节气室长 3 m，气室之间加密封垫并用螺栓连接。由于在装载处工作段输送带受物料冲击，为防止破坏气垫，采用槽型缓冲托辊。利用离心式通风机，通过风管将具有一定压力的空气流送入气室，气流通过盘槽上按一定规律布置的小孔进入输送带与盘槽之间。由于空气流具有一定的压力和黏性，在输送带与盘槽之间形成一层薄的气膜（也称气垫），气膜将胶带托起，并起润滑剂的作用。浮在气膜上的输送带，在机头主动滚筒驱动下运行。

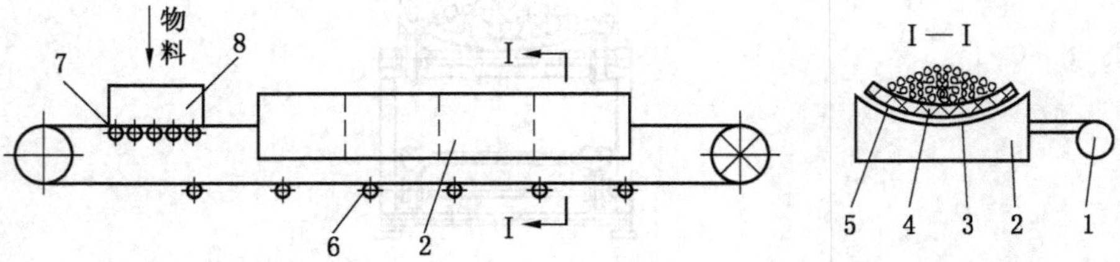

1—通风机；2—气室；3—盘槽；4—输送带；5—气垫；6—平托辊；7—缓冲托辊；8—导料槽

图 5 - 28　气垫带式输送机工作原理

9. 大倾角带式输送机

一般的带式输送机，向上运输不超过 18°，向下运输不超过 15°。我国煤炭的赋存大多为倾斜煤层，而且煤层倾角基本在 16° ~ 25°之间。另外，随着采煤机械化技术的提高及高产高效现代化矿井不断出现，为了提高运输能力，大倾角带式输送机逐渐得到了较为广泛的应用。

（1）深槽形带式输送机。该机型适用于 25° ~ 28°的向上、向下运输。其特点是采用深槽双排 V 型四托辊装置，配普通光面输送带。主要是借助深槽托辊组使输送带形成深槽，使输送带与物料之间产生挤压，导致物料对输送带的摩擦力增大，从而实现大倾角运输。由于托辊数量增多，使得运行阻力增大，因而运距一般在 600 ~ 1000 m。现已形成系列产品，其主要技术特征如下：带宽 800 ~ 1200 mm，运量大于 500 t/h，功率 160 ~ 1000 kW。

（2）花纹带式输送机。该型输送机适用于 25° ~ 32°的向上运输。其特点是输送带承载面具有凸棱（花纹），可阻止物料下滑。花纹形式有波浪形、人字形等。但由于花纹带清扫困难，传动功率小，费用高，因此，国内仅在少数煤矿使用。

（3）波状挡边带式输送机。这种输送机适合于倾角 30° ~ 90°的向上运输，可输送各种散状物料。基本组成如图 5 - 29 所示，它的结构特点是使用波状挡边输送带。

我国已独立生产出系列产品（DJ 系列），产品性能指标为倾角 ≤90°，最大提升高度 100 m，提升速度 2.5 m/s，输送能力 200 m^3/h。目前多用于地面短距离运输，如选煤等。

四、带式输送机主要部件的结构

带式输送机主要由输送带、托辊与机架、驱动装置、拉紧装置、制动装置、清扫装置及保护装置等部分组成。

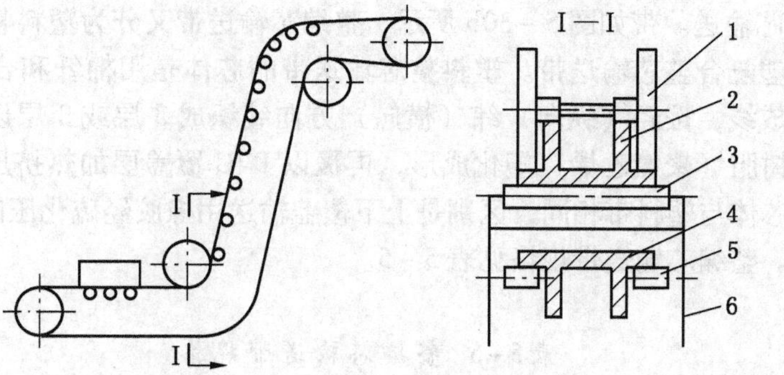

1—换向压轮；2、4—上、下输送带；3—上托辊；5—下托辊；6—机架

图5-29 波状挡边带式输送机的基本组成

（一）输送带

输送带在输送机中，既是牵引机构又是承载机构（钢丝绳牵引带式输送机除外），所以要求它不仅要有足够的强度，还应有一定的挠性。输送带用量大，其长度为机身长的2倍以上，且成本高，约占输送机成本的45% ~50%。煤矿井下运输要求使用阻燃抗静电输送带。

输送带由芯体和覆盖层组成，芯体承受拉力，覆盖层保护芯体不受损伤和腐蚀。芯体的材料有织物和钢丝绳两类，织物芯体的材料主要是棉、锦纶（尼龙）、涤纶等。覆盖层的材料有聚氯乙烯塑料（PVC）和橡胶，PVC覆盖胶生产工艺简单，价格低，带体轻，但摩擦系数小，易老化。橡胶覆盖胶摩擦系数大，但带体较重，价格高。

1. 输送带的类型

（1）多层芯输送带。如图5-30a所示，多层芯输送带是由多层帆布作芯、层与层之间用橡胶黏结，外表面再覆以橡胶覆盖层、边胶，经硫化结合成整体，因此也称为分层橡输送带或普通输送带。帆布层材质主要由尼龙组成，也有部分是锦纶的。上覆盖胶是承载面，厚度一般为3 mm，下覆盖胶是非承载面，厚度一般为1 mm，在使用时要正确安装。多层芯输送带强度低，且易发生层间开裂。

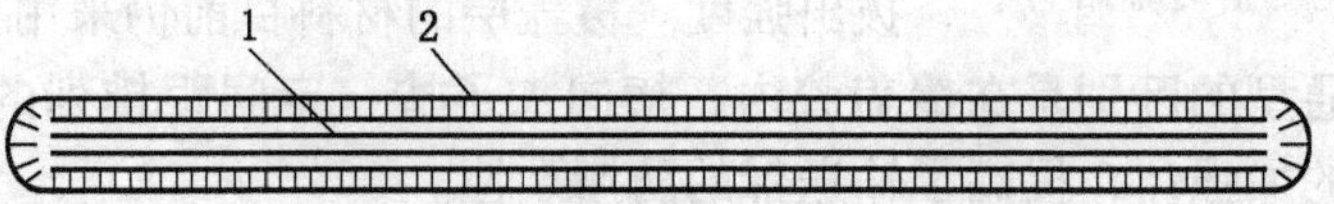

(a) 多层芯输送带

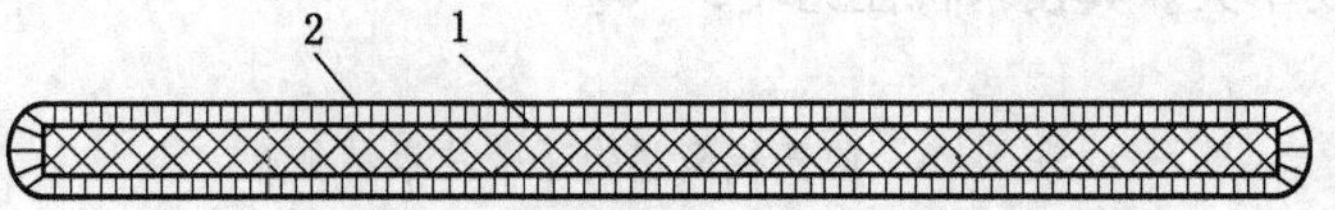

(b) 整编芯输送带

1—芯体；2—覆盖层

图5-30 织物芯输送带结构

（2）整编芯输送。带如图5－30b所示，整编芯输送带又分为塑料整芯输送带（简称塑料带）和橡塑复合整芯输送带。塑料整芯输送带的芯体是用棉纤和合成纤维（锦纶或涤纶）并股捻成线，按经（纵向）纬（横向）方向编织成3层或3层以上的整体织物结构，浸以塑料树脂（聚氯乙烯）塑化成形，再覆以PVC覆盖层加热挤压而成。橡塑复合整芯输送带的芯体与塑料带相同，区别是上下覆盖输送用橡胶经硫化压制而成，其摩擦系数较塑料带高。整编芯输送带规格见表5－5。

表5－5　整编芯输送带规格

品种	带宽/mm	总厚度/mm	上覆盖胶厚度/mm	下覆盖胶厚度/mm	整芯厚度/mm	带芯抗拉强度/（N·cm^{-1}）	每米自重/（N·m^{-1}）
普通型	400	9	3	2	4	2198	445
	500	10			5	3296	556
	650						800
	800						981
强力型	800	11	3	2	6	4905	1060

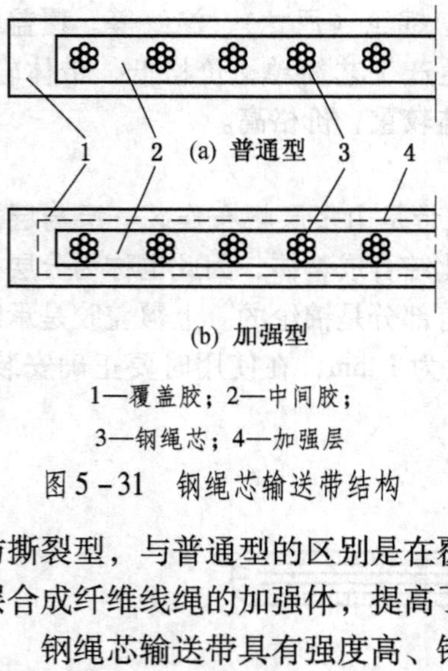

1—覆盖胶；2—中间胶；
3—钢绳芯；4—加强层
图5－31　钢绳芯输送带结构

整芯输送带的特点是成本低、强度高、带体薄、弯曲性能好，具有良好的抗冲击、抗撕裂性能，使用中不会发生层间开裂现象。但伸长率较高，一般为1%，因而拉紧装置行程要大，是输送带发展方向之一。

（3）钢绳芯输送带。如图5－31所示，钢绳芯输送带有普通型和加强型两种。普通型由纵向排列的钢丝绳作带芯，外包芯胶和覆盖胶而成。钢丝绳结构为7×3×3和7×7×7，但由于其造价较高，可采用强度与绳径相当的7×19或7（W）×19的钢丝绳替代。中间胶用具有良好黏合性能的橡胶，以保证钢丝绳具有较高的拔出强度。覆盖层的材料目前仍采用橡胶。加强型又称防撕裂型，与普通型的区别是在覆盖胶内，横向加了按一定间距排列的细钢丝绳或1～2层合成纤维线绳的加强体，提高了输送带的防撕裂性。

钢绳芯输送带具有强度高、铺设长度长、伸长率小、成槽性好等优点，但价格较贵，带体厚重、消耗功率大。其技术特征见表5－6。

表5－6　国产钢绳芯输送带技术特征表

型　号	ST630	ST800	ST1000	ST1250	ST1600	ST2000	ST2500	ST3150	ST4000
输送带强度	630	800	1000	1250	1600	2000	2500	3150	4000
钢丝绳直径/mm	3.0	3.5	4.0	4.5	5.0	6.0	7.5	8.1	9.1

表 5-6（续）

钢丝绳中心距/mm	10		12				15		17
上覆盖胶厚度/mm	5		6			8			
下覆盖胶厚度/mm	5		6					8	
输送带宽度/mm	钢丝绳根数/根								
800	75		63				50		—
1000	95		79				64		56
1200	113		94				76		68
1400	133		111				89		79
1600	151		126				101		91
1800	—	171	143				114		103
2000	—	—	159				128		114
2200	—	—	—	—	—	176	141		125

型号示例如下：

```
ST/S 2500/1000
│  │    └──── 带宽，mm
│  └───────── 输送带强度
│  └───────── 阻燃性抗静电性代号
└──────────── 钢绳芯
```

（4）波状挡边输送带。如图 5-32 所示，这种输送带的结构特点是在具有横向刚性基带的表面两侧，黏上适当高度的形状为可弯曲、可伸缩的波状挡边，再将具有一定强度和弹性的横隔板通过二次硫化方式黏在挡边与基带之间，使三者成为一个整体柔性带式结构。用于大倾角波状挡边带式输送机。

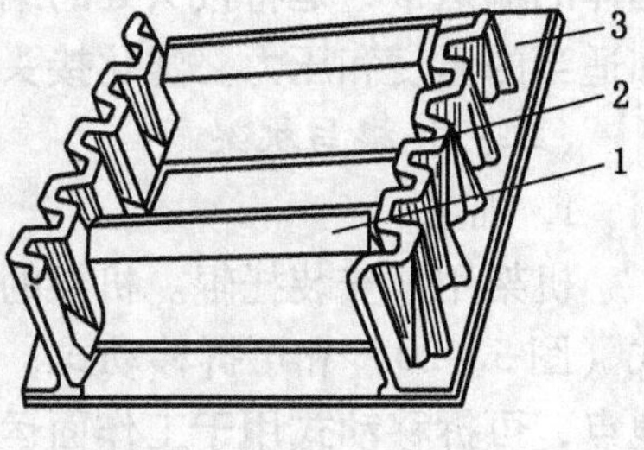

1—横隔板；2—波状挡边；3—基带

图 5-32　波状挡边输送带结构

2. 输送带的连接

胶带限于运输的条件，出厂带长一般制成 100 m，也有 200 m 的。使用时按需要进行连接，连接方法有如下 4 种。

（1）机械连接法。机械连接法用于多层芯输送带和整芯输送带的连接。常用的皮带扣如图 5-33 所示，其中使用图 5-33a 形式的皮带扣时，配有专门的钉扣机；图 5-33b 形式的皮带扣，配有专门的冲模。连接时要注意输送带切口与其中心线必须垂直，皮带扣不能歪斜，以免造成沿宽度方向受力不均，引起输送带跑偏或拉豁输送带。

（2）硫化连接法。硫化连接法（也称热硫化）用于多层芯输送带和钢绳芯输送带的连接。其原理是将连接用的胶料（生胶片）置于接头连接处，使用接头硫化器，加压、加热并保持一段时间，使缺少弹性和强度的胶料，变成具有高弹性、高黏结强度的熟胶，把两条胶带的芯体连接在一起。硫化时，多层芯输送带的两个接头按帆布层切成阶梯形斜角切口，如图5－34所示，在右接头的各阶梯层放置胶片；钢绳芯输送带的两个接头也是切成斜角切口，但两个接头的覆盖胶和芯胶要全部剥离，两端头钢丝绳分一级、二级、三级、四级4种搭接方式，依据输送带强度、钢丝绳直径及中心距选择搭接方式。

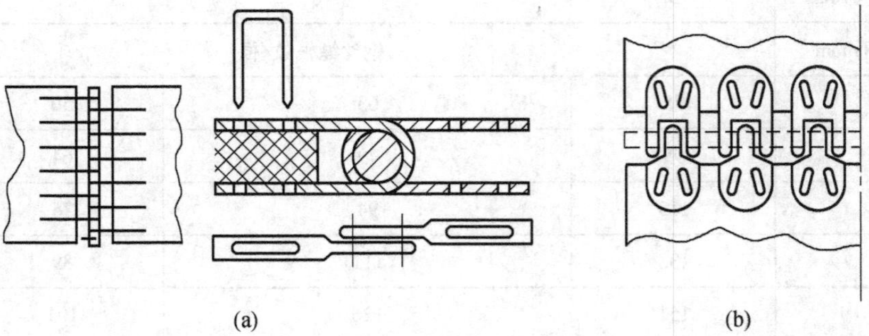

图5－33 普通输送带的连接方法

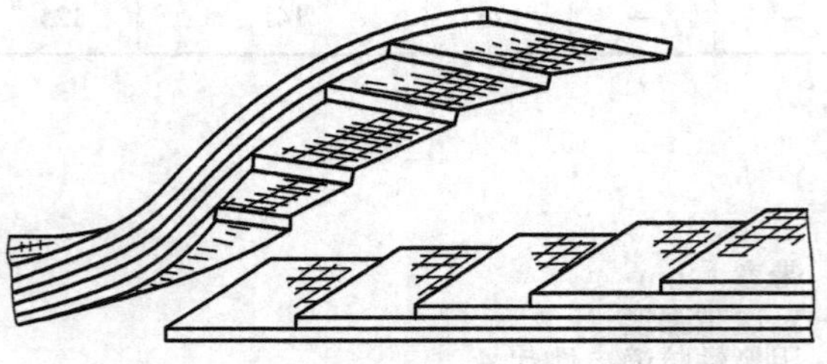

图5－34 多层芯输送带硫化时阶梯切口

（3）冷黏连接法。这种方法也称冷硫化，适用于多层芯输送带。是将糊状的胶料涂在阶梯形切口上，不需加热，施加适当的压力保持一定时间即可。

（4）塑化连接法。对于帆布层芯体的输送带，接头的切口和接头搭接方向，与硫化连接相同，只是工艺不同；对于整编芯体的输送带，是将接头处的编织体拆散，然后将拆散的两端互相编结，包覆塑料片后施加适当的温度和压力。塑化接头的强度可达到输送带本身强度的75%～80%。

（二）托辊与机架

1. 机架

机架用于安装托辊。机架的类型有吊挂式（图5－22）和落地式，落地式又分为固定式（图5－20）和可拆移动式，如图5－35所示。固定式用于主要运输巷道或永久铺设的地点，可拆移动式用于工作面运输平巷。

2. 托辊

托辊的作用是支撑输送带，使输送带的悬垂度不超过要求，以保证输送带平稳运行。它的工作状态好坏直接影响输送机运行质量。

托辊的标准直径有89 mm、108 mm、133 mm、159 mm、194 mm、219 mm 6种，选用时按带速选配，其转速一般不超过600 r/min。按材质分，有无缝钢管托辊和塑料（酚醛复合材料）托辊；按用途分，有槽形、平形、V形托辊（图5－37）及缓冲托辊、深槽型托辊（图5－38）和调偏托辊等。托辊的外形和结构如图5－36所示，其制造质

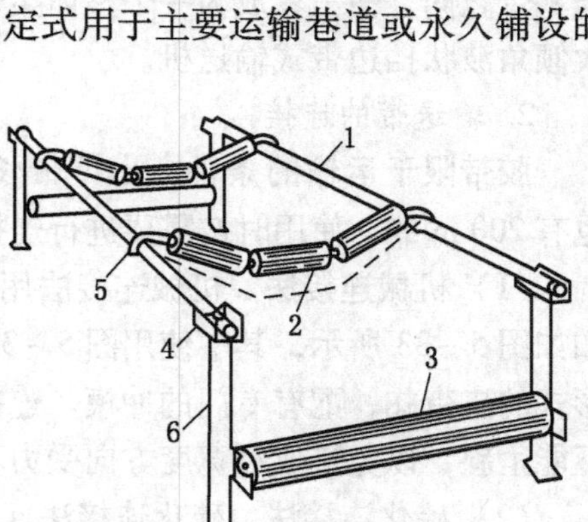

1—纵梁；2—铰接槽型托辊；3—平形托辊；4—弹簧销；5—弧形弹性挂钩；6—支承架

图5－35 可拆移动式落地机架

量的主要技术指标是运行阻力系数和使用寿命。

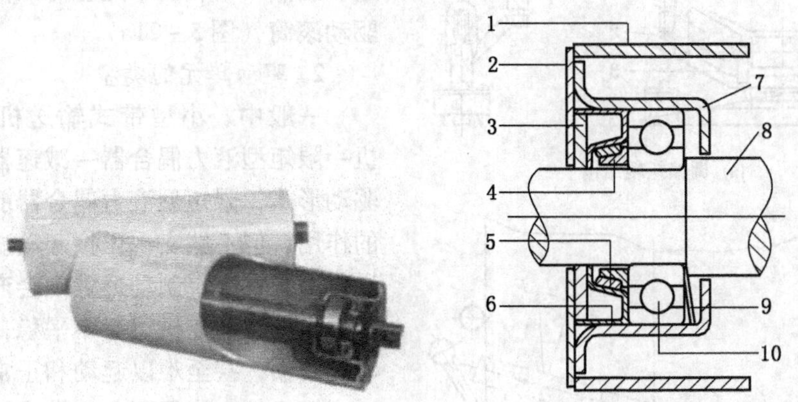

(a) 外形 (b) 结构

1—管体；2—端盖；3—毛圈；4—密封环；5—O 形圈；6—机械密封杯；
7—轴承座；8—轴；9—衬环；10—轴承

图 5－36 托辊

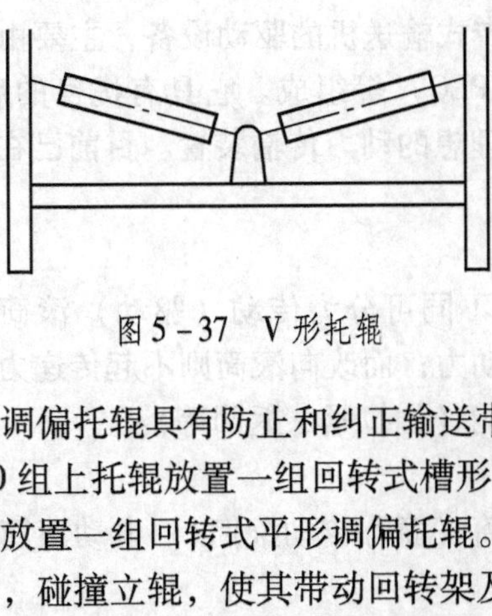

图 5－37 V 形托辊

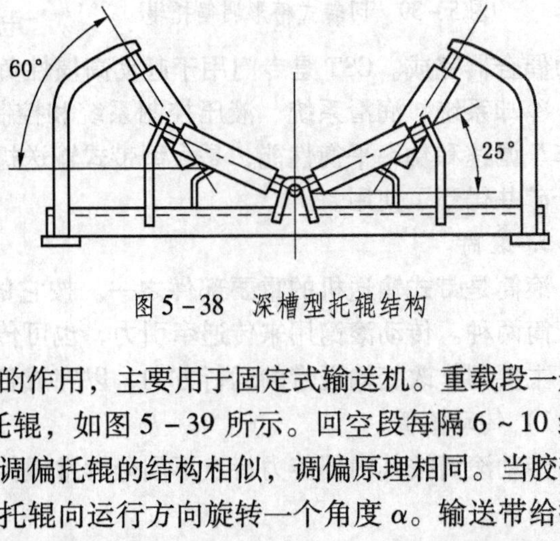

图 5－38 深槽型托辊结构

调偏托辊具有防止和纠正输送带跑偏的作用，主要用于固定式输送机。重载段一般每隔 10 组上托辊放置一组回转式槽形调偏托辊，如图 5－39 所示。回空段每隔 6～10 组下托辊放置一组回转式平形调偏托辊。两种调偏托辊的结构相似，调偏原理相同。当胶带跑偏时，碰撞立辊，使其带动回转架及槽形托辊向运行方向旋转一个角度 α。输送带给托辊的力 F 分解成为沿托辊轴线的力 F_1 和垂直于托辊轴线的力 F_2。而 F_1 的作用使托辊产生一个对输送带的反作用力使输送带回正。

（三）驱动装置

驱动装置由驱动单元（电动机、联轴器、减速器）和驱动滚筒组成，其作用是给带式输送机正常运行提供牵引力。

1. 驱动装置的布置形式

（1）按驱动装置的布置位置分，有头部驱动、头尾驱动和中间多点驱动 3 种类型。

（2）按驱动滚筒的数量分，有单滚筒、双滚筒及多滚筒驱动 3 种。单滚筒驱动用于功率不大的小型输送机上，双滚筒及多滚筒驱动用于功率较大的大、中型输送机上。

（3）按驱动单元的配置分，每个驱动滚筒可配置一个或两个驱动单元，后者对降低

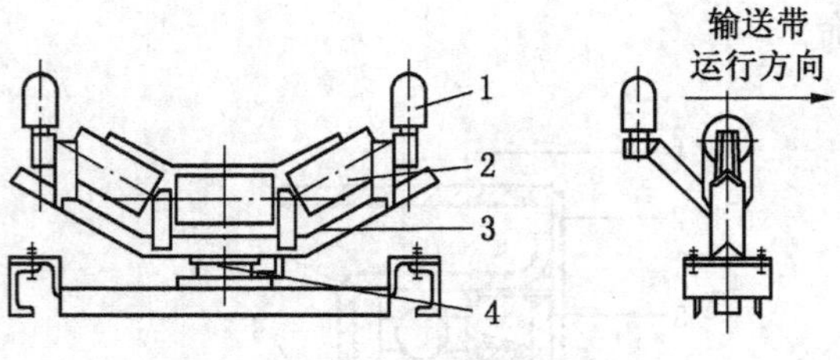

(a) 调偏托辊结构

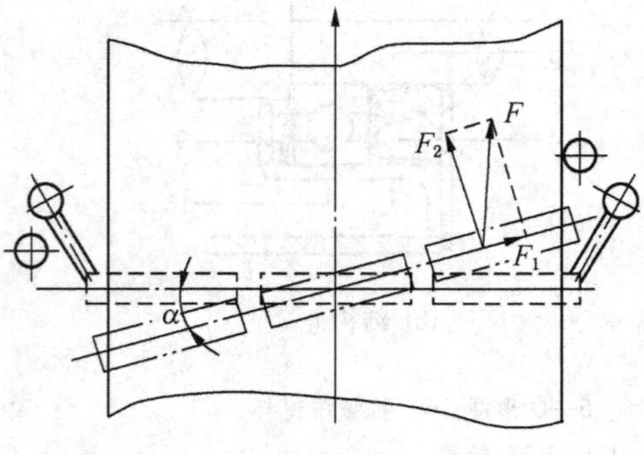

(b) 调偏原理

1—立辊；2—槽形托辊；3—回转架；4—回转轴

图 5-39　回转式槽形调偏托辊

驱动单元的体积有利，但存在功率不平衡问题。当然一个驱动单元也可以同时驱动两个驱动滚筒（图 5-21a）。

2. 驱动单元的类型

一般中、小型带式输送机常采用电动机→限矩型液力偶合器→减速器，这一常规驱动形式，限矩型液力偶合器能起到软起动的作用，但不能实现可控起动。大型带式输送机由于在起、制动过程中会产生较大的动张力，导致输送机运行不平稳，产生强烈振动和磨损，甚至难以起动和正常运行，严重时损坏机件。为保证大型带式输送机有足够的起、制动时间，使加、减速度控制在允许范围内，以降低动张力，均使用了可控驱动装置。目前常用的可控驱动装置有变频调速装置、液力调速装置和 CST 可控驱动装置。变频调速是通过改变定子的供电频率以改变电机的转速来实现的。液力调速装置是通过液力偶合器完成。CST 是专门用于起动高惯性负载的带式输送机的驱动设备，主要由减速器、冷却系统、润滑系统、液压控制系统和控制器（PLC）等组成。它具有优良的启动、停车、调速和功率平衡性能，是大型带式输送机上较理想的动力传输装置。目前已在我国部分矿井得到了使用。

3. 滚筒

滚筒是带式输送机的重要部件之一。按它的作用不同可分为传动（驱动）滚筒与改向滚筒两种。传动滚筒用来传递牵引力，也可传递制动力；而改向滚筒则不起传递力的作用，主要用作改变输送带的运行方向，以完成各种功能（如拉紧、返回等）。

1）传动滚筒

传动滚筒按其内部传力特点不同分为常规传动滚筒（简称传动滚筒）、电动滚筒和齿轮滚筒。

传动滚筒内部装入减速机构和电动机的叫做电动滚筒，在小功率输送机上使用电动滚筒，可以简化安装、减少占地，减轻驱动装置重量，降低成本。但由于电动机散热条件差，工作时滚筒内部发热，容易造成密封破坏、润滑油进入电机而使电机烧坏。

在传动滚筒内部只装入减速机构，齿轮滚筒是它与电动滚筒相比不仅改善电机工作条件和维修条件，而且可使其传递的功率有较大幅度地增加。

传动滚筒表面形式有钢制光面和带衬两种形式。衬垫的主要作用是增大滚筒表面与输送带之间的摩擦系数，减少滚筒面的磨损。常用滚筒衬垫材料有橡胶、陶瓷、合成材料等，其中最常见的属橡胶，橡胶衬垫与滚筒表面的接合方式有铸胶与包胶之分。铸胶滚筒表面厚而耐磨，质量好；包胶滚筒的胶皮容易脱掉，而且固定胶皮的螺钉易露出胶面而刮伤输送带。

钢制光面滚筒加工工艺比较简单，主要缺点是表面摩擦系数小，而且有时不稳定，因此，仅适用于中小功率的带式输送机。

2）改向滚筒

改向滚筒有钢制光面滚筒和光面包（铸）胶滚筒。包（铸）胶的目的是为了减少物料在其表面黏结，以防输送带的跑偏与磨损。

（四）制动装置

制动装置的作用有两个：一是正常停机，即输送机在空载或满载情况下停车时，能可靠地制动住输送机；二是紧急停机，即当输送机工作不正常或发生紧急事故时（如输送带被撕裂或跑偏等故障出现时）对输送机进行紧急制动，迅速而又合乎要求地制动住输送机。

制动装置按工作性质分为制动器和逆止器两类，前者用于输送机的停车，后者用于向上运输送机在停机时防止其倒转。制动装置的选用应按输送机的具体使用条件来确定。如水平运输若需要准确停车或紧急制动，应装设制动器。

1. 逆止器

对于向上运输送机应通过具体计算来判断是否逆转，若发生逆转则安装逆止器。当一部输送机使用两个以上逆止器时，为防止各逆止器的工作不均匀，每个逆止器都必须按能单独承担输送机逆止力矩的1.5倍配置。同时，在安装时必须正确确定其旋转方向，以防造成人身伤害和机器损坏。

1）滚柱逆止器

如图5－40所示，星轮装在减速器低速轴背离驱动滚筒的轴伸上，同滚筒转向一致。固定圈固定在地基上。向上运输时，星轮切口内的滚柱位于切口的宽侧，不妨碍星轮在固定圈内转动。停车后，输送带带动驱动滚筒倒转时，星轮反向转动，滚柱挤入切口的窄侧，滚柱愈挤愈紧，将星轮楔住，滚筒被制动不能倒转。目前，TD型带式输送机中已广泛使用这种逆止器。

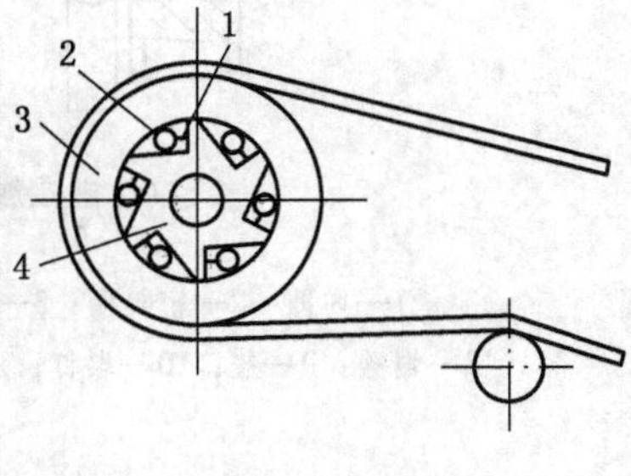

1—弹簧柱销；2—滚柱；
3—固定套圈；4—星轮
图5－40　滚柱逆止器

2）非接触式逆止器

非接触型逆止器是由楔块超越离合器演变而来的新型逆止装置，采用先进的非接触式楔块逆止结构，逆止力矩大。安装在减速器的高速轴轴伸上，结构组成如图5－41所示，主要由内圈、楔块、外圈组成。内圈装于减速器的轴伸上，装在内圈上的轴承托持着外圈，端盖和防转端盖通过螺钉与外圈紧固在一起。防转端盖通过固定在其柄上的销轴与地基上的防转轴座（图中虚线部分）连接。内圈和外圈之间是由轭板和挡销组成的楔块装配，楔块装配上有若干个楔块，楔块通过其两端的圆柱支承在轭板的支承孔中，复位弹簧分别套在楔块两端的圆柱上，弹簧的一端插入楔块端面的小孔中，另一端靠在挡销上。楔块装配的轭板外端面装有两个外凸的止动环，分别嵌入紧靠在内圈中间台阶两边的固定挡环（用紧配合方式装在内圈上）和挡环的缺口中。

工作原理如下：正向起动带式输送机时（图5－41a)，内圈随着减速器高速轴轴伸一起旋转，装在内圈上的固定挡环便通过止动环拔着楔块装配随内圈一起旋转。由于楔块与其本身的回转中心圆柱有一定的偏心距，随着转速的上升，楔块离心力产生的顺时针方向力矩，很快就增大到大于弹簧对楔块施加的逆时针方向转矩，于是就迫使楔块在轭板的支承孔中顺时针偏转而与外圈脱离接触，并贴靠在挡销上止位，从而使逆止器实现了无磨损非接触运转。在停机过程中（图5-41b），楔块的离心力矩下降到小于弹簧的转矩时，弹簧又使楔块在轭板的支承孔中往回偏转，恢复与外圈的接触，并给以初始的压紧力。停机时，内圈在带式输送机逆转力矩的作用下反转，迫使楔块偏转并与内、外圈楔紧成一体，并通过防转端盖将逆转力矩传给固定不动的防转轴座而实现逆止。

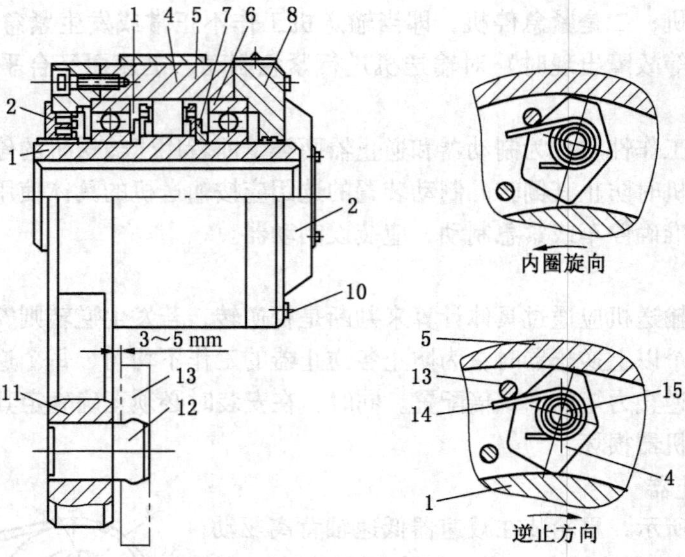

(a) 非接触运转情况　　(b) 接触运转情况

1—内圈；2—密封圈；3—固定挡环；4—楔块；5—外圈；6—向心球轴承；7—挡环；8—端盖；9—盖；10—螺钉；11—防转端盖；12—销轴；13—挡销；14—复位弹簧；15—圆柱

图5-41　非接触式逆止器

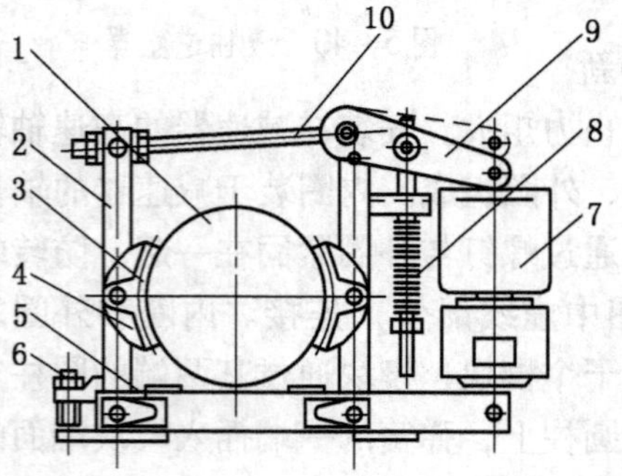

1—制动轮；2—制动臂；3—制动瓦衬垫；4—制动瓦块；5—底座；6—调整螺钉；7—电力液压推动器；8—制动弹簧；9—制动杠杆；10—推杆

图5-42　电动液压推杆制动器

2. 制动器

1）电动液压推杆制动器

如图5-42所示，这种制动器可用于水平、向上、向下运输的输送机，但制动力矩小，它安装在减速器一轴或二轴上。制动器通电后，由电力液压推动器推动制动杠杆松闸，失电时靠弹簧抱闸，制动力是由弹簧和杠杆加在闸瓦上的。电力液压推动器的结构原理如图5-43所示，通电时，伸进电机轴盲孔中的传动轴及固定在传动轴上的叶轮随电机一同高速旋转，将油缸内活塞上部的油液吸到活塞与叶轮下部，形成压差，迫使活塞及固定在活塞上的推杆随传动轴和叶轮一同上升，举起制动杠杆；断电后，推杆在制动弹簧的作用下复位。叶轮与活塞下部的油液则通过叶轮径向叶片间的流道被重新压到活塞上部。

2）盘式制动器

这种制动器多用于大型带式输送机，水平、向上、向下运输时均可采用，但下运时必须加强制动盘及闸瓦的散热能力。安装在减速器输出轴或滚筒轴上。其结构与工作原理见模块六。

3）液力制动器

这种制动器用于下运输送机。如图 5－44 所示，其结构与液力偶合器相近，由两对泵轮和涡轮组成两个循环圆，两个泵轮相背做成一体。涡轮为固定不动的定子，与机壳做成一体并固定在基础上。泵轮为转子，通过转子轴与减速器的高速轴连接。输送机正常运转时，循环圆内不充液，只有鼓风阻力。制动时，向循环圆内连续充液，转子与定子对工作液的相互作用，使转子的反扭矩形成对输送机的制动力矩。

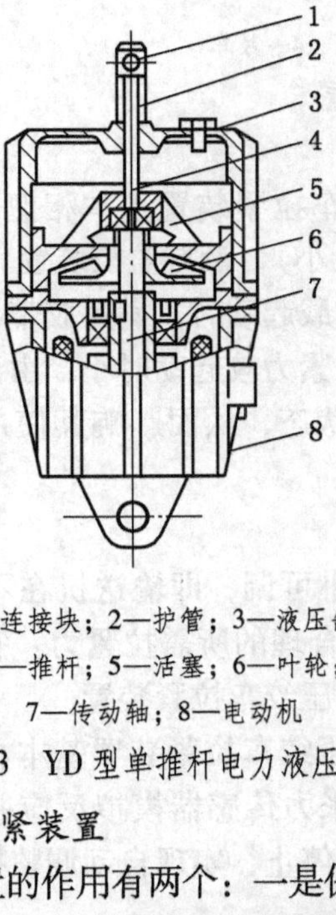

1—连接块；2—护管；3—液压缸；
4—推杆；5—活塞；6—叶轮；
7—传动轴；8—电动机

图 5－43　YD 型单推杆电力液压推动器

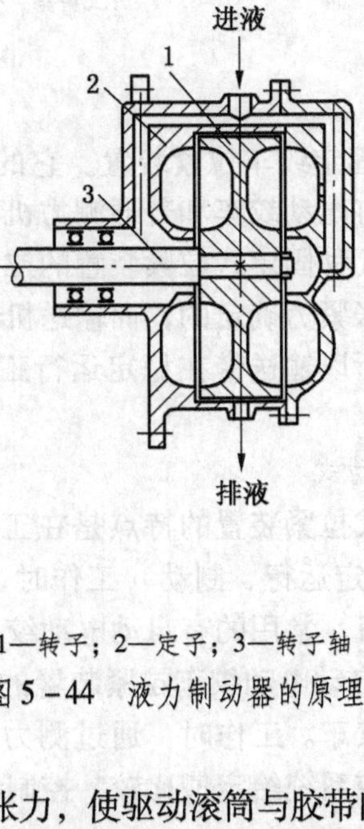

1—转子；2—定子；3—转子轴

图 5－44　液力制动器的原理

（五）拉紧装置

拉紧装置的作用有两个：一是保证胶带具有足够的张力，使驱动滚筒与胶带间产生足够的摩擦牵引力；二是限制胶带在两托辊间的垂度，使输送机能正常运行。拉紧装置应尽量布置在胶带张力最小处或靠近驱动滚筒的松边处，以使拉紧装置的拉紧力与拉紧行程最小、张紧响应速度最快。按拉紧装置在工作过程中拉紧力是否可调分为固定式和自动式两类。

1. 固定式

固定式拉紧装置的特点是在工作过程中拉紧力恒定不可调。常用的有螺旋式拉紧装置、重力拉紧装置和固定绞车拉紧装置等。

（1）螺旋式拉紧装置，如图 5－45 所示，这种拉紧装置由于行程小，只适用于长度小于 80 m、功率较小的输送机。

图 5－45　螺旋式拉紧装置

（2）重力拉紧装置，分为重锤式和重载车式两种。重锤式布置方式较多，其中一种如图5－20所示，另外两种布置方式如图5－46所示，图5－46b中绞车只做起吊重锤之用。重锤式拉紧装置的缺点是占用空间大。重载车式适于倾角大于12°的向上运输送机，在图5－45中将重锤和钢丝绳取消，在机尾滚筒小车后面加上配重车即可。

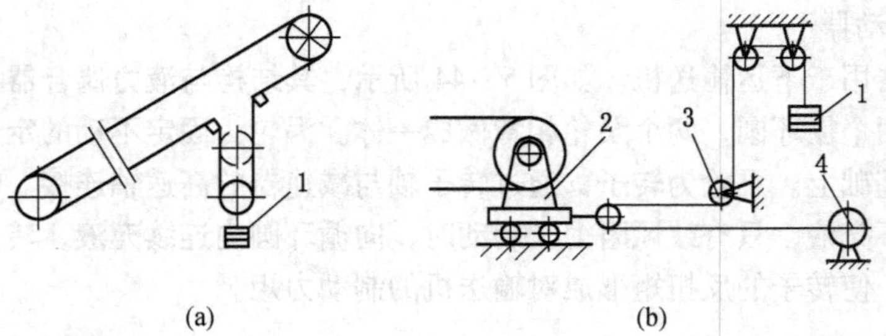

1—重锤；2—拉紧滚筒小车；3—滑轮；4—绞车

图5－46　重锤式拉紧装置

（3）固定绞车拉紧装置。它的布置与自动液压绞车拉紧装置基本相似，如图5－47所示。只有电动绞车和普通测力机构（只显示拉紧力大小），没有监控装置。

以上几种固定式拉紧装置的拉紧力大小是按整机重载起动时，满足胶带与驱动滚筒不打滑所需张紧力确定的，而输送机在稳定运行时所需张紧力较起动时小，由于拉紧力恒定不可调，所以输送带在稳定运行工况下仍处于过张紧状态，从而影响其使用寿命、增加能耗。

2. 自动式

自动式拉紧装置的特点是在工作过程中拉紧力大小可调，即输送机在不同的工况下（起动、稳定运行、制动）工作时，拉紧装置能够提供合理的所需拉紧力。它适应于大型带式输送机。常用的有自动电动绞车拉紧装置和自动液压绞车拉紧装置。

（1）自动电动绞车拉紧装置的组成布置与自动液压绞车拉紧装置基本相似，但使用的是电动绞车。工作时，通过测力机构的电阻应变式张力传感器模拟反应并转换为电信号，与电控系统给定值比较，控制绞车的正转、反转和停止，实现自动调整拉紧力。缺点是动态响应差。

（2）自动液压绞车拉紧装置，如图5－47所示，液压绞车、拉紧力传感器及电气控制装置（采用PLC控制）相互配合，来调整起动、运行、制动及打滑时所需的牵引力。主要优点是动态响应快，拉紧行程大，是一种具有发展前途的拉紧装置。

（六）综合保护装置

该装置具有多种启停控制方式，集控联络信号和各配置传感器均为本质安全型。整套装置结构紧凑，性能可靠，安装使用方便。其包括速度传感器、跑偏传感器、急停开关、温度传感器、输送带纵向撕裂传感器、烟雾传感器等。所有传感器信号（包括智能传感器）输入控制箱内，经单片机（或PLC）进行分析判断，发出控制指令，控制各种设备，并输出各种声光信号，使输送机得到完善的保护。其中，速度传感器是一种将输送带的运行速度检测出来，变成电脉冲信号输送给保护装置，使装置能够根据速度大小来确定运行状态，可同时解决输送带低速运转、打滑和断带等问题的智能传感器。急停开关是通过拉线来使设备立即停止的一种保护装置。跑偏传感器是带式输送机的主要保护装置之一，其常态为断开状态，动作时闭合。

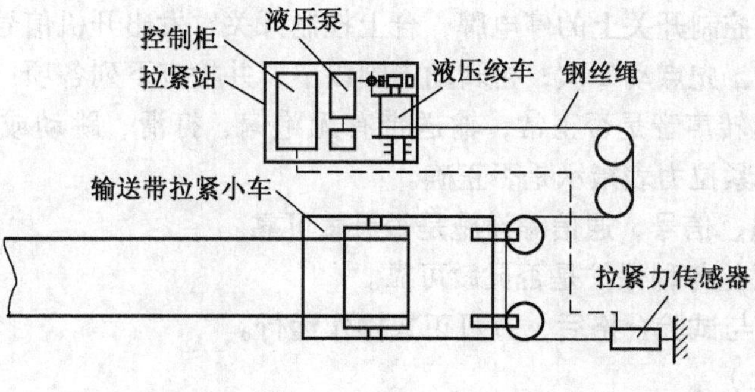

图 5-47 自动液压绞车拉紧装置

【基本技能】

一、带式输送机安装顺序及要求

（1）在纵向方向上，机头、机尾滚筒宽度中心线及机身应成一条直线，且机身要平。

（2）在横向方向上，各滚筒轴线、机架及托辊轴线应与输送机的中心线互相垂直。

（3）整机及各部件安装后应达到总装图的技术要求和有关规范的要求。

二、使用与维护

1. 使用

（1）司机必须按规定信号开、停带式输送机。检修设备时，维护工必须通知司机停机、闭锁电气控制开关后方可作业。检修完毕试机时必须与司机联系，通知周围有关人员后，方可发出信号送电试机。

（2）发现输送带松弛立即张紧，紧带过程中，严禁用手扳、撬棍别运行中的拉紧车和钢丝绳。运行中严禁用手或任何工具清理托辊、滚筒上的黏结物。转动不灵活的托辊要更换。

（3）在更换输送带或做输送带接头时，如确需点动开机拉动输送带时，严禁操作人员站在转动部位上方。输送带跑偏时应及时调整，处理跑偏时，严禁手抓脚蹬运行中的输送带。

（4）停机时，无特殊情况应将输送带上的煤拉空，避免重载起动，严禁重载频繁起动。

2. 维护

维护工作分为日检、周检、月检、半年检 4 类。应按照各类检查规定的检查内容进行，发现问题应及时处理。每种带式输送机的部件润滑有其各自的规定，应按该机使用维护说明书严格执行，以确保设备正常运行。

三、带式输送机的操作

(一) 启动与停止操作

1. 开机(启动)

开机时，取下控制开关上的停电牌，合上控制开关，发出开机信号并喊话，让人员离开输送机转动部位，先点动2次，再转动1圈以上，并检查下列各项：

(1) 各部位运转声音是否正常，输送带有无跑偏、打滑、跳动或刮卡现象，输送带松紧是否合适，张紧拉力表指示是否正确。

(2) 控制按钮、信号、通信等设施是否灵敏可靠。

(3) 检查、试验各种保护是否灵敏可靠。

上述各项检查与试验合格后，方可正式操作运行。

2. 停机(停止)

接到收工信号后，将带式输送机上的煤岩清理干净，停止电动机，将控制开关手柄扳到断电位置，锁紧闭锁螺栓，即完成了停机。

3. 操作注意事项

(1) 检查各部件是否有损坏，是否紧固，有无障碍物。

(2) 检查驱动滚筒及托辊处有无浮煤和其他障碍物，如有要及时清理。检查带式输送机滚筒、轴承座是否牢固。

(3) 检查各部油量是否符合规定。

(4) 将机器空运转1周，检查输送带的接头是否牢固完整，输送带是否跑偏，张紧程度是否正常，托辊是否转动灵活。

(5) 当信号不清、保护装置不灵、电动机及减速箱埋住、机械设备有异响、故障没有处理好、电动机温度超过80 ℃时，不允许开机。

(6) 经常监视各部件情况，如发现故障时，应立即停机处理。

(7) 不准用带式输送机运送坑木及机器零部件或工具等。

(8) 在正常情况下停机时，应将带式输送机上的货物卸完后方能停机。

(9) 停机后清扫各部，保持周围清洁。

4. 带式输送机司机操作的安全规程

(1) 严禁人员乘坐带式输送机，禁止用带式输送机运送设备和沉重物料。

(2) 当输送机的电动机及开关附近20 m以内风流中瓦斯浓度达到1.5%时，必须停止工作，切断电源，撤出人员，及时处理。

(3) 输送机运转时禁止清理机头、机尾滚筒及其附近的煤岩，不准拉动输送带的清扫器。

(4) 在检修煤仓上口的机头卸载滚筒部分时，必须将煤仓上口挡严。

(5) 处理输送带跑偏时严禁用手、脚及身体的其他部位直接接触输送带。

(6) 拆卸液力偶合器的注油塞、易熔塞、防爆片时应戴手套，面部须躲开喷油方向，轻轻拧松几扣后停一会，待放气后再慢慢拧下。禁止使用不合格的易熔塞、防爆片或使用代用片。

(7) 在输送机上检修、处理故障或做其他工作时，必须闭锁输送机的控制开关，挂上“有人工作，不许合闸”的停电牌。除处理故障外，不许开倒车运转。严禁站在输送机上点动开车。

（8）除控制开关的接触器触头黏住外，禁止用控制开关的手柄直接切断电动机。

（9）必须经常检查输送机巷道内的消防及喷雾降尘设施，并保持完好有效。

（10）认真执行岗位责任制和交接班制度，不能擅离岗位。

（二）储带装置收放输送带的操作

1. 收放输送带操作

如图5-48所示，当需要缩短输送带时，用机尾牵引绞车拉动机尾前移，再运行拉紧绞车，拉动储带装置的活动滚筒，将松弛的输送带拉紧；当需要伸长输送带时，使拉紧绞车和机尾牵引绞车松绳，机尾后移，把储带仓中的输送带放出，活动滚筒前移。根据缩短或伸长的距离，可相应地拆卸或增加中间支架。带式输送机伸缩作业完成后，用拉紧绞车以适当的拉力把输送带拉紧，以保证带式输送机的正常运行。

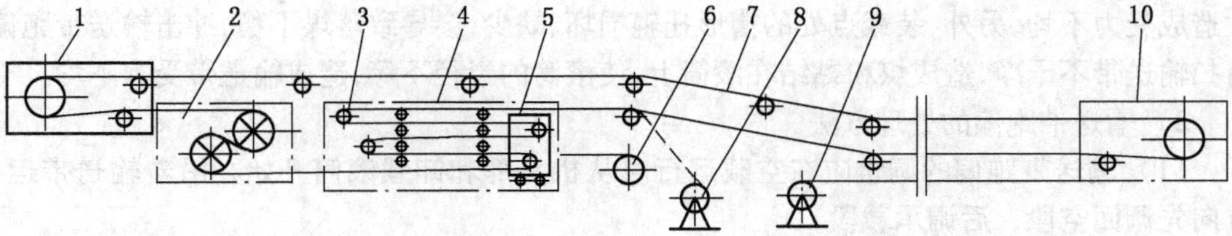

1—卸载端；2—传动装置；3—固定滚筒架；4—储带装置；5—活动小车及活动滚筒；6—拉紧装置；7—输送带；8—输送带收放装置；9—机尾牵引滚筒；10—机尾

图5-48　可伸缩带式输送机工作原理

2. 操作注意事项

（1）缩回带式输送机机尾时，先拆去机尾的3~4节中间架，用千斤顶和牵引链把机尾缩回，所有人员要远离机尾，然后开动拉紧绞车，输送带缩减后应将千斤顶缩回。

（2）当储存段（可分为2层、4层和6层）已经存满输送带时，应将多余的输送带拆除，拆除后应保证输送带不跑偏，机尾要固定牢靠，如是吊挂式带式输送机应保持两钢丝绳松紧一致。

（3）拆下的输送带用卷筒卷好，存放到干燥地点或升井入库。

（4）做机头时必须远离机头，确保安全。

（5）严禁随意割断输送机。

四、带式输送机常见故障分析与处理

1. 输送带打滑

1）打滑的原因

造成输送带打滑的根本原因是输送带与滚筒之间的摩擦力不够。具体原因有3个方面：一是运行阻力增大。如输送机超载；输送带严重跑偏以至于将输送带挤卡在机架上；托辊损坏、杂物缠绕、煤泥埋压等原因造成大量托辊不转。二是摩擦系数降低。如驱动滚筒与输送带的接触面侵入水、煤泥；驱动滚筒表面铸胶损坏。三是输送带张紧力减小。如输送带因变形而伸长；拉紧装置拉紧力不够或损坏。

2）处理与预防方法

防止输送带打滑，应从两个方面着手：一是加强运行管理和维护，发现输送带打滑应及时停机，按上面各原因进行分析处理。二是使用打滑保护装置。

2. 输送带跑偏

1）输送带跑偏的原因

输送带跑偏是可伸缩带式输送机最常见的故障，产生跑偏的原因是由于输送带在运行中横向受力不平衡造成的。主要原因如下：一是输送带的结构与制造质量差。例如钢绳芯输送带中有数根钢丝绳芯，在制造时如果各钢丝绳受力不均或者整条输送带在纵向方向上成S形，较严重时则在运行中会发生跑偏。二是安装质量不合格。安装时应符合安装技术标准，否则将使输送带在运转中受到横向推力而发生跑偏现象。三是使用维护不符合要求。拉紧力过大易造成空载运行时跑偏，拉紧力过小易使输送带忽左忽右；输送带接头不正，会造成受力不均；装载点落煤不正，货载偏于输送带一侧，使输送带两侧负载相差很大造成受力不均，另外，装载点处的槽形托辊损坏、缺少，会导致落煤不稳，冲击输送带跑偏；清扫输送带不干净，造成煤粉黏结在滚筒上，使滚筒的半径不等，造成输送带受力不均。

2）输送带跑偏的处理方法

（1）输送带跑偏的调整应在空载运行时从机头部和卸载滚筒开始，沿着输送带运行方向先调回空段，后调承载段。

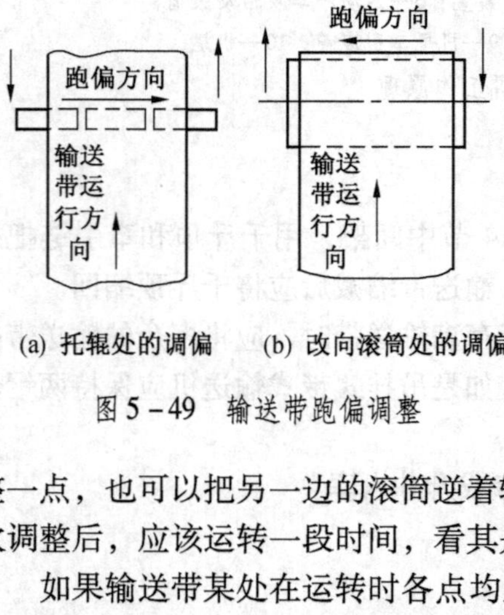

(a) 托辊处的调偏　(b) 改向滚筒处的调偏

图5－49　输送带跑偏调整

（2）当调整上托辊和下托辊时，要注意输送带的运行方向。

若输送带往右跑偏，那就要在输送带开始跑偏的地方，顺着输送带运行的方向，向前移动托辊轴右端的安装位置，使托辊右边稍向前倾斜，如图5－49a所示。注意，切勿同时移动托辊轴的两端。在调整时适当多调几个托辊，每个少调一点，这样要比只调1～2个托辊来纠正跑偏的效果好一些。若输送带在换向滚筒处跑偏，与输送带跑偏方向同向的滚筒轴顺着输送带的运行方向调整一点，也可以把另一边的滚筒逆着输送带运行的方向移动一点，如图5－49b所示。每次调整后，应该运转一段时间，看其是否调好。确认调好后，还应重新调整好清扫装置。

如果输送带某处在运转时各点均跑偏，则是输送带本身弯成“弓”形或接头不正所造成。一般来说“弓”形部分应予更换或矫正，接头不正需要切割重做，使接头垂直于中心线。

输送带跑偏是一件比较麻烦的事情，影响输送带跑偏的因素很多，需要仔细观察，分析原因，然后对症下药。调偏工作也需要在实践中摸索、积累经验。

3. 输送带撕裂与断带

造成输送带撕裂的主要原因是由于输送带跑偏严重，输送带接头在机架或滚筒轴承座上撕带，或机架和滚筒卷有矿石、杂物，或从装料点有金属异物落下并卡住等，致使输送带割裂。因而要加强维护工作，并使撕带保护装置处于良好的状态。发现输送带跑偏或撕带要及时停机查明原因，并及时修补或更换。

断带是输送机运行中发生的较严重事故，主要是接头强度不够，或输送带运行中阻力较大，压机头、机尾滚筒不转、输送带长时间打滑等原因造成的。主要预防措施是严禁超载运行，及时更换不转动的托辊，清除输送带下面的泥煤。勤检查输送带接头状态，对于不良的接头及时重接，配置输送带接头检测装置等。

【技能训练】

（1）力求在“教、学、做”一体化教室教学，将理论知识的讲授与机械设备实操有机结合。

（2）在实训基地或顶岗实习、生产实习中参加生产劳动，操作使用带式输送机。

（3）在操作、使用带式输送机的过程中观察发现常见故障，并参与故障分析和处理。

（4）学生熟悉带式输送机的布置环境、结构、安装要求、使用要求等内容之后，在教师的指导下按照任务驱动法分小组让学生完成带式输送机的启动、停止、安装等操作。

【教学考核】

考核评价表见表5－7。

表5－7 考核评价表

<table>
<tr><td>项目名称</td><td colspan="5">带式输送机</td></tr>
<tr><td>学生姓名</td><td></td><td>班级</td><td></td><td>考核时间</td><td></td></tr>
<tr><td>评价方式</td><td colspan="5">学生分组及组别□□　自我□　教师□</td></tr>
<tr><td>评价地点</td><td colspan="5">实训现场□　教学做一体化教室□　普通教室□</td></tr>
<tr><td colspan="2">需要的设备、工具</td><td colspan="4">带式输送机一台、控制开关一台</td></tr>
<tr><td>考核项目</td><td colspan="2">内容和要求</td><td>标准分</td><td>评分标准</td><td>得分</td></tr>
<tr><td>基本知识</td><td colspan="2">1. 带式输送机的作用
2. 带式输送机的基本组成
3. 带式输送机的工作原理
4. 托辊的类型及作用（可以采取手指口述的方式考核）</td><td>25</td><td>每缺一项或回答不正确扣6分</td><td></td></tr>
<tr><td>基本专业技能</td><td colspan="2">1. 能看懂各部件的结构图
2. 能正确完成带式输送机的启动
3. 能正确完成带式输送机的停止
4. 能说出储带装置收放输送带的操作过程
5. 能说出输送带打滑的原因及处理方法
6. 能说出输送带跑偏的原因及处理方法</td><td>45</td><td>每缺一项或回答不正确，操作不规范扣7分</td><td></td></tr>
<tr><td>职业素质</td><td colspan="2">1. 热爱劳动，积极参加
2. 同学之间协作学习
3. 口述表达准确流畅
4. 能正确使用常用工具
5. 能收集教材以外的资料
6. 注重工作现场整洁</td><td>30</td><td>每缺一项或工作达不到要求扣5分</td><td></td></tr>
<tr><td>总分</td><td colspan="5"></td></tr>
</table>

考核评价人签字：

年　月　日

复习思考题

1. 试述带式输送机的安装顺序及要求。
2. 试述带式输送机拉紧装置的作用。
3. 司机在操作带式输送机时应注意哪些事项?
4. 试述带式输送机制动装置的作用及常见类型。

项目三 矿用电机车

【学习目标】

知识目标：掌握矿用电机车的作用、组成、工作过程，熟悉矿用电机车主要部件结构。

技能目标：理解电机车的操作、使用与维护的要求，掌握电机车常见故障及处理方法。

【基本知识】

一、矿用电机车的组成

电机车按供电方式分为架线式电机车和蓄电池式电机车两种。架线式电机车运转设备包括列车和供电设备两部分。列车是由电机车和矿车组组成，供电设备是由牵引电网和牵引变流所组成。架线式电机车的供电系统如图 5－50 所示。

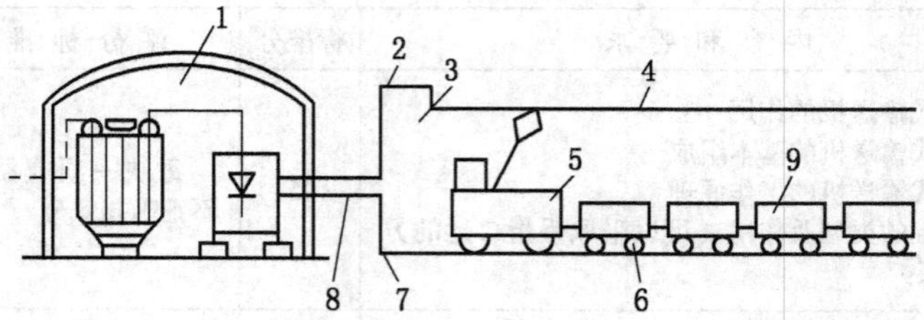

1—牵引变流所；2—馈电线；3—馈电点；4—架空裸导线；
5—电机车；6—运输轨道；7—回电点；8—回电线；9—矿车

图 5－50 架线式电机车的供电系统

牵引电网是由架空线和轨道向架线式电机车供应电能的网络，由馈电电缆、回电电缆、架空接触线和轨道 4 部分组成。牵引变流所中的主要设备有变压器、整流器和直流配电设备等，牵引变流所一般与井底车场变电所在一起或在附近硐室中。

蓄电池式电机车运输设备由列车、供电设备、轨道组成。但轨道不在供电系统中。蓄电池式电机车的供电设备由变流所和充电室的设备组成。

二、矿用电机车的形式及分类

按电能来源不同，电机车分为矿用直流架线式电机车（ZK 型）和矿用蓄电池式电机车（XK 型）。

按电机车的黏着质量不同，可将架线式电机车分为1.5 t、7 t、10 t、14 t、20 t几种；蓄电池式电机车可分为2 t、2.5 t、8 t、12 t几种。小于7 t的电机车一般用作短距离调车用，或用于输送量不大的采区平巷。

按电机车的轨距不同，电机车分为600 mm、762 mm、900 mm 3种，其中762 mm轨距主要用于较大的金属矿井中，中小型煤矿多采用600 mm轨距，大型煤矿多采用900 mm轨距。

按电压等级不同，可将架线式电机车分为100（97）V、250 V、550 V3种，其中100（97）V用于3 t以下吨位的电机车；蓄电池式电机车有40/48 V与110/132 V两个等级，其中40/48 V电压等级用于2.5 t以下吨位的机车。同一台电机车，使用铁镍蓄电池时取斜线下边值。

三、电机车的应用范围

矿用电机车特别是架线式电机车，由于它具有设备简单，牵引力大，操作调速方便，运输成本低等优点而广泛应用于水平或近水平巷道，巷道坡度一般为3‰，局部坡度不能超过30‰。

《煤矿安全规程》对电机车的应用范围有明确的规定：

（1）在低沼气矿井进风的主要运输巷道内，可以使用架线式电机车，但巷道支护必须使用不燃性材料。

（2）在高沼气矿井进风的主要运输巷道内，应使用矿用防爆特殊型蓄电池式电机车，如果使用架线式电机车，必须采取特殊措施以满足该规程的一系列规定。

（3）在有沼气突出矿井和沼气喷出区域中，全风压通风的主要风巷内使用机车运输，都应使用矿用防爆特殊型蓄电池式电机车，并必须在机车内装设沼气自动检测报警仪。

四、轨道与车辆

（一）轨道

矿井轨道是将钢轨按一定要求固定在线路上构成的，是机车运行的基础件。

1. 轨道的结构

标准窄轨的结构如图5－51所示，轨道线路由下部建筑、上部建筑两部分组成。下部建筑主要是巷道底板和水沟，上部建筑是钢轨、联接零件、轨枕和道床（道砟层）。

钢轨是轨道上部建筑的重要组成部分之一。它不仅引导车辆运行，且直接承受载荷，并经轨枕将载荷传递给道床及巷道底板。

轨枕用于固定两根轨条，并使其保持规定的轨距；防止钢轨纵向和横向移动，保证轨道的稳定性；承受钢轨的压力，并将压力较均匀地传递给道床。轨枕有木质的和钢筋混凝土的两种。

道床一般由道砟层组成。它承受轨枕的压力，并均匀地分布到巷道底板上去。道床将轨道的上部建筑和下部建筑连接成一个整体，防止轨道纵向和横向移动，以保证线路的平直和正常状态。道砟选用坚硬的石块，一般块度不超过40 mm，道砟铺设要具有一定的厚度。

2. 道岔

道岔是轨道线路的分支装置，如图 5－52 所示。

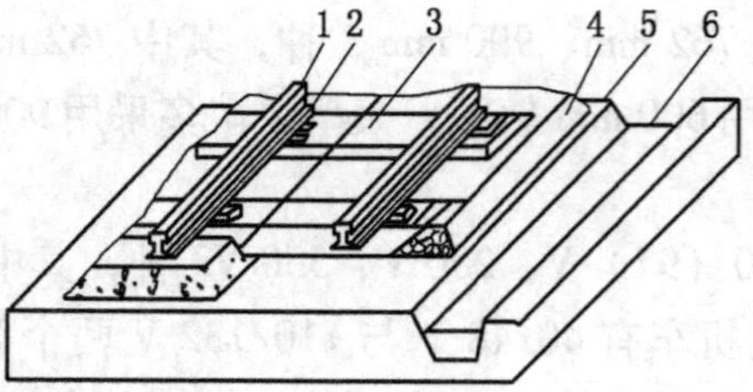

1—钢轨；2—道钉；3—轨枕；
4—道床；5—底板；6—水沟

图 5－51　标准窄轨的结构

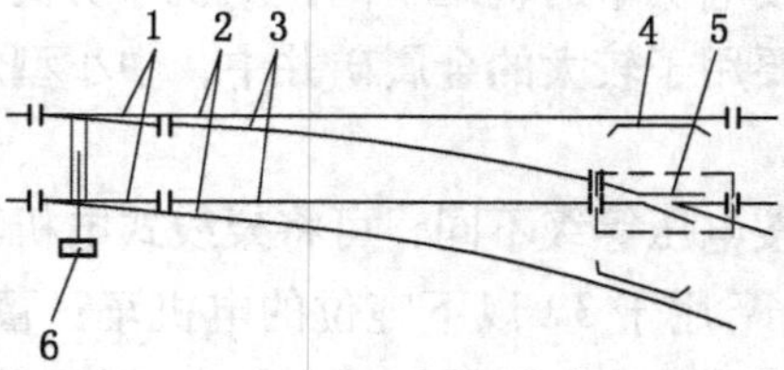

1—尖轨（岔尖）；2—基本轨；3—转辙轨；
4—护轮轨；5—辙叉；6—转辙机构

图 5－52　道岔

道岔由基本轨、尖轨、辙叉、护轮轨、转辙轨、转辙机构及一些零件组成。道岔按轨距轨型有标准系列规格。扳动道岔的转辙机构有手动扳道器、弹簧转辙器和电动转辙机。在特定的运行条件下可使用弹簧转辙器。用电动转辙机对道岔可进行远距离操作和监视，现已有成型产品。

（二）矿车

矿用车辆有标准窄轨车辆、卡轨车辆、单轨吊挂车辆和无轨机动车辆。标准窄轨车辆就是通常说的矿车。矿车是目前我国煤矿使用的主要运输车辆。

1. 矿车的类型及标准规格

煤矿使用的矿车类型很多，按结构分为以下 3 种：

（1）固定车厢式矿车，如图 5－53a 所示，这种矿车需用翻车机卸车。

（2）翻转车厢式矿车，如图 5－53b 所示，车厢能侧向翻倾卸车。

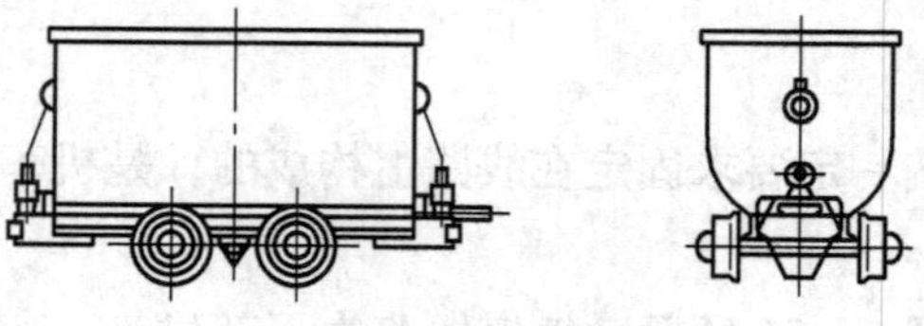

(a) 固定车厢式

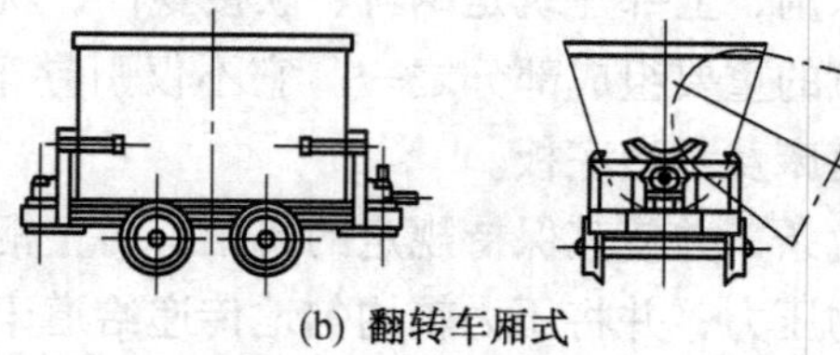

(b) 翻转车厢式

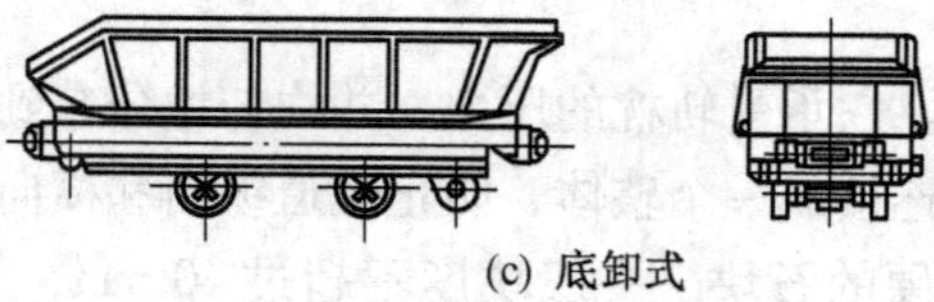

(c) 底卸式

图 5－53　矿用车辆

（3）底卸式矿车，如图5－53c所示，车底开启卸车。在专设的卸载站，整列矿车在运行中逐个开启自卸。

2. 矿车的基本参数

矿车的基本参数包括矿车的容量、装载量、自身质量、外形尺寸、轨距、轴距以及连接器的允许牵引力等。矿车基本参数见表5－8。

矿车的两个重要经济技术指标是容积利用系数和车皮系数。容积利用系数是矿车有效容积与外形尺寸所得容积之比值，容积利用系数越大越好。车皮系数是矿车质量与货载质量之比值，车皮系数越小越好。

表5－8　矿车的基本参数及尺寸

形式	型　号	容积/m^3	装载量/t	最大装载量/t	轨距/mm	外形尺寸/mm			轴距/mm	轮径/mm	牵引高度/mm	允许牵引力/N	质量/kg
						长 L	宽 B	高 H					
固定车厢式	MGC1.1－6	1.1	1	1.8	600	2000	800	1150	550	300	320	60000	610
	MGC1.7－6	1.7	1.5	2.7	600	2400	1050	1200	750	300	320	60000	720
	MGC1.7－9	1.7	1.5	2.7	900	2400	1150	1150	750	350	320	60000	970
	MGC3.3－9	3.3	3	5.3	900	3450	1320	1300	1100	350	320	60000	1320
底卸式	MGC3.3－6	3.3	3	5.3	600	3450	1200	1400	1100	350	320	60000	1700
	MGC5.5－9	5.5	5	8	900	4200	1520	1550	1350	400	430	60000	3000

注：底卸式矿车的卸载角度不小于50°。

3. 矿车的基本部件

矿车的基本部件是车厢、车架、轮对和连接器。

1）车厢

车厢是矿车装盛物料的箱形容器。固定车厢式矿车的车厢多采用半圆形车底，不仅加工方便，还有利于机械化清理车底的黏附物。采用低合金钢板制造车厢，耐磨和耐腐蚀性好。钢板厚度主要是考虑耐腐蚀的要求。为增加厢体的刚度，常在钢板上压出凸棱、箱口焊加角钢。厢底开排水口。

底卸式矿车的车厢为可开启的平底，车厢下口的两侧有翼板，供卸载时支承运行，下口应有足够的刚度以防变形。

2）车架

车架包括车梁、缓冲器和轴卡。车梁是矿车的主要承载部件。除了车厢重力和牵引力外，在运行中要承受很大的冲击、振动等附加载荷。车梁一般用专用型钢制造。

车架的两端装有缓冲器。缓冲器是直接承受牵引力和冲击的部件，过去大多采用螺旋弹簧吸收冲击，近年来也有用橡胶弹簧的。

轴卡是车架与轮对的连接体，目前多采用插销式。

3）轮对

轮对是矿车的行走部分，按结构不同可分为开式和闭式两种。开式轮对的车轮有端盖，便于拆装和调整轴承间隙，但是端盖增加了轴承进水的机会并易丢失。闭式轮对的车轮无端盖，检修拆装时，两轴承通过同一内孔，容易造成内孔加大而失效。

4）连接器

目前矿车使用的连接器都是牵引链型，由牵引链、插销和插销座组成。牵引链有单环、三环和万能链3种。万能链用于不摘钩翻车机卸载。插销座与缓冲器铸成一体。

《煤矿安全规程》规定：倾斜井巷运输时，矿车之间的连接、矿车和钢丝绳之间的连接都必须使用不能自行脱落的连接装置。因此，矿车连接器的插销必须有防脱落装置。多年使用表明，锁圈式防脱落装置较好。

连接器是涉及重大安全问题的部件，《煤矿安全规程》对连接器有严格的规定。矿车的连接钩环、插销和无极绳运输的连接装置的安全系数都不得小于6。上绳式无极绳运输用的连接装置的安全系数不得小于8。

运送人员车辆的每一个连接器、钩环和保险链的安全系数都不得小于13。

矿车连接装置至少每两年进行一次两倍于最大静荷重的拉力试验。

五、矿用电机车的主要机械结构

矿用电机车是由机械和电气两大部分组成。如图5－54所示为ZK型矿用架线式电机车构造示意图。机械构造包括车架、轮对、轴承和轴箱、弹簧托架、制动装置、加砂装置、齿轮传动装置及连接缓冲装置等。

1. 车架

车架是机车的主体，采用由厚钢板焊接的框架结构，除了轮对和轴承箱，机车上的机械和电气装置都安装在车架上。车架用弹簧托架支承在轴箱上，运行中经常受到冲击、碰撞而产生变形，所以应加大钢板厚度或采取增加刚度的措施。

2. 轮对

轮对是由两个车轮压装在一根轴上而成。车轮有两种：一种是轮箍和轮心热压装在一起的结构，如图5－55所示；另一种是整体车轮。前者的优点是轮箍磨损到极限时，只更

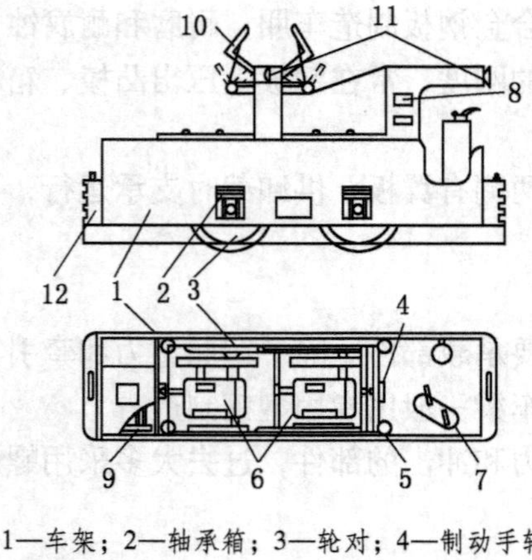

1—车架；2—轴承箱；3—轮对；4—制动手轮；
5—砂箱；6—牵引电动机；7—控制器；
8—自动开关；9—起动电阻器；10—受电弓；
11—车灯；12—缓冲器及连接器

图5－54　架线式电机车的基本构成

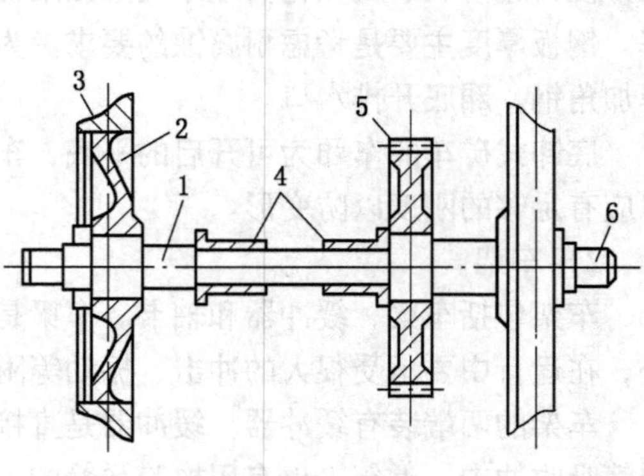

1—车轴；2—轮心；3—轮圈；
4—轴瓦；5—齿轮；6—轴颈

图5－55　矿用电动机车轮对

换轮箍而不致整个车轮报废。机车的两个轮对上都装有传动齿轮，电动机经齿轮减速后带动轮对旋转。

3. 轴箱

轴箱是轴承箱的简称，内有两列滚动轴承，与轮对两端的轴颈配合安装，如图5-56所示。轴箱两侧的滑槽与车架上的导轨相配，上面有安放弹簧托架的座孔。车架靠弹簧托架支承在轴箱上，轴箱是车架与轮对的连接点。轨道不平时，轮对与车架的相对运动发生在轴箱的滑槽与车架的导轨之间，依靠弹簧托架起缓冲作用。

4. 弹簧托架

弹簧托架是一个组件，由弹簧、连杆、均衡梁组成，它的作用是缓和运行中对机车的冲击和振动。图5-57是一种使用板簧的弹簧托架。每个轴箱上的孔座装一副板簧，板簧用连杆与车架相连。均衡梁在轨道不平或局部有凹陷时，起均衡各车轮上负荷的作用。目前也有在矿用电机车上使用橡胶弹簧和加装液压减振缸来提高减振效果的。

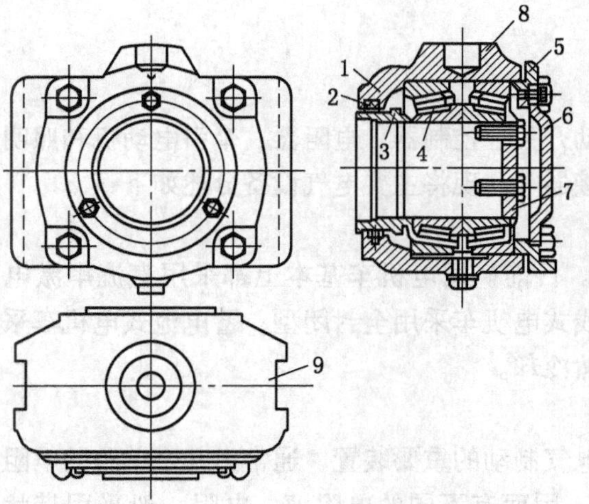

1—轴箱体；2—毛圈；3—止推环；4—滚柱轴承；5—止推盖；6—轴箱端盖；7—轴承压盖；8—座孔；9—滑槽

图5-56 轴箱

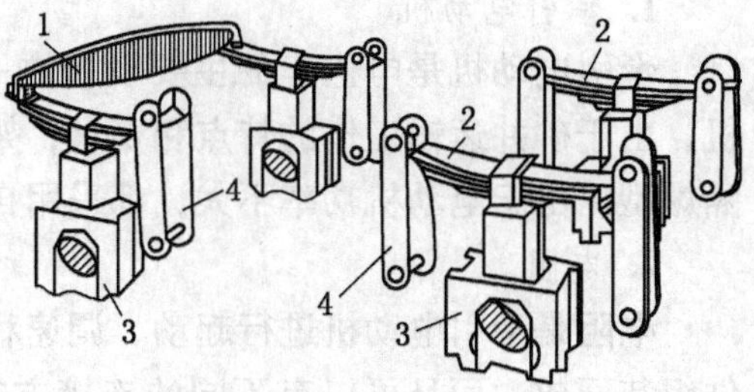

1—均衡梁；2—板弹簧；3—轴箱；4—弹簧支架

图5-57 弹簧托架

5. 齿轮传动装置

矿用电机车的齿轮传动装置有两种形式。一种是单级开式齿轮传动，其结构如图5-58a；另一种是两级闭式齿轮减速箱，其结构如图5-58b。开式传动方式传动效率低，传动比较小；闭式齿轮传动箱效率较高，齿轮使用寿命长。

6. 制动装置

机械制动装置又称为制动闸，它的作用是保证电机车在运行过程中能随时减速或停车。按其操作动力可分为气动闸、液压闸和手动闸3种。

图5-59所示为手动机械制动装置，顺时针操作手轮通过连杆系统使闸瓦向车轮施加压力，产生摩擦阻力，实现电机车制动；反向操作手轮则解除制动。制动装置要经常检查，以保证其工作的可靠性。

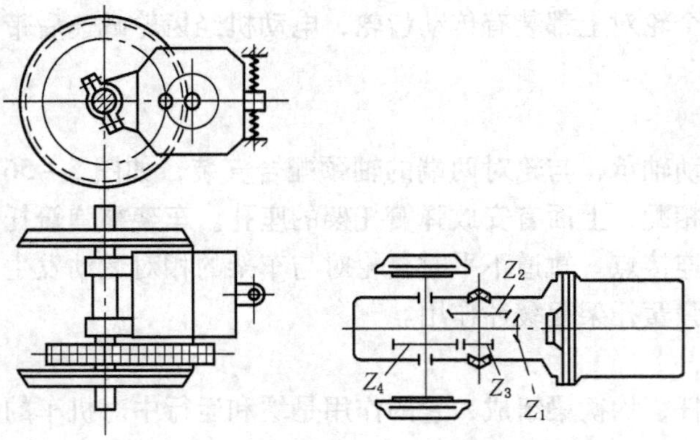

(a) 单级开式齿轮传动　　(b) 闭式齿轮减速箱

图 5-58　矿用电动机的齿轮传动装置

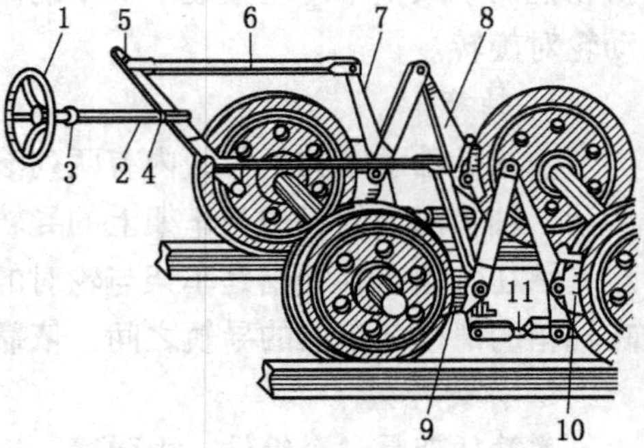

1—手轮；2—螺杆；3—衬套；4—螺母；
5—均衡杆；6—拉杆；7、8—制动杆；
9、10—闸瓦；11—正反扣调节螺丝

图 5-59　矿用电动机的手动制动装置

六、矿用电机车的电器设备

架线电机车的电气设备有受电器、自动开关、控制器、电阻器、牵引电动机和照明设备等；蓄电池电机车有电源装置、插销连接器等。现将主要电气设备分述如下：

1. 牵引电动机

牵引电动机是电机车的主要设备之一。目前矿用电机车基本上都采用直流串激电动机，由于矿井运输工作的特点和要求，架线式电机车采用全封闭型；蓄电池式电机车采用隔爆型。由于电动机功率不大，都采用自然冷却。

2. 电阻

电阻是牵引电动机进行起动、调速和电气制动的重要装置。通常由几个单独的电阻元件组装而成，而且可以有不同的连接方式，因而有不同的电阻值。电阻一般采用带状电阻。带状电阻是用不同断面高电阻率的铜或铁铬镍合金带做成的螺旋状电阻。

3. 受电弓

受电弓是架线式电机车用以从架空导线获取电能的装置，分为单受电弓和双受电弓，双受电弓的接触面积大，可减小接触电阻，并防止因单受电弓瞬间脱离架空线而产生电弧。

受电弓的滑动接触部分，过去多采用铝铸件，现在已用碳素滑板取代。碳素滑板具有润滑、抗磨和抗电灼的特点，能使架空线表面光洁，减少电灼伤和延长其使用寿命。

4. 自动开关

自动开关是架线式电机车的电源总开关，设有过电流保护装置。

5. 蓄电池组

蓄电池组是蓄电池电机车的电源装置，由许多个蓄电池组成。蓄电池组的主要技术特征是额定电压和额定容量。蓄电池的容量是充足了电之后，以恒定电流连续放电至端电压为极限电压时为止，其值为放电电流与放电时间的乘积，单位为 A·h。蓄电池的容量与放电电流有关，放电电流愈大，容量愈小。电机车的蓄电池一般以 5 h 制（即放电时间为

5 小时）为额定标准。

矿用蓄电池有一般型和防爆特殊型两种。矿用一般型没有防爆性能，防爆特殊型有防爆性能。防爆特殊型蓄电池的防爆性能，不是依靠采用隔爆外壳，而是在蓄电池本身和蓄电池箱内采用特殊措施，使蓄电池在正常和故障时不发生电弧或电火花，消除火源，并防止氢气在箱内聚集的办法，使蓄电池箱内不产生爆炸的因素，达到防爆目的。

6. 电控装置

电控装置是控制牵引电动机和电机车运行的重要设备。它的作用是操纵电机车前进或后退运行的方向，并控制电机车的起动、调速、停车及电气制动。按控制方式分为两种：一种是利用控制器进行控制的有触点的电控装置，另一种是利用晶闸管脉冲调速的无触点的电控装置。

【基本技能】

一、电机车的使用与维护

电机车在运行中必须按规程正确操作和使用，加强日常维护工作，使其处于良好的工作状态。

（一）电机车的操作

（1）控制器的主轴手柄由一位置转至另一位置时，动作应迅速果断，不要停滞于两位置之间，以免引起电流烧损触头。

（2）发现车轮打滑时应立即把主轴手柄扳到零位，再逐渐转动手柄至正常运转位置。不允许为预防车轮打滑，在主轴手柄未转到零位前就施闸制动，以防电动机过度超载而烧坏。

（3）降下受电弓后，必须迅速将控制器主轴手柄转到零位。

（4）起动和停车时要特别注意操作，不应以逆电流使电机反转来停车。

（二）电机车的维护

（1）检查制动系统的杠杆、销轴是否良好，动作是否灵活，并进行注油。

（2）检查闸瓦磨损情况，更换磨损超限的闸瓦；检查闸瓦与车轮踏面的间隙，超过规定的要及时调整；清除调节闸瓦螺杆和闸瓦上的泥垢。

（3）检查车轮有无裂纹，轮箍是否松动，检查车轮踏面磨损程度。

（4）检查传动齿轮及齿轮罩有无松动和磨损。

（5）检查车架弹簧有无裂纹及失效，清除弹簧上的泥垢，在铰接点及均衡梁之间进行注油。

（6）检查架体及各部螺栓销轴、开口销是否齐全，螺栓是否紧固齐全，吊挂牵引电动机的装置是否完好。

（7）检查连接装置，是否有损伤、磨损超限。

（8）检查撒砂系统各部件是否齐全、连接良好，砂管有无堵塞，是否对准钢轨中心，与车轮、轨道的距离是否符合要求。

（9）检查空气压缩机的运转情况，风管、汽缸、阀门是否漏风，并放出贮气罐内的废油与积水。

（10）检查电动机轴换向器、碳刷和刷架工作情况是否正常。

（11）检查调压器的接触端子，清除各处油垢。

（12）检查受电器弹簧压力是否足够，滑板是否断裂和磨损超限，各框架、螺栓及销子是否齐全完整。

（13）检查电阻器是否断裂，各接线端子是否松动，清扫尘垢。

（14）试验控制器的机械闭锁装置是否可靠，各接线端子有无松动现象；清扫控制器和接触端子、自动开关和接触端子的尘垢；检查控制器各触头特别是使用频繁的触头的烧损情况。

（15）电机车停运后立即检查牵引电动机、轴瓦及油箱的情况，电动机温度、轴瓦温度是否超限，清除油箱积尘，定期注油、换油。

（16）照明灯是否完好，亮度是否足够，熔断器是否符合规定。

（17）防爆特殊型蓄电池电机车的日常维护，除包括一般电机车的项目外，还要对电源装置进行检查，电源装置的检查工作由充电工负责在充电室内进行。

（三）电机车的常见故障分析与预防

电机车的常见故障分析与预防见表5-9。

表5-9 电机车的常见故障分析与预防

序号	故障特征	主要原因	处理方法
1	电机车牵引力太小	1. 主动轮对轮缘表面有油污 2. 轨道表面有水或污物 3. 双电机只有一台工作	1. 清理油污 2. 清理水或污物 3. 维修控制器或电动机接线
2	电机车牵引速度低	1. 供电线路电压偏低 2. 列车的矿车数偏多 3. 晶闸管脉冲调速装置电器元件损坏	1. 升高线路电压达到额定值 2. 减少矿车数 3. 检修并更换损坏的电器元件
3	电机车运行冲击力大	1. 起动过程操作不当 2. 弹簧托架的钢板折断 3. 车轮轮箍磨损严重并失圆 4. 轨道变形	1. 按规程操作 2. 更换弹簧钢板 3. 更换轮对或轮箍 4. 维修轨道
4	电动机不能正常起动	1. 电枢绕组、励磁绕组接线因焊接不良或碳刷压力过大而开路 2. 整流子火花太大，温升过高而开焊 3. 换向器的焊点断开 4. 碳刷过渡磨损，压力不足 5. 受电弓损坏或与架空线接触不良 6. 晶闸管脉冲调速装置电器元件损坏 7. 供电线路电压低于规定值	1. 检查碳刷压力，维修线路 2. 维修整流子和线路 3. 维修焊接点 4. 更换碳刷 5. 维修或更换受电弓 6. 检查维修、更换损坏电器元件 7. 升高线路电压达到额定值
5	电动机过热	1. 牵引的矿车数太多 2. 电机车频繁起动 3. 电动机轴承润滑油过多 4. 电枢绕组短路 5. 传动装置有故障	1. 减少矿车数 2. 避免短时间内多次起动 3. 减少轴承润滑油的量 4. 维修电枢绕组 5. 检查并维修

表5-9（续）

序号	故障特征	主要原因	处理方法
6	电动机声音异常	1. 轴承过渡磨损或损坏 2. 轴承润滑油不足或不洁 3. 碳刷压力过大 4. 固定磁极的螺钉松动 5. 整流子失圆或损坏	1. 更换轴承 2. 补充或更换润滑油 3. 调整碳刷压力 4. 拧紧松动的螺钉 5. 维修整流子
7	电动机轴承或轴承过热	1. 轴承损坏 2. 润滑油不足或不洁	1. 更换轴承 2. 补充或更换润滑油
8	轴承箱过热	1. 轴承箱与车轮轮毂的间隙过小 2. 箱内润滑油时间太长或不洁 3. 轴承损坏或轴承内外圈及滚柱表面有损伤和疲劳麻点	1. 适当增大二者间的间隙 2. 更换润滑油 3. 更换轴承
9	齿轮箱有异常噪声	1. 齿轮磨损严重，有剥蚀或断齿，或箱内有异物 2. 润滑油量不足或不洁 3. 操作不当，即电机车前进时突然过渡到后退，产生强大冲击	1. 检查、更换齿轮，排除异物 2. 补充或更换润滑油 3. 按规程操作
10	撒砂不灵活	1. 砂子的粒度偏大，含土量大 2. 砂子太潮湿或砂箱进水 3. 操纵杆等操作不灵活	1. 选用符合要求的砂子 2. 选用干砂并防止砂箱进水 3. 调整操纵杆

【技能训练】

（1）力求在“教、学、做”一体化教室教学，将理论知识的讲授与机械设备实操有机结合。

（2）在实训基地或顶岗实习、生产实习中参加生产劳动，操作使用电机车。

（3）在操作、使用电机车的过程中观察发现常见故障，并参与故障分析和处理。

（4）学生熟悉电机车的结构、安装要求、使用要求等内容之后，在教师的指导下按照任务驱动法分小组让学生完成电机车的启动、停止、运行、安装等操作。

【教学考核】

考核评价表见表5-10。

表5-10 考核评价表

项目名称	矿用电动机车			
学生姓名		班级		考核时间
评价方式	学生分组及组别□□　自我□　教师□			
评价地点	实训现场□　教学做一体化教室□　普通教室□			
需要的设备、工具	矿用电动机车一台			

表5-10（续）

考核项目	内容和要求	标准分	评分标准	得分
基本知识	1. 矿用电机车的类型和应用范围 2. 矿用电机车的基本组成及各部分的作用 3. 矿用电机车牵引力产生过程，黏着系数对牵引力的影响 4. 矿用电机车制动力产生过程，黏着系数对制动力的影响（可以采取手指口述的方式考核）	25	每缺一项或回答不正确扣6分	
基本技能	1. 能看懂各部件的结构图 2. 掌握各部件的作用和相对位置关系 3. 说明矿用电机车的操作要领 4. 能说出6条矿用电机车维护的条目 5. 能说出牵引电动机不能正常启动的原因及处理方法 6. 能说出矿用电机车撒砂不灵活的原因及处理方法	45	每缺一项或回答不正确，操作不规范扣7分	
职业素质	1. 热爱劳动，积极参加 2. 同学之间协作学习 3. 口述表达准确流畅 4. 能正确使用常用工具 5. 能收集教材以外的资料 6. 注重工作现场整洁	30	每缺一项或工作达不到要求扣5分	
总分				

考核评价人签字：

年　月　日

项目四　辅助运输设备

【学习目标】

知识目标：掌握齿轨车、卡轨车、齿轨卡轨车、钢丝绳运输、单轨吊运输的组成及作用，了解无轨运输。

技能目标：掌握小绞车的操作，了解无轨胶轮车的操作。

【基本知识】

一、概述

辅助运输是指除了煤以外的一切材料、设备和人的运输。其特点是运输类型多、运送去向多、巷道条件多样。类型多表现在既运物又运人，物品中有整体、散件，大小长短轻重差异很大；运送去向多是指需要运到各工作面和井下一切场所。

现代化矿井的辅助运输工作量很大，一个综采工作面的设备有100 t以上，每采完一个工作面就需要转移一次；巷道支护材料和井下使用的机电设备，随机械化程度的提高而增加；对于大型矿井来说，矸石的运量也相当可观。因此，辅助运输的机械化和采、掘、运的机械化同样重要，否则全员效率无法提高。辅助运输的机械化还影响综采设备能力的发挥，若综采工作面的设备转移所需时间长，就大大减少了一套设备的年生产能力。

对辅助运输设备的要求是能在水平、倾斜和转弯的巷道中连续运行不需要转载，运输距离可按需要变化；运输能力大，成套设备能不解体整运，也能运送多种材料和设备，易于装卸；与主要运输设备无相互干扰，运行安全可靠，操作使用简便。

根据辅助运输设备的特点和要求，常用的设备有钢丝绳运输、单轨吊车、卡轨车、齿轨机车、无轨胶轮运输车、单绳索道等。

二、钢丝绳运输

（一）钢丝绳运输

钢丝绳运输是以绞车作为动力装置，通过钢丝绳牵引矿车或其他运输容器在轨道上运行进行运输作业的一种运输方式。它分为有极绳运输和无极绳运输两类。

有极绳运输是反映钢丝绳的一端与矿车相连，通过绞车放出或收回钢丝绳使矿车组在斜坡上运行的运输方式。有极绳运输可分为单绳和双绳运输。

单绳运输是用一台单滚筒绞车，通过钢丝绳牵引矿车组，沿倾斜向上或向下运行，如图5－60a所示。

双绳运输是用一台双滚筒绞车，每个滚筒各牵引一组矿车，钢丝绳在两个滚筒上的缠绕方向相反，绞车旋转时，一组矿车被牵引向上运行，另一组向下运行如图5－60b所示。有极绳运输只能用于一定坡度的斜巷，因此，主要用于小型矿井的主、副斜井提升和一般矿井采区上、下山的辅助。

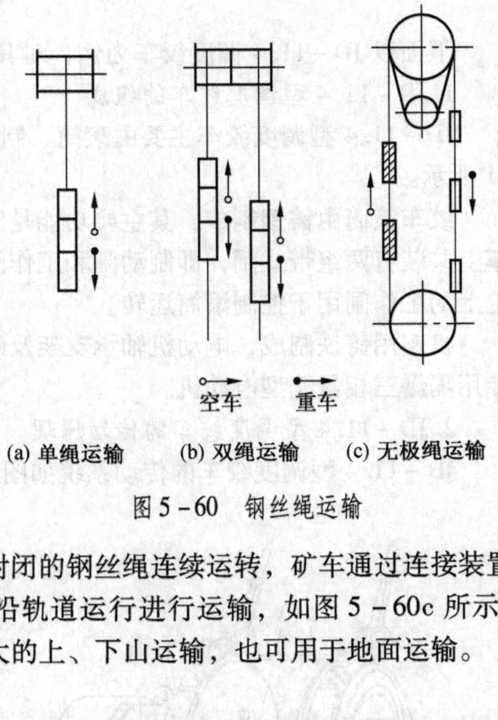

图5－60　钢丝绳运输

无极绳运输是用摩擦轮绞车带动一条无极封闭的钢丝绳连续运转，矿车通过连接装置与钢丝绳挂接起来，靠运行的钢丝绳带动矿车沿轨道运行进行运输，如图5－60c所示。无极绳运输适用于矿井井下水平巷道或倾角不大的上、下山运输，也可用于地面运输。

（二）调度绞车

调度绞车是用来调度车辆及其进行辅助牵引作业的一种绞车，多用于矿井巷道中拖运矿车及辅助搬运，也可用在采掘工作面和装车站调度空、重载矿车。调度绞车技术性能见表5－11。

表5－11　调度绞车的技术规格表

型　号	滚　筒		牵引力/N	最大容绳量/m	绳速(平均)/($m\cdot s^{-1}$)	电动机功率/kW	绞车质量/kg
	直径/mm	宽度/mm					
JD－4.5	200	300	4000	300	0.59	4.5	563
JD－11.4	220	307	1000	400	0.733	11.4	578

表 5-11（续）

型　号	滚　筒		牵引力/N	最大容绳量/m	绳速（平均）/（m·s⁻¹）	电动机功率/kW	绞车质量/kg
	直径/mm	宽度/mm					
JD_2-25	310	400	18000	400	1.086	25	1370
JDM-4.2	200	325	12000	150	0.21	4.2	543

型号示例如下：

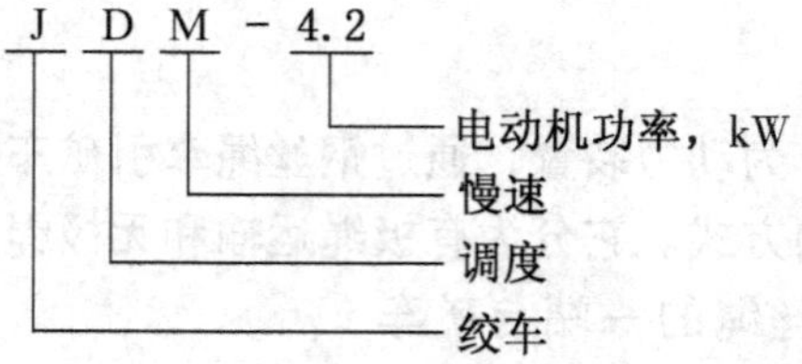

下面以 JD-11.4 调度绞车为例，对其结构组成和传动原理进行说明。

1. JD-11.4 型调度绞车的组成

JD-11.4 型调度绞车主要由滚筒、制动装置、机座和电动机等组成。其外形如图 5-61 所示。

绞车滚筒由铸钢制成，其主要功能是缠绕钢丝绳牵引负荷。滚筒内装有减速齿轮。绞车上共装有两组带式闸，即制动闸和工作闸。电动机一侧的制动闸用来制动滚筒，大内齿轮上的工作闸用于控制滚筒运转。

机座用铸铁制成，电动机轴承支架及闸带定位板等均用螺栓固定在机座上。电动机为专用隔爆三相鼠笼型电动机。

2. JD-11.4 型调度绞车的传动原理

JD-11.4 型调度绞车的传动系统如图 5-62 所示。

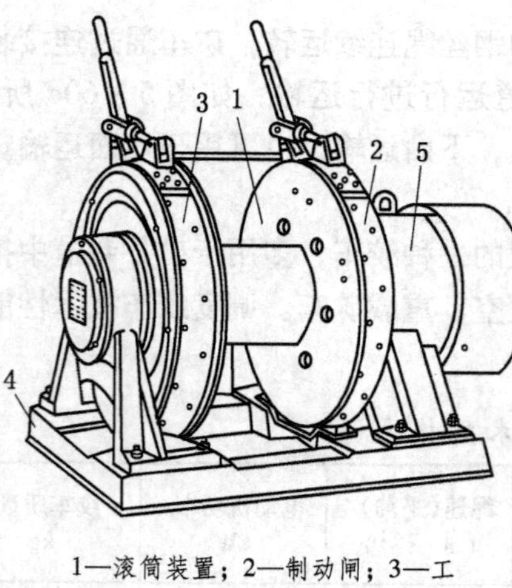

1—滚筒装置；2—制动闸；3—工作闸；4—底座；5—电动机

图 5-61　JD-11.4 型调度绞车外形

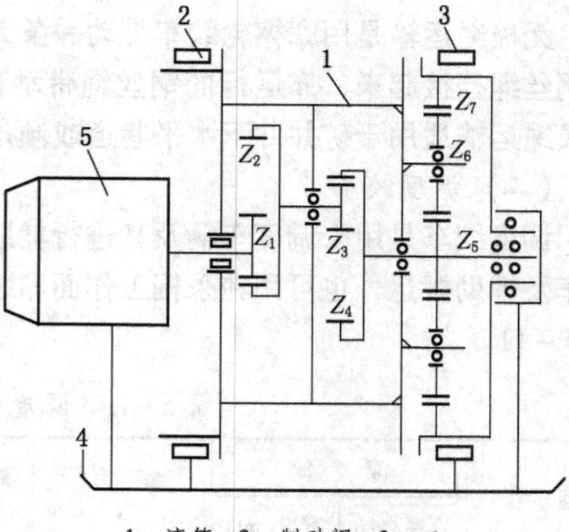

1—滚筒；2—制动闸；3—工作闸；4—机座；5—电动机

图 5-62　JD-11.4 型调度绞车传动系统

该型绞车采用两级内啮合传动和一级行星传动。Z_1、Z_2 和 Z_3、Z_4 为两级内啮合传动，Z_5、Z_6、Z_7 组成行星机构。

在电动机轴头上安装着加长套的齿轮 Z_1，通过内齿轮 Z_2、齿轮 Z_3 和内齿轮 Z_4，把运动传到齿轮 Z_5 上，齿轮 Z_5 是行星轮系的中央轮（或称太阳轮），再带动两个行星齿轮 Z_6 和大内齿轮 Z_7。行星齿轮自由地装在两根与滚筒固定连接的轴上，大内齿轮 Z_7 齿圈外部装有工作闸，用于控制绞车滚筒运转。

若将大内齿轮 Z_7 上的工作闸闸住，而将滚筒上制动闸松开，此时电动机转动由两级内齿轮传动到 Z_5、Z_6 齿轮和 Z_7。但由于 Z_7 被闸住，不能转动，所以齿轮 Z_6 只能一方面绕自己的轴线自转，同时还要绕齿轮 Z_5 的轴线（滚筒中心线）公转。从而带动与其相连的滚筒转动。

反之，若将大内齿轮 Z_7 上的工作闸松开，而将滚筒上的制动闸闸住，因 Z_6 与滚筒直接相连，只作自转，没有公转，从 Z_1 到 Z_7 的传动系统变为定轴轮系，齿轮 Z_7 做空转，绞车滚筒不能转动。交替松开（或闸住）制动闸或工作闸，即可使调度绞车在不停电动机的情况下实现运行和停车。当需要作反向提升时，必须重新按启动按钮，使电动机反向运转。

需要注意的是，当电动机启动后，不能将工作闸和制动闸同时闸住，这样会烧坏电动机或发生其他事故。

（三）回柱绞车

回柱绞车又称慢速绞车，它是用来拆除和回收采煤工作面支柱的一种机械。把回柱绞车布置在距回柱空顶危险段较远的安全地段，用钢丝绳钩头来拉倒和回收支柱。此外，还可用它来拖运重物和调运车辆。

常见回柱绞车型号有 JH2－5 型、JH－8 型、JH2－14 型等。其型号示例如下：

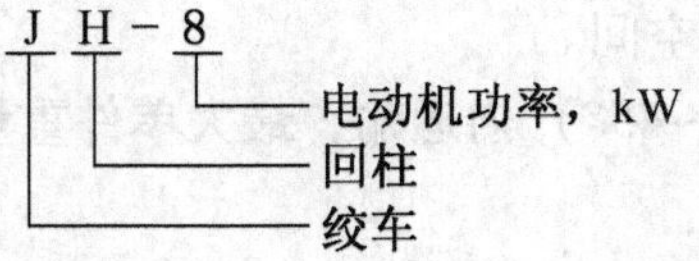

下面以 JH－8 型回柱绞车为例来介绍回柱绞车结构特点。

1. JH－8 型回柱绞车

JH－8 型回柱绞车有以下特点：

（1）总减速比较大（i＝150～230），能在电动机功率较小时，获得较大的牵引力。

（2）传动系统中都有一级减速比很大的蜗轮蜗杆传动机构，具备自锁功能，不会发生下放重物时拉动滚筒旋转的情况。

（3）具有整体结构，便于移动和安装，甚至可以用回柱绞车来牵引绞车本身移动。

（4）电气控制装置较简单，皆具备隔爆性能，可用于有瓦斯、煤尘的环境场所。

（5）因蜗轮蜗杆传动效率低，易造成发热和温升过高，所以必须重视润滑和维护。

JH－8 型回柱绞车的结构外形如图 5－63 所示。

2. JH－8 型回柱绞车传动系统

JH－8 型回柱绞车传动系统如图图 5－64 所示。该回柱绞车特设有离合齿轮，与蜗轮轴上的内齿轮啮合，起离合器作用。当支柱被拉倒后，可推动离合器手把，使离合齿轮脱离内齿轮，滚筒即可自由旋转，此时可以进行快速放绳。为了防止滚筒旋转过快，使钢丝绳散乱，可推动离合器手把至制动位置，使离合齿轮的摩擦锥面与固定在蜗轮箱端面的端盖锥面接触，产生制动作用。

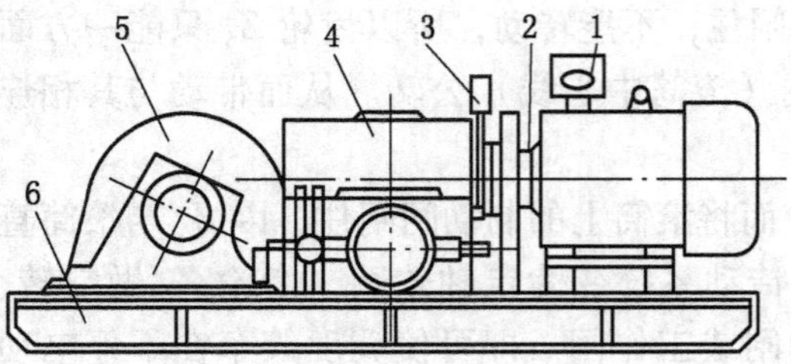

1—电动机；2—弹性联轴器；3—齿轮离合器；4—蜗轮减速器；5—滚筒装置；6—机座

图5-63　JH-8型回柱绞车

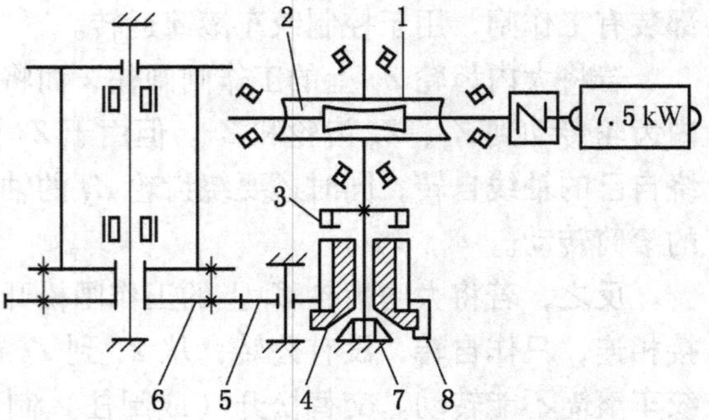

1—蜗杆；2—蜗轮；3—内齿轮；4—离合齿轮；5—齿轮；6—大齿轮；7—锥面端盖；8—离合齿轮拨块

图5-64　JH-8型回柱绞车传动系统

三、单轨吊车

（一）概述

单轨吊车运输是一套设备系统的总称，是将运送人员、物料的车辆悬吊在巷道顶部特制工字钢单轨上的运输系统。单轨吊车具有以下特点：

（1）单轨吊车挂在顶板或支架上运送负载，安装时不受底板条件和巷道物料堆积的影响，能有效地利用巷道断面空间。

（2）可在倾斜巷道（18°~45°）内运输，最大单件重量达12~16 t，最小曲率半径水平4 m，垂直10 m。

（3）与同功能的地轨式运输系统相比，初期投资少，运行维护费较低。

（4）机车单轨吊车比较灵活，一台机车可进入多条分支巷道运送物料，可实现不转载运输，运行阻力小、效率高、用人少。

（5）钢丝绳牵引单轨吊车的牵引力、承载力和爬坡能力不如卡轨车。钢丝绳牵引单轨吊车一套运距一般不超过1.5 km，弯道需装大量绳轮且不能进入分支岔道。

（6）柴油机单轨吊车的机车排气有少量污染和异味，蓄电池机车单轨吊车无排气污染，运转热量小，噪声低，功率小，但重量大。

（7）需要有可靠的悬吊单轨的吊挂承载装置，吊挂在拱形或梯形钢支架上，支架应装拉条加固。

单轨吊车按牵引设备的不同，可分为钢丝绳牵引单轨吊车和机车牵引单轨吊车两种，其中机车牵引单轨吊车的机车分柴油机单轨吊车机车和蓄电池单轨吊车机车。使用最多的是柴油机单轨吊，其特点是体积小，机动灵活，适应性强，不怕水，不怕煤，不受底板状况的影响，过道岔方便。连续运输距离长，用于掘进巷道时能迅速延伸轨道，既安全可靠，经济性也好。

单轨吊车主要由轨道、牵引设备和吊挂车辆组成，吊挂车辆按其用途主要有牵引吊车、制动吊车、承载吊车及乘人吊车等形式。

图5-65是钢丝绳牵引单轨吊车运输系统，主要由牵引装置、张紧装置、导轨、支承车、制动车、控制车等组成。

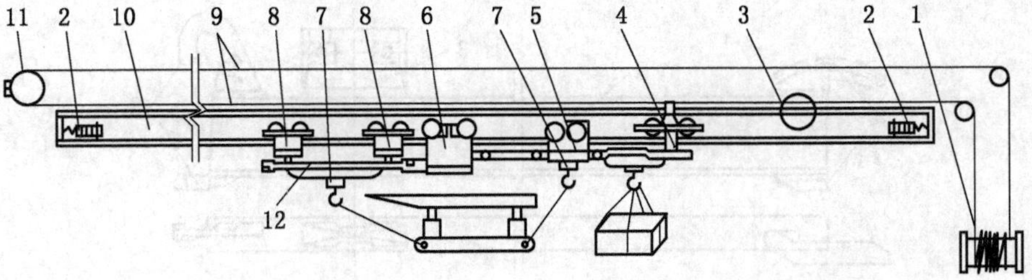

1—牵引绞车；2—缓冲器；3—导绳滑轮组；4—牵引车；5—制动车；6—控制车；7—倒链起重器；8—支承车；9—牵引钢丝绳；10—吊挂车导轨；11—尾轮；12—横梁

图5-65 钢丝绳牵引单轨吊车运输系统

单轨吊车的工作原理是通过牵引设备（钢丝绳牵引单轨吊车的牵引设备为摩擦轮绞车，机车牵引单轨吊车的牵引设备是牵引吊车）牵引各种吊挂车辆沿吊挂在巷道顶部的特制工字钢做成的单轨上行走，从而实现运输。

（二）轨道

单轨吊车的轨道是工字形断面，但与普通的工字钢不同，它的翼板厚而窄，对长度方向的平直性、截面形状误差、机械强度和化学成分都有严格的要求，以提高其承载能力和耐磨损能力，减少运行阻力。

轨道有直轨、曲轨两种。国内外使用较多的单轨型材为I140E型钢，目前我国还不能生产，但小功率机车单轨吊车、载重较小的钢丝绳牵引单轨吊车系统中可用I140热轧普通工字钢替代。

采用I140E型钢加工的直轨每节长不超过3 m，其两端有连接机构和吊钩。节间连接结构应在水平和垂直两个方向各有一定角度变化的间隙。直轨之间通常采用吊耳和塔式连接，如图5-66a、图5-66b所示。曲轨与直轨、曲轨与曲轨之间用法兰盘连接，如图5-66c所示。

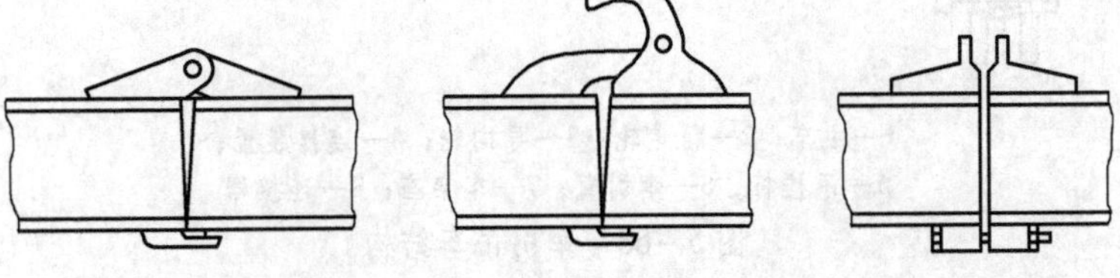

(a) 吊耳连接　(b) 塔式连接　(c) 法兰盘连接

图5-66 单轨的连接

用钢丝绳牵引时，为安装导绳轮，每隔一定距离（最大间隔距离不超过24 m）采用一节带有绳轮座的直轨，如图5－67所示。水平曲轨每节弧长不大于2 m，曲轨半径不小于4 m，弧长超过1.6 m时，在中点增设一吊耳；竖直弯曲轨每节弧长不大于3 m，曲率半径不小于10 m，弧长超过1.6 m的凸向弯轨，在中点增设一吊耳。每节曲轨上都有绳轮座。

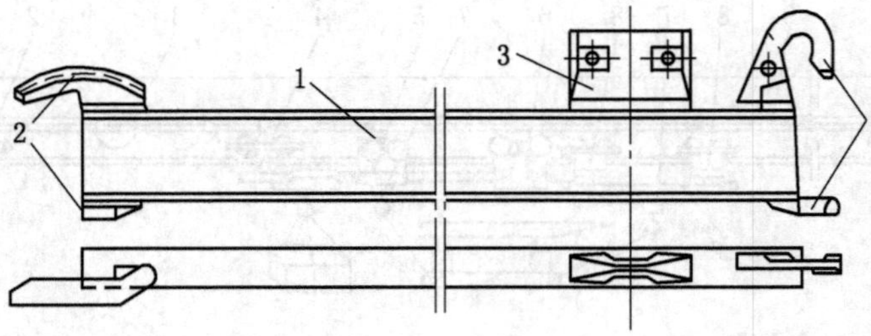

1—工字钢；2—吊钩；3—绳轮座

图5－67　有绳轮座的直轨

（三）吊车

1. 牵引吊车

用钢丝绳牵引时，需要使用一个专用的牵引吊车来牵引其他吊挂车辆。这种吊车的结构如图5－68所示。在中间的主车上，有与牵引绳连挂的外伸式牵引臂，为使吊车在牵引绳的偏心力作用下不发生偏斜，牵引吊车的车架上，除了行走轮外，还有成对安装的导向轮。牵引吊车的一端与车组中的吊车连挂。

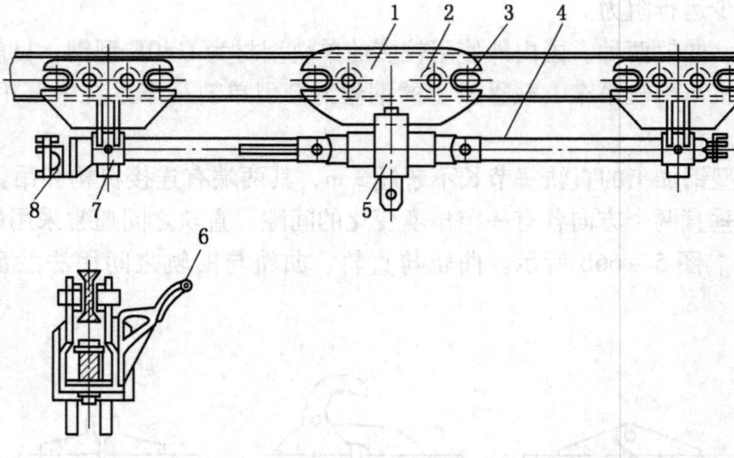

1—主车；2—行走轮；3—导向轮；4—连接装置；
5—吊挂杆；6—牵引臂；7—车架座；8—连接器

图5－68　牵引吊车结构

2. 制动车和控制车

制动车由车体、制动液压缸等组成。如图5－69所示，滚轮端部装有硬合金闸块，车组运行时，制动液压缸内充有压力油，使闸块离开导轨腹板而处于松闸状态。需要制动时，使制动液压缸内压力释放，在弹簧力作用下，闸块压紧导轨腹板实现停车制动。

制动车的抱闸和松闸是通过控制车上的控制系统来实现的。控制车液压系统如图 5－70 所示，扳动手把，限压阀阀芯上移，切断油路，通过手摇泵，使压力油进入制动液压缸，实现松闸；当压力油达到规定值时，松开手把，停止转动手摇泵，此时限压阀在控制油压作用下，处于断路状态，放泄阀在两端油压作用下，压力平衡，也处于断路状态，吊挂车组处于正常运行状态。当由于泄漏或其他原因使工作压力下降时，限压阀阀芯下移接通油箱卸压，放泄阀左移使制动缸油压迅速释放而制动停车，限压阀的作用是保持系统中一定的油压，保证制动车在全松闸状态下运行，避免了油压低、半松闸状态下运行所引起的阻力增大和闸块磨损。

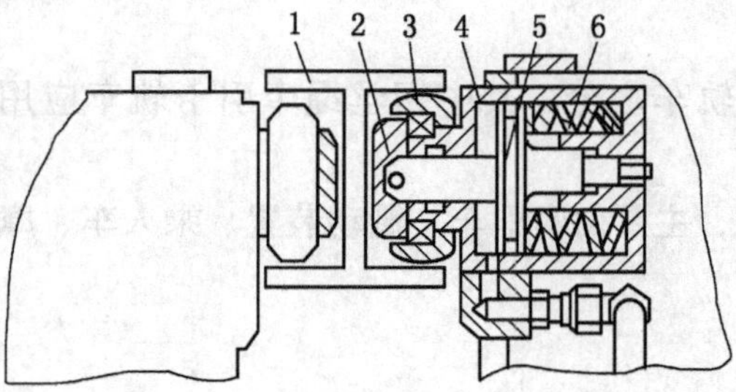

1—导轨；2—闸块；3—支撑滚轮；
4—制动液压缸；5—活塞；6—弹簧

图 5－69　制动液压缸结构

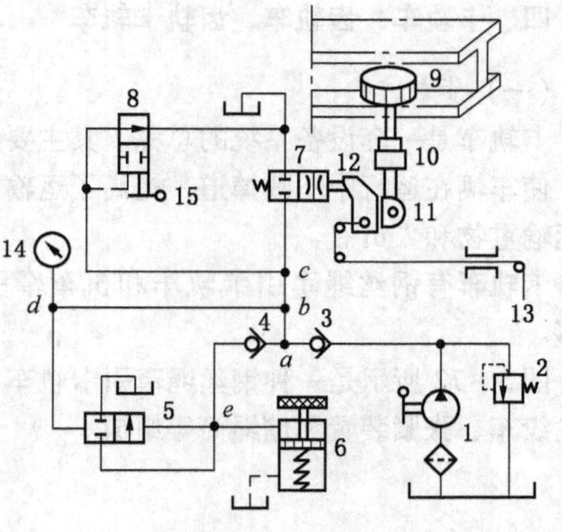

1—手摇泵；2—安全阀；3、4—单向阀；5—放泄阀；
6—制动液压缸；7—释放阀；8—限压阀；9—驱动轮；
10—离心式离合器；11—凸轮；12—板爪；
13—操纵绳；14—压力表；15—手把

图 5－70　控制车的液压系统

断绳自动抱闸是通过离心式离合器来实现的。驱动轮紧靠导轨腹板随吊挂车组的运行而转动，吊挂车组正常运行时，驱动轮转速较低，离心式离合器处于收缩状态，凸轮不转动。当牵引钢丝绳发生断绳跑车事故时，因车速增大，驱动轮转速亦迅速增大，驱动轮速度超过 3 m/s 时，离合器张开，带动凸轮旋转，推动板爪左移使释放阀动作接通油箱，放泄阀接通制动油缸泄压，实现抱闸停车。当发生意外情况时，操作人员可拉操纵绳，使板爪推动释放阀阀芯左移泄压，也可以实现紧急抱闸停车。

3. 承载吊车

承载吊车是直接吊装设备、材料、悬吊人车或其他吊具的基本吊车。最简单的是由两对行走轮和车架构成。在车架下吊挂运载物，或在两端与其他吊具连接，如图 5－65 所示。为改善运行性能，减小通过曲线轨道和阻力，可将承载吊车设计成除行走轮之外，在前后各加一对导向轮，如图 5－71 所示。

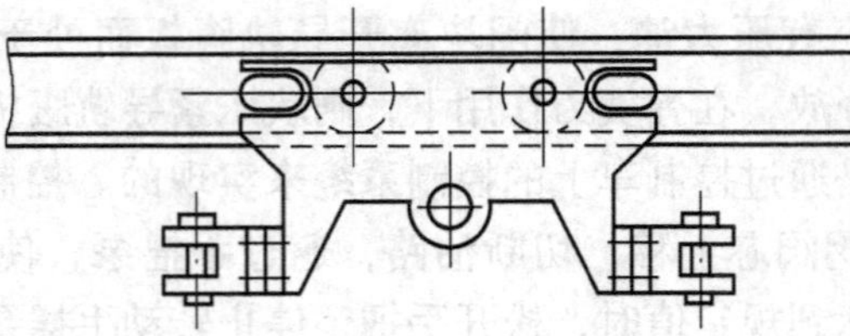

图 5-71　有导向轮的承载吊车

4. 起重吊车

起重吊车上装有起重设备和行走轮，用来运送大件设备或材料。为了增大起吊能，也可将两起重吊车组合使用。

四、卡轨车、齿轨车、齿轨卡轨车

（一）卡轨车

卡轨车是一套设备系统的总称。其主要特点是除装有承重行走车轮外，还增设了卡轨轮，使车辆在运行中不致掉道，提高了运输的安全可靠性，特别适用于在上下坡道及弯道上运输重物和人员。

卡轨车有钢丝绳牵引卡轨车和机车牵引卡轨车之分，其中钢丝绳牵引卡轨车应用较多。

图 5-72 所示是一种钢丝绳牵引卡轨车系统，主要由牵引车、制动装置、乘人车、摩擦轮绞车、张紧装置和储绳筒等组成。

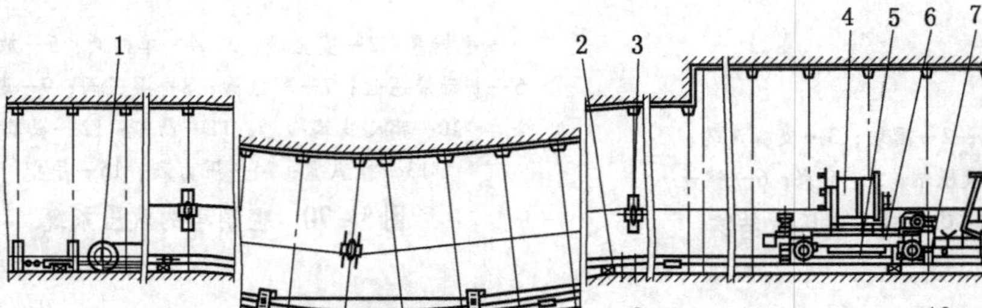

1—尾轮；2—托绳轮；3—储绳轮；4—储绳筒；5—制动装置；6—牵引车；
7—卡轨轮；8—乘人车；9—摩擦轮绞车；10—张紧装置

图 5-72　钢丝绳牵引卡轨车系统

可根据运输需要将各种车辆连成车组，运输时开动摩擦轮绞车，使摩擦轮连续运转，在钢丝绳与摩擦轮间摩擦力的作用下，钢丝绳牵引车组沿轨道运行，完成运输任务。

1. 轨道

卡轨车所用轨道多为槽钢制成，也有普通轨和异型轨。槽钢轨有槽口向内和槽口向外两种。槽钢轨用 18 号槽钢焊成梯子形整体结构，每节 3 m，安装时不用铺道砟，将卡轨轨道用轨枕固定安装在底板上即可。异型轨采用 11 号工字钢改制而成，它适用于专用卡轨车运行，也能使普通矿车顺利通过。普通轨即为窄轨铁路运输的轨道，一般需采用重型轨，并加固轨道连接和道床结构，提高安装精度，但经济性和可靠性比槽钢轨和异型轨差。

2. 卡轨车辆

卡轨车辆按其功能分为牵引车、制动车、承载车和乘人车等。

卡轨车在结构上除装有行走轮外，还装设了防止行走轮脱轨的装置，即卡轨轮。卡轨轮装在车架底部，卡在槽钢轨道的槽内，使行走轮转动时不致掉道。

1） 牵引车

牵引车是钢丝绳牵引卡轨车系统中与牵引钢丝绳连挂的车辆，如图 5－72 中的牵引车。在车上装有固定钢丝绳的绳卡及储绳筒，用来调节绳长，以适应运输距离的变化。

2） 制动车

制动车是钢丝绳牵引卡轨车系统中必须配备的车辆，它的功能同单轨吊车中的制动车一样，当发生断绳、脱钩或车速超过规定值时，车上的紧急制动系统动作，产生制动力，使卡轨车减速并停止在轨道上，起安全保护作用。

3） 承载车

承载车按其用途不同制成不同的结构。如平板式承载车用于运输大型设备，箱式承载车用来运送一般材料或设备，有支承架的承载车运送电缆、输送带等。各种承载车上都装有卡轨轮，承载车可用矿车、平板车加装卡轨轮改制而成。

4） 乘人车

乘人车是专门运送人员的车辆，由车体和行走部组成，车体由钢板焊接而成，行走部结构与承载车基本相同，如图 5－73 所示。

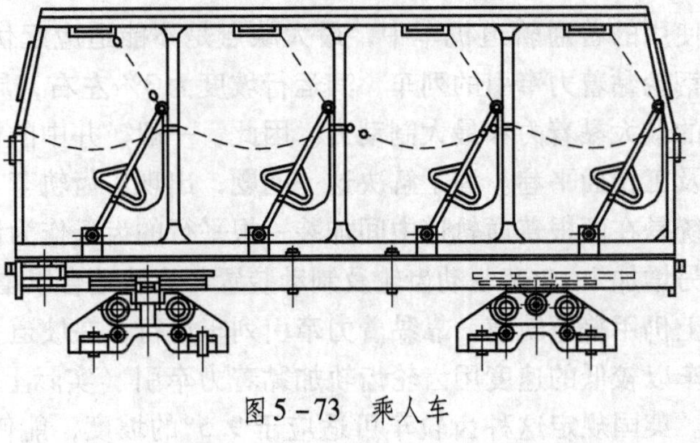

图 5－73　乘人车

3. 牵引设备

牵引设备用来牵引卡轨车运输系统中的卡轨车辆，使其沿轨道运行。牵引设备有摩擦轮绞车和卡轨机车两种，其中卡轨机车又分为柴油机卡轨机车和蓄电池卡轨机车两种。

1）摩擦轮绞车

摩擦轮绞车是钢丝绳牵引卡轨车运输系统的牵引设备，所使用的摩擦轮绞车与单轨吊车使用的摩擦轮绞车结构和工作方式相同。

2）卡轨机车

卡轨机车与吊挂机车的共同点有两个：一是在承重行走轮之外，还有驱动轮受强制加压、增黏牵引，以增大能够行驶的倾角；二是有能在较大倾角的轨道上进行紧急制动的装置。卡轨机车结构示意图见图5－74所示。

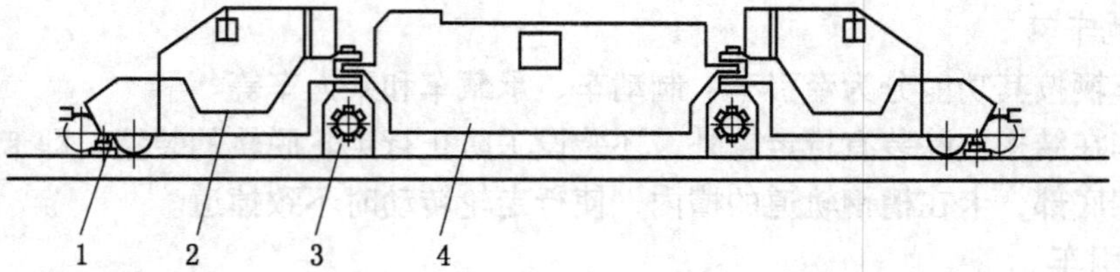

1—制动装置；2—司机室；3—驱动装置；4—动力部

图5－74　卡轨机车

动力部是防爆低污染柴油机带动的变量泵站，液压泵采用轴向柱塞变量泵。

驱动装置有两套，每套有两台定量液压马达，各带动一个驱动轮。驱动轮用液压缸紧压在轨道上，以增大卡轨机车的黏着牵引力。

制动装置有两套，在卡轨机车的两端各设一套。在弹簧力的作用下使闸瓦夹持槽钢轨道的上翼缘，以产生摩擦制动力；松闸时，靠液压力使闸瓦与槽钢轨道的上翼缘脱开。该制动装置还有超速自行制动功能。

司机室位于卡轨机车的两端，以便于双向行驶。动力部与司机室之间用垂直销轴连接，以使卡轨车能在弯道半径较小（4 m）的轨道上行驶。

（二）齿轨车

1. 使用与发展

我国煤矿大量使用的普通轨道机车中，最大缺点是不能适应起伏不平且带坡度的巷道。一般规定，靠钢轮黏着力牵引的列车，其运行坡度为3‰左右，局部坡度不超过3%，这主要是考虑列车的最大黏着力和最大制动力。因此，一般矿井中的机车运输只限于大巷而不能进入上下山及工作面平巷。为了解决这一问题，出现了齿轨车。

齿轨车运输系统是在两根普通轨道中间加装一根平行的齿条作为齿轨，机车上除了车轮作黏着牵引外，另增加1～2套驱动齿轮及制动装置与齿轨啮合以增大牵引力和制动力。这样，机车在平道上仍用普通轨道，靠黏着力牵引列车运行；在坡道上则是在轨道中间加装齿轨，机车及列车以较低的速度用齿轮齿轨加黏着力牵引（实际上是以前者为主），或只用齿轮齿轨牵引。英国规定这种齿轨车可适应于9.5°的坡度，能使列车不摘钩直接进入上下山及工作面平巷。

齿轨车有柴油机和蓄电池机车两种。

2. 优缺点及适用范围

齿轨车系统的最大优点是可以在近水平煤层，实现大巷—上下山—采区平巷轨道机车牵引煤、矸石、材料、设备和人员列车的直达运输。机车上装有工作制动、紧急制动和停车制动3套装置，并可在被牵引的列车上装制动闸，可以保证在10°以内的上下坡道可靠运行。牵引特征、适应性和经济性较好的是柴油机驱动的齿轨车。一台66 kW 柴油机齿轨车可在8°坡道上牵引140 kN 列车，并以4 km/h 的速度运行，在平巷则可用黏着牵引以15 km/h的高速运行，可满足一般矿井运输设备、材料和人员的要求。

齿轨车重量较大，造价高，约比一般机车高1~2倍。齿轨造价也高，比普通轨高2倍。齿轨要求安装稳固，需经常维修清理，否则在齿轮进出齿轨时不能正常啮合，会造成出轨事故。

(三) 齿轨卡轨车

在齿轨车基础上，其轨道改用专用轨并装备卡轨轮即形成齿轨卡轨车系统。它是齿轨车和卡轨车的结合。其目的在于，既增大了机车的牵引力和爬坡角度，又增加了列车运行的安全性和可靠性。专用轨道可以采用槽钢轨、异型轨，也可采用圆管轨。

五、无轨胶轮运输车

矿井无轨胶轮运输车不需专设轨道，能在高产高效矿井中主要完成材料、设备和人员的运输任务。可以实现不转载运输，运速快，运输能力高，大量节省了辅助运输时间及人员，提高了运输效率，而且机动灵活，操作简易，装卸方便，劳动强度大大降低。无轨胶轮运输车在美国、英国、澳大利亚、南非等产煤大国普遍使用。

无轨胶轮车特别适合于赋存较浅、倾角不大的近水平煤层的矿井，最理想的是12°的副斜井。用这种车从地面到采区直接上下，实现直达运输，从而大大提高矿井的全员效率。

无轨胶轮车一般采用铰接车身，前部为牵引车，后部为承载车，这种车可以在很小的曲率半径（3~6 m）内拐弯，且能够机动灵活地在起伏不平的巷道地板上自由驾驶。它的机身较低（一般不超过1.5 m，低的不超过1 m)，使用重型充气或充泡沫塑料轮胎。

目前，国内外矿井无轨辅助运输车辆品种繁多，每种车辆在设计时一般具有多种功能。车辆前端的工作机构可以快速更换，即可在1~2 min 内铲斗换成铲板、集装箱、侧卸料斗；也可改为人车、救护车、修理车。有的车上还可设绞车、钻机、锚杆机等，实现一机多功用。

1. 按主要功能分类

按主要功能可将无轨辅助运输车辆分为以下3种：

1）液压支架搬运车

在装备长壁式工作面时，要用较多的人力和时间来搬运液压支架，影响整个开采效率。液压支架搬运车是一种主要用来搬运工作面液压支架的运输车辆。支架搬运车具有载重能力大、运行速度快、机动灵活等特点。支架搬运车外形如图5-75所示。

2）人车及客货两用车

在高产高效矿井中，人车用来运送人员以提高工时利用率，有的人车还兼运材料。兼运材料的人车称为客货两用车。

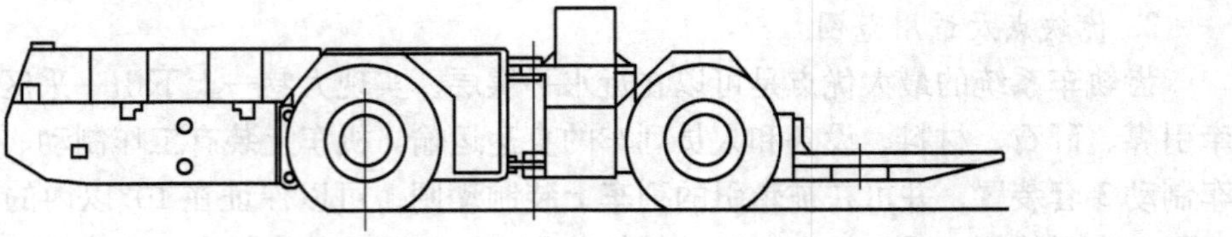

图 5-75　支架搬运车外形

3） 多功能车

在高产高效矿井中，多功能车主要用来装卸和清除物料，可更换辅助工具完成多种作业，铲斗是最普遍的附属工具。多功能车的外形如图 5-76 所示。

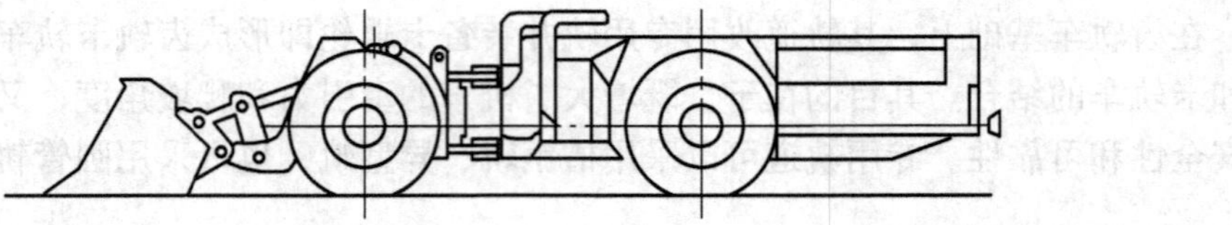

图 5-76　多功能车的外形

以上 3 种无轨辅助运输车，主要由动力机、车轮、变矩器组成的动力传动系统、转向系统、制动系统和车架等组成。动力传动系统和制动系统的结构及工作原理基本相同。

2. 按使用动力分类

按使用的动力不同可将无轨辅助运输车辆分为以下两种：

1） 蓄电池式无轨辅助运输车辆

这种车辆的动力是蓄电池，具有运转、行走灵活，机动性和适应性强，且不受行走距离的限制。蓄电池组与驱动电动机均装在车辆尾部，结构紧凑，蓄电池组为蓄电池式无轨辅助运输车辆增加了配重。蓄电池组为防爆特殊型，能够防止淋水和异物进入，对煤矿井下生产和人身安全有利，正常情况下其使用寿命可达 3～5 a，每次充电可连续工作 8 h。蓄电池组的平均过载能力为额定值的 3.5 倍，所以特别适合煤矿井下恶劣环境中使用。蓄电池工作时，对井下生产作业环境没有污染。每辆车只需 1 名司机，包括充电时更换蓄电池组的操作，因而不需要辅助工作人员。蓄电池式无轨辅助运输车辆在上下井大修时，因其自身有行走能力，不需人工推拉机器，省工省时，但蓄电池式无轨辅助运输车辆造价高，同时还需要配备充电机。

综上所述，尽管蓄电池式无轨辅助运输车辆造价高，但它只影响初期投资，而从长远生产效果来分析，这种车辆仍有着明显的经济效益。因此，近年来，蓄电池式无轨辅助运输车辆在煤矿辅助运输中，获得大量推广使用。

2） 内燃机式无轨辅助运输车辆

这种车辆是以防爆柴油发动机为动力，使用胶轮在巷道地面运行的机车。这种车辆具有机动性强，行走距离不受限制，适用于巷道断面大，转弯半径不小于 8 m，底板坚硬；尽管柴油机是低污染的，但总有一定的废气，且噪声大，所以要求巷道的通风量要大。

【基本技能】

一、小绞车操作

（1）听到清晰、准确的信号后，首先应判明开车方向，然后刹紧制动闸，松开工作闸，按信号指令方向启动绞车空转。缓缓压紧工作闸把，同时缓缓松开制动闸把，使滚筒慢转，平稳启动加速，最后刹紧工作闸，松开制动闸，达到正常运行速度。

（2）必须在护绳板后操作，严禁在绞车侧面或滚筒前面（出绳侧）操作。严禁司机在开车的同时处理爬绳。

（3）上部平车场下放矿车时，应与把钩工默契配合，一边推车一边松绳，禁止留有余绳，以免车辆过变坡点时突然加速绷断钢丝绳。

（4）严禁两个闸把同时压紧，以防烧坏电机。

（5）启动困难时应查明原因，严禁强行启动。

（6）绞车运行中，应集中精力，注意观察，手不离闸把，收到不明信号应立即停车查明原因。

（7）应根据提放煤、矸、设备、材料等载荷不同和斜巷的变化起伏，酌情掌握速度。严禁不带电放车。

（8）接近停车位置时，应先慢慢刹紧制动闸，同时逐渐松开工作闸，使绞车减速。听到停车信号后，刹紧制动闸，松开工作闸，停车、停电。

（9）上提矿车时，车过边坡点后应停车准确，严禁过卷或停车不到位。

二、无轨胶轮车操作规定

无轨胶轮车必须前有照明，后有红尾灯。

1. 正常行驶规定

（1）正常行驶时，不得背对行驶方向行驶，确实无法做到时，必须有跟车工指挥。

（2）机车通过的风门，必须设有当机车通过时能够发出在风门两侧都能接收到的声光信号装置。

（3）车辆在行近巷道口、硐室口、弯道、道岔、坡度较大、噪声大的地段或遇有行人，以及前有车辆、障碍物或视线有障碍时，都必须减速鸣号，确认安全后方可通过。

（4）在同一巷道中行驶的两辆胶轮车之间的距离至少保持在 50 m 以上。

（5）车辆的制动距离，每年至少测定一次，并符合操作说明书的要求。

（6）当瓦斯浓度超标时，应立即熄火停机，查明原因，待有害气体不超限时，方可开车运行。

（7）必须正确执行调度命令，保持运输中的通信联络，不得随意关闭通信装置。

2. 车辆会车规定

（1）必须在指定的会车硐室（地点）会车，非会车地点严禁会车。

（2）车辆会车速度限制在 5 km/h 内。

（3）会车时车与车、车与两巷帮的距离都不得少于 0.5 m。

（4）胶轮车在指定地点内会车时，应遵守空车让重车、下坡车让上坡车的原则。

（5）运输时，要确保货物绑扎牢固，严禁超载、超高、超宽运输，严禁人物混装。

3. 停车规定

（1）在井下装卸货物时必须制动锁车，但不得熄灭车灯。

（2）运输途中除会让车外，一般不允许停车，必须停车时应事先汇报调度或车队，通知其他车辆并制动锁车、亮灯。

（3）胶轮车司机操作时应保持坐在驾驶椅上，目视前方，双手握住方向盘（操作把手）的正确姿势，严禁将身体任何部位露出车体外，严禁站在车下开车。

（4）司机必须按信号指令开车，开车前首先鸣笛示警，检查确认周围无人时，方可启动。

（5）司机上岗后，不得擅自离开岗位，严禁在车辆未停稳时离开司机室。司机暂时离开岗位时必须做好机车制动。

4. 正常操作

经检查确认车况良好后，进行以下启动操作：

（1）将“启/停”开关打到启动位置，将挡位打至1挡。

（2）将“前进/后退”开关打至中间位置。

（3）按下启动按钮，启动发动机。

（4）启动发动机后必须检查各仪表及保护系统处于正常状态。

（5）选择前进挡或后退挡。

（6）选择第1挡传动。

（7）对脚制动施加轻压，并松开紧急停车制动闸。

（8）踩油门以增大发动机速度，同时放松脚闸。

（9）当选择较高挡时，短暂释放加速器踏板上的脚踏压力；当选择较低挡时，稍微增加加速器上的脚踏压力。

（10）只有在机车完全停止时，才能改变其运行方向。

5. 停车

（1）停车时要确保停在安全地区，并不阻碍其他车辆运行。

（2）停机时使用停车闸停车，并通过操作“前进/后退”操纵杆使发动机空转，缓慢地冷却。

（3）检查启动压力表读数为规定值，如果低于规定值，必须向系统充压。

（4）停止柴油机运行。

（5）在关掉发动机后，应摆动方向盘释放液压系统的压力，直到转向压力表显示读数为零。

（6）司机在变速杆未打到空挡位、机器未制动、发动机未停转、转向压力表未返回零位之前不得离开机器。

【技能训练】

（1）力求在“教、学、做”一体化教室教学，将理论知识的讲授与机械设备实操有机结合。

（2）在实训基地或顶岗实习、生产实习中参加生产劳动，操作使用辅助运输设备。

（3）在操作、使用辅助运输设备的过程中观察发现常见故障，并参与故障分析和处理。

（4）学生熟悉辅助运输设备的结构、安装要求、使用要求等内容之后，在教师的指导下按照任务驱动法分小组让学生完成辅助运输设备的启动、停止、运行、安装等操作。

【教学考核】

考核评价表见表5－12。

表5－12 考核评价表

项目名称	辅助运输设备				
学生姓名		班级		考核时间	
评价方式	学生分组及组别□□　自我□　教师□				
评价地点	实训现场□　教学做一体化教室□　普通教室□				
需要的设备、工具	矿用绞车、无轨胶轮车、无级绳运输等设备				
考核项目	内容和要求	标准分	评分标准	得分	
基本知识	1. 矿用辅助运输的作用和常用设备 2. 有机单绳运输的基本组成及工作过程 3. 无极绳运输的基本组成及工作过程 4. 单轨吊车的作用、组成及工作原理 （可以采取手指口述的方式考核）	25	每缺一项或回答不正确扣6分		
基本技能	1. 能看懂各部件的结构图 2. 调度绞车的启动与停止过程 3. 回柱绞车的操作要领 4. 小绞车的操作过程 5. 无轨胶轮车的启动与停止过程 6. 齿轨卡轨车与齿轨车相比，有哪些优点	45	每缺一项或回答不正确，操作不规范扣7分		
职业素质	1. 热爱劳动，积极参加 2. 同学之间协作学习 3. 口述表达准确流畅 4. 能正确使用常用工具 5. 能收集教材以外的资料 6. 注重工作现场整洁	30	每缺一项或工作达不到要求扣5分		
总分					
考核评价人签字： 年　月　日					

复习思考题

1. 调度绞车用在什么场合？简述其工作原理。
2. 单轨吊车在运行中出现断绳、车速超限时，是如何实现安全制动的？
3. 卡轨车运输与单轨吊车运输各有何特点？
4. 蓄电池式无轨辅助运输车辆和内燃机式无轨辅助运输车辆各有何特点？

模块六　采区提升设备

项目一　采区提升系统及设备组成

【学习目标】

知识目标：掌握采区提升系统组成及其任务。

技能目标：掌握采区提升系统的工作过程。

【基本知识】

一、采区提升系统的任务

采区提升运输系统如图6－1所示。采区提升运输的主要任务：一是将工作面采出的煤炭运送出采区；二是将采区所必需的支护材料、机电设备及各种器材运进采区或工作面。可见采区运输提升是整个矿井煤炭生产过程中极为重要的环节，一旦采区运输提升发生故障，将直接影响工作面生产的正常进行。为此，必需合理选择与使用采区运输提升设备，使其安全可靠地运转。

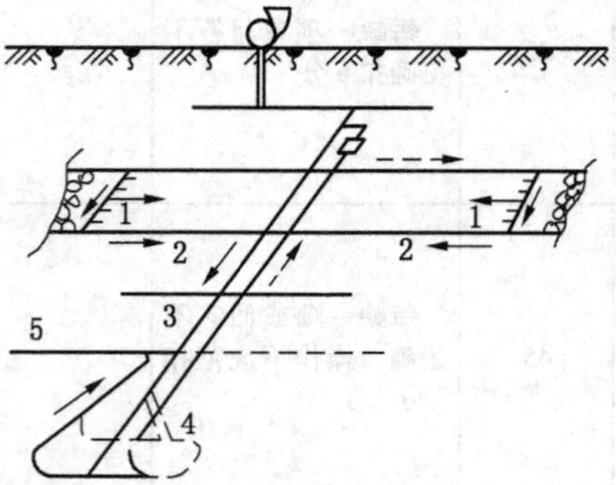

1—采煤工作面；2—运输巷；3—采区上山；4—采区车场；5—主要运输大巷

图6－1　采区提升运输系统

由于井下巷道空间狭小，且因瓦斯、水、煤尘等条件限制，一般要求提升运输设备结构简单、便于移动，并应具有防爆性能。

二、采区提升系统及设备

1. 采区提升系统的工作过程

采区提升主要是在上（下）山轨道巷内完成，而且大多以单绳运输为主。如图6－2所示。绞车安装在上山巷道的硐室内，其运输工作组织如下：

由采区送到上部车场的重车，由车场摘挂钩工人编成车组（车组中的矿车数目，应与上山绞车一次所提升的矿车数相适应），并挂在钢丝绳的绳头上，开动绞车将车组拉过道岔A，然后沿上山道下放到下部车场的重车线上，在下部车场将钢丝绳换挂在事先准备好的空车组上，再用绞车将空车组沿上部转车道放到上部车场的空车线上。同样在此处再将钢丝绳换挂在已准备好的重车组上，然后再开动绞车进行第二次运输，上山的运输工作如此反复进行。下山运输与此相仿，只是重车向上提升、空车向下运行。

2. 采区提升系统的设备组成

采区提升设备主要有绞车、钢丝绳、矿车、轨道等，属于有极绳轨道运输，即钢丝绳的一端与矿车相连，通过绞车使钢丝绳放出或收回，达到运输的目的。一般采用的是滚筒式绞车。

有极绳运输又可为单绳运输和双绳运输。单绳运输如图6－3a所示，采用单滚筒绞车沿倾斜巷道牵引矿车向上运行，矿车向下运行则靠自溜运行。双绳运输如图6-3b所示，一般采用双滚筒绞车，每一个滚筒上各有一根钢丝绳，每一根各挂一个车组。由于两个滚筒缠绕方向相同（右螺旋缠绕）而出绳方向不同，故开车后，一根钢丝绳是缠绕，另一根钢丝绳则是松放，这样一个车组向上运行，另一个车组自溜向下运行。这种双绳运输比单绳运输的循环时间短，生产效率高，但必须在巷道中铺设双轨，而且车场须采用平车场，布置比较复杂。

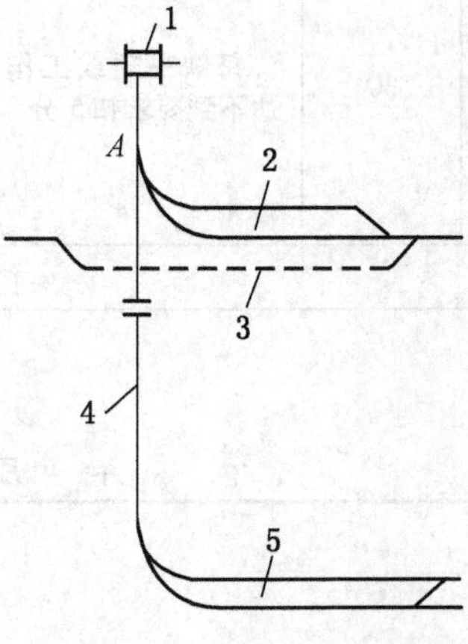

1—绞车；2—上部车场；3—绕道；4—上山道；5—下部车场

图6-2 上山提升系统

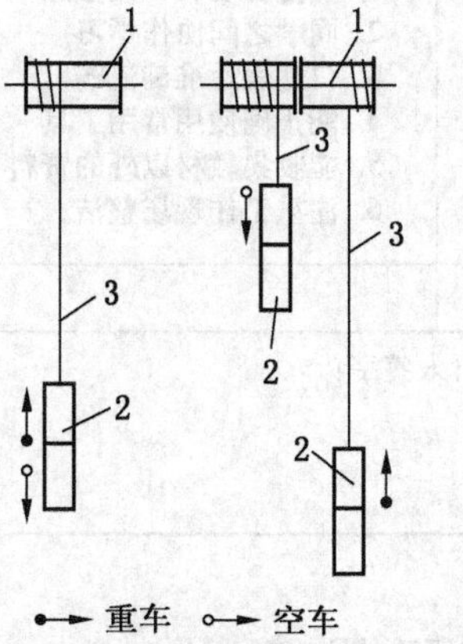

(a) 单绳运输 (b) 双绳运输

1—绞车；2—容器；3—钢丝绳

图6-3 钢丝绳运输

【基本技能】

了解采区提升系统，采区提升系统的基本组成和工作过程。

【技能训练】

通过矿井认识实习或参观现代化矿井模型，了解采区提升系统的任务、组成和工作过程。

【教学考核】

考核评价表见表6-1。

表6-1 考核评价表

项目名称	采区提升系统及设备组成			
学生姓名	班级		考核时间	
评价方式	学生分组及组别□□ 自我□ 教师□			
评价地点	实训现场□ 教学做一体化教室□ 普通教室□			
需要的场所	实训矿井或煤矿实习			
考核项目	内容和要求	标准分	评分标准	得分
基本知识	1. 采区提升系统的任务和特征 2. 采区提升系统的组成和类型 3. 矿井提升容器的类型和使用 4. 矿井提升系统的任务和类型 （可以采取手指口述的方式考核）	25	每缺一项或回答不正确扣6分	

表6-1（续）

考核项目	内容和要求	标准分	评分标准	得分
基本技能	1. 能读懂采区提升系统布置图 2. 掌握采区提升系统的工作过程 3. 了解矿井提升系统的工作过程 （可以采取手指口述的方式考核）	45	每缺一项或回答不正确，操作不规范扣10分	
职业素质	1. 热爱劳动，积极参加 2. 同学之间协作学习 3. 口述表达准确流畅 4. 能正确使用常用工具 5. 能收集教材以外的资料 6. 注重工作现场整洁	30	每缺一项或工作达不到要求扣5分	
总分				

考核评价人签字：

年　　月　　日

复习思考题

1. 采区提升设备的主要任务是什么？
2. 试述采区提升系统的工作过程。
3. 矿井提升系统的主要设备有哪些？

项目二　提升钢丝绳

【学习目标】

知识目标：了解提升钢丝绳的类型、结构和特点，掌握提升钢丝绳的标记方法和基本参数。

技能目标：掌握提升钢丝绳使用和维护的方法。

【基本知识】

一、钢丝绳的结构

矿用提升钢丝绳为丝—股—绳结构，即先由钢丝捻成绳股，再由绳股捻成绳，提升钢丝绳结构如图6-4所示。

制造提升钢丝绳的钢丝是由优质碳素结构圆钢冷拔而成的，一般直径为0.4~4 mm，钢丝的抗拉强度为1400~2000 MPa，我国多用1550 MPa和1700 MPa两种。

为了增加抗腐蚀能力，钢丝表面可以镀锌，称为镀锌钢丝，未镀锌的称为光面钢丝。钢丝绳的表面状态标记代号如下：

光面钢丝 NAT

A级镀锌钢丝 ZAA

AB 级镀锌钢丝 ZAB

B 级镀锌钢丝 ZBB

此外还可以用钢丝韧性来标志，分为特号、Ⅰ号和Ⅱ号 3 种，提升矿物用的钢丝绳可以选用特号或Ⅰ号钢丝来制造，提升人员用的钢丝绳只允许用特号钢丝来制造。

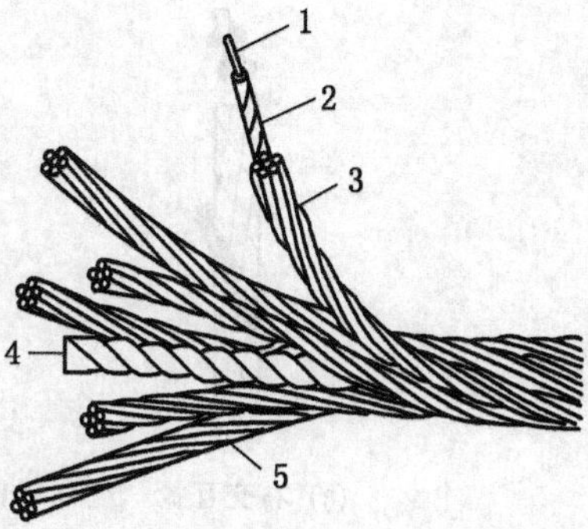

1—股芯；2—内层钢丝；3—外层钢丝；4—绳芯；5—绳股

图 6-4　提升钢丝绳的结构

在由钢丝捻成股时有一个股芯，股芯一般为钢丝。在由股捻成绳时也有一个绳芯，绳芯有金属绳芯和纤维绳芯两种，前者由钢丝组成，后者可用剑麻、黄麻或有机纤维制成。绳芯的作用是支持绳股，使绳富于弹性，并可贮存润滑油，防止内部钢丝腐蚀生锈，并减少钢丝之间的摩擦。

绳芯的标记代号如下：

纤维芯 FC

合成纤维 SF

天然纤维 NF

金属丝绳芯 IWR

金属丝股芯 IWS

二、钢丝绳的类型、特点及应用

提升钢丝绳有很多种，结构不同性能也不相同。根据不同的结构特点有不同的分类方法。

1. 依钢丝绳的捻法分

绳股在绳中的捻向为左（右）螺旋时，称为左（右）捻钢丝绳。钢丝在股中的捻向与绳股在绳中的捻向相同时称为同向捻（顺捻），相反时称为交互捻（逆捻）。由此钢丝绳可分为左同向捻（SS）、右同向捻（ZZ）、左交互捻（SZ）、右交互捻（ZS）4 种，如图 6-5 所示。同向捻钢丝绳比较柔软，表面较光滑，弯曲应力较小，因而寿命较长，但有较大的恢复力，容易旋转打结；交互捻钢丝绳则与上述情况相反。

2. 依钢丝在股中的接触情况分

钢丝在绳股中的接触形式有点接触、线接触和面接触 3 种。

点接触式钢丝绳，如图 6-6a、图 6-6b 所示，股中内外层钢丝以等捻角不等捻距来捻制，一般以相同直径的钢丝来制造，钢丝间呈点接触状态。线接触式钢丝绳如图 6-6c 至图 6-6g 所示，股中内外层钢丝以等捻距不等捻角来捻制，一般以不同直径的钢丝来制造，丝间呈线接触状态。两种绳相比较，线接触绳比较柔软，无应力集中现象，使用寿命较长。

为了改善丝间状态，将线接触式钢丝绳的绳股经特殊碾压加工，使钢丝产生塑性变形，形成钢丝间呈面接触状态，然后再捻制成绳，称为面接触式钢丝绳，如图 6-6i、图 6-6j 所示，所有线接触钢丝绳均可制成面接触钢丝绳。面接触式钢丝绳结构紧密，表面光滑，抗磨损和抗腐蚀性能好，使用寿命较长。

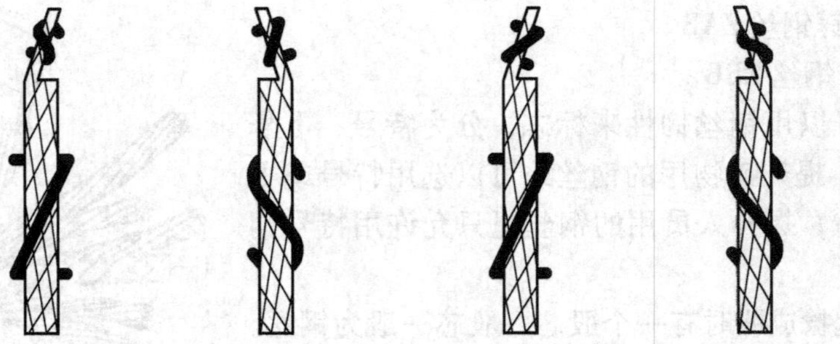

图6-5 钢丝绳的捻法

3. 依绳股断面形状分

最常用的为圆形股绳，这种绳的绳股断面为圆形，如图6-6a至图6-6g所示。此外，还有异形股绳，绳股的断面形状为三角形或椭圆形，提升应用最多的是三角股绳（椭圆股绳则用以制造多层股不旋转绳），三角股绳具有承压面积大、抗磨损、强度大和寿命长等优点，如图6-6h所示。

4. 特种钢丝绳

特种钢丝绳是指结构比较特殊的钢丝绳，在矿井提升中应用的有多层股不旋转钢丝绳，密封、半密封钢丝绳和扁钢丝绳。

钢丝绳的特点和用途见表6-2。

表6-2 各种钢丝绳的优缺点和主要用途

钢丝绳结构	优点	缺点	主要用途
圆形股钢丝绳6×7，6×19，6X(19)，6W(19)，6T(25)	易于用眼检查断丝情况，挠性大，易制造，价位低	随载荷变化有旋趋势，外部钢丝易磨损	提升钢丝绳，尾绳，罐道绳，制动绳，缓冲绳
三角股钢丝绳6△(21)，6△(24)，6△(30)等	易于用眼检查断丝情况，相同条件比圆形绳强度大，寿命长，抗挤压性能好，外层钢丝比圆形股绳耐	随载荷变化有旋趋势，挠性比圆形股差	提升钢丝绳，罐道绳
多层不旋转钢丝绳18×17，34×7等	旋转性小，有相当大的挠性	内部钢丝不易检查	尾绳，凿井提升钢丝绳
密封半密封钢丝绳	不旋转，抗磨、抗腐蚀性能好，相同条件强度最大，弹性变形小	内部钢丝不易检查，直径大时断面易变形，挠性小，制造复杂，价高	罐道绳，提升钢丝绳
扁绳	不旋转，易于检查，某一方向上有很大的挠性	易磨损，手工生产效率低、价格高	尾绳，凿井提升钢丝绳

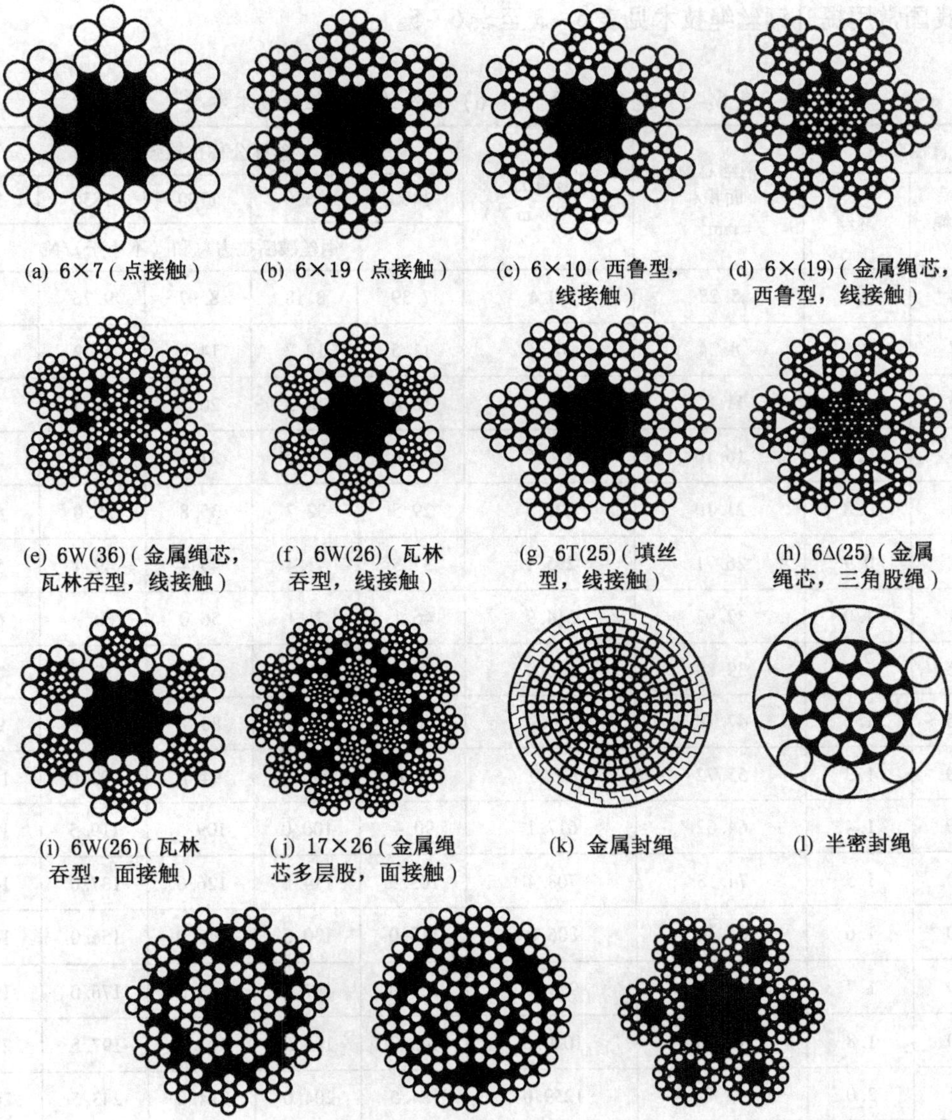

(a) 6×7（点接触）　(b) 6×19（点接触）　(c) 6×10（西鲁型，线接触）　(d) 6×(19)（金属绳芯，西鲁型，线接触）

(e) 6W(36)（金属绳芯，瓦林吞型，线接触）　(f) 6W(26)（瓦林吞型，线接触）　(g) 6T(25)（填丝型，线接触）　(h) 6Δ(25)（金属绳芯，三角股绳）

(i) 6W(26)（瓦林吞型，面接触）　(j) 17×26（金属绳芯多层股，面接触）　(k) 金属封绳　(l) 半密封绳

(m) 17×7（多层股绳）　(n) 12×6+3×12（多层股，内椭圆股）　(o) 6×24（纤维股芯，船舶用）

图6-6　各种钢丝绳的断面

三、钢丝绳的标记方法及其技术规格

钢丝绳标记方法示例如下：

6×19 - 31 - 1700 - 特 - 光 - 右同

- 右同：钢丝绳捻向，右同向捻
- 光：钢丝绳表面质量，光面
- 特：钢丝韧性，特号
- 1700：钢丝公称抗拉强度，MPa
- 31：钢丝绳直径，mm
- 6×19：钢丝绳结构，6股，每股19丝

我国常用提升钢丝绳技术见表6-3至表6-5。

表6-3　绳6×7股（1+6）绳纤维芯钢丝绳技术参数

直径/mm		钢丝总断面积/mm^2	参考重力/（$N \cdot 100\ m^{-1}$）	钢丝绳公称抗拉强度/MPa				
				1400	1550	1700	1850	2000
钢丝绳	钢丝			钢丝破断拉力总和（不小于）/N				
3.8	0.4	5.28	50.4	7.39	8.18	8.97	9.76	10.5
4.7	0.5	8.24	78.7	11.5	12.7	14.0	15.2	16.4
5.6	0.6	11.87	113.4	16.6	18.3	20.1	21.9	23.7
6.5	0.7	16.16	154.0	22.6	25.0	27.4	29.8	32.3
7.5	0.8	21.10	201.5	29.5	32.7	35.8	39.0	42.2
8.4	0.9	26.71	255.1	37.3	41.4	45.4	49.4	53.4
9.4	1.0	32.97	314.9	46.1	51.1	56.0	60.9	69.5
10.5	1.1	39.89	380.9	55.8	61.8	67.8	73.7	79.7
11.5	1.2	47.48	453.4	66.4	73.5	80.7	87.8	94.9
12.0	1.3	55.72	532.1	78.0	86.3	94.7	103.0	111.0
13.0	1.4	64.62	617.1	90.4	100.0	109.5	119.5	129.0
14.0	1.5	74.18	708.4	103.5	114.5	126.0	137.0	148.0
15.0	1.6	84.40	806.0	118.0	130.5	143.0	156.0	168.5
16.0	1.7	95.28	909.9	133.0	147.5	161.5	176.0	190.5
17.0	1.8	106.82	1020.0	145.9	165.5	181.5	197.5	213.5
18.5	2.0	131.88	1259.0	184.5	204.0	224.0	243.5	263.5
20.5	2.2	159.57	1524.0	223.0	247.0	271.0	295.0	
22.5	2.4	189.91	1814.0	265.5	294.0	322.5	351.0	
24.5	2.6	222.88	2129.0	312.0	345.0	378.5	412.0	
26.0	2.8	258.48	2648.0	361.5	400.5	439.0	478.0	
28.0	3.0	296.73	2834.0	415.0	459.5	504.0	548.5	
30.0	3.2	337.61	3224.0	472.5	523.0	573.5	624.5	
32.0	3.5	403.88	3857.0	565.0	626.0	686.5		
34.5	3.8	476.09	4547.0	666.5	737.5		809.0	
36.5	4.0	527.52	5038.0	738.5	817.5		896.5	

表6-4　绳6×19股（1+6+12）绳纤维芯钢丝绳技术参数

直径/mm		钢丝总断面积/mm^2	参考重力/$(N\cdot 100\ m^{-1})$	钢丝绳公称抗拉强度/MPa				
				1370	1520	1665	1815	1960
钢丝绳	钢丝			钢丝破断拉力总和（不小于）/N				
6.2	0.4	14.32	135.3	20.0	22.1	24.3	26.4	28.6
7.7	0.5	22.37	211.4	31.3	34.6	38.0	41.3	44.7
9.3	0.6	32.22	304.5	45.1	49.9	54.7	59.6	64.4
11.0	0.7	43.85	414.4	61.3	67.9	74.5	81.1	87.7
12.5	0.8	57.27	541.2	80.1	88.7	93.7	105.5	114.5
14.0	0.9	72.49	685.0	101.0	112.0	123.0	134.0	144.5
15.5	1.0	89.49	845.7	125.0	138.5	152.0	165.5	178.5
17.0	1.1	108.28	1023.0	151.5	167.5	184.0	209.0	216.5
18.5	1.2	128.87	1218.0	180.0	199.5	219.0	238.0	257.5
20.0	1.3	151.24	1429.0	211.5	234.0	257.0	279.5	302.0
22.5	1.4	175.40	1658.0	245.5	271.5	298.0	324.0	350.5
23.0	1.5	201.35	1903.0	281.5	312.0	342.0	372.0	402.5
24.5	1.6	229.09	2165.0	302.5	355.0	389.0	423.5	458.0
26.0	1.7	258.63	2444.0	362.0	400.5	439.5	478.0	517.0
28.0	1.8	289.95	2740.0	405.5	449.0	492.5	536.0	579.5
31.0	2.0	357.96	3383.0	501.0	554.5	608.5	662.0	715.5
34.0	2.2	433.10	4093.0	606.0	671.0	736.0	801.0	
37.0	2.4	515.50	4871.0	721.5	798.5	876.0	953.5	
40.0	2.6	605.00	5717.0	846.5	937.5	1025.0	1115.0	
43.0	2.8	701.60	6630.0	982.0	1085.0	1190.0	1295.0	
43.0	3.0	805.40	7611.0	1125.0	1245.0	1365.0	1490.0	

【基本技能】

一、钢丝绳的使用与维护

1. 影响因素及使用条件

选择钢丝绳时根据使用条件和钢丝绳的特点来考虑。我国提升钢丝绳多用同向捻绳，至于是左捻还是右捻，选择原则是绳的捻向与绳在卷筒上的缠绕螺旋线方向一致。此外，还应考虑如下因素：

（1）在井筒淋水大，水的酸碱度较高且处于出风井中的提升钢丝绳，因腐蚀严重应选用镀锌钢丝绳；

（2）以磨损为主要损坏原因时，如斜井提升，采区上、下山运输等，应选用外层钢丝较粗的钢丝绳或面接触钢丝绳。

表6-5 钢丝绳技术参数

（一）绳6△(30)股（6+12+12）绳纤维芯
（二）绳6△(24)股（0+12+12）绳和股纤维芯
（三）绳6△(21)股（0+9+12）绳和股纤维芯

直径/mm						钢丝总断面积/mm²	参考重力/(N·100 m⁻¹)	钢丝绳公称抗拉强度/MPa				
钢丝绳	钢丝							1400	1550	1700	1850	2000
	1×6股芯（铁丝）	第一层			第二层			钢丝破断拉力总和（不小于）/kN				
		（一）	（二）	（三）								
11.0			0.5	0.6	50.30	489.0	70.4	77.9	85.5	93.0	100.5	
13.0			0.7	0.7	1.0	71.36	706.5	99.9	110.5	12.1	132.0	142.5
15.0			0.8	0.8	1.1	95.51	945.5	133.5	148.0	162.0	176.5	191.0
16.5			0.9	0.9	1.2	113.18	1120.0	158.0	175.0	192.0	209.0	22.6
19.5			1.05	1.05	1.4	156.56	1550.0	219.0	242.5	266.0	289.5	313.0
21.0	1.0	0.9	1.1	1.1	1.5	172.95	1712.0	242.0	268.0	294.0	319.5	345.5
22.0	1.0	1.0	1.2	1.2	1.6	195.70	1937.0	273.5	303.0	332.5	362.0	391.0
24.0	1.1	1.1	1.25	1.25	1.7	225.66	2234.0	315.5	349.5	383.5	417.0	451.0
26.0	1.2	1.2	1.4	1.4	1.9	278.78	2760.0	390.0	432.0	473.5	515.5	557.5
28.0	1.3	1.2	1.5	1.5	2.0	307.47	3044.0	430.0	476.5	522.5	568.5	614.5
31.0	1.4	1.4	1.65	1.65	2.2	376.56	3728.0	527.0	583.5	640.0	696.5	
32.0	1.5	1.5	1.70	1.7	2.3	409.77	4057.0	573.5	635.0	696.5	758.0	
35.0	1.6	1.6	1.85	1.85	2.5	480.42	4756.0	672.5	744.5	816.5	885.0	
37.0	1.7	1.7	2.0	1.95	2.6	526.77	5215.0	737.0	816.0	895.5	974.5	

（3）以弯曲疲劳为主要损坏原因时，应优先选用线接触式或三角股钢丝绳，如6T（25）、6W（19）等；

（4）用于高温和有明火的地方，如煤矿矸石山等，应选用金属绳芯钢丝绳。

2. 维护要求

钢丝绳是提升设备中的一个重要组成部分，除了合理选择之外，还应当正确使用精心维护和定期试验，以便了解钢丝绳的工作状态，延长使用寿命。

对提升钢丝绳运转维护的要求可归纳以下几点：

（1）必须符合规定的绳轮直径和绳径比，以减小其弯曲应力。

（2）绳槽直径要符合要求，以减小其挤压应力和接触应力。

（3）缠绕式提升机用钢丝绳必须定期涂油润滑，润滑油要符合钢丝绳制造厂提出的要求；摩擦提升用钢丝绳只能涂专用的钢丝绳油；润滑油要求黏性好，振动、淋水不易冲掉；要有较好的黏温性，低温不硬化，高温不流失；要有良好的防锈性、润滑性。

（4）严禁用布条之类的东西捆在钢丝绳上作提升深度指示标记，以防该处的钢丝绳得不到良好的润滑而发生腐蚀断丝。

(5) 钢丝绳的运送、存放和悬挂都应严格按要求去做。

(6) 对提升钢丝绳必须每天以 0.3 m/s 的速度进行认真检查，并记录断丝情况。钢丝绳如有断股，或者直径缩小达 10% 必须更换。

(7) 钢丝绳遭受卡罐或突然停车等猛烈拉伸时，必须立即停车检查，遭受冲击拉伸的段如果长度增加 0.5% 以上或有明显损伤，要更换新绳；

(8) 多层缠绕时，由下层转到上层的一段绳由于磨损严重，必须加强检查。并且每季度要错动 1/4 圈。

二、钢丝绳的检查

1. 检查项目

提升钢丝绳要求每天至少检查一次，检查项目主要是断丝、磨损、锈蚀和变形。

2. 检查方法

检查钢丝绳的方法是人工目视加辅助工具（如棉纱、游标卡尺、钢丝绳探伤仪等）。

1) 断丝检查

用棉纱包住钢丝绳，让绞车慢速运行，钢丝断丝很容易钩起棉纱，断丝部位一目了然。也可用 CDT-1 型钢丝绳探伤仪等仪器检查，更为准确。

2) 磨损检查

一般用游标卡尺对钢丝绳直径进行测量。若钢丝绳实际直径比公称直径小 10%，必须更换。

3) 锈蚀检查

主要靠人工目视的方法对整根钢丝绳逐段检查。

【技能训练】

(1) 通过矿井认识实习或参观实验室钢丝绳模型，了解钢丝绳的结构、分类和钢丝绳损坏形式。

(2) 通过矿井生产实习或实训室实习，掌握钢丝绳的检查方法和检测工具的使用。

(3) 矿井技术人员或教师讲解，再由学生描述钢丝绳的结构、分类和钢丝绳损坏形式，以及钢丝绳的检查过程。

【教学考核】

考核评价表见表 6-6。

表 6-6 考核评价表

项目名称	提升钢丝绳		
学生姓名		班级		考核时间	
评价方式	学生分组及组别□□ 自我□ 教师□		
评价地点	实训现场□ 教学做一体化教室□ 普通教室□		
需要的设备、工具	钢丝绳一段、游标卡尺、棉纱等		

表 6-6（续）

考核项目	内容和要求	标准分	评分标准	得 分
基本知识	1. 提升钢丝绳的结构 2. 提升钢丝绳的类型 3. 提升钢丝绳的特点和用途 4. 提升钢丝绳的标记 （可以采取手指口述的方式考核）	45	每缺一项或回答不正确扣 10 分	
基本技能	1. 提升钢丝绳的结构分析 2. 提升钢丝绳的检查、使用和维护 （可以采取手指口述的方式考核）	25	每缺一项或回答不正确，操作不规范扣 10 分	
职业素质	1. 热爱劳动，积极参加 2. 同学之间协作学习 3. 口述表达准确流畅 4. 能正确使用常用工具 5. 能收集教材以外的资料 6. 注重工作现场整洁	30	每缺一项或工作达不到要求扣 5 分	
总分				

考核评价人签字：

年　月　日

复习思考题

1. 简述钢丝绳的结构。
2. 提升钢丝绳如何分类，使用中应注意哪些问题？
3. 对钢丝绳检查有何要求，如何进行钢丝绳检查？

项目三　采区提升绞车

【学习目标】

知识目标：了解采区提升绞车分类、型号的含义、技术特征；掌握采区提升绞车结构和工作原理。

技能目标：掌握采区提升绞车的操作方法及常见故障分析和处理方法；掌握采区提升绞车制动系统工作原理和二级制动，以及液压绞车液压系统的工作原理。

【基本知识】

采区提升绞车是借助于钢丝绳带动提升容器沿井筒或倾斜巷道运行的提升机械，一般用于井下倾斜巷道内运输材料或设备等，也可供产量较低的小型矿井作为主要提升设备使用。采区绞车按滚筒数目可分为单滚筒绞车和双滚筒绞车；按照滚筒直径大小主要有 0.8 m、1.2 m、1.6 m 3 种规格；按照传动方式分为齿轮传动绞车和液压传动绞车；按照防爆性能可分为防爆绞车和非防爆绞车。

一、矿用齿轮传动式绞车

（一）型号及技术特征

矿用绞车型号由汉语拼音第一个字母及主要参数组成。

基本型号：

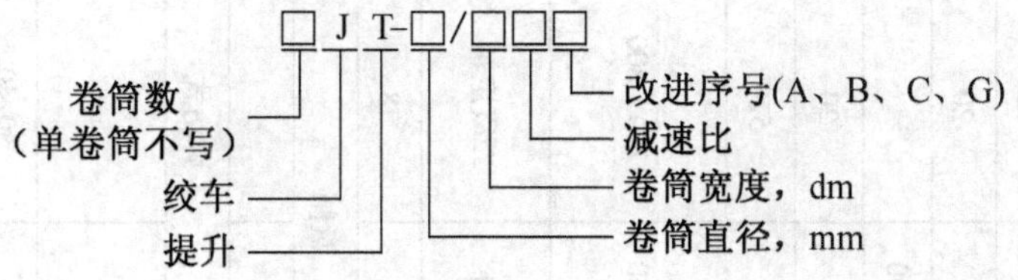

派生型号：

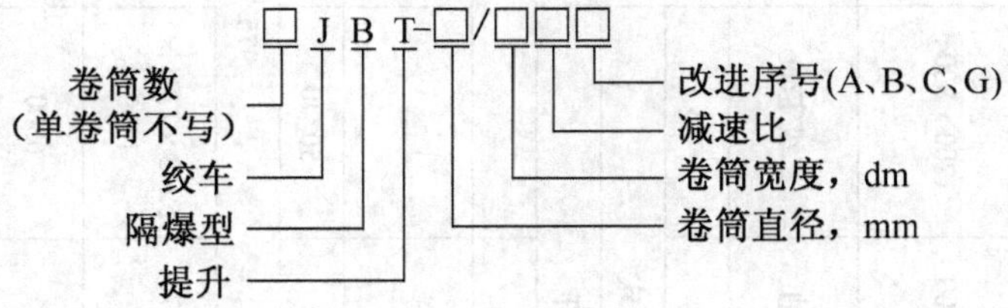

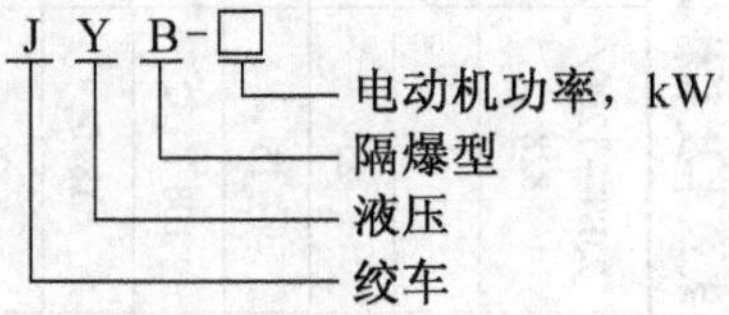

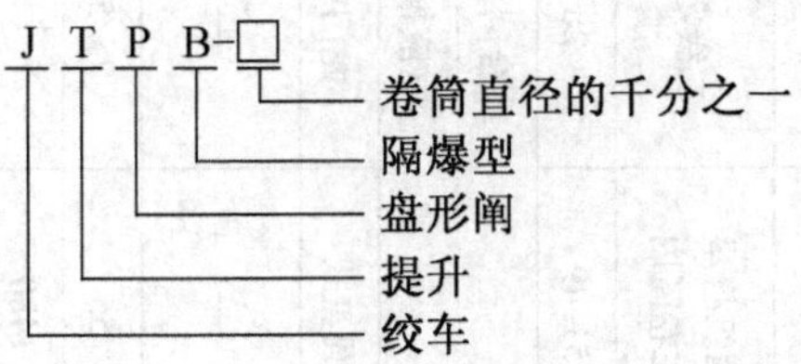

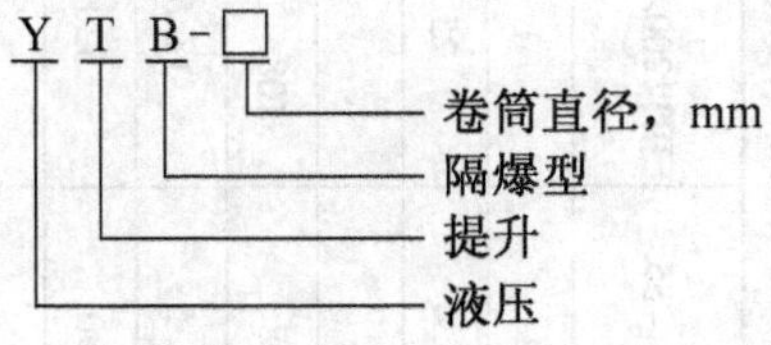

如 JBT－1200/10 28 表示卷筒直径为 1200 mm、卷筒宽度为 10 dm、减速比为 1∶28 的隔爆型矿用绞车。

（二）矿用绞车的技术特征

常用矿用绞车技术特征见表 6－7。

（三）绞车的主要结构

采区提升绞车一般由下列几部分组成：电动机、联轴器、减速器、滚筒、制动装置、深度指示器、操作台等，如图 6－7 所示。绞车型号虽然不同，但各部件大致相似，下面就采区常用提升绞车介绍它们的结构特点。

1. 电动机

采区绞车常用 BJO_2-72-6、$YB200L_2-6$ 型电动机，其主要性能特点如下：

（1）全封闭、风扇自冷式、隔爆笼型异步电动机。具有启动转矩高、过载能力强的特点；还有体积小、重量轻、转动惯量小等优点。

（2）隔爆型绕线式异步电动机由于主启动电流小、转矩大，因此，能够利用转子电路串入变阻器来启动和调速。电动机与减速器之间有联轴器。

表6-7 常用矿用齿轮传动式绞车技术特征

项目		JT-800/630	JT-88/630A	TYB-55	JBT1200/1028	2JBT-1200/828	JTPB-1.2	2JTPB-1.2×1.2	YTB-1200	JYB40×1.25
卷筒数		1	1	1	1	2	1	2	1	1
牵引力/kN	最大静张力	12/15	11.76	29.4	25	25	30	30	25.2	40
	最大静张力差					15		20		
绳速/(m·min^{-1})		81.3/61.6	90/69.78	98	108~132	108~132	110.4~150		110.4	75（平均）
绳径/mm		15.5	15.5	18.5	18.5	18.5	20	20	20	21.5
客绳量/m		480	480	890	520	420	660	520	650	650
卷筒规格（直径×宽度）/(mm×mm)		800×600	800×600	1000×800	1200×1000	1200×800	1200×1000	1200×800	1200×1000	1200×600
传动方式		两级定轴	一级行星 一级定轴	两级行星 在卷筒内	二级定轴	二级定轴	二级定轴	二级定轴	三级定轴	两级行星 在卷筒内
减速比		30	26.8	51.49	28	28	24	28	52	32.75
制动装置	常用闸	带式	综合式（两组）	综合闸块式			盘闸		综合闸块式	
	保险闸			电液推杆					综合闸块式	
深度指示器				圆盘式	龙门式	牌坊式				
电动机	型号	BJO2-72-6/ BJO2-81-8	YB200L2-6/ YB2255-8	—	—	—	—	—	YB250M-4	YB280M-6
	功率/kW	17/22	18.5/22	55	75/50	50/40	75/55	50/40	55	55
	转速/(r·min^{-1})	970/735	970/730	1480	975/752				1500	970
外形尺寸(长×宽×高)/(mm×mm×mm)		2080×1300×1224	2096×1380×1245	2515×3100×1300	4653×2707×1300	5243×2701×1300	4630×4300×1450	5480×4300×1450	3400×4500×2000	2750×1965×2150
质量/kg		1760		4095	4850	6300	7000	8000	6945	—

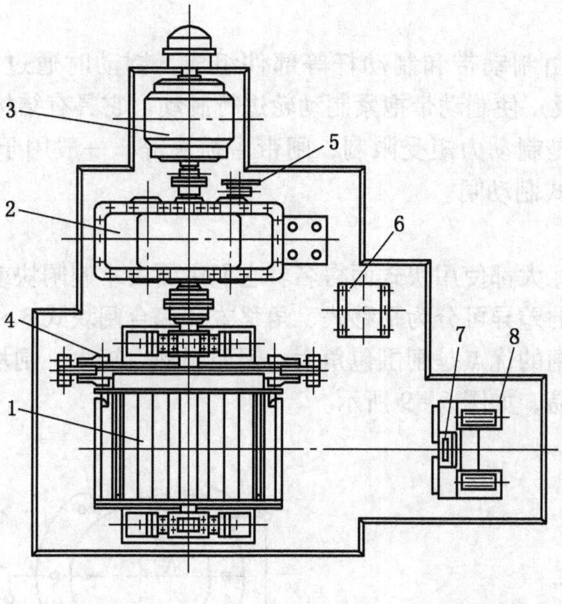

1—主轴装置；2—减速器；3—电动机；4—盘形闸；5—深度指示器传动装置；
6—液压站；7—圆盘式深度指示器；8—斜面操纵台

图6-7 JT型单滚筒矿用绞车

2. 减速器

减速并带动滚筒旋转，一般采用二级齿轮传动，齿轮靠减速器内的润滑油飞溅润滑。

3. 滚筒

滚筒是绞车的缠绳机构，表面覆盖着一层衬木，用以减轻钢丝绳的磨损，延长使用寿命。单滚筒绞车，只有一个与主轴用键固定在一起的滚筒；双滚筒绞车则有两个滚筒，其中一个用键与主轴固定，称为死滚筒，另一个滚筒活动套在主轴上，称为活滚筒。平时活滚筒经离合器与主轴固定在一起，形成一个整体，随主轴一起转动。当需要更换水平或由于钢丝绳伸长，需要调整提升容器的相对位置时，首先应将固定在活滚筒上的容器，停放在一定的出车水平上，然后用安全闸将绞车闸住，并用停止装置将活滚筒锁住，此时通过离合器使活滚筒和主轴分开，然后再松开制动闸，开动绞车，调整固定在死滚筒钢丝绳上容器的位置，调整完毕后，再将绞车停下来，重新把两个滚筒固定在一起，打开活动滚筒上的停止装置，恢复正常工作状态。

4. 制动装置

绞车制动装置又叫制动闸，在绞车安全运行过程中起着至关重要的作用。绞车运行中需要减速、绞车检修以及提升容器到达终点位置停车、突发事故的紧急停车等情况时，都要靠绞车制动装置动作来完成。

《煤矿安全规程》规定，提升绞车都必须具备不离开座即能操纵的常用闸和保险闸，保险闸必须能自动发生制动作用。如果常用闸和保险闸共同使用一套闸瓦制动时，操纵和控制机构必须分开。同时还规定用于辅助物料运输的滚筒直径在0.8 m及其以下的绞车可用手动闸。

绞车制动闸主要有带式制动闸、块式制动闸、盘式制动闸3种，下面分别进行介绍。

1）带式制动闸

这类制动闸主要由制动带和制动杆等部件组成。制动时通过绞车操作工手动操作（手把）或脚踏（踏板）使制动带抱紧制动轮进行制动。它具有结构简单、操作方便、维修快捷等优点。缺点是制动力矩受限制，闸带磨损快等，一般用于功率较小的绞车。图6-8为JT800绞车带式制动闸。

2）块式制动闸

块式制动闸因闸瓦大都使用块式而得名。它们主要由木制闸块或合成闸块、连杆机构等部件构成。按结构的差异可分为平移式、角移式和综合闸块式3种。

平移式块式制动闸的优点是闸围包角大，因而制动力矩大，闸块磨损均匀。缺点是结构复杂，安装调整不易，如图6-9所示。

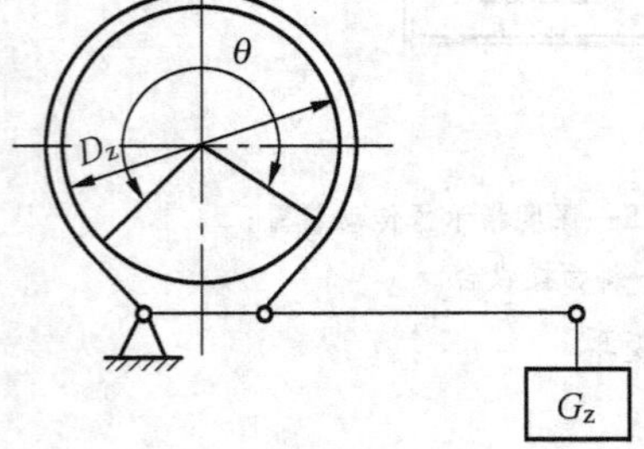

图6-8　JT800绞车带式制动闸

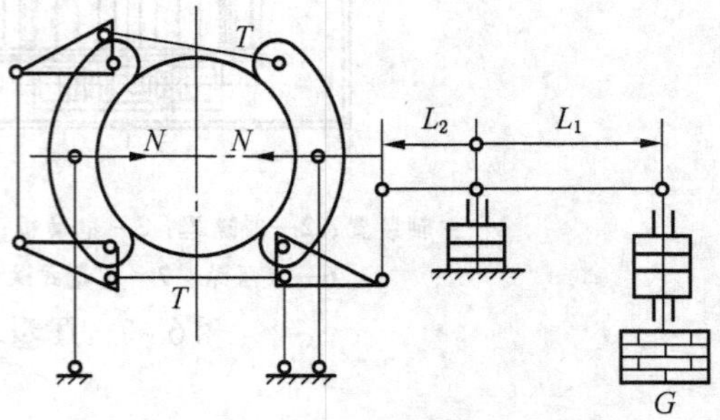

图6-9　平移式块式制动闸

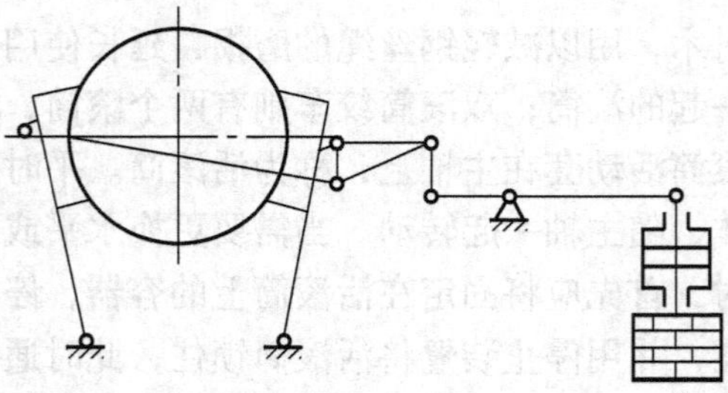

图6-10　角移式块式制动闸

角移式块式制动闸的优点是结构简单。缺点是制动力矩小，闸块磨损不均匀。如图6-10所示。

综合闸块式制动闸从制动臂的移动方式来看是属于角移式，但其上的闸块不是固定随制动臂作角移运动，而是铰接作平移运动，因此称为综合闸块式。这种闸的制动力矩较大，既能作常用闸，又能作保险闸，功率22 kW以上调度绞车及部分提升绞车均使用这种制动装置。如图6-11所示。

3）盘式制动闸

（1）工作原理。盘式制动闸是一种利用碟形弹簧弹力紧闸、用液压推力松闸的一种绞车制动装置，如图6-12所示。制动时（压力油失压），在碟形弹簧的张力作用下，迫使活塞向前移动，推动制动块压在滚筒上的制动盘上，实现制动。需要松闸时，液压缸内充入压力油，压力油推动活塞向后移动，压缩碟形弹簧，并带动闸块离开制动盘，实现松闸。《煤矿安全规程》规定制动块与制动盘的间隙δ应不大于2 mm。

（2）优缺点。绞车盘形制动闸的优点是多副制动闸同时作用，制动可靠性高；用电液调压装置来调节制动力矩，操作方便，可调性好；可实现二级制动，惯性小，动作快，

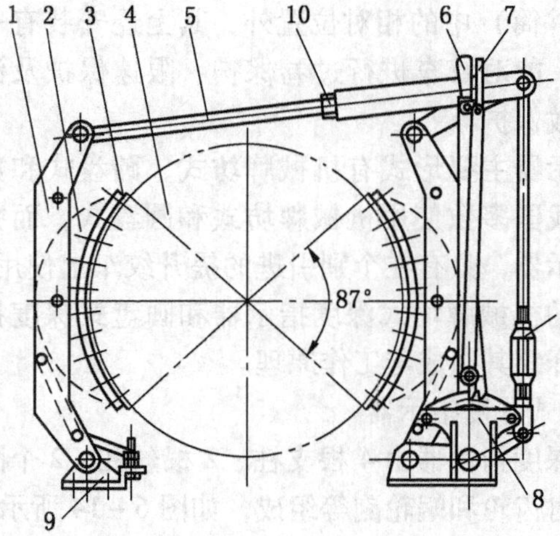

1—制动臂；2—闸块；3—闸带；4—制动轮；
5—拉杆；6—操作手把；7—定位手把；
8—支座；9—底座；10—调节螺帽；11—调节器

图6-11　综合闸块式制动装置

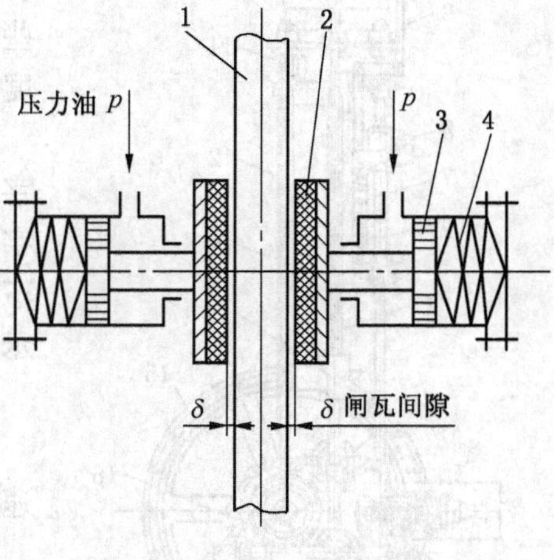

1—制动盘；2—制动块；
3—活塞；4—碟形弹簧阀

图6-12　制动闸工作原理

灵敏度高；质量轻，外形尺寸小；适用性好等，因而目前应用比较广泛。缺点是制造精度高，密封要求严格，并要设置一套油压系统等。

4）绞车二级安全制动及其优点

绞车二级安全制动就是绞车进行保险制动时所需的全部制动力矩分两次投入，在保证制动力矩前提下，适当延长制动时间，获得较好的制动效果，如图6-13所示。

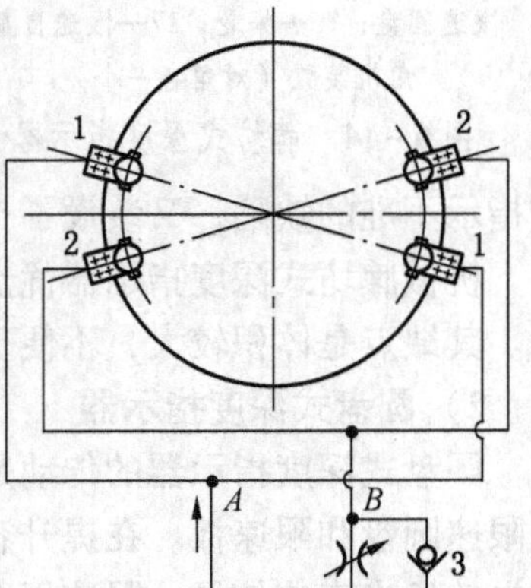

1—一级制动盘形闸；2—二级制动盘形闸；3—单向节流阀

图6-13　盘式制动闸二级制动油路

对于速度高、提升动力大的提升绞车，在保险制动时，由于系统惯性很大，产生过大的减速度，会造成提升设备的损伤和对钢丝绳产生过大的冲击，因此应采用二级制动。

二级制动可以用液压系统节流孔大小来进行调节，也可以用延时继电器等办法调节。当绞车安全回路动作后，一组盘形闸立刻作用于闸盘，使提升系统产生符合《煤矿安全规程》规定的减速度，绞车进行平稳可靠地减速，实现第一级制动，然后经过一段时间的延时；另一组盘形闸再作用于闸盘，使绞车迅速停车，并处于安全静止状态，实现绞车第二级制动。

二级安全制动的优点：一是减少停车时由于惯性的冲击，保证停车平稳；二是防止提升钢丝绳受猛烈冲击，延长钢丝绳的使用寿命；三是延时时间可根据需要进行调整，并获得满意的效果。

5. 深度指示器

深度指示器是煤矿提升绞车的一个很重要的装置。它除了向绞车操作工指示提升容器在井巷（或井筒）中的相对位置外，其上还安装有一些保护装置，能对绞车进行过卷保护、限速保护及深度指示器失效保护等。

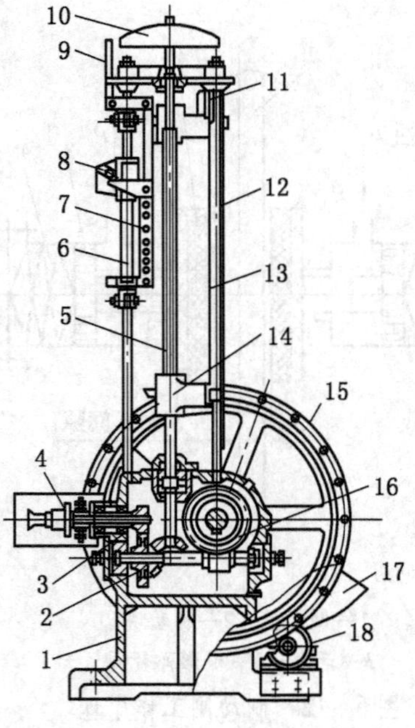

1—机座；2—伞齿轮；3—齿轮；4—离合器；5—丝杠；6—杆；7—信号拉条；8—减速极限开关；9—撞针；10—信号铃；11—过卷极限开关；12—标尺；13—支柱；14—左旋梯形螺母；15—限速圆盘；16—蜗轮；17—限速自整角机装置（对角各一个）

图6－14　牌坊式深度指示器

深度指示器主要形式有机械牌坊式、圆盘式和数字式3种。我国多数使用机械牌坊式和圆盘式，而数字式深度指示器，只有在个别引进的提升绞车上使用。下面以常用的机械牌坊式深度指示器和圆盘式深度指示器为例，介绍其组成与工作原理。

1）牌坊式深度指示器

牌坊式深度指示器由4根支柱、2根丝杠、2个限速圆盘、数对齿轮和蜗轮副等组成，如图6－14所示。

绞车主轴的旋转运动经传动系统传给2根垂直丝杠，带动装有指针的螺母上下移动，通过标尺的刻度，指示出提升容器的位置。当提升容器接近停车位置时，通过凸块撞针敲击信号铃。同时在信号拉条旁边的杆上固定着减速开关，当信号拉条上的角板碰上减速开关，绞车就进行减速，直至停车。

当提升容器过卷时，螺母上的碰铁就使过卷开关动作，实现制动。

为更精确地反映提升容器在停车前的位置，有的深度指示器还装有精针指示装置；对于摩擦式绞车，为解决提升钢丝绳在绞车滚筒上容易发生相对滑动造成指示不准的缺陷，又装设了自动调零装置等。

机械牌坊式深度指示器优点是指示直观清楚、工作可靠、维护方便，因而使用较为广泛。其缺点是体积较大，不便于实现绞车远距离控制。

2）圆盘式深度指示器

圆盘式深度指示器的传动是通过减速器低速轴带动。传动装置上装有2个圆盘，并装有限速圆盘和限速板。在提升容器接近地面井口减速位置时，圆盘上撞块碰撞减速开关，使电铃发出声响信号。限速板上装有防止过卷开关，可实现过卷保护。传动装置上装有发送自整角机。当转动时，可发出信号使装在深度指示器盘上的接收自整角机相应转动，传动齿轮带动指示针转动，在圆盘上显示出提升容器的相应位置。圆盘深度指示器上有粗针和精针，二者配合能较精确地指示出提升容器的位置。

6. 操作台

绞车操作台常有下列指示仪表和操作开关：

1）电流表和电压表

电流表和电压表用以指示绞车主电动机供电电压和运行中负荷电流情况。电压过低或过高不得强行开车。运行中电流表指针突然指向大数值或抖动，说明提升容器运行中受到卡阻，造成阻力增大或脱轨掉道及电气设备正处于危险的运行状态，应实行紧急保险制动。

2）压力表

压力表包括气压表和液压表，用以监视供油、供气、供液压力是否正常。压力过低，使绞车不能正常运转，压力过高也不是一种正常状态，可能是绞车运行受阻，也可能是气、液系统不畅，需停车检查处理。

3）温度表

温度表包括水温度表、油温度表和重要轴承温度表。温度过高可使绝缘老化，热交换性能变坏，润滑性能下降，甚至引起油液燃烧或爆炸事故。因此，温度过高必须引起重视，及时采取降温措施。

4）信号指示灯

各类红绿信号灯可指示绞车各类设备和装置目前的工作状态，以便于绞车操作工及时掌握设备运行情况。

5）操作按钮

操作按钮用于各种设备开动、停止或发送信号指令。

6）过卷恢复开关

深度指示器和井巷内所设的过卷保护开关动作后，为了处理故事，使绞车临时恢复开车，就必须通过过卷恢复开关，使原来过卷保护开关在安全回路中的保护接点临时接通。待事故处理完毕后，过卷恢复开关应解除，使原过卷开关仍起到过卷保护的作用。

7）脚踏紧急制动开关

绞车运行中发现紧急情况或收到紧急停车信号后，可脚踏此开关，使安全回路断电，实现紧急制动。

二、防爆液压绞车

（一）组成及技术特征

采用防爆电器设备、使用液压马达拖动的绞车，称为防爆液压绞车。防爆液压绞车由机械部分、液压部分和电气部分三大部分组成。其外形结构如图 6－15 所示。机械部分和一般绞车相同，由主轴装置、深度指示器和机座等部件组成。液压部分采用鼠笼式电动机驱动液压泵，使液压油产生压力能，一部分通过液压马达又把压力能转变为机械能驱动卷筒进行提升，另一部分供盘式制动装置进行松闸。电气部分由控制各种电气设备的磁力起动器和操作保护两大系统组成。矿用防爆液压提升绞车技术指标见表 6－8。

表 6－8　防爆液压提升绞车技术指标

型　号		JTY1.2/1B	JTY1.2/1.2B	JTY1.2/0.8BS	JTY1.2/IBS
卷筒	数量/个	1		2	
	直径/mm	1200			
	宽度/mm	1000	1200	800	1000
负荷	最大静拉力/kN	30			
	最大静拉力差/kN	20			
钢丝绳最大直径/mm		20			

表 6-8（续）

型号		JTY1.2/1B	JTY1.2/1.2B	JTY1.2/0.8BS	JTY1.2/IBS
提升速度/$(m \cdot min^{-1})$		0~4			
提升高度或运输长度/m	第一层	145	174	116	143
	第二层	335	402	268	335
	第三层	530	636	424	530
	第四层	690	828	552	690
电动机功率/kW		≤90		≤75	
电压/V		380/660			
转速/$(r \cdot min^{-1})$		970			

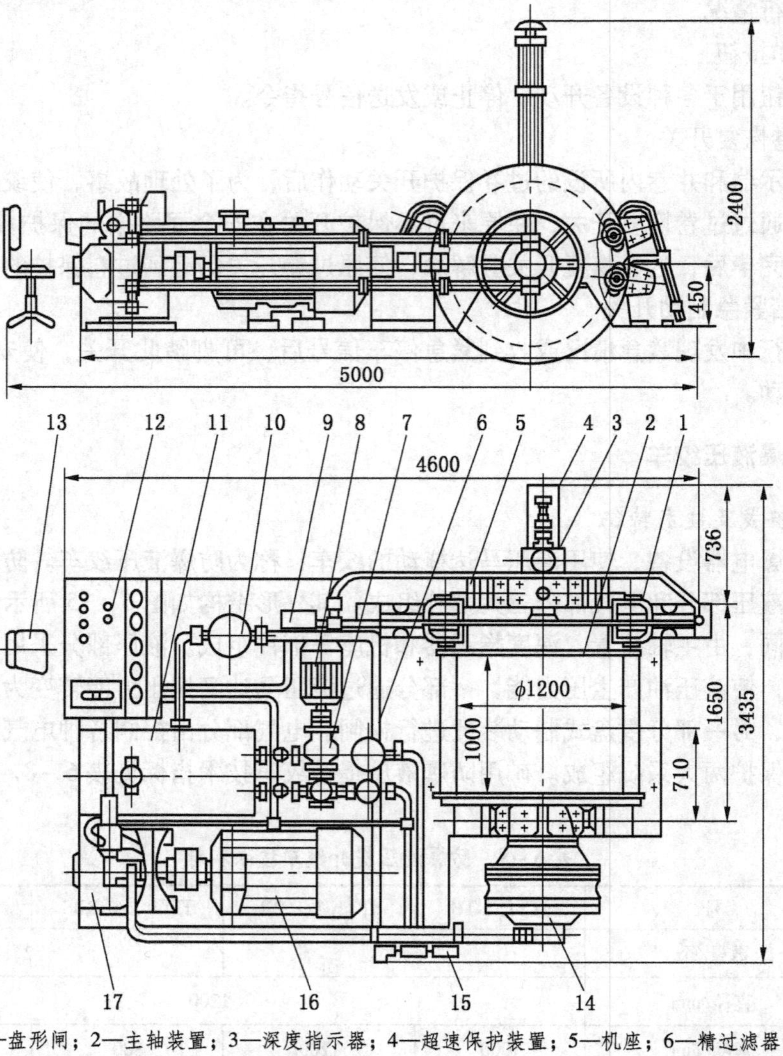

1—盘形闸；2—主轴装置；3—深度指示器；4—超速保护装置；5—机座；6—精过滤器；
7—双联叶片泵（YYB AC129/36B 型）；8—副泵电动机；9—防爆电磁铁；10—冷却器；11—油箱；
12—操纵台；13—座椅；14—液压马达（NJM－E10 型）；15—阀组；
16—主泵电动机：17—轴向柱塞式主泵（IZ×B740 型）

图 6-15　JTYl.2/1B 型防爆液压绞车的外形结构

（二）类型

防爆液压绞车是采用液压传动方式，适用于有瓦斯及易燃环境的一种提升绞车。液压绞车按传动方式可分为全液压传动和液压—机械传动两类。全液压绞车主要由电动机、主液压泵、液压马达、绞车滚筒等组成；液压—机械传动液压绞车主要是在液压马达与滚筒之间增加了一个减速器（行星轮式）。

（三）结构特点

防爆液压绞车与齿轮传动绞车相比主要有如下特点：

（1）由于采用防爆电气设备，所以适合有瓦斯、煤尘爆炸危险的矿井使用。

（2）由于采用液压无级调速，启动换向平稳，特别是低速运转性能好，操作简单，可在额定绳速范围内任意选定提升速度。

（3）绞车卷筒在液压马达直接驱动下工作，取消了沉重的减速器，因此绞车体积小、重量轻。

（4）在启动、制动和低速运转时，比电控绞车效率高。

（5）液压传动装置比直流电气传动价格低。

（6）安全保护装置比较齐全，性能可靠。

（7）可采用手动操作和远程操作两种方式，远程操作可减小噪声对司机的危害，改善司机的工作条件。

（8）液压元件制造精度和质量要求较高。

（9）必须保持液压油的清洁和密封良好，否则将会堵塞阀件，造成误操作，泄漏严重时，将造成运行不正常。

（10）必须保证良好的冷却条件，否则油温升高将加大液压系统的泄漏，会产生噪声，造成运行不正常。

（四）液压系统的组成

防爆液压绞车液压系统如图 6－16 所示。

1. 主回路

由 IZXB740 型双向变量轴向柱塞泵和 NJM－E10 型内曲线低速大扭矩液压马达组成闭式回路为主回路。当 IZXB740 泵的输出油量增加、减少、为零或改变油流方向时，内曲线液压马达也相应地加速、减速、停止转动或反转，从而驱动卷筒实现上述动作。

2. 补油回路和热交换回路

主回路的工作油液及其泄漏损失和一部分热油交换，都由补油泵（双联液压泵的大泵）供给。补油经粗滤油器 24、球阀 25、双联液压泵（大泵）、精滤油器 29、溢流阀 30、单向阀 7 进入主回路，供主回路工作之用。主回路的热油经梭形阀、溢流阀 15、冷却器流回油箱，实现热交换。

3. 控制回路

由双联液压泵的小泵、粗过滤器 33、球阀 34、精滤油器 35、溢流阀 39、行程阀、盘形闸组成控制回路。控制回路与主回路之间的工作配合，由操作手把联动进行。当绞车提升或下放时，司机用手扳操作手把时先握紧鸭嘴，使行程阀换向，此时小泵的压力油经行程阀进入盘形闸内，压缩碟形弹簧，从而打开盘形闸。继续扳动操作手把，通过杠杆操作 IZXB740 泵的伺服油缸，改变该泵输出油量，使绞车运行。当手柄扳回到中间位置时，绞车停车，司机松开鸭嘴，行程阀换向，盘形闸的压力油经过行程阀回到油箱，盘形闸抱闸制动。

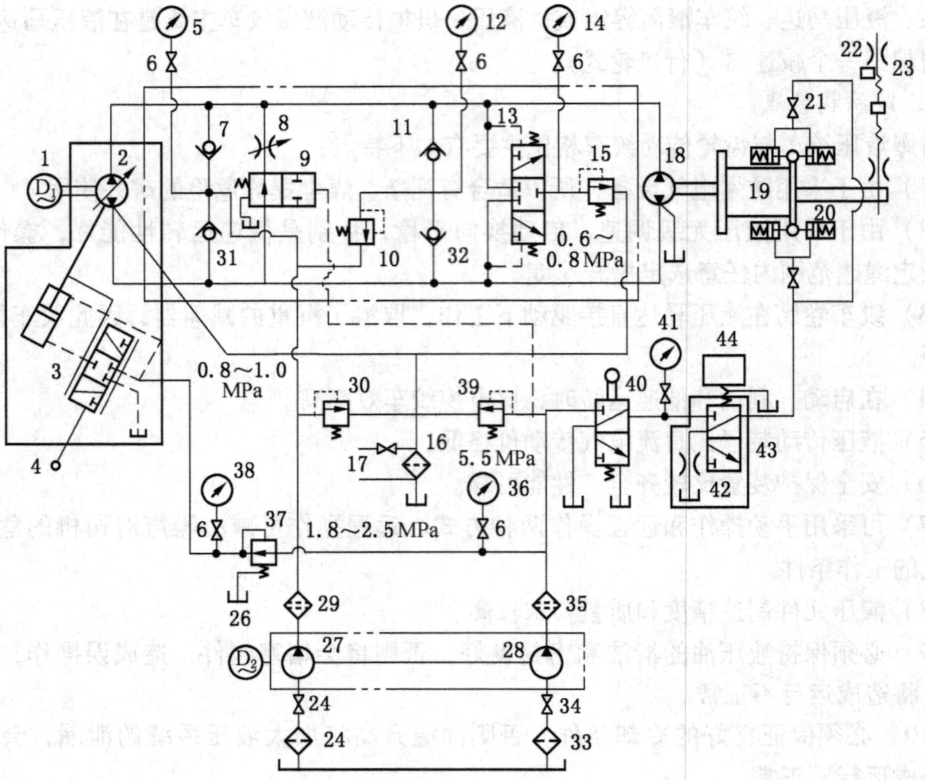

1—主泵电动机；2—主液压泵；3—伺服系统；4—操作手把；5、12、14、36、38、41—压力表；
6—压力表开关；7、11、31、32—单向阀；8、42—节流阀；9—液控阀；10、15、30、39—溢流阀；
13—梭形阀；16—冷却器；17—截止阀；18—液压马达；19—卷筒；20—盘形闸；21、25、34—球阀；
22—防爆行程开关；23—深度指示器；24、33—粗滤油器；26—副泵电机；27—双联液压泵（大泵）；
28—双联液压泵（小泵）；29、35—精滤油器；37—减压阀；40—行程阀；43—电液阀；44—防爆电磁铁

图 6－16　BYT－1.2 型防爆液压提升绞车液压系统

4. 紧急制动回路

当工作需要紧急制动时，踩下脚踏开关使之断电，防爆电磁铁动作，电液阀换向，此时盘形闸内压力油经电液阀、节流阀流回油箱，盘形闸抱闸制动。

5. 安全回路

当绞车负荷增大，主回路工作压力升高并超过正常工作压力的 1.2 倍左右时，高压溢流阀打开，高压油经单向阀 11、高压溢流阀 10 流入主回路的低压管路，绞车便自动停车。

6. 超速保护装置

超速保护装置结构如图 6－17 所示。它是离心式的机械超速保护装置，安装在液压绞车主轴的左端。内齿轮与主轴相连，将主轴转速输入超速保护装置。内齿轮与轴齿轮构成

超速保护的增速装置。通过增速后，轴齿轮带动旋转体高速旋转，在离心力的作用下离心块被甩出，并通过杠杆推动顶杆。主轴转速越高，顶杆被推动的距离越大。当主轴转速超过额定速度 15% 时，顶杆触动超速保护行程开关，它的接点断开，使主轴泵电动机断电并进行紧急安全制动，绞车停车。

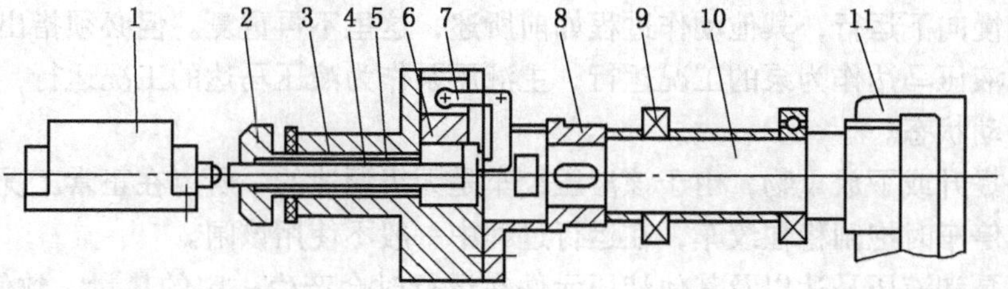

1—行程开关；2—调整螺母；3—弹簧；4—顶杆；5—旋转体；6—离心块；
7—杠杆；8—连接盘；9—轴承；10—轴齿轮；11—内齿轮

图 6－17　防爆液压绞车超速保护装置

（五）液压系统的动作原理

如图 6－16 所示，在液压绞车运转前，先启动副泵电机、双联液压泵（即补油泵）经粗滤油器 24、球阀 25 从油箱吸油。排出的压力油经精滤油器 29、单向阀 7 向主回路低压侧补油。补油回路中的压力由溢流阀 30 调定，其调定压力为 0.8～1.0 MPa，由压力表 5 读出。

双联液压泵 28（即控制油泵）经粗滤油器 33、球阀 34 从油箱吸油。排出的压力油经精滤油器 35 后分为 3 路：一路经减压阀把压力减为 1.8～2.5 MPa 后进入主泵的伺服系统作为操纵用油；另一路进入液控阀切断原来旁通的两主油管，液控阀也称中位旁通阀；第三路流到行程阀，处于断开位置。此时控制回路的压力调整为 5.5 MPa 左右，多余的压力油经溢流阀 39 流回油箱。

然后启动主泵电动机，防爆电磁铁得电吸合，带动电液阀的阀芯运动，断开制动系统回油箱的油路。此时操作手把仍然处在中立位置，所以主回路不能工作。当操作手把处在中位时，希望主泵缸体最小摆角保持为 1°，以利于配油盘工作表面的润滑。

司机手握操作手把和鸭嘴，行程阀的阀芯在弹簧作用下移动。接通制动系统油路，压力油经行程阀进入盘形闸的液压缸中，在油压的作用下使盘形闸松开。此时控制回路中的压力由溢流阀 39 重新调定为 5.5 MPa，其数值由压力表 36 读出。

当司机慢慢地将操作手把向后拉（提升），连杆带动伺服控制系统的先导阀运动。控制系统中的随动活塞在操纵油压力作用下，紧随着先导滑阀运动。带动曲柄使主泵缸体向左（或向右）偏摆至 25°止，流量由最小到最大，液压马达带动卷筒缓慢启动，直到最大速度。

因为控制系统是手动操纵的，所以当需要绞车在一定的速度下运行时，只要使主泵的缸体摆到一定的角度即可，也就是说只要把操作手把推到一定的位置即可，所以该液压绞车可无级调速。

当提升即将结束，要减速停车时，可将操作手把逐渐推向中位，在操纵油压力作用下，主泵控制系统中的随动活塞带动曲柄逐渐摆向中位，其流量也逐渐减少，液压马达的速度随主液压泵的流量减少而降低，直至卷筒停止运转。当操作手把到达中位时，松下鸭嘴，鸭嘴下的弹簧杆压下行程阀，盘形闸中的压力油经行程阀流回油箱。在碟形弹簧作用下，盘形闸抱闸制动。

在下放重物时，司机手握操作手把和鸭嘴慢慢地向前推，主液压泵的缸体摆向另一方向，绞车慢慢向下运行，其他动作过程如前所述，这里不再重复。但必须指出的是，在下放重物时，液压马达作为泵的工况运行，主液压泵作为液压马达的工况运行，主泵电动机处在发电制动状态。

不论是提升或下放重物，由于该液压绞车是无级调速的，所以在正常工况下，盘形闸只用在绞车停车时抱闸稳住绞车，在运行过程中一般不使用该闸。

主液压泵和液压马达以及其他液压元件在运行时会产生一定的热量，致使油温升高、泄漏增大、效率降低。为了尽量减少泄漏和提高效率，应使油温保持在55℃以下，为此在液压系统中设置了热交换回路。其工作状况是主回路里高压侧的高压油，总是把梭形阀的阀芯推向低压侧，使主回路里低压侧管道中的热油有一部分经梭形阀、溢流阀15，到冷却器进水口进入，再从出水口流走。补油回路经单向阀7，向主回路的低压侧补油。其数值基本上与流回油箱的那一部分热油相等。溢流阀15的调定压力为0.6～0.8 MPa，比补油压力稍低，其数值由压力表14读出，此压力称为背压。

溢流阀10在主回路中起安全保护作用，其调定压力为正常工作压力的1.2～1.25倍。当液压绞车因故障而出现超载运行时，主回路里压力升高，如果超过工作压力的1.2～1.25倍时，溢流阀10动作，高压油经单向阀11、溢流阀10流入主回路的低压侧管道里，绞车停止运转，保证了安全。

不论在任何情况下，当出现紧急事故需要急速停车时，司机可以踩下脚踏开关，切断电源，防爆电磁铁断电，盘形闸油缸中的压力油通过电液阀、节流阀42迅速地流回油箱，盘形闸紧急抱闸制动。同时，液控阀、节流阀8使主回路中的高低压两侧旁通，减少由于紧急制动产生的液压冲击和对主泵、液压马达及其他液压元件的危害。节流阀8是为调定旁通时的流量而设置的，一般要求开口大些，需要旁通时能迅速实现。

节流阀42是在紧急制动时，为控制绞车的减速度而设置的。节流阀开口的大小可调，以满足《煤矿安全规程》规定的减速度要求。

【基本技能】

一、采区提升绞车的操作

（一）一般要求

（1）绞车操作工必须经过培训考试合格后持证上岗。

（2）绞车操作工必须熟悉所操作绞车各部的结构、性能及机械电气、液压系统，熟悉绞车工作原理及操作方法，熟悉信号联系方法，会一般性的检查、维修、润滑和保养，会处理一般性的常见故障。

（3）绞车操作工还必须了解斜巷长度、坡度、变坡地段，中间水平车场（甩车场）、巷道支护方式、轨道状况、安全设施配置及规定牵引车数（回柱绞车除外）。

（4）当班操作工必须头脑清醒、精力充沛，精神萎靡或有视听障碍者不得上岗。

（二）齿轮传动式绞车安全操作要求

1. 开车前检查

（1）检查绞车各连接件和锁紧件是否齐全，螺帽、销子等有无松动、脱落，特别要注意检查基础螺栓和轴承座固定螺栓的紧固情况。

（2）检查各制动装置的操作机构和传动杆件的动作是否灵活可靠，制动轮与闸瓦的间隙是否符合规定，施闸时操作手柄的行程不得超过全行程的3/4。

（3）检查深度指示器指示是否准确，检查过卷、超速、过电流和欠电压、减速警铃、脚踏开关等保护装置的动作是否灵敏可靠。

2. 运行中的注意事项

（1）必须看准、听准声光信号，信号不清或没有听清不得开车。

（2）启动时，控制器手把向前（或向后）扳动，同时将常用闸逐步松闸，随着绞车的加速，将常用手把和控制器手把逐步扳到最大位置，严禁一次性过猛扳到最大位置。

（3）绞车运行中操作工不得与他人交谈。

（4）上提停车时，应先逐步拉回控制器，后扳常用闸，逐步把常用闸扳紧。

（5）下放停车时，应先逐步扳回常用闸，后拉控制器，使控制器手把拉到零位，直到把绞车停稳。

（6）运行中要严密注视各种仪表、指示灯、深度指示器及钢丝绳的排列和松绳情况，注意绞车各部位有无异常音响和异常气味，发现异响、异味、异状应立即停车检查。

（7）严禁电动机在不给电的情况下松闸下放重物。

（8）一般情况下不允许使用保险闸制动，只有在下列情况之一方可自动或手动制动保险闸：①绞车长时间停止运转；②电动机过负荷或线路断电；③提升容器过卷；④绞车运转不平稳，钢丝绳打卷，电流急剧增大；⑤绞车机构损坏；⑥有碍人身安全。

特殊情况使用保险闸后，必须对钢丝绳、绞车部件等进行认真检查，排除故障后，方可恢复开车。

3. 停车

（1）绞车正常停车后，各种手把都应放到零位。长时间停车或司机离开操作台时，必须切断电源，闸住保险闸。

（2）司机停车后应经常检查绞车各部件情况，发现问题及时处理，处理不了的应及时汇报。

（3）下班前必须认真填写运转日志，坚持在现场进行交接班。

（三）防爆液压绞车安全操作要求

1. 开车前检查

（1）绞车各连接件和锁紧件是否齐全紧固。

（2）油箱油位不得低于油标规定的高度，油箱前的两个球阀是否处于开启位置。

（3）冷却水是否畅通，水压不得低于0.3 MPa。

（4）各液压元件、管路接头有无漏油现象。

（5）操作台操作手把是否处于零位，转动是否灵活。

（6）压力阀是否打开，行程应为10 mm。

（7）深度指示器指示是否准确，过卷过放开关、紧急脚踏开关是否灵敏可靠。

（8）声光信号设备是否完好、信号是否清晰。

（9）送电后，电压表应显示正常电压。

（10）油温表读数应符合使用要求。

2. 运行中的注意事项

（1）必须按下列顺序开车和停车：开车时先开辅助泵，后开主泵；停车时先停主泵，后停辅助泵。

（2）盘式制动闸的松闸要求是操作手把位于中间位置，紧握手把上的鸭嘴把，提起拉杆，打开行程调节器，制动液压缸充油，盘式制动闸松闸。施闸时松开手柄上的鸭嘴把，将手柄回到零位，行程调节阀在弹簧作用下被关闭，盘式制动闸失油而施闸。

（3）听清开车信号，将操作手把缓慢推向前（或向后拉），不可用力过猛。深度指示器指示到停车位置时，操作手把再缓慢回到零位。滚筒停止后，放松鸭嘴把，绞车即被制动。

（4）绞车运转中随时观察各压力表的指示压力，从左到右，第一块表是制动压力表，应为5.5～6.0 MPa；第二块表补油压力表，应为0.8～1.0 MPa；第三块表是主油路压力表，应为15～18 MPa；第四块是操作油压表，应为1.8～2.5 MPa；第五块是背压表，应为0.6～0.8 MPa。

（5）运行中出现矿车脱轨掉道事故时，应及时停车，用复轨器（或千斤顶）处理上道后再运行，确实需要拉车复轨时，操作要缓慢平稳，当油压超过额定压力时，不允许强拉。非紧急情况不得使用紧急制动开关，如遇突然停电或紧急情况而使用紧急制动开关停车后，应对承受猛烈拉力的一段钢丝绳等受力部位进行检查，确认无误后，才能继续投入运行。

（6）绞车运行中应精力集中，注视信号、深度指示器及各仪表，手不离开操作手把，不与他人交谈。

（7）严禁在不带电、不供油的情况下下放重物。

3. 停车

（1）绞车需较长时间停车时，应将操作手把放到零位，先停主泵，待主泵完全停止后，再停辅助泵，最后切断电源。

（2）停车期间操作工必须巡回检查绞车各部有无异常现象，各轴承、电动机及液压油温度是否过高。轴承一般不得超过60 ℃，电动机一般不超过70 ℃。油箱液压油温度一般不超过55 ℃。

（3）操作工必须在现场进行交接班，并填写运转日志。

二、采区提升设备的使用与维护

（一）齿轮传动式绞车日常检查与维护的主要内容

（1）经常检查各部螺栓、铆钉、销轴等连接零件是否松动或脱落，尤其对轴承座螺栓和地脚螺栓应特别注意检查，有松动件应及时拧紧，脱落件应及时补齐。

（2）定期检查减速箱齿轮啮合情况，检查齿轮是否有窜动，齿部磨损是否超限，有无裂纹、断齿等严重损伤；油箱中油量是否够，油是否有变质和沉淀物等情况。

（3）经常检查润滑油泵运行是否正常，各润滑部位油流是否畅通和定量，油圈是否转动，油温是否正常，否则应及时调节和更换。

（4）定期检查制动系统的闸轮、闸盘、闸瓦、传动机构、液压站等工作是否灵活正常，闸块与闸盘（或闸轮）之间间隙是否符合规定，保险制动闸的动作是否正常，制动操作手把在施闸时是否还留有全行程1/4的富余行程，制动闸配重锤是否被异物垫住，盘式制动闸碟形弹簧是否失效，否则应及时处理和调整。

（5）经常检查深度指示器丝杠、螺母传动情况，试验减速警铃和过卷保护开关，若有动作不灵敏的现象，应及时调整和紧固。

（6）检查主令控制器、保险电磁铁接触器、各种继电器和信号装置等接触触点的烧损情况。若有烧损现象，应及时修磨或更换触点。

（7）检查钢丝绳在滚筒上缠绕是否整齐，绳头固定是否牢固，查看钢丝绳断丝和磨损的检查记录。

（8）检查联轴器是否松旷、变形和缺件，检查联轴器轴向窜动和间隙、径向位移和端面倾斜是否符合要求，及时更换损坏的弹性胶圈，补齐已脱落的销子、螺母、垫圈等紧固件。

（9）经常擦拭设备，清扫浮尘杂物，保持机亮地净。

（二）防爆液压绞车日常检查和维护的主要内容

（1）认真检查绞车各部位螺栓、销子、螺母等连接件是否有松动、脱落现象，发现问题及时处理。

（2）在无提升负荷时检查盘形制动闸松闸均匀程度，保证间隙基本相同，并且不超过规定值；检查试验脚踏紧急制动开关动作是否正常。

（3）检查轴向柱塞油泵和叶片油泵的工作是否正常，有无振动和噪声。当正反两个方向微小扳动手柄时，看其能否实现绞车滚筒正反转动。

（4）检查油箱中油位指示是否达到规定位置（或标记），油温是否符合规定要求。检查冷却器流过的冷却水是否充足和畅通。

（5）定期清理油池和过滤器，严禁油池中有固体游离物，对液压油中的大量气泡要及时排气。

（6）检查深度指示器丝杆，螺母传动情况，试验过卷保护开关。

（7）检查钢丝绳在滚筒上排列是否整齐，绳头固定是否牢固。

（8）认真检查各条管路阀组、管接头等处有无漏油现象，不合格应及时紧固和处理。

（9）认真检查操作台上指示仪表是否正常，试验各操作按钮开关是否灵活准确，检查电控开关和触点烧损情况，不合格者应及时汇报或更换。

（10）经常擦拭设备，搞好环境卫生，保持机亮地净。

三、采区提升设备的故障分析及处理

采区提升设备的故障分析及处理方法见表6-9。

表6-9 采区提升设备的故障分析及处理方法

序号	故障特征	主要原因	处理方法
1	绞车滚筒产生异响	1. 滚筒筒壳螺栓松动 2. 筒壳和支轮（法兰盘）之间间隙过大	1. 拧紧松动的螺帽 2. 调整间隙

表6-9（续）

序号	故障特征	主要原因	处理方法
1	绞车滚筒产生异响	3. 滚筒筒壳产生裂纹 4. 焊接筒壳开焊 5. 游动滚筒和衬套的固定螺钉松动，造成游动滚筒和衬套之间有相对滑动 6. 衬套与主轴之间间隙磨损过大 7. 蜗轮螺杆式离合器有松动	3. 维修 4. 进行补焊 5. 拧紧螺钉，调整间隙 6. 更换衬套、加油 7. 检修、调整
2	绞车滚筒上钢丝绳排列不整齐	1. 绞车布置不当，即提升钢丝绳偏角不符合规定要求 2. 绞车天轮（导轮）缺油，不能随钢丝绳在滚筒上缠绕时左右滑动 3. 绞车排绳装置失效或已被拆除 4. 操作不当，缠绕不紧	1. 调整，按规定布置 2. 加强润滑 3. 检修、完善设备 4. 正确操作
3	滚筒产生裂缝	1. 对缝焊接质量不好 2. 局部受力过大，连接件松动或断裂 3. 衬木断裂或松动 4. 钢板材质有缺陷	1. 重新焊接 2. 局部进行补强、紧固或更换连接件 3. 紧固或更换衬木 4. 处理缺陷部位
4	轴承过热	1. 缺油或油质不良 2. 油圈转动不灵或卡住 3. 接触不好或与轴心线不同心 4. 间隙过小	1. 加油或换油 2. 调整处理油圈 3. 进行修检，重新调整 4. 进行轴瓦刮研或调整垫片
5	主轴弯曲	1. 长期超载或重载冲击使轴局部受力过大，产生弯曲 2. 材料不良或加工装配质量不符合要求	1. 调整并防止超载运转和重载冲击 2. 改进材质和加工装配质量，进行调整或更换，定期检查
6	减速器齿轮有异响或振动过大	1. 齿轮装配啮合间隙不合适 2. 齿轮加工精度低或齿形不好 3. 轮齿表面粗糙、磨损严重 4. 两齿轮轴线不平行 5. 轴瓦松旷或间隙过大 6. 润滑不良	1. 调整间隙 2. 修理或更换 3. 研磨或更换 4. 调整校正 5. 检修或更换 6. 加强润滑
7	减速器齿轮磨损过快	1. 加工与装配不符合要求，啮合不好 2. 润滑不良或油有杂质 3. 承载过大 4. 材质不良或疲劳	1. 重新检修、调整 2. 加强润滑或换油 3. 合理调整载荷 4. 调质或更换
8	绞车制动闸发热	1. 用闸过早、过多、过猛 2. 闸瓦螺栓松动或闸瓦磨损过度，螺栓头触及闸轮（或闸盘） 3. 闸瓦与闸轮（或闸盘）安装不正确，接触面积过小 4. 闸轮（或闸盘）摆动较大	1. 正确操作 2. 维修或更换 3. 正确安装 4. 维修
9	盘式制动闸松不开闸	1. 制动操作手把丝杠拉杆长度调整不合适 2. 制动操作手把摆动角度不合适 3. 溢流阀节流孔堵塞或滑阀卡死失灵 4. 溢流阀密封不严或电液调压装置漏油 5. 电液调压装置的动作圈引出线焊接不牢或断线	1. 调整 2. 调整制动操作手把动作位置 3. 检查、清洗 4. 维修、调整 5. 维修

表6-9（续）

序号	故障特征	主 要 原 因	处 理 方 法
10	按启动按钮，电动机不转	1. 电源有故障，如停电、断相、电动机或线路接地，接地保护断电或电源电压过低 2. 停止按钮未复原位 3. 启动器内部有故障 4. 操作电缆断线 5. 电动机烧毁	1. 检查，维修 2. 检查，维修 3. 检查，维修 4. 检查，维修 5. 检查，维修
11	按停止按钮，电动机不停止	1. 操作按钮失灵或过于潮湿 2. 操作线短路或接地 3. 磁力启动器主接点或辅助接点烧损黏连而不能离开 4. 消弧罩卡住触头，不能离开 5. 中间继电器接点不断开 6. 磁力启动器放置不正，或被碰向后倾倒超过15°	1. 检查，维修或更换 2. 检查，维修 3. 检查，维修 4. 检查，维修 5. 检查，维修 6. 正确布置
12	电动机单相运转	1. 电源缺相（断一相） 2. 电动机定子线圈有一相断线	1. 检查，维修 2. 检查，维修

【技能训练】

通过矿井实习或实训室实习，了解提升绞车的类型、结构和工作原理；掌握提升绞车操作要求、日常维护和常见故障的分析、处理。

【教学考核】

考核评价表见表6-10。

表6-10 考核评价表

项目名称	采区绞车				
学生姓名		班级		考核时间	
评价方式	学生分组及组别 □ □	自我 □		教师 □	
评价地点	实训现场 □	教学做一体化教室 □		普通教室 □	
需要的设备、工具	提升绞车（或液压绞车）一台				
考核项目	内 容 和 要 求	标准分	评 分 标 准		得 分
基本知识	1. 采区齿轮传动绞车的结构和组成 2. 防爆液压绞车的组成和工作原理 3. 提升绞车的制动系统工作原理 4. 防爆液压绞车液压系统组成 （可以采取手指口述的方式考核）	40	每缺一项或回答不正确扣10分		
基本技能	1. 提升绞车的操作要求 2. 提升绞车使用和维护 3. 采区提升绞车的故障分析和处理方法 （可以采取手指口述的方式考核）	30	每缺一项或回答不正确，操作不规范扣10分		

表6-10（续）

考核项目	内容和要求	标准分	评分标准	得分
职业素质	1. 热爱劳动，积极参加 2. 同学之间协作学习 3. 口述表达准确流畅 4. 能正确使用常用工具 5. 能收集教材以外的资料 6. 注重工作现场整洁	30	每缺一项或工作达不到要求扣5分	
总分				

考核评价人签字：

年　月　日

复习思考题

1. 简述采区齿轮传动绞车的结构和组成。
2. 绞车制动系统有何作用，有哪几种类型，各有何特点？
3. 试述防爆液压绞车的组成和工作原理。
4. 试分析提升绞车操作时注意事项。
5. 提升绞车常见故障主要有哪些？

模块七　流 体 机 械

项目一　矿 井 排 水 设 备

【学习目标】

知识目标：正确理解排水设备的分类、组成、要求以及离心式水泵的工作原理、性能曲线和性能参数。

技能目标：掌握离心式水泵的型号含义、基本结构、工况分析和使用维护的方法。

【基本知识】

一、矿井排水设备分类、组成

1. 矿井涌水

在矿井建设和生产过程中,由于地层含水不断的涌出、雨雪和江河水的渗透、灌浆和水砂充填供水等因素,使大量的水汇集于井下,即称为矿井涌水。将单位时间涌入矿井的总水量称矿井涌水量,单位是 m^3/h。同一矿井在不同季节涌水不相同,在雨季和融雪时期涌水量大,称这时的涌水量为最大涌水量;其他时期涌水量比较均匀,称为正常涌水量。

由于溶解在水中的物质不同，矿水按氢离子浓度 pH 值分为以下几类：$pH = 7$ 时为中性水，$pH > 7$ 时为碱性水，$pH < 7$ 时为酸性水。其中当 $pH < 5$ 时，矿水具有强腐蚀性，要求选用耐酸的排水设备。

2. 矿井排水设备的分类

矿井排水设备有固定式和移动式两种。

固定式排水设备固定安装在井下水泵房内，是矿井的主排水设备。其作用是将矿井涌水及时排送至地面，保证矿井安全正常工作；水泵房布置在井底车场附近。移动式排水设备用于采区、掘进或淹没巷道的排水，保证采区或巷道的正常工作条件。

我国煤矿使用的水泵主要是离心式水泵，主要分类如下：

1）按叶轮数目分

单级水泵：泵轴上仅装有一个叶轮；

多级水泵：泵轴上装有多个叶轮。

2）按叶轮进水口数目分

单吸水泵：叶轮上仅有一个进水口；

双吸水泵：叶轮上两侧都有进水口。

3）按泵壳的接缝分

分段式水泵：垂直水泵轴心线的平面上有泵壳接缝；

中开式水泵：在通过水泵轴心线的水平面上有泵壳接缝。

4）按水泵轴的位置分

卧式水泵：水泵轴呈水平位置；

立式水泵：水泵轴呈垂直位置。

3. 矿井排水设备的组成

矿井排水设备由水泵、电动机、起动设备、管路、管路附件、仪表等组成。如图 7－1 所示。

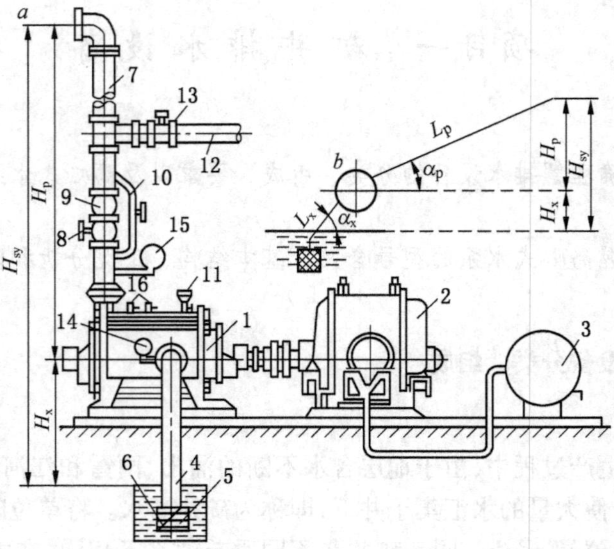

1—水泵；2—电动机；3—起动设备；4—吸水管；5—滤水器；6—底阀；7—排水管；8—闸阀；9—逆止阀；10—旁通管；11—灌水漏斗；12—防水管；13—放水闸阀；14—真空表；15—压力表；16—放气栓

图 7－1　矿井排水设备

滤水器装在吸水管的末端，其作用是防止水中杂物进入泵内。滤水器中的底阀是用以防止灌入泵内和吸水管内的引水以及停泵后的存水漏入吸水井中。

闸阀安装在排水管路上，位于逆止阀的下方。其作用是调节水泵的流量，并在关闭闸阀的情况下启动水泵，以减小电动机的启动负荷。

逆止阀装在闸阀的上部，其作用是当水泵突然停止运转（如突然停电）时，或者在未关闭闸阀时停泵能自动关闭，防止排水管中的水对水泵及吸水管产生的水力冲击。

灌水漏斗的作用是在水泵启动前向泵内灌水。此时，水泵内的空气经放气栓放出。水泵再次启动时，可通过旁通管向水泵内灌引水。

在检修水泵和排水管路时，应将放水管上的放水闸阀打开，通过放水管放空排水管路中的水。

压力表和真空表的作用是检测排水管中的压力和吸水管中的真空度。

4. 对排水设备的要求

排水设备是矿山大型固定设备之一，为保证矿井安全生产，要求排水设备必须安全、经济、可靠、合理的运转。

1）对固定排水设备的要求

（1）井下排水设备应有工作水泵、备用水泵和检修水泵。工作水泵的排水能力，应在 20 h 内排出 24 h 的正常涌水量。备用水泵的能力应不小于工作水泵能力的 70%，并且工作和备用水泵的总排水能力，应在 20 h 内排出矿井 24 h 的最大涌水量。检修水泵的能力，应不小于工作水泵能力的25%。

（2）必须有工作和备用水管，其中工作水管的能力应能配合工作水泵在20 h排出24 h的正常涌水量。工作和备用水管的总能力，应能配合工作和备用水泵，在20 h内排出24 h的最大涌水量。

（3）配电设备应同工作、备用和检修水泵相适应，并能够同时开动工作、检修和备用的水泵，主排水泵房的供电线路不得少于两条回路，每一条回路应能担负全部负荷的供电。

（4）主排水泵房至少有两个出口：一个出口用斜巷通到井筒，这个出口应高于泵房7 m以上；另一个出口通到井底车场，在这个出口的通道内，应设置容易关闭的防火、防水的密闭门。

（5）水管、水泵、闸阀和排水用的配电设备等都必须经常检查和维护。

2）移动式排水设备的要求

（1）水泵应适合流量变化不大而扬程有较大变化的需要，有较好的吸水性能，以保证把水排干。

（2）在垂直泵轴平面上的外形尺寸应较小，以适应在横断面较小的巷道工作。还应做到能够方便而迅速地移动。

二、离心式水泵的工作原理及性质参数

1. 离心式水泵的工作原理

离心式水泵主要由叶轮、叶片、轴和螺旋形泵壳组成，如图7－2所示。启动前，先由灌水漏斗向泵内和吸水管灌满水，然后启动电动机驱动叶轮旋转。此时，叶轮中心处的水在离心力的作用下被甩出叶轮，经螺旋形泵壳中的流道进入排水管道。与此同时，叶轮中心处因水的排出而形成真空，吸水井中的在大气压力的作用下，被压入叶轮的进口，形成连续流动。

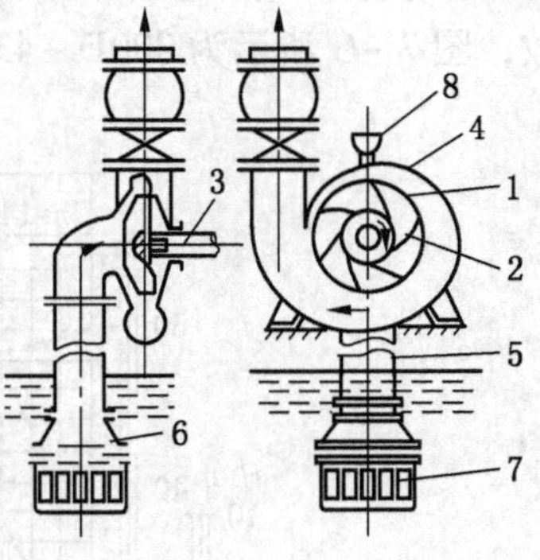

1—叶轮；2—叶片；3—轴；4—外壳；5—吸水管；6—底阀；7—滤水器；8—漏斗

图7－2　离心式水泵结构

2. 离心式水泵的性能参数

1）流量

水泵在单位时间内排出水的体积，称为水泵的流量。用符号Q表示，单位为m^3/s或m^3/h。

2）扬程

单位质量的水通过水泵后所获得的能量，称为水泵的扬程。扬程有吸水扬程、排水扬程、实际扬程、水泵的总扬程。

吸水扬程指从水泵的轴线到吸水井水面的垂直距离，也称吸水高度，用符号H_x表示，单位为m。排水扬程指从水泵的轴线到排水管的出口中心的垂直距离，也称排水高度，用符号H_p表示，单位为m。实际扬程指排水扬程与吸水扬程之和，用符号H_{sy}表示，单位为m，即

$$H_{sy} = H_x + H_p \tag{7-1}$$

水泵的总扬程为实际扬程、损失扬程（H_w）和水在管路中流动时产生的动扬程（H_a）之和，用符号H表示，单位为m。

3）功率

水泵在单位时间内所做的功，称为水泵的功率。分为轴功率和有效功率。

（1）水泵的轴功率是指电动机传给泵轴的功率，即水泵的输入功率，用符号 N 表示，单位为 kW。

（2）水泵的有效功率是指水泵实际传递给水的功率，即水泵的输出功率，用符号 N_x 表示，单位为 kW。

$$N_x = \frac{\gamma QH}{1000} \tag{7-2}$$

式中　γ——矿水的重度，N/m^3。

4）效率

水泵有效功率与轴功率的比值，称为水泵的效率，用符号 η 表示。

$$\eta = \frac{\gamma QH}{1000N} \tag{7-3}$$

5）转速

水泵轴每分钟的转数称为水泵的转速。用符号 n 表示，单位为 r/min。

6）允许吸上真空度

在保证水泵不发生气蚀的情况下，水泵吸水口处所允许的真空度，称为水泵的允许吸上真空度，用符号 H_s 表示，单位为 m。

3. 离心式水泵的性能曲线

在水泵的铭牌上和水泵的产品样本上可查出离心式水泵的性能曲线和水泵的性能参数，图 7-3 所示为 200D-43 型水泵的性能曲线图。

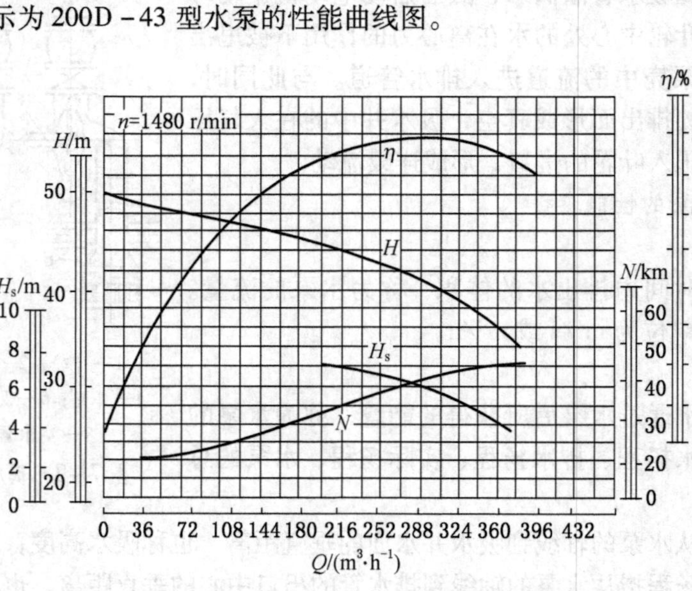

图 7-3　200D-43 型离心式水泵性能曲线

性能曲线图反映了水泵在额定转速下，扬程 H、轴功率 N、效率 η 和允许吸上真空度 H_s 随流量 Q 变化的规律。

水泵扬程与流量之间的关系曲线称为流量—扬程曲线，简称扬程曲线。扬程曲线一般都是单调下降的。流量为零时（闸阀完全关闭）的扬程称为初始扬程或零扬程，用 H_0 表示。

水泵的流量与功率之间的关系曲线称为流量—功率曲线，简称功率曲线。功率是随着流量的增大而逐渐增大的。当流量为零时，轴功率最小，因此，离心式水泵应在闸阀完全关闭的情况下启动。

水泵的流量与效率之间的关系曲线称为流量—效率曲线，简称效率曲线。曲线呈驼峰状。当流量为零时，效率为零；随着流量的增大，效率急剧增加；当为额定流量时，效率最高；若流量继续增大，效率则随之减小。

允许吸上真空度曲线 H_s 反映了水泵抗气蚀能力的大小。它是生产厂家通过汽蚀试验并考虑 0.3 m 的安全量后得到的。一般来说，水泵的允许吸上真空度是随着流量的增加而减小的，即水泵流量越大，它所具有的抗气蚀能力就越小。H_s 值是合理确定水泵吸水高度的重要参数。

【基本技能】

一、D 系列离心式水泵

（一）D 系列离心式水泵的型号含义

以老系列 200D－43×5 和新系列 D280－43×5 为例，200 表示水泵吸水口直径，单位为 mm；D 表示单吸多级分段式清水泵；43 表示单级额定扬程，单位为 m；5 表示水泵级数；280 表示额定流量，单位为 m^3/h。

（二）D 系列离心式水泵的结构特点

D 系列水泵的结构如图 7－4 所示，主要由传动部分和固定部分组成，其中传动部分由泵轴、叶轮、平衡盘组成。

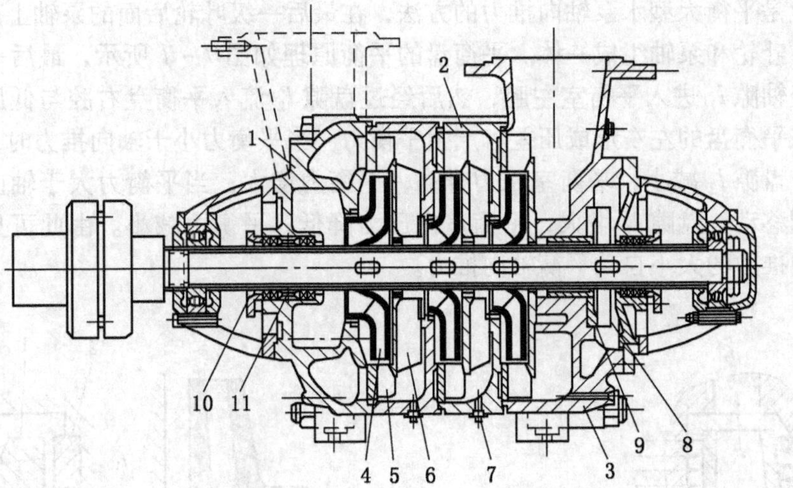

1—进水段；2—中间段；3—出水段；4—叶轮；5—导水叶片；6—返水叶片；
7—放水孔；8—平衡盘；9—平衡环；10—填料压盖；11—水封环

图 7－4　200D－43×3 型离心式水泵结构

1. 传动部件的作用和结构

1）叶轮

叶轮是传递和转换能量的主要部件。如图 7-5 所示，叶轮由前、后轮盘及夹在其间的叶片组成，成封闭式结构。材料一般为铸铁或铸钢。

1—前轮盘；2—后轮盘；3—叶片；4—轮毂

图 7-5 水泵叶轮结构

2）泵轴

泵轴用来带动叶轮旋转，是传递扭矩的主要部件。一般由碳素钢或合金钢制成，它与叶轮用键连接。为防止泵轴锈蚀、磨损，泵轴加装轴套。

3）平衡盘

平衡盘的作用是消除水泵的轴向推力。水在叶轮入口处的压力为 P_1，出口处的压力为 P_2，从叶轮流出的高压水，一部分通过叶轮与泵壳之间的空腔，作用在叶轮的前、后轮盘上，由于前、后盘面积不等，作用力不平衡，将叶轮推向吸水口方向，因此产生向吸水侧的轴向推力，如图 7-6 所示。大型多级离心式水泵，其轴向推力往往很大，如不加以平衡，水泵则无法工作。

平衡盘是平衡大型水泵轴向推力的方法，在最后一级叶轮后面的泵轴上用键固定一个平衡盘，与叶轮和泵轴组成一体。平衡盘的平衡原理如图 7-7 所示，最后一级叶轮排出的高压水经轴隙 l_1 进入平衡室左腔，然后经过盘隙 l_2 流入平衡盘右腔与低压区或大气相通，因此在平衡盘的左右形成压差，产生平衡力。当平衡力小于轴向推力时，平衡盘向吸水侧移动，盘隙 l_2 减小，平衡室压力升高，平衡力增大；当平衡力大于轴向推力时，转子向出水侧移动，盘隙 l_2 增大，平衡室内压力降低，平衡力减小。由此可见，平衡盘可以根据轴向推力的大小自动平衡轴向推力。

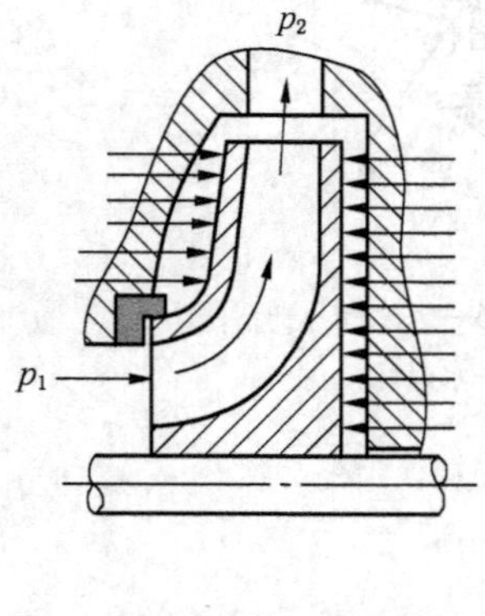

图 7-6 轴向推力的产生

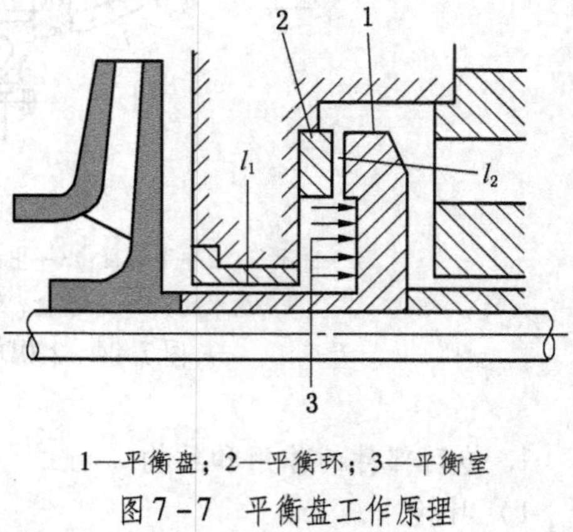

1—平衡盘；2—平衡环；3—平衡室

图 7-7 平衡盘工作原理

2. 固定部分

固定部分由进水段、中段、出水段和填料装置等部件组成。

1）进水段

进水段主要是接受由吸水管来的水，使水均匀地进入第一级叶轮入口，降低流动损失。一般由铸铁制成。

2）中间段

中间段由导水叶片和返水叶片组成，如图 7-8 所示。导水叶片安装在叶轮外缘周围，收集叶轮高速流出的水，将部分动能转变为压力能，并导入返水叶片中。返水叶片使水流由径向转变成轴向，以最小的损失引入下一级叶轮入口。中段材质为铸铁。

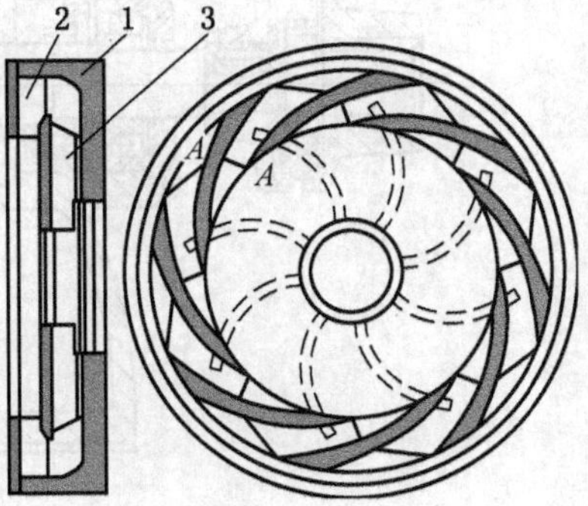

1—中段；2—导水叶片；3—返水叶片

图 7-8 D 系列水泵的中间段

3）出水段

出水段位于最后一级叶轮的后面，将从叶轮流出的高速水收集经扩散器流道引入排水口，一般由铸铁制成。

4）填料装置

填料装置又称填料箱，是设在水泵轴将伸出泵壳处的密封装置。吸水侧填料装置是用以防止空气进入泵内影响水泵的正常工作。如图 7-9 所示，吸水侧填料箱设有金属水封环，用水泵排水口的高压水进行水封，防止空气进入泵内。排水侧填料装置是用以防止压力水漏出，对其要求没有吸水侧高，故没有设置水封环，其他与吸水侧相同。

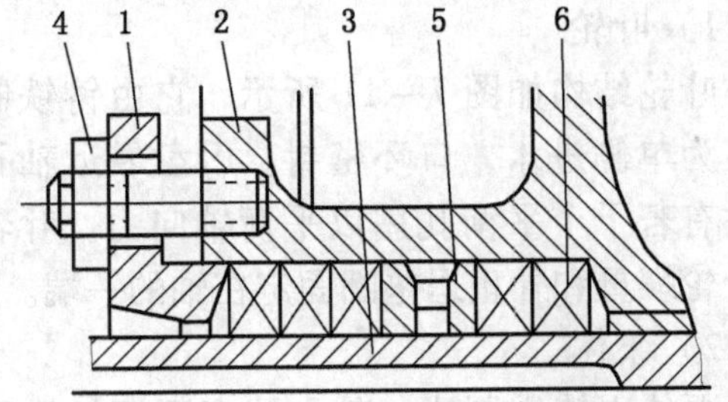

1—填料压盖；2—进水段；3—轴套；4—压盖螺母；5—水封环；6—填料

图 7-9 D 型水泵吸水侧填料图

D 系列水泵是单吸、多级、分段式、离心式水泵，其流量和扬程范围很大，效率较高，能够满足矿山排水的需要，并有清水泵和耐酸泵两种类型。扬程特性曲线较平缓，初始扬程较高，有利于水泵稳定运转，零流量时功率低，有利于电动机启动，效率曲线平坦，因而扩大了它的工业利用区。所以，D 系列水泵在煤矿主排水设备中得到广泛应用。

二、B 系列离心式水泵

1. B 系列水泵的优点和型号含义

B 系列泵是单吸、单级、悬臂式离心泵。这类泵体积小，重量轻，结构简单，工作可靠，泵体出水口可根据需要安装成不同的方向，流量、扬程范围较大。常用于矿山辅助排水设备。

以 6B33A 为例说明该机型号含义：6 表示吸入口直径；B 表示单吸、单级、悬臂式；33 表示扬程单位为 m；A 表示可更换较小直径的叶轮。

2. B 系列水泵的结构特点

B 系列泵的构造如图 7－10 所示，主要由叶轮、泵体、泵盖、泵轴、托架等组成。

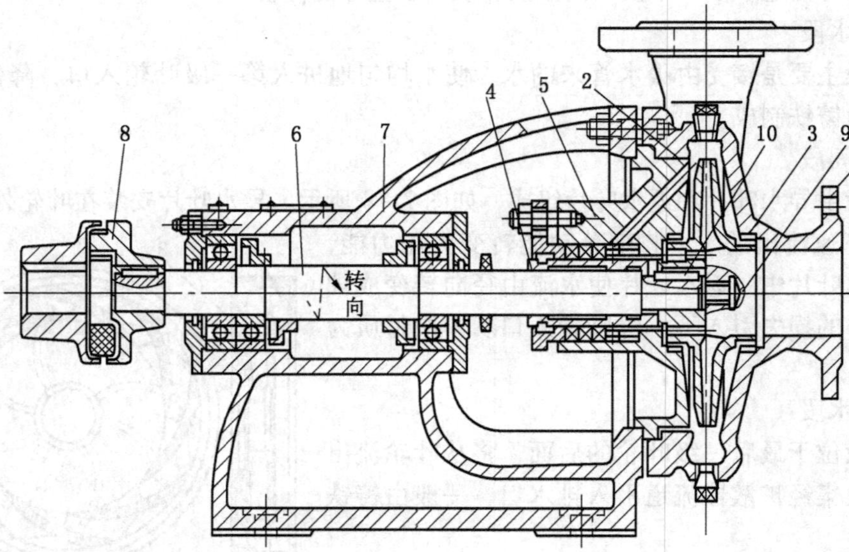

1—泵体；2—叶轮；3—密封环；4—轴套；5—泵盖；6—泵轴；
7—托架；8—联轴器；9—叶轮锁紧螺母；10—键

图 7－10　B 系列离心式水泵构造

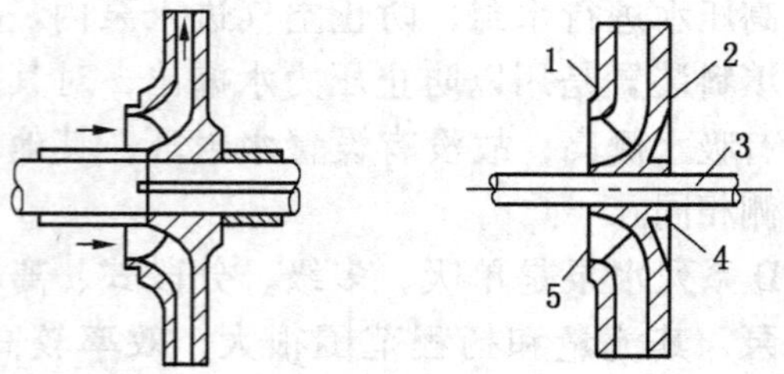

1—前轮盘；2—后轮盘；
3—泵轴；4—轮毂；5—吸水口

图 7－11　单吸叶轮结构

1）叶轮

叶轮结构如图 7－11 所示，它由铸铁制成，为单侧进水，口环密封。后盘靠近轴孔处钻有若干个平衡孔用以平衡轴向力。叶轮经叶轮螺母和外止退垫圈固定在轴的一端。

2）泵体

泵体由铸铁制成，其中铸有逐渐扩散至水泵出水口的螺旋形流道，用来收集叶轮排出的水，并在扩散段把一部分动能转化为压力能，把水引向排出口。在出水口法兰盘上，有安装压力表用的螺孔（不安装压力表时用螺钉堵住）。泵体下部有放水用的螺孔，当泵停止使用时，可将泵内水放出，防止冬季冻裂泵体。

3）泵盖

泵盖由铸铁制成，其中有填料室和窜水孔。填料室内有水封环、填料，外部有填料压盖，以防空气窜入和水渗出。少量高压水通过泵盖内的窜水孔流入填料室的水封环，起水封的作用。

4）泵轴

泵轴由优质碳素钢制成，一端固定叶轮，另一端接联轴器，支承在滚动轴承上。

5）托架

托架为铸铁制成，内有轴承室，用来安装轴承，两端用轴承压盖压紧。

三、离心式水泵在管路上的工作

1. 排水管路的特性曲线

水泵的管路特性曲线是指在一定的管路上工作时，流过该管路的流量与排水所需的实际扬程之间的关系曲线。每一台水泵都和一定的管路连接在一起进行工作，水泵使水获得的总能量，不仅用于把水排到地面排水口所消耗的能量，还要用于克服吸水管路和排水管路的沿程和局部阻力损失的能量；另外还有水流出排水管时，水流具有一定的速度而带走的动能。排水过程中所有的阻力损失和动能的损失与管路中流量的平方成正比，可用 RQ^2 表示，因此水泵的管路特性方程式为：

$$H = H_{sy} + \frac{v^2}{2g} + H_w$$

即

$$H = H_{sy} + RQ^2 \tag{7-4}$$

式中　H——水泵的扬程，m；

H_{sy}——实际扬程，m；

v——排水管出口速度，m/s；

H_w——损失扬程，m；

Q——管路中的流量，m^3/s；

R——管路阻力损失系数。它与管路的沿程阻力系数和局部阻力系数、管路长度和直径等因素有关，当管路系统确定后，则 R 为常数。

根据管路特性方程式，可以绘制出管路特性曲线，如图 7－12 所示为一条顶点在纵坐标轴上 H_{sy} 处的抛物线，管路阻力越大，曲线越陡；管路阻力越小，曲线越平缓。

2. 水泵在管路上工作的工况点

1）工况点

把水泵的扬程特性曲线与管路特性曲线，用同样的比例绘制在同一坐标系上，所得的交点 M 就是水泵的工况点，如图 7－13 所示，过工况点 M 作横坐标的垂线，得该点所对应参数称为工况参数，如 Q_M、H_M、η_M、N_M、H_{sM}。

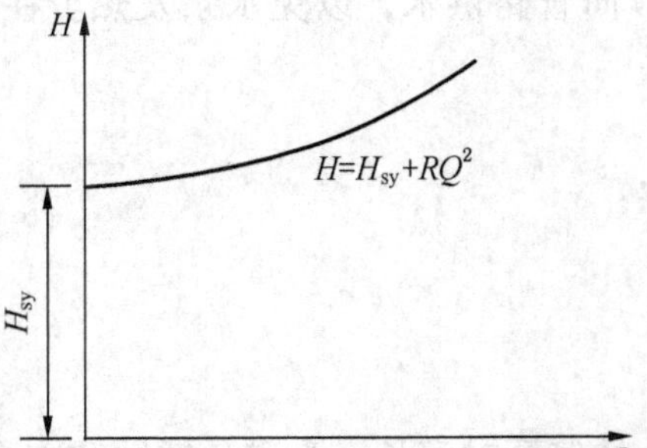

图 7－12　管路特性曲线

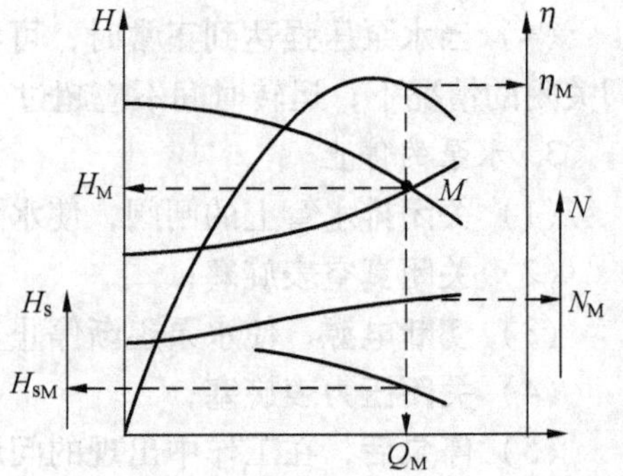

图 7－13　水泵的工况点

2）工业利用区

工业利用区是水泵工作时，在特性曲线上允许使用的区段。在这个区段内工作，水泵应满足稳定工作和经济工作的条件。

稳定工作的条件是水泵的初始扬程 H_o 与实际扬程 H_{sy} 之间满足关系：

$$H_{sy} \leqslant (0.9 \sim 0.95) H_o \quad (7-5)$$

经济工作的条件是水泵在不发生气蚀时，运转工况效率 η_M 与水泵最高效率 η_{max} 满足关系：

$$\eta_M \geqslant (85\% \sim 90\%) \eta_{max} \quad (7-6)$$

水泵的工业利用区就是必须满足稳定工作条件、经济工作条件和不发生汽蚀的条件而划定的区域。

3）水泵工况点的调节方法

在矿井排水工作中，往往需要根据现场的实际情况对水泵的工况点进行调节。因工况点是由水泵的特性曲线和管路特性曲线的交点所确定。因此工况点的调节也可以从改变管路特性曲线和改变水泵特性曲线两方面入手。通常采用闸门节流法、改变水泵转速调节法和改变叶轮数目调节法 3 种方法。

四、离心式水泵的操作与维护

（一）水泵操作

1. 开车前的检查

（1）应详细检查各部螺栓有无松动，是否齐全；联轴器的间隙是否合乎规定；润滑油质量是否合乎要求；油环转动是否灵活；管路和闸阀、逆止阀是否正常。

（2）检查填料压盖的松紧程度，并盘车 2～3 转，检查水泵机组转动部分是否灵活。

（3）检查吸水管路是否正常，底阀插入深度和吸水高度是否符合要求。

（4）检查电源电压是否正常，接地线是否良好。

2. 水泵起动

（1）向泵内灌注引水，关闭放气阀。

（2）关闭排水管上的闸阀，以减小起动功率。

（3）水泵起动后，注意压力表、真空表、电流表的读数是否正常。如发现意外情况时，应立即停车处理。

（4）当水泵压强达到正常时，可渐渐打开闸阀，向管路供水，以免水泵发热。在闸阀关闭的情况下，运转时间不应超过 3 min。

3. 水泵的停止

（1）关闭排水管上的闸阀，使水泵进入空转状态；

（2）关闭真空表旋塞；

（3）切断电源，使水泵逐渐停止；

（4）关闭压力表旋塞；

（5）停泵后，在工作中出现的问题要及时解决。如停泵时间长，为避免锈蚀和冻裂，应将泵内的水放空，并对泵进行油封。

（二）排水设备的使用维护

水管、水泵、闸阀和排水用的配电设备等都必须经常检查和维护。每年雨季前，必须全面检查修理一次，所有零件应补充齐全，并对全部工作水泵和备用水泵进行一次同时运行实验，发现问题，及时处理。

1. 水泵运转

为保证水泵正常运转需要注意以下事项：

（1）水泵吸水高度不超过设计允许值。滤水器最上端距离吸水井面不能小于 1 m，以防止吸入空气造成水泵不上水。

（2）水泵上装置的压力表、真空表指示数要正常，如指针有大幅度不正常的摆动，立即停车。

（3）水泵运转正常，响声无异常，如有异常声音要立即停泵检查。

（4）轴承温度不得超过环境温度。电动机温度不得超过电动机的额定温度。填料完好，松紧合适，运行中应陆续滴水。填料箱与外壳不烫手。

（5）水泵主闸阀应能全部敞开。

（6）主水泵每年至少进行一次技术测定，排水系统效率不得低于 50%，测定记录有效期/a。

2. 排水设备检修的完好标准

1）泵体和管路

（1）泵体无裂纹。泵体与管路不漏水，防腐良好。

（2）排水管路每年进行一次清扫，水垢厚度不超过管径的 2.5%。

（3）吸水管管径不小于水泵吸水口口径。

（4）水泵轴向窜量应符合有关技术规定或按厂家规定调整。

（5）填料箱不过热，滴水不成线。

（6）每年校验一次真空表、压力表，指示应正确。

2）闸板阀、逆止阀、底阀

（1）齐全、完整、不漏水。

（2）闸阀操纵灵活，动作可靠。

（3）吸水井无杂物，底阀不淤埋和堵塞。自灌满水后 5 min 能启动水泵。无底阀水泵的引水装置应能在 5 min 内启动水泵。

3）其他

（1）设备与泵房应整洁，工具、备件存放整齐。

（2）泵房内有排水管路系统图、供电系统图，有运行日志和检修、检查记录。

（三）提高排水设备工作效率的措施

矿井排水设备是煤矿生产连续运行时间长的大型设备，其工作效率直接影响吨煤成本。所以，提高排水设备的工作效率对节约电能、降低成本非常重要。提高排水设备工作效率的主要措施如下：

1. 提高水泵运行效率

（1）矿井排水设备设计合理，尽量选择新型高效水泵，生产矿井应更换低效水泵，降低排水电耗。

（2）改善水泵的运行性能，通过合理调节工况点，提高水泵工况点效率。

（3）提高水泵的检修和装配质量，使水泵保持良好的工作性能。

2. 降低排水管路阻力

(1) 定期清除管路积垢，降低管路阻力，提高管路效率。清理管路的方法有水压棘球清理法、碎石清理法、盐酸清理法。

(2) 改斜井排水为钻孔排水，可大大减少管路长度，使管路阻力减少，降低电耗。

(3) 采用多管并联排水，可大幅度减小管路阻力，但应保证电机不出现过载和水泵不发生气蚀。

3. 改善吸水管路特性

(1) 可采用无底阀排水。在吸水管侧加装喷射泵，取消底阀，以减少吸水管阻力损失，增大水泵的安全区域和节省电能。

(2) 正确安装吸水管，合理确定吸水高度。

(四) 离心式水泵常见故障分析及处理方法

离心式水泵在运转中常见故障原因及处理方法见表7-1。

表7-1 离心式水泵常见故障原因与处理方法

序号	故障特征	主要原因	处理方法
1	水泵不出水	1. 未灌满引水或底阀泄漏 2. 吸水管、吸水侧填料箱或真空表连接处漏气 3. 底阀未开或滤水器堵塞 4. 水泵转速不够 5. 水泵转向不对 6. 吸水高度过大	1. 重新灌满水，消除泄漏 2. 处理漏气处，重新安装真空表 3. 检查底阀，清理滤水器 4. 检查电源电压 5. 重新接线 6. 降低吸水高度，使吸水高度降到允许值
2	水泵启动后，只出一股水就不上水了	1. 吸水管中存有空气 2. 吸入的水中有过多的气泡 3. 吸水管或吸水侧填料不严密 4. 底阀有杂物堵塞	1. 排除空气 2. 检查滤水器是否浸入水下0.5m 3. 处理漏气，拧紧连接螺栓或填料压盖 4. 清除杂物
3	启动负荷过大	1. 填料压得太紧 2. 叶轮、平衡盘安装不正，转动部分与固定部分有摩擦或卡碰现象 3. 排水闸门未关闭 4. 平衡盘回水管堵塞	1. 适度放松填料压盖 2. 检查并重新调整 3. 关闭闸门 4. 疏通回水管
4	运转中功率消耗过大	1. 轴承磨损或损坏 2. 填料压得过紧或填料箱内不进水 3. 泵轴弯曲或轴心没对正 4. 叶轮与泵壳或叶轮密封环发生摩擦 5. 排水管路破裂，排水量增加	1. 更换轴承 2. 放松填料压盖或疏通水封管 3. 校直或调正泵轴 4. 调整、修理或更换叶轮泵壳和叶轮密封环 5. 检修排水管路
5	泵壳局部发热	1. 水泵在闸门关闭的情况下，开动时间较长 2. 平衡盘回水管堵塞	1. 水泵启动后及时打开闸门 2. 清理回水管
6	水泵排水量不足，排水压力降低	1. 转速不足 2. 吸水管漏气或滤水器堵塞 3. 填料箱漏气或水封管堵塞 4. 叶轮堵塞或损伤 5. 叶轮与导叶中心未对正 6. 密封环磨损太大，泵内水泄漏过多	1. 调整电压 2. 清除漏气，清洗滤水器 3. 更换填料，疏通水封管 4. 清洗更换叶轮 5. 重新调整叶轮与导叶 6. 更换

表7-1（续）

序号	故障特征	主 要 原 因	处 理 方 法
7	填料箱发热	1. 填料失水 2. 填料压得过紧 3. 填料压的偏斜	1. 检查填料环是否装正，水封管有无堵塞 2. 适当放松填料 3. 调正填料
8	水泵振动	1. 基础螺钉松动 2. 电动机与水泵中心不正 3. 泵轴弯曲 4. 轴承磨损过大 5. 转动部分有擦碰现象 6. 水泵转子与电动机转子不平衡	1. 拧紧螺钉 2. 重新找正电动机和水泵中心 3. 校直或更换泵轴 4. 修理或更换泵轴 5. 查出原因，消除擦碰 6. 检查、修理水泵及电动机转子
9	水泵有噪声，流量、扬程猛增或排水中断	1. 流量过大 2. 吸水管阻力太大 3. 吸水高度太大	1. 适当关闭闸门 2. 检查吸水管、底阀 3. 适当降低吸水高度
10	轴承过热	1. 用润滑脂时，油量过多 2. 油质不良或油量不足 3. 轴承过渡磨损，轴瓦装得过紧 4. 泵轴弯曲或联轴器不正 5. 平衡盘失去作用	1. 重新装配 2. 换油或加油 3. 修理或调整轴承和轴瓦 4. 校直泵轴，调正联轴器 5. 检查回水管是否堵塞，平衡盘与平衡环是否磨损，并进行疏通更换

【技能训练】

（1）在实训基地或实训室，分组练习水泵开启和关闭的操作方法。掌握水泵在运行中常见的故障判断及处理方法。

（2）拆装离心式水泵，掌握水泵的结构和拆装方法，学会工具的使用。

【模块考核】

考核评价表见表7-2。

表7-2 考核评价表

项目名称	矿井排水设备				
学生姓名		班级		考核时间	
评价方式	学生分组及组别 □ □	自我 □		教师 □	
评价地点	实训现场 □	教学做一体化教室 □		普通教室 □	
设备、工具	小型排水装置一套（含电气控制装置和储水箱）、扳手、拉具等工具				
考核项目	内 容 和 要 求	标准分	评 分 标 准		得分
基本知识	1. 排水设备的分类 2. 排水设备的作用和组成 3. 离心式水泵的工作原理 4. 离心式水泵的性能参数和性能曲线（可以采取手指口述的方式考核）	24	每缺一项或回答不正确扣6分		
基本技能	1. 能读懂排水系统图和水泵的结构图 2. 掌握离心式水泵主要部件的作用 3. 能说出排水设备的操作方法 4. 能分析排水设备常见故障及处理方法	36	每缺一项或回答不正确，操作不规范扣9分		

表7-2（续）

考核项目	内容和要求	标准分	评分标准	得分
职业素质	1. 热爱劳动，积极参加 2. 同学之间协作学习 3. 口述表达准确流畅 4. 能正确使用常用工具 5. 能收集教材以外的资料 6. 注重工作现场整洁	30	每缺一项或工作达不到要求扣5分	
总分				

考核评价人签字：

年　月　日

复习思考题

1. 排水设备主要由哪些部分组成？
2. 叙述离心式水泵的工作原理。
3. 离心式水泵为何要在关闭闸阀的情况下启动和停车？
4. 吸、排水侧的填料装置各起什么作用？有何不同？
5. 水泵是工况点是如何产生的？
6. 水泵正常工作的条件是什么？

项目二　通　风　设　备

【学习目标】

知识目标：理解矿井通风设备的分类、组成、作用以及通风机的工作原理、性能曲线和性能参数。

技能目标：掌握通风机的型号含义、基本结构、工况分析和使用维护方法。

【基本知识】

一、矿井通风设备的作用和分类

1. 矿井通风设备的作用

地下开采的煤矿，在生产过程中有大量的有害及有毒气体（CH_4、CO_2、CO、H_2S、NO_2 等）涌入到工作面和巷道中，对人身和矿井安全构成很大的危害。为了保证安全生产，我国《煤矿安全规程》对井下有害气体的浓度、矿井需要的风量、井巷中最高风速和采掘工作面等地点的最高温度都做出了严格规定。

矿井通风设备的作用就是向井下输送足量的新鲜空气，将涌入到工作面和巷道中的有毒有害气体的浓度稀释到没有危害的程度并排送到地面，调节井下所需风量、温度和湿度，改善井下的工作条件，使之有一个比较适宜的工作环境，保证安全生产。

2. 矿井通风设备的组成

矿井通风设备由通风机、电气设备、扩散器和反风装置等组成。

3. 矿井通风设备的分类

《煤矿安全规程》规定，每一矿井都必须采用机械通风。机械通风有两种通风方式，即抽出式和压入式。我国矿井常采用抽出式通风方式，即通风机的进风侧与巷道相接，将井下污浊空气抽出，并排至地面大气中。

通风机主要从以下几个方面分类：

1）按服务范围分

主要通风机：负责完成全矿井通风任务。《煤矿安全规程》规定，每一矿井必须安装2套同等能力的主要通风机装置，其中1套作备用，备用通风机必须能在10 min内开动。

局部通风机：是负责完成掘进工作面通风任务或加强采煤工作面的通风。

2）按工作原理分

离心式风机：空气沿轴向进入叶轮，经叶轮后沿径向流出。

轴流式风机：空气沿轴向进入叶轮，经叶轮后沿轴向流出。

3）按叶轮数目分

单级：通风机只有一个叶轮。

双级：通风机有两个叶轮。

二、通风机的工作原理和性能参数

（一）工作原理

1. 离心式通风机的工作原理

如图7－14所示，当叶轮在电动机的带动下旋转时，叶片间的空气在叶片的作用下，由叶轮中心流向轮缘，即空气径向流出，脱离叶轮后，汇集于螺线形机壳，空气经扩散器排除。与此同时，叶轮入口处形成负压，外部空气在大气压力的作用下，经进风口进入叶轮。这样，通风机内就形成了连续的风流，即空气不断进入叶轮，经叶轮后又不断流向扩散器。

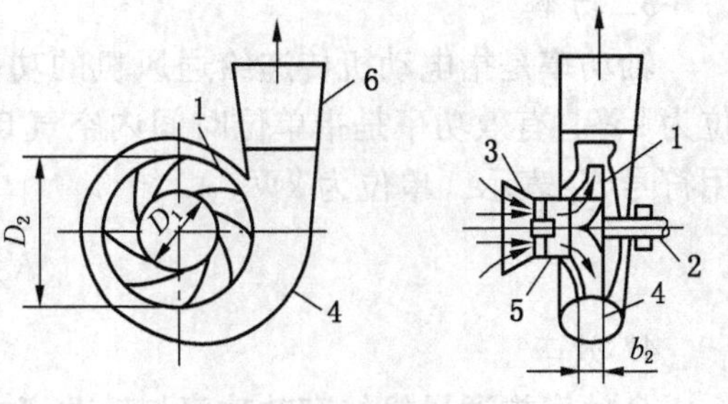

1—叶轮；2—轴；3—进风口；4—机壳；5—前导器；6—扩散器

图7－14　离心式通风机

2. 轴流式通风机的工作原理

如图7－15所示，当电动机驱动叶轮旋转时，叶轮上的叶片推动空气质点作圆周运动，同时又迫使空气质点沿轴向流动，经整流器、扩散器排出风机。与此同时，在叶轮入口处形成负压，外部空气在大气压力的作用下，经集风器进入叶轮，形成连续的风流，即空气不断进入叶轮，经叶轮后又不断流向扩散器。

（二）性能参数

1. 风量

通风机在单位时间内输送气体的体积称为风量，用符号Q表示，单位为m^3/s或m^3/h。

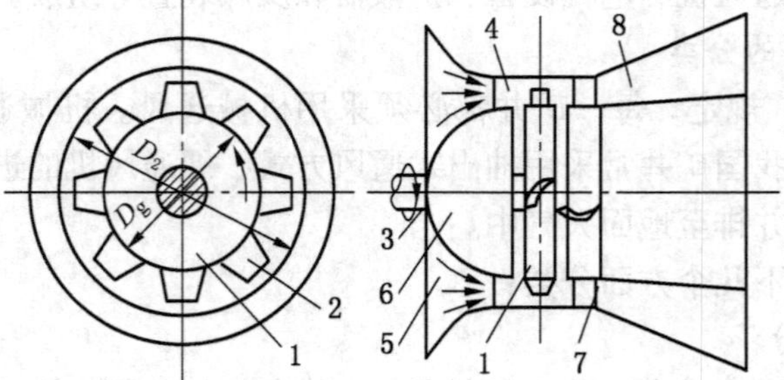

1—叶轮；2—叶片；3—轴；4—外壳；5—集风器；6—流线体；7—整流器；8—扩散器

图 7-15 轴流式通风机

2. 风压

通风机的风压分为静压、动压和全压。

静压指单位体积的空气流过通风机后所获得的压力能（或势能），用符号 H_j 表示，单位为 Pa。动压指单位体积的空气流过通风机后所获得的动能，用符号 H_d 表示，单位为 Pa。全压指单位体积的空气流过通风机后所获得的总能量，用符号 H 表示，单位为 Pa。全压为静压和动压之和，即

$$H = H_j + H_d \tag{7-7}$$

3. 功率

轴功率是指电动机传递给通风机的功率，即通风机的输入功率。用符号 N 表示，单位为 kW。有效功率是指单位时间内空气自通风机所获得的能量，即通风机的输出功率。用符号 N_x 表示，单位为 kW。

$$N_x = \frac{QH}{1000} \tag{7-8}$$

4. 效率

全效率指通风机的有效功率与轴功率之比。用符号 η 表示。

$$\eta = \frac{N_x}{N} = \frac{QH}{1000N} \tag{7-9}$$

静效率是在上式中如用静压 H_j 代替全压 H，所得效率为静效率。用符号 η_j 表示。

$$\eta_j = \frac{QH_j}{1000N} \tag{7-10}$$

5. 转速

通风机每分钟的转数称为转速，用符号 n 表示，单位为 r/min。

（三）性能曲线

1. 轴流式通风机性能曲线

以 2K60 型通风机为例。当通风机在额定转速、最高效率下运行时，通过实验绘制出反映风量、风压、轴功率和效率等性能参数之间变化规律的关系曲线，称为通风机的性能曲线。2K60 型通风机当两级叶片数均为 14 片时，其性能曲线如图 7-16 所示。

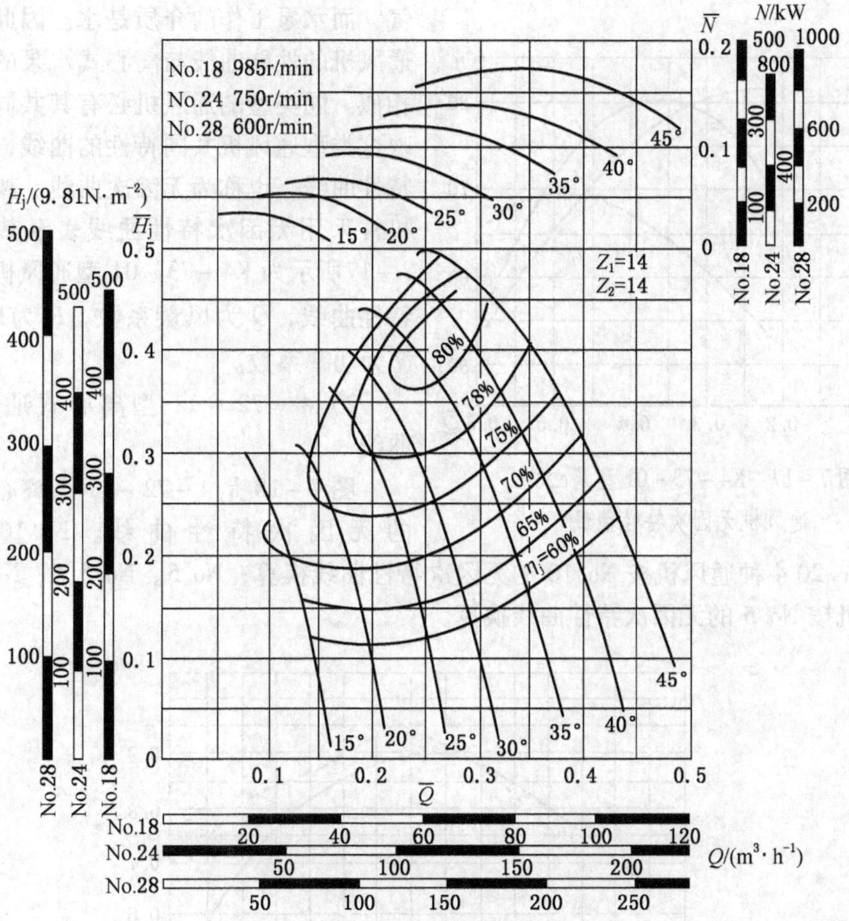

图 7-16　2K60 型通风机的性能曲线

1）风量—风压性能曲线

通风机的风量和风压之间的关系曲线称为风量—风压性能曲线，简称风压曲线。由于叶片在轮毂上的安装角不同，每个安装角对应一条风压曲线，此曲线为一条鞍状的性能曲线。

2）风量—功率性能曲线

通风机的风量和功率之间的关系曲线称为风量—功率性能曲线，简称功率曲线。叶轮的每个安装角对应一条功率曲线。随着风量的增加，功率缓慢上升后又缓慢下降，并且风量为零时，功率并不是最小，因此轴流式通风机应在半开或全开闸门的情况下启动。

3）风量—效率性能曲线

通风机的风量和效率之间的关系曲线称为风量—效率性能曲线，简称效率曲线。该曲线上每一点的效率均相等，因此，也称等效率曲线。随着风量的增加，其效率也逐渐增加，最大的效率可达 84%，最大的效率点在通风机叶片安装角度较大且风量中上的区域。

2. 离心式通风机性能曲线

下面以 K4-73-01 型和 4-72-11 型通风机为例进行说明。

1）K4-73-01 型离心式通风机性能曲线

离心式通风机与离心式水泵的工作原理完全相同，区别仅在于通风机工作的介质是空

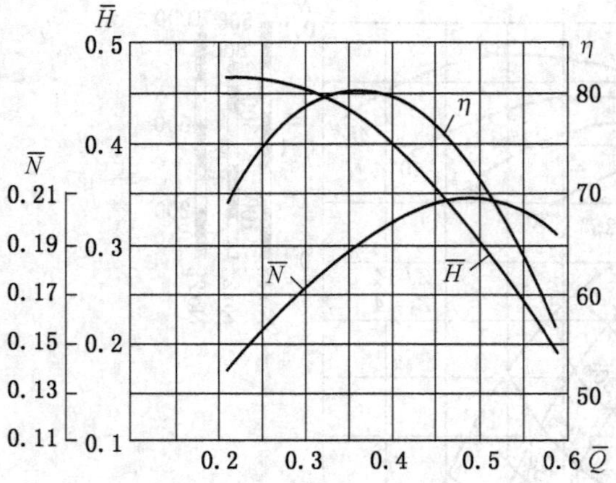

图 7-17　K4-73-01 型离心式通风机无因次特性曲线

气，而水泵工作的介质是水。因此，离心式通风机的性能曲线与离心式水泵的性能曲线相似。同类型的通风机必有其共同特性，反映这类型通风机共同特性的曲线，称为类型特性曲线，也称为无因次曲线。离心式通风机常采用无因次特性曲线表示其性能。图 7-17所示为 K4-73-01 型通风机的无因次特性曲线，$\bar{Q}$ 为风量系数，$\bar{H}$ 为风压系数，$\bar{N}$ 为功率系数。

2）4-72-11 型离心式通风机性能曲线

图 7-18 是 4-72-11 型离心式通风机的无因次特性曲线。No. 10、No. 12、No. 16、No. 20 4 种通风机按 No. 10 的无因次特性曲线换算；No. 5、No. 5. 5、No. 6、No. 8 4 种通风机按 No. 5 的无因次特性曲线换算。

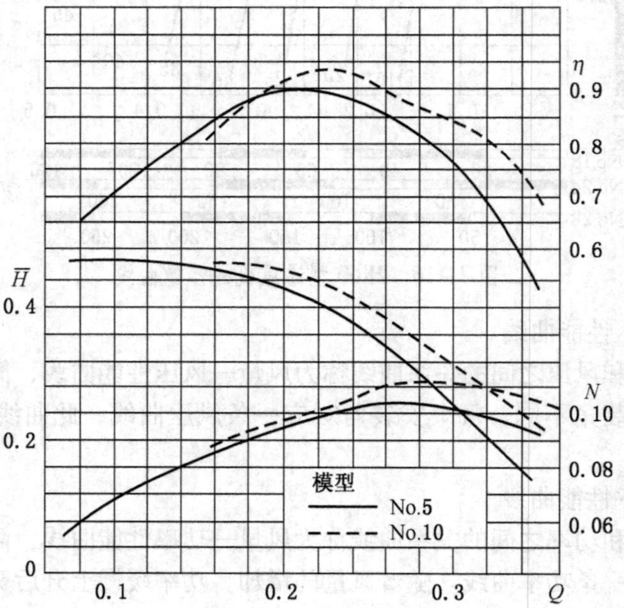

图 7-18　4-72-11 型离心式通风机的无因次特性曲线

【基本技能】

一、轴流式通风机的结构

（一）型轴流式通风

1. 型号含义

以 2K60-1No. 28 型通风机为例说明其型号含义：2 表示两级叶轮；K 表示矿用通风

机；60 表示轮毂比乘以 100，即 0.6×100；1 表示设计序号；No.28 表示机号，叶轮直径为 2800 mm。

2. 通风机部件

如图 7－19 所示，2K60 型轴流式通风机主要由流线体、集风器、叶轮、中导叶、后导叶、传动部分、扩散风筒、反风装置等部件组成。

1）叶轮

该机型有两级叶轮。每级叶轮在轮毂上装有机翼扭曲形叶片，以减小气流在叶轮上的径向流动，从而减小阻力损失。叶片安装角可在 15°～45°范围内、每间隔 5°进行调整；叶片数可装成两级叶轮均为 14 片或 7 片，也可装成一级 14 片，二级 7 片。

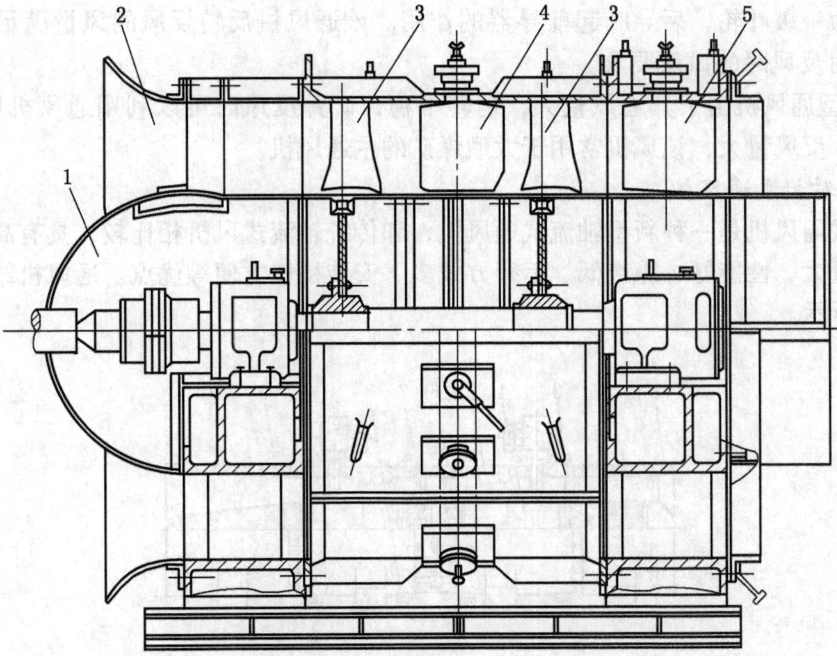

1—流线体；2—集风器；3—叶轮；4—中导叶；5—后导叶

图 7－19　2K60 两级轴流式通风机结构

2）进风口

进风口由集风器和表面为流线型罩子的流线体组成，其作用是使空气均匀地沿轴向进入叶轮，以减少气流冲击，减小空气流动阻力。

3）中、后导叶

在一、二级叶轮之间安装中导叶，二级叶轮后安装后导叶。中、后导叶都呈机翼扭曲状，其叶片数与叶轮叶片数互为质数，均安装在主体风筒上且角度可调节，是固定部件。导叶的作用是将叶轮出口的气流方向调整为轴向流动，使气流速度下降，提高静压并减小空气流动阻力。

4）传动部分

传动部分由轴承、支架、传动轴和联轴器组成。支承主轴的轴承采用滚动轴承，用油脂润滑，轴承上装有铂热电阻温度计，接二次仪表可作遥测记录和超温报警。传动轴两端用齿轮联轴器分别与通风机和电动机相连。

5）扩散风筒

扩散风筒又称环形扩散器，由锥形筒芯和筒壳组成，装在通风机出口端。扩散风筒的过流断面是逐渐扩大的，气流通过它时速度降低，使气体中的一部分动压转变为静压，以提高通风机的静效率。

3. 反风装置

为满足煤矿生产的反风要求，这种通风机可采用反转反风，故不需要设置反风道。通风机设置有手动制动闸和导叶调整装置。当需要反风时，停机后，利用电动机构或手动操作导叶调整装置，改变导叶的角度。这样，通风机反转时，原一级叶轮变为二级叶轮，二级叶轮变为一级叶轮，后导叶起前导器的作用。该通风机反转反风的风量满足《煤矿安全规程》对反风时的风量要求。

2K60 型通风机由于其通风量大，运转平稳，矿井反风时可以利用通风机反转反风，操作简单，反风量大，该风机常用于大型煤矿的主通风机。

（二）对旋式通风机

对旋式通风机是一种新型轴流式通风机，和传统轴流式风机相比较，具有高效率、高风压、风量大、性能好、噪声低、运行方式多、安装检修方便等优点。通风机结构组成如图 7－20 所示。

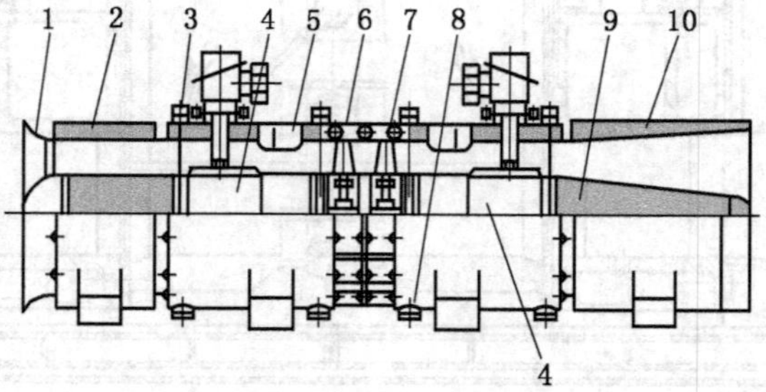

1—集流器；2—前消声筒；3—注油杯子；4—隔爆电机；5—风机壳；6—Ⅰ级风叶轮；
7—Ⅱ级叶轮；8—放油杯；9—扩散器；10—消声层

图 7－20　FBDⅡ系列对旋式局部通风机结构

1. 工作原理

工作时两级工作叶轮分别由两个等容量、等转速、旋转方向相反的隔爆电动机驱动。当气流通过集流器进入第一级工作叶轮获得能量后，再经过第二级叶轮升压排出。两级工作叶轮互为导叶，经第一级后形成的旋转速度，由第二级反向旋转消除并形成单一轴向气流排出。

2. 型号含义

目前，作为煤矿主通风机使用的对旋式通风机主要有 BD 或 BDK 系列矿用防爆节能高效通风机。局部通风机主要有 FDC－1No. 6/30 型、DSF－6. 3/60 型、KDF 型等。下面以 BDK65A－8No. 26 型对旋式通风机为例，说明其型号含义：

B 表示防爆型通风机；D 表示对旋式结构通风机；K 表示矿用通风机；65 表示轮毂比的 100 倍；A 表示通风机叶片数目配比为 A 种；8 表示通风机配用 8 级电动机；26 表示通风机的机号。

二、离心式通风机的结构和反风装置

（一）型号含义

以 4－72－11No. 20B 右 90°型通风机为例说明其型号含义：4 表示通风机在效率最高点时的全压系数为 0.4；72 表示通风机在最高效率点时的比转数；1 表示通风机单侧进风；1 表示设计序号；No. 20 表示通风机机号，叶轮直径为 2000 mm；B 表示通风机的传动方式为 B 式；右表示右旋；90°表示出风口位置为 90°。

（二）风机结构

如图 7－21 所示 4－72－11 型离心式通风机，它由叶轮、机壳、进风口、传动部分组成。

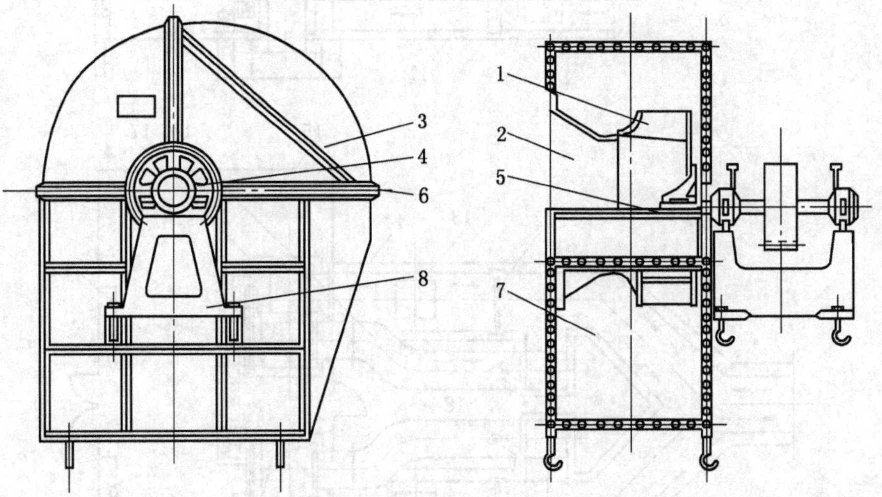

1—叶轮；2—进风口；3—机壳；4—皮带轮；5—机轴；6—轴承；7—出风口；8—轴承架

图 7－21　4－72－11 型离心式通风机结构

1）叶轮

叶轮由 10 个后弯机翼型叶片、双曲线型前盘和平板型后盘组成，其空气动力性能良好，运转平稳，噪声低。

2）机壳

为收集从叶轮甩出的气体，并使此气流中的一部分动压转变成静压，设置蜗壳形机壳。这种风机效率高、最高效率可达 91% 以上。这种通风机的机壳有两种型式：No. 2. 8 ~ No. 12 的机壳制成整体式，No. 16 ~ No. 20 的机壳制成三开式，即上、下可分，上半部分又左、右可分，各部分之间用螺栓连接，所以拆装方便，易于检修。机壳的断面均为矩形。通风机的出风口位置，可根据生产需要进行调整。

3）进风口

装在通风机侧面的进风口是整体的，为减小气流进入叶轮的阻力，采用锥弧形进风口。进风口与叶轮连接部分为套接配合，气密性较好，这也是 4－72－11 型通风机效率较高的又一结构特点。

4）传动部分

4－72－11 型通风机的传动方式有 A、B、C、D 4 种方式。旋向有“左旋”和“右旋”两种型式。从电动机一端正视叶轮，按顺时针旋转的叫“右旋”；按逆时针方向旋转的叫“左旋”。

（三）反风装置

离心式通风机利用反风道反风。如图 7－22 所示为两台离心式通风机作为矿井主要通风设备及反风系统布置图。

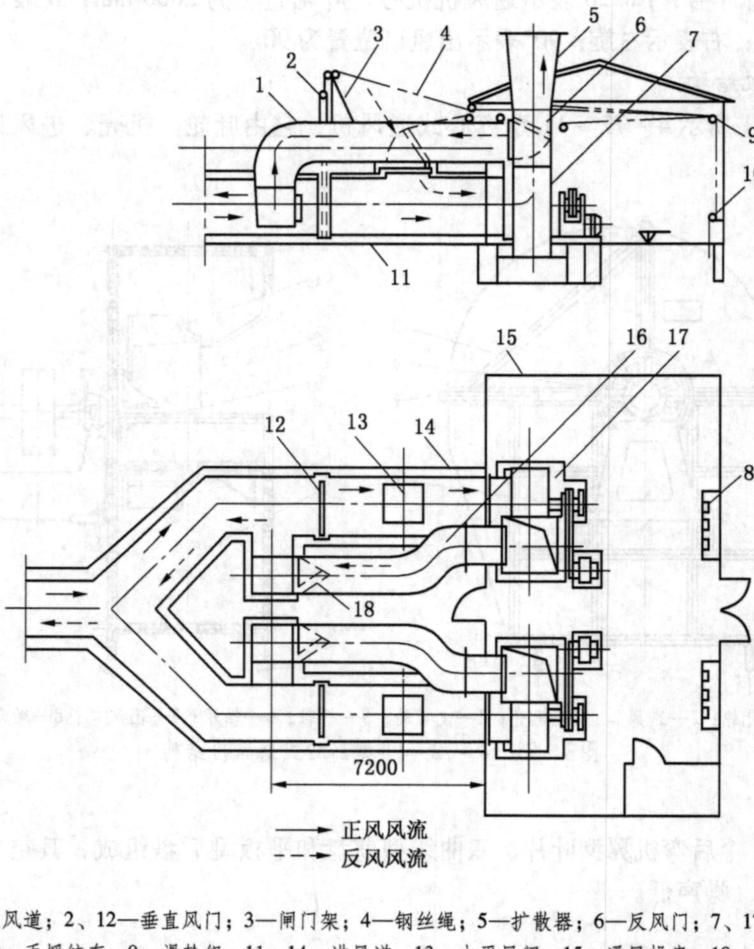

1、16—反风道；2、12—垂直风门；3—闸门架；4—钢丝绳；5—扩散器；6—反风门；7、17—通风机；8、10—手摇绞车；9—滑轮组；11、14—进风道；13—水平风门；15—通风机房；18—检查门

图 7－22　两台离心式通风机布置

两台通风机对称布置，一台左旋，一台右旋，扩散器由屋顶穿出。正常通风时，井下空气沿出风井经进风道进入通风机，然后由通风机经扩散器排出，风流按实线箭头方向流动。

反风时，关闭垂直风门，打开水平风门，关闭反风门，堵塞扩散器出口，使扩散器与反风道相通。此时，大气由水平风门进入进风道和通风机入口到反风道，风流在此反风过程中按虚线箭头方向流动。

三、通风机在网路中的工作

通风机的工作状况不仅取决于通风机本身，同时也取决于与之配合的井下巷道网路状况，现分析通风机在网路上的工作。

（一）通风机在网路上的工作分析

通风机在网路上工作时所产生的风压 H（全压），一部分用于克服网路阻力 h，另一部分则消耗在空气排入大气时的动能上。也就是说静压用于克服网路阻力是有益风压，即 $H_j=h$；动压即为出口损失的动能。静压所占比例越大，这台通风机克服网路阻力的能力也就越大。由于 $H=H_j+H_d$，则

$$H=h+\frac{v^2}{2g} \qquad (7-11)$$

（二）网路特性曲线

通风网路阻力包括沿程阻力和局部阻力，当通风网路过流面积为定值时，则通风网路静阻力方程式为

$$h=R_jQ^2 \qquad (7-12)$$

式中　R_j——通风网路静阻力系数。

将公式（7－12）代入公式（7－11）后，利用流体的连续性方程 $Q=vS$，经整理得到通风机的网路性能曲线方程式为

$$H=RQ^2 \qquad (7-13)$$

式中　R——通风网路阻力常数。

根据公式（7－12）和公式（7－13），将它们画在 $Q-H$ 坐标图上，即是网路阻力特性曲线和网路静阻力特性曲线，它们为通过坐标原点的抛物线。通风网路的特性曲线反映在一定通风网路阻力下，通过该网路的风量和风压之间的关系，如图 7－23 所示。

（三）通风机的工况点和工业利用区

1. 通风机的工况点

当通风机和一定的网路连接起来工作时，通风机产生的风量就是从网路中流过的风量，通风机产生的风压，就是网路所需要的风压。所以，将通风机的特性曲线与网路特性曲线，按同一比例画在同一坐标系上所得的交点，称为通风机的工况点。工况点所对应的各项参数，称为工况参数。如图 7－24 所示。利用全压特性曲线确定的工况点为 M'，利用静压特性曲线确定的工况点为 M，两者流量相等。

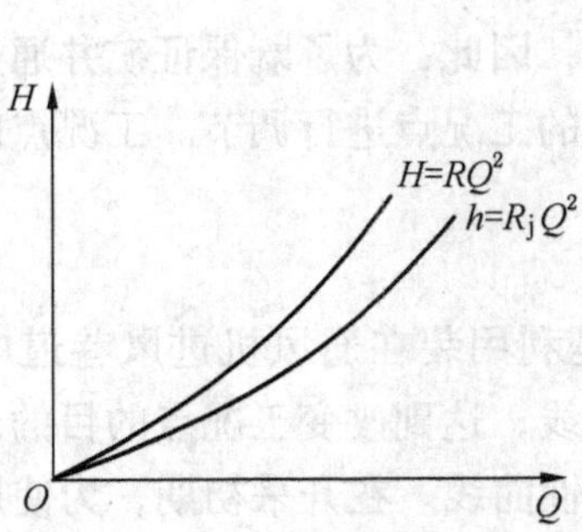

图 7－23　通风网路的特性曲线

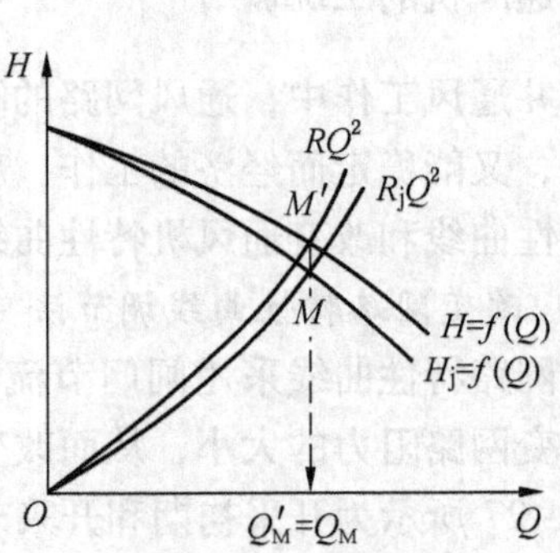

图 7－24　通风工况点

对于轴流式通风机，厂家提供的曲线是静压特性曲线，因此网路特性亦采用静阻力特性曲线。

2. 工业利用区

通风机的工业利用区是在通风机的特性曲线上，划定一个既满足稳定工作条件又满足经济工作条件的工作范围，此范围就称为工业利用区。

稳定工作条件为通风机工况点的风压不得超过最高静压的90%，即

$$H_M \leqslant 90H_{jmax} \tag{7-14}$$

除此之外，还应保证通风机只有单一工况点（即不允许出现多工况点）。

经济工作条件为一般规定工况点静效率大于或等于通风机最大静效率的0.8倍，但不得低于60%，即

$$\begin{cases}\eta \geqslant 0.8\eta_{jmax} \\ \eta_M \geqslant 60\%\end{cases} \tag{7-15}$$

根据稳定工作和经济工作的要求，轴流式通风机的工业利用区如图7-25中的 A、B、C、D 所限定的范围，其中AB线为不同安装角时，静压特性曲线上的90%最大静压值的各点的连线，CD线为静效率等于60%时的等效率曲线。离心式通风机的工业利用区如图7-26中的阴影部分，其中 H_j、N、η_j 分别为离心式通风机的静压、轴功率和静效率特性曲线。

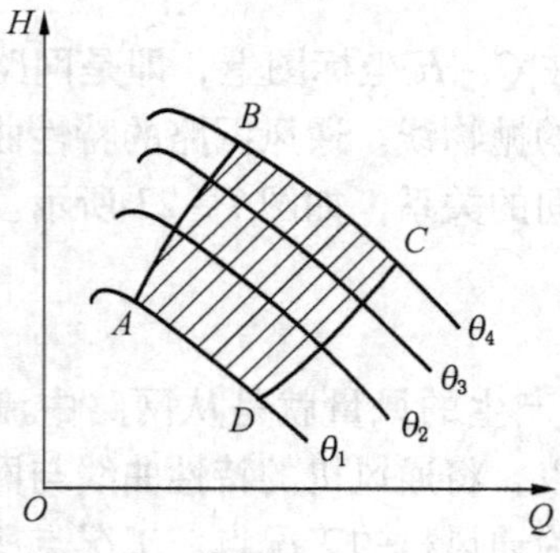

图7-25　轴流式通风机的工业利用区

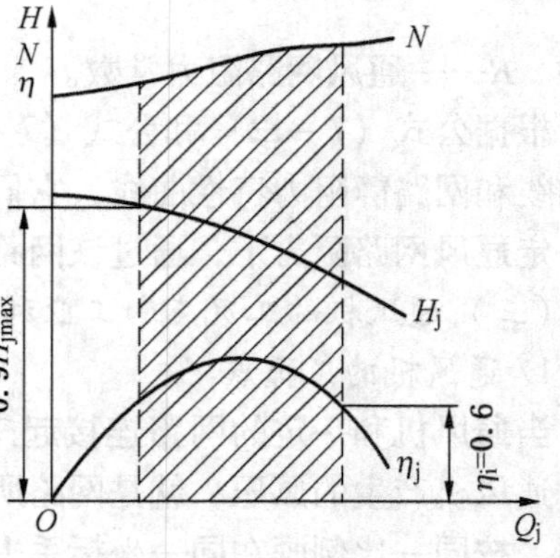

图7-26　离心式通风机的工业利用区

四、通风机的工况调节

在矿井通风工作中，通风网路的阻力是变化的，因此，为了既保证矿井通风所需的风量和风压，又能稳定而经济的工作，就要对通风机的工况点进行调节。工况点的调节从改变网路特性曲线和改变通风机特性曲线两方面进行。

（一）改变网路特性曲线调节法

改变网路特性曲线采用闸门节流法，其原理是利用装在通风机进风巷道中闸门的开度，来改变网路阻力的大小，从而改变网路特性曲线，达到改变工况点的目的。

图7-27所示为开采初期和开采末期的网路特性曲线。在开采初期，为使风量与矿井所需风量相适应，将闸门关小，网路阻力增加，工况点由 M_1 变为 M_2。这种方法方便，但

额外消耗的功率较大，故不经济。

（二）改变通风机特性曲线调节法

1. 改变叶轮转速调节法

由比例定律可知，改变叶轮转速，通风机性能参数也会发生相应的变化。如图7－28所示，当矿井的通风网路的阻力发生变化时，相应的改变通风机的转速使风压特性曲线发生改变，从而调整工况点。这种方法调节范围较大，调节前后工况相似，效率基本不变且较高，经济性好，应用广泛。

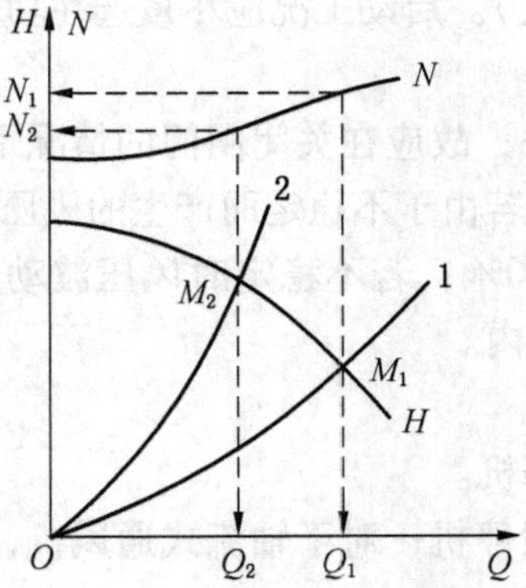

图7－27　闸门节流法

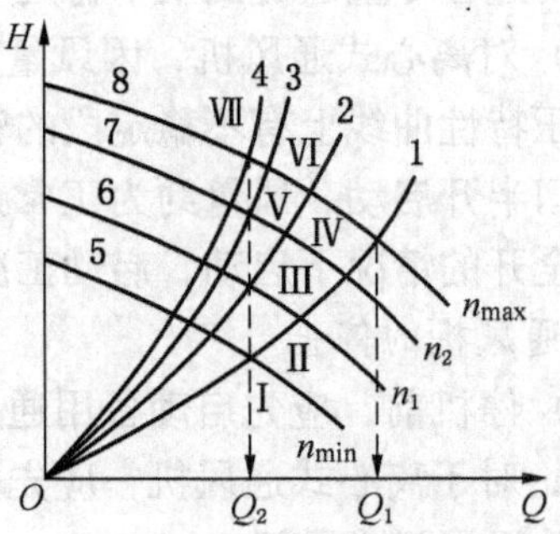

图7－28　改变叶轮转速调节法

2. 改变叶轮叶片安装角调节法

这种调节方法的实质是当叶片安装角度 θ 发生变化时，通风机的性能参数发生变化。安装角增大时，通风机产生的风压增大；安装角减小则通风机产生的风压降低。如图7－29所示，随着矿井开采的进行，网路特性曲线从较平缓变到陡直，对应各阶段的网路阻力，逐步调节叶片的安装角，使工况点所对应的风量均为 Q，满足矿井所需风量。

这种方法调节范围大，效率较高，广泛应用于轴流式通风机。

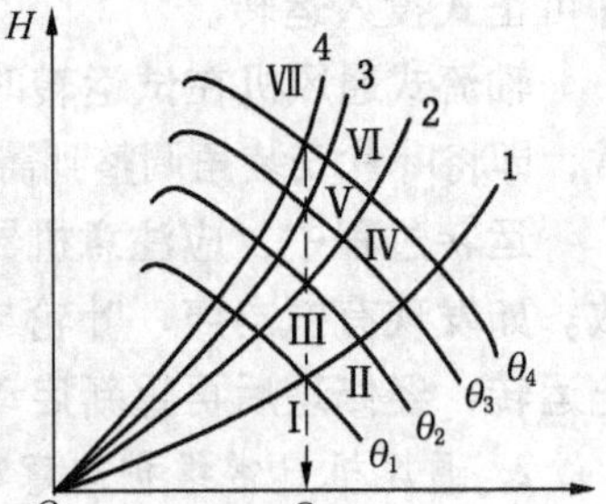

图7－29　改变叶轮叶片安装角调节法

3. 改变轴流式通风机叶轮级数和叶片数目调节法

在矿井开采初期，若通风机产生的风压大大超过实际需要，而矿井用的是两级轴流式通风机时，可以把后一级叶轮去掉，使通风机的性能曲线下降，达到调节工况的目的。在通风机的叶片数目为偶数时，也可将叶片均匀对称的拿掉几片，使通风机的特性曲线下降，调节工况。但采用此方法时，必须注意通风机的平衡问题。

改变通风机级数的调节范围比改变叶轮叶片数目调节范围大。但两种方法的效率都会降低，并且都需要在停机的情况下进行。

五、通风机的操作与维护

（一）操作

1. 启动前的检查

（1）检查通风机、电动机、轴承座等的地脚螺栓是否紧固。

(2) 检查机器各部联结螺栓是否齐全、紧固。

(3) 检查自动控制轴承温度装置是否良好。

(4) 检查润滑油的性能和注油量是否符合要求。

(5) 检查通风机机壳内和附近有无妨碍转动的杂物。

(6) 对轴流式通风机，还应检查叶片安装角度是否合适，角度误差是否合乎要求，固定情况是否良好。

2. 通风机的启动

(1) 选择通风机的启动工况（即选择起动方式）。启动工况应尽量选在功率最低处，启动过程尽量避免出现不稳定现象。

(2) 对离心式通风机，因风量为零时功率最小，故应在关闭闸门的情况下进行启动。对于风压特性曲线上有不稳定段的轴流式通风机，若由于不稳定而产生的风压波动量不大时，闸门半开启动，风量约为正常风量的 30% ~40%；若不稳定时风压波动太大，允许在闸门全开的情况下启动，启动工况应在稳定区域内。

3. 通风机的停止

(1) 停机前，应先启动备用通风机，然后再停机。

(2) 对于离心式通风机，应先关闭闸门，然后停机；对于轴流式通风机，应先停机，然后再关闭闸门或风门。

（二）通风机的使用与维护

1. 通风机的运转

通风机在安装和检修后要进行调试和试运转。离心式通风机在试运转 8 ~ 10 min 后，即便未发现什么问题，也应暂时停运，然后进行第二次启动。此时要将闸门逐渐开起，让通风机带负荷运转约 30 min，再将闸门完全打开，使其在额定负荷下运转 45 min，然后停机。待将所有零件重新检查一遍后，又重新投入运转 8 h，再停机检查。确认无问题后，即可正式投入运转。

轴流式通风机在试运转时，应首先将叶片安装角调整为零，试运转 2 h 后，如一切正常，即将叶片安装角调整到需要的角度上，再试运转 2 h，如情况良好，即可正式投入运转。

运转过程中，应注意机器的响声和振动，检查轴承的温度，观察和记录各种仪表的读数。如发现有撞击声、叶轮与机壳内壁的摩擦声、不正常的振动及其他故障时，应立即停止运转，经修理后再重新启动。

2. 通风机日常维护注意事项

(1) 只有在设备完全正常的情况下才能运转。

(2) 加强机器在运转期间的外部检查，注意机体各部有无漏风和剧烈振动。

(3) 每隔 10 ~ 20 min 检查一次电动机和通风机的轴承温度，以及 U 型压差计、电流表、功率因数表的读数。

(4) 定期检查轴承内的润滑油量、轴承的磨损情况、叶片有无弯曲和断裂以及叶片的紧固程度。

(5) 机壳内部及叶轮上的灰尘，应每季清扫一次，以防锈蚀。对轴流式通风机，为了防止支撑叶片的螺杆日久锈蚀，在螺帽四周应涂石墨油脂。

(6) 在检修通风机时，严防工具和杂物掉入和遗留在机壳内。

（7）注意检查皮带的松紧程度或联轴器的连接螺丝，必要时应进行调整或更换。

（8）按规定时间检查风门及其传动装置是否灵活。

（9）在处理电气设备的故障时，必须首先断开检查地点的电源。清扫电动机尤其绕组时更应注意。

（10）露在外面的机械传动部分和电气裸露部分，要加装保护罩或遮拦。

（11）备用通风机和电动机必须处于完好状态，保证在10 min内迅速启动。

（三）提高通风设备工作效率的措施

矿井通风设备是煤矿生产连续运行时间长的大型设备，其工作效率直接影响吨煤成本。所以提高矿井通风设备的工作效率对节约电能、降低成本非常重要。提高通风设备工作效率的措施如下：

（1）矿井通风系统设计应合理并符合生产实际。

（2）合理选择通风机。风量计算和分配应符合实际，准确计算主要通风机服务期内的最大和最小工作压力，选择性能良好的主要通风机和电动机。

（3）实际生产布局应尽量按设计进行安排，减小通风阻力。

（4）优化工况调节方法，降低能耗。

（5）对低效、老旧通风机进行技术改造，提高通风机效率。

（6）精心设计附属装置，降低用电能耗。

（7）加强科学管理，提高设备的运转效率。

（四）通风机常见故障分析及处理方法

通风机在运转中可能发生的故障处理方法见表7－3。

表7－3　通风机的常见故障及排除方法

序号	故障特征	主要原因	处理方法
1	电动机电流过大和温升过高	1. 由于短路吸风现象，造成风量过大 2. 电压过低或电源单相运转 3. 联轴器连接不正，皮圈过紧或间隙不均	1. 消除短路吸风现象 2. 检查电压，变换保险丝 3. 进行调整
2	叶轮损坏或变形	1. 叶片表面或铆钉腐蚀磨损 2. 铆钉和叶片松动 3. 叶轮变形后歪斜过大，使叶轮径向跳动或端面跳动过大	1. 若个别损坏，更换；若损坏过半数，则更换叶轮 2. 用小冲子紧位，仍无效时更换铆钉 3. 卸下叶轮，用铁锤校正或将叶轮放平，压轮壳某侧边缘
3	发生不规则的振动，且集中于某一部分，噪声与转速相符，在启动或停机时可以听到金属弦声	1. 叶轮歪斜与机壳内壁相碰，或机壳刚度不够，产生左右摇晃 2. 叶轮歪斜，与进风口相碰	1. 修理叶轮和止推轴承，对机壳进行补焊 2. 修理叶轮和进风口
4	轴承箱振动剧烈	1. 通风机轴与电动机轴不同心，联轴器装歪 2. 基础下沉 3. 叶轮铆钉松动或轮盘变形 4. 叶轮、联轴器或皮带轮与轴松动 5. 机壳或进风口与叶轮摩擦 6. 机壳与支架、轴承箱与支架、轴承盖与轴承座等连接螺栓松动 7. 皮带轮安装不正，两皮带轮轴不平行	1. 调整或重新安装 2. 进行修补加固 3. 修理 4. 修理、重新配键，重新装配 5. 修理叶轮或进风口 6. 紧固螺栓 7. 进行调整、重新找正

表 7-3（续）

序号	故障特征	主 要 原 因	处 理 方 法
5	轴承温升过高，用手试摸时烫手	1. 轴承箱振动剧烈 2. 润滑脂质量不良或充填过多 3. 轴承盖、轴承座的连接螺栓过紧或过松 4. 机轴与滚动轴承安装歪斜，前后两轴承不同心 5. 滚动轴承损坏	1. 查明原因，进行处理 2. 更换或去掉一些。 3. 调整螺栓松紧度 4. 重新安装和调整找正 5. 更换

【技能训练】

（1）在实训室启动模拟矿井通风设备，熟悉通风机结构，掌握通风机操作方法。

（2）通过通风机在系统的运行，掌握通风机风量、风压的调节方法，掌握通风机常见故障判断及处理方法。

【项目考核】

考核评价表见表 7-4。

表 7-4 考核评价表

项目名称	矿井通风设备			
学生姓名		班级		考核时间
评价方式	学生分组及组别 □ □	自我 □	教师 □	
评价地点	实训现场 □	教学做一体化教室 □	普通教室 □	
需要的设备、工具	局部通风机和小型离心式通风机各一台（含电气控制设备）			
考核项目	内 容 和 要 求	标准分	评分标准	得分
基本知识	1. 通风机的分类 2. 矿井通风机的作用和组成 3. 通风机的工作原理 4. 通风机的性能参数和性能曲线 （可以采取手指口述的方式考核）	24	每缺一项或回答不正确扣 6 分	
基本技能	1. 能读懂通风机的结构图 2. 掌握通风机主要部件的作用 3. 说明对旋式通风机的工作原理和特点 4. 说明通风机的操作和反风方法 5. 能说出通风机的常见故障及处理方法	40	每缺一项或回答不正确，操作不规范扣 8 分	
职业素质	1. 热爱劳动，积极参加 2. 同学之间协作学习 3. 口述表达准确流畅 4. 能正确使用常用工具 5. 能收集教材以外的资料 6. 注重工作现场整洁	36	每缺一项或工作达不到要求扣 6 分	
总分				

考核评价人签字：

年 月 日

复习思考题

1. 试述离心式和轴流式通风机的工作原理?

2. 什么是通风机的全压、静压、动压?它们之间有何关系?

3. 如何确保通风机工作的稳定性和经济性?

4. 为什么离心式通风机要在闸门关闭的情况下启动,而轴流式通风机应在闸门全开或半开的情况下启动?

5. 通风机在日常维护中应注意哪些问题?

项目三　矿井空气压缩设备

【学习目标】

知识目标:理解矿井空气压缩设备的组成和作用、空气压缩机的工作原理和性能参数。

技能目标:掌握活塞式、螺杆式空气压缩机基本结构、使用与维护方法。

【基本知识】

一、矿井空气压缩设备的作用、组成和分类

(一)空气压缩设备的作用

矿井空气压缩设备的作用是为风动机械提供压缩空气。空压机站一般设在地面,用管道把压缩空气送入井下工作地点,驱动风动机械工作。

空气具有很好的可压缩性和弹性,适宜作功能传递中的介质,输送方便、不凝结,对人和环境无害,没有起火危险,取之不尽、用之不竭。虽然风动机械的效率较低,但过载能力强,适合用于冲击性和负荷变化很大的工作,所以,风动机械具有良好的性能和特点,在湿度大、气温高、灰尘多的环境中,也能很好的操作和使用,并且无触电危险,特别适合于煤矿的生产条件。

(二)矿井空气压缩设备的组成

矿井空气压缩设备如图7-30所示,它主要由空气压缩机、电动机、滤风器、储气罐、冷却器、输气管道、安全保护装置等部分组成。

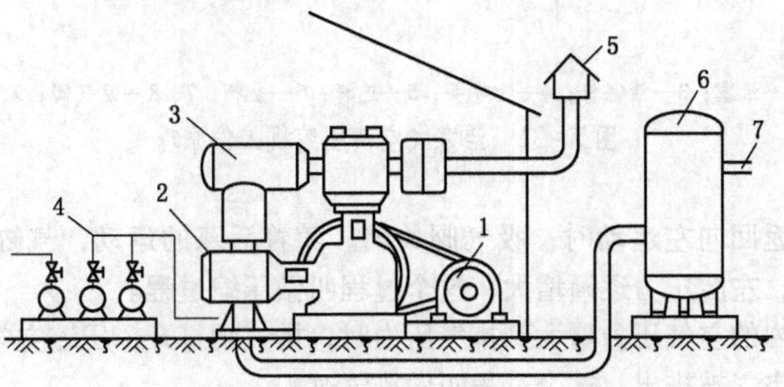

1—电动机;2—空气压缩机;3—中间冷却器;4—冷却水泵站;5—滤风器;6—储气罐;7—输气管路

图7-30　矿山空压设备

（三）空气压缩机的分类

空气压缩机的种类很多，按工作原理可以分为容积型和速度型两大类。容积型空压机是利用减小空气体积、提高单位体积内气体的质量来提高气体压力的；速度型空气压缩机是利用增加空气质点的速度提高气体压力的。

容积型空气压缩机有活塞式、螺杆式、滑片式3种；速度型空气压缩机有离心式和轴流式两种。空气压缩机在机械设备和工业生产中有着广泛的应用。我国煤矿应用最为广泛的是活塞式和螺杆式空气压缩机。

1. 活塞式空气压缩机的分类

（1）按气缸中心线的相对位置不同分为立式、卧式、角度式（有L形、V形、W形等）。

（2）按压缩级数不同分为单级、双级、多级3种。

（3）按活塞的作用次数不同分为单动、复动两种。

（4）按冷却方式不同分为水冷式、风冷式两种。

2. 螺杆式空气压缩机的分类

（1）按螺杆数目不同分为单螺杆式和双螺杆式。

（2）按润滑方式不同分为喷油式和无油式。

二、空气压缩机的工作原理和性能参数

（一）活塞式空气压缩机的工作原理

如图7-31所示为复动活塞式空气压缩机的工作原理图。当电动机转动时，通过曲柄和连杆机构，将转动变为活塞的往复运动。当活塞从气缸的左端向右运动时，气缸左腔容积逐渐增大，压力降低。当左腔内压力低于缸外大气压力时，外界空气推开吸气阀，进入气缸左腔内，直至充满气缸，这个过程叫做吸气过程。

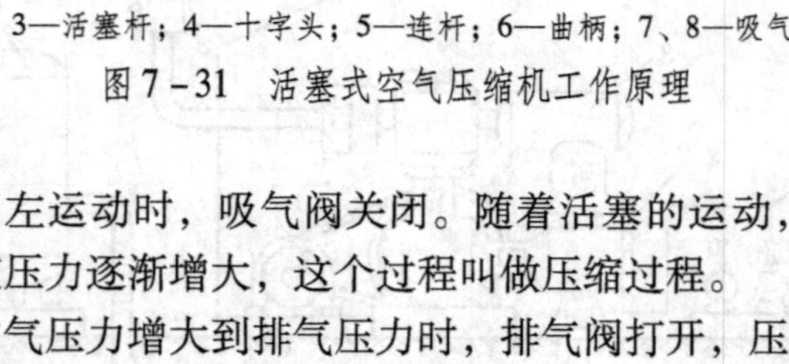

1—气缸；2—活塞；3—活塞杆；4—十字头；5—连杆；6—曲柄；7、8—吸气阀；9、10—排气阀

图7-31 活塞式空气压缩机工作原理

当活塞开始返回向左运动时，吸气阀关闭。随着活塞的运动，气缸左腔容积逐渐减少，空气被压缩，左腔压力逐渐增大，这个过程叫做压缩过程。

当气缸左腔内的空气压力增大到排气压力时，排气阀打开，压缩空气经排气阀进入排气管，直到压缩空气被排出，这个过程叫做排气过程。

当活塞再次向右运动时，残留于气缸余隙容积（即活塞位于气缸一端的极限位置时，活塞端面和气缸盖之间的容积、气缸与气阀连接通道之间的容积之和）内的压缩空气容

积逐渐膨胀增大，压力开始逐渐下降（当气缸内压力略低于吸气压力，直到开始吸气时止），这个过程叫做膨胀过程。

气缸内空气的状态由吸气、压缩、排气、膨胀4个基本过程构成一个工作循环。由于是复动式空气压缩机，曲轴旋转一周，活塞在气缸内往复运动一次，对气缸左、右腔来说各完成一个工作循环、吸排气两次。电动机带动曲轴继续转动，空压机就不断排出压缩空气。

（二）螺杆式空气压缩机的工作原理

1. 结构组成

螺杆式空气压缩机属于容积型回转式，有单螺杆式和双螺杆式两种，结构如图7－32所示。螺杆式空气压缩机主要由气缸内的阳转子和阴转子组成。阳转子、阴转子的旋转和转子间的相互啮合，使处于转子间的空气不断产生周期性的容积变化，沿着转子轴线的吸气侧至排气侧，随着转子旋转，每对相互啮合的齿相继完成相同的工作循环。

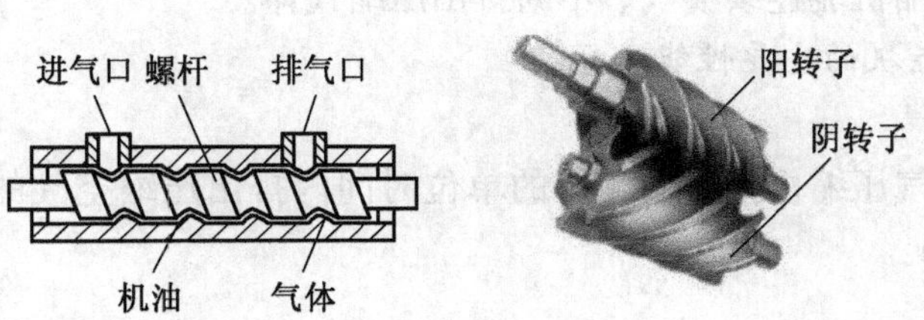

图7－32　螺杆杆式空压机结构原理

2. 工作循环

如图7－33所示，螺杆式空气压缩机工作循环包括吸气、密封、压缩和排气4个过程。

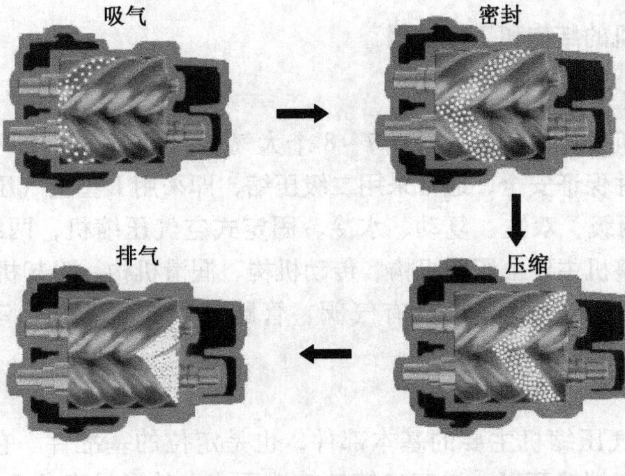

图7－33　螺杆式空压机工作原理

（1）吸气。转子转动时，阴、阳转子的齿沟空间在转至进气端壁开口时，其空间最大，此时转子齿沟空间与进气口的相通。又因为排气时齿沟的气体被完全排出，排气完成时，齿沟处于真空状态，当齿沟转至进气口时，外界气体即被吸入，沿轴向进入阴、阳转子的齿沟内。当气体充满了整个齿沟时，转子进气侧端面转离机壳进气口，在齿沟的气体即被封闭，这个过程叫吸气过程。

（2）密封。齿间容积随螺杆转动离开进气口，吸入的气体被密封。

（3）压缩。阴、阳转子在吸气结束时，其阴、阳转子齿尖会与机壳封闭，此时气体在齿沟内不再外流。阴、阳转子继续转动，其啮合面逐渐向排气端移动、啮合面与排气口之间的齿沟空间渐渐变小，齿沟内的气体被压缩，压力提高，这个过程叫做压缩过程。

（4）排气。当转子的啮合端面转到与机壳排气口相通时，被压缩的气体开始排出，直至齿尖与齿沟的啮合面移至排气端面，此时阴阳转子的啮合面与机壳排气口的齿沟空间为0，这个过程叫做排气过程。

由上述过程可知，气体的压缩依靠容积的变化来实现，而容积的变化又是借助压缩机的一对转子在机壳内作回转运动来达到的。由于阴、阳转子的齿沿轴线有多对啮合，所以，螺杆式空气压缩机能连续吸气、不断排出压缩气体。

（三）空气压缩机的主要性能参数

1. 排气量

排气量是指空气压缩机排气端测得的单位时间内排出压缩空气的容积，用符号 Q 表示，单位为 m^3/min。

2. 排气压力

排气压力是指空压机最终排出的气体压力，用相对压力度量，用符号 P 表示，单位为 Pa。

3. 总效率

空压机的总效率是指理论功率与轴功率之比，用符号 η 表示，它是用来衡量空气压缩机自身经济性的指标。

【基本技能】

一、空气压缩机的结构和工作过程

（一）活塞式空气压缩机

矿用空气压缩机的排气压力一般在 7～8 个大气压，即 0.687～0.785 MPa。因压力较高，为了提高压力并保证安全，通常采用二级压缩，即采用 L 型空气压缩机。

L 型空压机是两级、双缸、复动、水冷、固定式空气压缩机，两级气缸呈 90°布置。如图 7－34 所示，整机主要由压缩机构、传动机构、润滑机构、冷却机构、调节机构和安全保护装置等 6 部分组成。该机具有气阀、管路安装布置方便，动力平衡性能好等特点。

1. 机身

机身是 L 型空气压缩机主要的基本部件，也是定位的基准件。它包括机座、机体、曲轴箱、中间接筒和端接筒等，以灰口铸铁铸造而成，外形呈直角 L 形。机体内装有曲轴、连杆、十字头；外部承接气缸、电动机及其他附属装置。

2. 压缩机构

压缩机构由气缸、吸气阀、排气阀和活塞等部件组成。

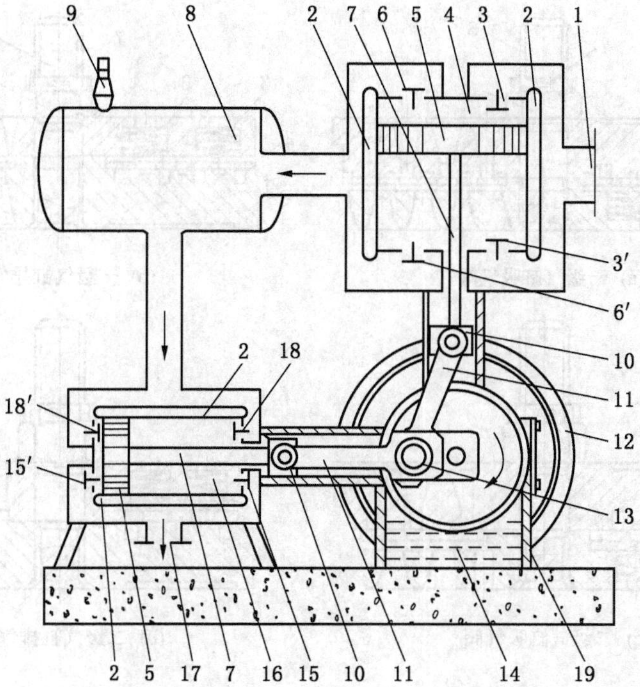

1—吸入口；2—冷却水套；3、3′—低压缺吸气阀；4—低压缺；5—活塞；
6、6′—低压缺排气阀；7—活塞杆；8—中间冷却器；
9—安全阀；10—十字头；11—连杆；12—电动机；13—曲轴；14—润滑油；
15、15′—高压缸排气阀；16—高压缸；17—排气口；18、18′—高压缸吸气阀；19—机身

图 7-34　L 型空压机

空气经过滤器过滤杂质和尘埃后，由吸气管、吸气阀进入低压气缸。将空气一级压缩到 2.83 个大气压，由排气阀排出，进入中间冷却器将此气体压力保持不变，温度冷却到常温。高压气缸从中间冷却器吸气，经二级压缩达到 8 个大气压，排入后冷却器进入风包储存，以备均匀的供给风动工具。

L 型空压机的吸气阀和排气阀都采用环状阀。如图 7-35 所示，气阀由阀座、阀片、阀盖、弹簧和螺栓组成。L 型空气压缩机的气阀阀片用弹簧压紧在阀座上，保持气阀的关闭状态。吸气阀吸气时，其阀片向气缸内开启；排气阀排气时，其阀片向气缸外开启。气阀是空压机上的重要易损部件，要求阀片密封性好、动作灵敏、惯性小、耐磨、气流通过阀片周围气道时阻力小，不易变形。

3. 传动机构

传动机构由曲轴、连杆、十字头等组成。曲轴将电动机输入的转矩，通过连杆、十字头等转变为往复作用力和活塞在气缸内的往复运动，而排出压缩气体。

4. 润滑机构

L 型空气压缩机润滑机构分为传动机构润滑和气缸润滑两个独立的系统。

（1）传动机构润滑系统。该系统以机身底部曲轴箱作油池。采用 L-HH68 润滑油。齿轮泵提供压力为（$1.5 \sim 2.5$）$\times 10^5$Pa 的润滑油对曲轴、连杆、十字头等机械传动部件

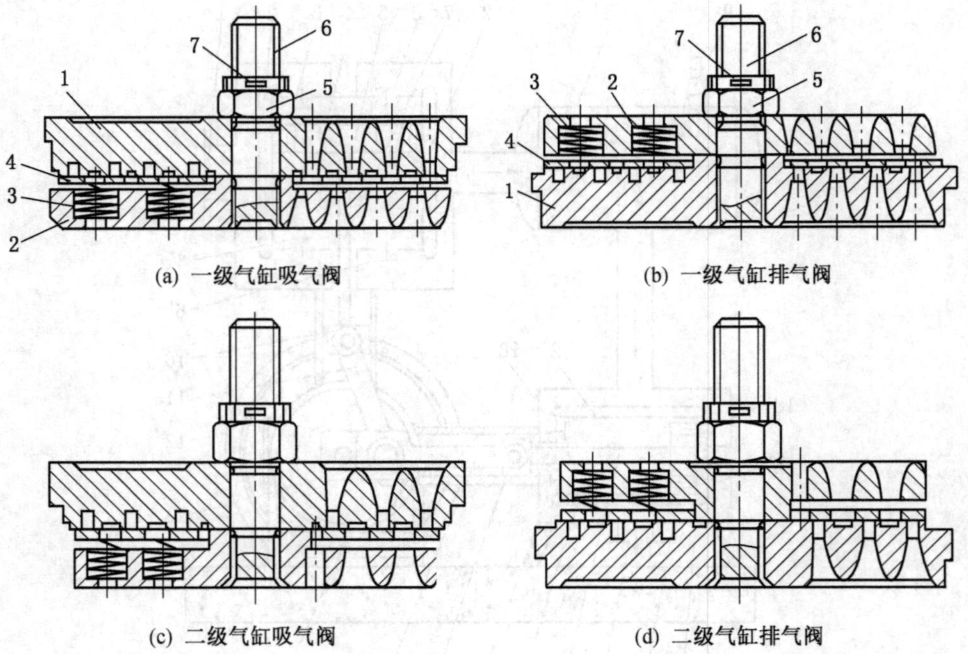

1—阀座；2—阀盖；3—弹簧；4—阀片；5—冠形螺母；6—螺栓；7—开口销

图 7-35　L 型空压机的气阀

进行润滑，减少运动件之间的摩擦。

（2）气缸润滑系统。该系统主要对气缸进行润滑，可以减小活塞和气缸镜面之间的摩擦阻力，减少磨损。气缸润滑油采用 HS-13 号或 HS-19 号压缩机油。L 型空气压缩机采用单独的注油器向气缸内压注润滑油。气缸润滑油要适当，即不能中断，也不能过量，供油量必须按说明书调整。

5. 冷却系统

空气压缩机站的冷却系统有冷却水泵站、空压机冷却机构组成。其作用是降低功率消耗，净化压缩空气，提高空气压缩机的效率和安全性。

冷却水泵站给空气压缩机冷却机构提供冷却水。它包括水泵、冷水池、热水池、冷却塔、管路等。空气压缩机冷却机构有气缸的冷却水套，中间冷却器和后冷却器。冷却水套主要是吸收压缩过程中气缸壁放出的热量，降低气缸温度。中间冷却器主要任务是降低进入二级气缸的压气温度，分离压气中的油和水。

6. 调节机构

为使空压机站的排气量与风动工具的实际耗气量基本适应，维持合理的工作压力，保证风动工具的正常工作，就必须对空压机进行排气量的调节。调节机构主要由减荷阀和压力调节器组成。调节方法有关闭吸气管法、压开吸气阀法、余隙容积调节法 3 种。

7. 安全保护装置

为防止空压机在运转中发生事故，实现安全运转，设有两级安全阀。一级安全阀安装在中间冷却器上，二级安全阀安装在风包上。当各级空气压力超过整定压力时，安全阀自动开启，把一部分压缩空气泄于大气，以降低容器内压力。

8. 储气罐

储气罐又名风包，其主要作用一是缓和由于空压机排气不均匀和不连续引起的压力脉动；二是储备一定量的压缩空气以维持供需之间的平衡；三是分离出压缩空气中的油和水。

储气罐应单独使用一个基础安装在室外阴凉处，并装在空压机和压气管之间，与空压机的距离不大于 12 ~ 15 m。空压机与储气罐间不能装闸板阀，只装一个逆止阀，避免在闸阀关闭时，启动空压机引起事故。

储气罐是用锅炉钢板焊接而成的密封容器。其上安装有安全阀、检查孔、压力表、放油水的连接管等。

（二）螺杆式空气压缩机

1. 螺杆式空压机的组成

螺杆空压机组主要由主机和辅机两大部分组成。主机包括螺杆压缩机主机和主电动机，辅机包括进排气系统、喷油及油气分离系统、冷却系统、控制系统和电气系统等。机组结构组成如图 7 - 36 所示。

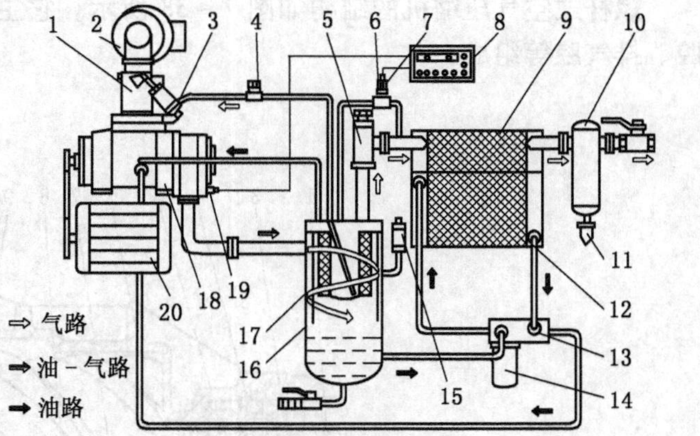

1—减荷阀；2—空气过滤器；3—放空电磁阀；4—比例调节阀；5—最小压力阀；6—梭阀；7—压力送变器；8—微电脑控制器；9—空气冷却器；10—气水分离器；11—自动疏水阀；12—油冷却器；13—温控阀；14—油过滤器；15—安全阀；16—油气分离罐；17—油精分离器；18—压缩机；19—温度变送器；20—电动机；21—分离气罐

图 7 - 36　螺杆式空压机整机组成（风冷）

2. 系统工作流程

螺杆式空气压缩机系统工作总流程见图 7 - 37 所示。空气流程和润滑油流程如下：

1）空气流程

空气→空气过滤器→减荷阀→压缩机→油气分离罐→最小压力阀→后冷却器→气水分离器（分离出来的水经过自动疏水阀放掉）→空气压缩机排气球阀供给系统工作。

2）润滑油流程

润滑油与空气压缩后→油气分离罐→分离温控阀→油冷却器（或旁通）→油过滤器→喷油给压缩机润滑。

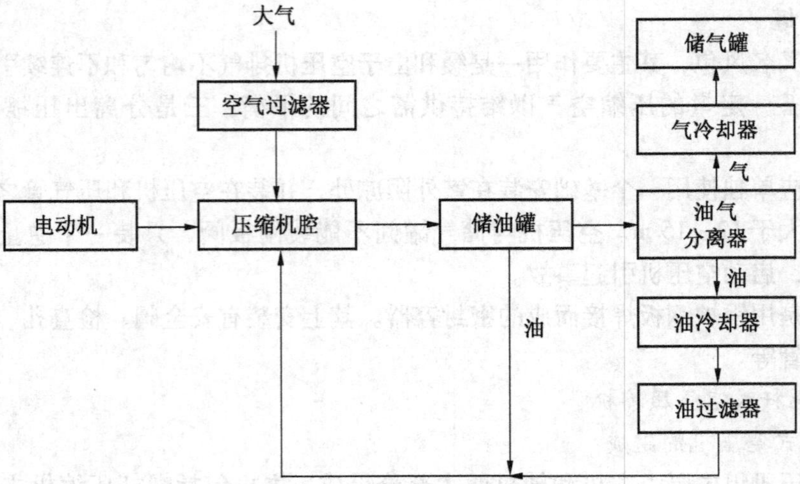

图 7－37　螺杆式空气压缩机工作流程

3. 螺杆式空气压缩机结构组成

螺杆式空气压缩机的结构如图 7－38 所示。它主要由阳转子、阴转子、机壳、进气腔、排气腔等组成。

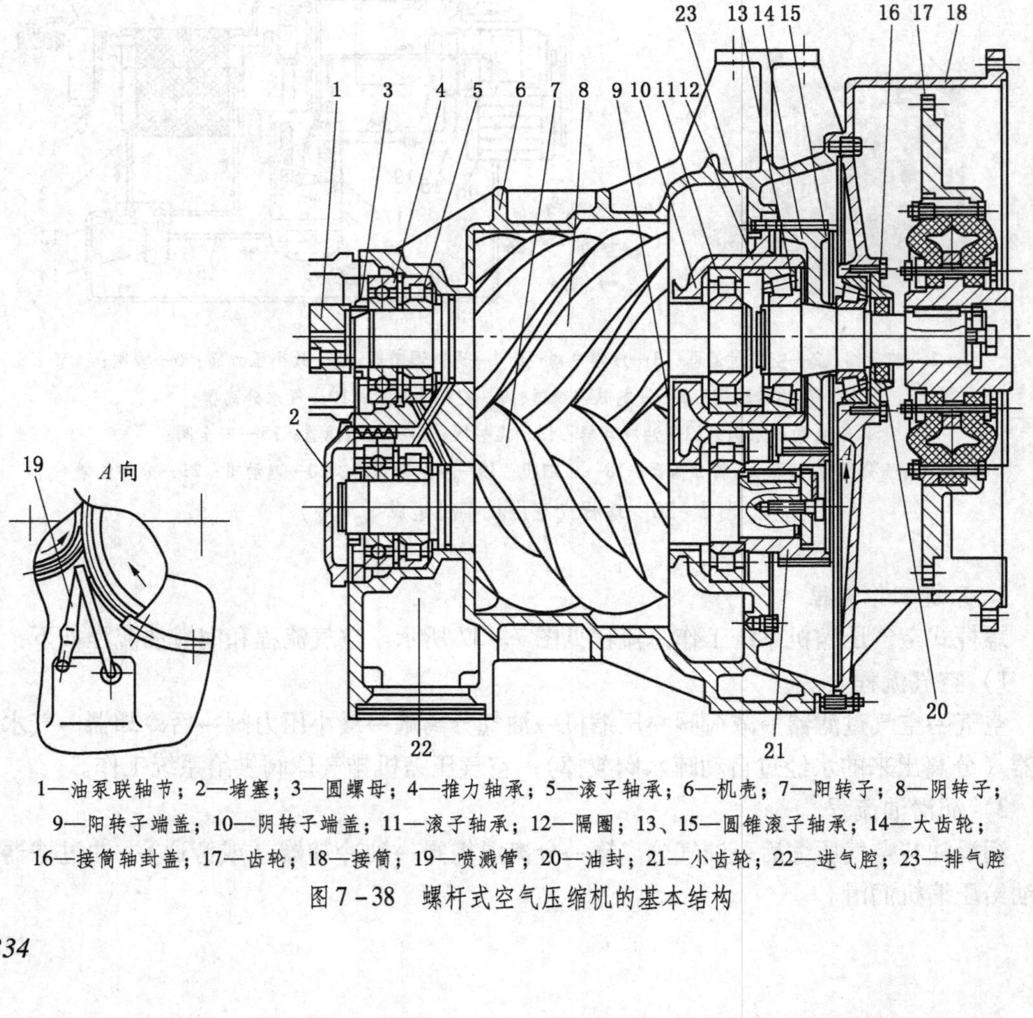

1—油泵联轴节；2—堵塞；3—圆螺母；4—推力轴承；5—滚子轴承；6—机壳；7—阳转子；8—阴转子；9—阳转子端盖；10—阴转子端盖；11—滚子轴承；12—隔圈；13、15—圆锥滚子轴承；14—大齿轮；16—接筒轴封盖；17—齿轮；18—接筒；19—喷溅管；20—油封；21—小齿轮；22—进气腔；23—排气腔

图 7－38　螺杆式空气压缩机的基本结构

在压缩机的机体中，平行地配置着一对相互啮合的螺旋形转子。通常把节圆外具有凸齿的转子，称为阳转子或阳螺杆。把节圆内具有凹齿的转子，称为阴转子或阴螺杆。阳转子与原动机连接，由阳转子带动阴转子转动，实现吸气、密封、压缩和排气过程。

转子轴两端最后一对轴承4、13实现轴向定位，并承受压缩机中的轴向力。转子两端的圆柱滚子轴承5、11使转子实现径向定位，并承受压缩机中的径向力。

在压缩机机体的两端，分别开设一定形状和大小的孔口。一个供吸气用，称为进气口；另一个供排气用，称作排气口。

4. 螺杆式空气压缩机的特点

1）优点

（1）可靠性高。螺杆式压缩机零部件少，结构紧凑，体积小，没有易损件。因而它运转可靠，寿命长，大修间隔期可达$4\times10^4\sim8\times10^4$ h。

（2）操作维护方便。操作人员不必经过专业培训，可实现无人值守运转。

（3）动力平衡性好。螺杆式空气压缩机没有不平衡惯性力，机器可平稳地高速工作，可实现无基础运转。

（4）适应性强。螺杆压缩机具有强制输气的特点，排气量几乎不受排气压力的影响，在使用范围内能保证较高的效率。

（5）多相混输。螺杆压缩机的转子齿面实际上留有间隙，因而能耐液体冲击，可压送含液气体、含粉尘气体、易聚合气体等。

螺杆式空气压缩机因体积小、性能良好、操作方便，在煤矿逐步得到广泛应用。

2）缺点

（1）造价高。螺杆压缩机的转子齿面是一空间曲面，需利用特制的刀具，在价格昂贵的专用设备上进行加工。另外，对螺杆式空压机气缸的加工精度也有较高的要求。

（2）不适合高压场合。由于受到转子刚度和轴承寿命等方面的限制，螺杆式空压机只能适用于中、低压范围，

（3）不能制成微型机。螺杆式空压机依靠间隙密封气体。一般螺杆式空气压缩机只有排气量大于0.2 m^3/min的机型，才具有优越的性能。

二、空气压缩机的使用与维护

（一）活塞式空气压缩机

1. 操作

1）开车前的准备

（1）进行外部检查，特别要注意各部螺栓的紧固情况。

（2）人工盘车2~3转，检查运动部分有无卡阻现象。

（3）开动冷却水泵向冷却系统供水，并在漏斗处检查冷却水量是否充足。

（4）检查润滑油量是否充足，并在开车前转动注油器手轮，向气缸内注润滑油。

（5）关闭减荷阀，把空气压缩机调至空载启动位置，以减少电动机的启动负荷。

2）启动

（1）启动电机，并注意电动机的转向是否正确。

（2）待电动机运转正常后，逐渐打开减荷阀，使空压机投入正常运转。

3）停车

（1）逐渐关闭减荷阀，使空气压缩机进入空载运转（紧急停车时可不进行此步骤）。

（2）切断电源，使机器停止运转。

（3）关闭冷却水的进水阀门，使冷却水泵停止运转。在冬季，应将各级水套、中间冷却器和后冷却器内的存水全部放净，以免冻裂机器。

（4）放出末级排气管的压气。

（5）停机 10 d 以上时，应向各摩擦面注入充足的润滑油。

4）运转中注意事项

（1）注意各部声响和振动情况。

（2）注意检查注油器油室的油量是否足够，机身油池内的油面是否在油标尺规定的范围内，各部供油情况是否良好。

（3）注意检测电气仪表的读数和电动机的温度。

（4）空压机每工作 2 h，将中间冷却器、后冷却器内的油水排放一次。每班将风包内的油水排放一次。

（5）注意检查各部温度和压力表的读数，使其达到空气压缩机正常工作的要求范围。

（6）当发现润滑油、冷却水中断，排气压力突然上升，安全阀失灵，声音不正常和出现异常情况时，应立即停车处理。

2. 使用与维护

为了使空气压缩机正常工作和延长使用寿命，必须严格遵守操作规程。每班要做出详细的运转日志，发现故障要及时处理。对定检项目要定期检修。以下是空气压缩机工作一定时间后的一般维护和检修内容。

（1）工作 50 h 后，检查机身内油池的油面，清洗润滑系统过滤器的滤芯。

（2）工作 300～500 h 后，清洗吸、排气阀，检查阀片和阀座的密封性，检查和清洗滤风器，检查安全阀，修复阀上轻微伤痕，检查安全阀弹簧是否回缩。

（3）工作 2000 h 后，清洗油池、油路、油泵，更换新油；清洗注油器系统，检查油路各止回阀的严密性；吹洗油、气管路，校正压力表，检查安全阀的灵敏度；检查填料箱磨损情况，检查并清洗活塞、活塞环；拆洗压力调节器并校正；检查连杆大、小头瓦和十字头各摩擦面磨损情况。

（4）工作 4000～5000 h 后，拆洗曲轴及轴承并检查其精度、粗糙度，根据情况进行修复；清洗排气管、冷却器进行水实验；检查十字头与机身滑动间的间隙和粗糙度，根据情况进行修复。

（5）工作 8000 h 后，拆开气缸，清除油垢焦渣并清洗；用氢氧化钠溶液清洗气缸水套内水垢和冷却器水管中的水垢；组装气缸后进行试验，试验按工作压力的 1.5 倍计算；其余检查同前各项。

3. 常见故障分析及处理方法

活塞式空气压缩机在运转中可能发生的常见故障与处理方法见表 7－5。

（二）螺杆式空气压缩机

1. 操作

表7-5 空压机的故障及处理方法

序号	故障特征	主要原因	处理方法
1	空压机发生不正常声响	1. 气缸的余隙太小 2. 活塞杆与活塞螺母松动 3. 气缸有异物 4. 活塞端面螺堵松扣、顶在气缸盖上 5. 活塞杆与十字头连接不牢，活塞撞击气缸盖 6. 气阀松动或损坏 7. 活塞环松动	1. 调整余隙大小 2. 拆下拧紧 3. 立即停机，取出异物 4. 拧紧螺堵，必要时进行修理或更换 5. 调整活塞端面死点间隙，拧紧螺母 6. 上紧气阀部件或更换 7. 更换活塞
2	气缸过热，排气温度过高	1. 冷却水中断或供水量不足 2. 冷却水进水管路堵塞 3. 水套、中间冷却器内水垢太厚 4. 气缸润滑油中断	1. 停机检查，增大供水量 2. 检查疏通 3. 清除水垢 4. 检查和调整供油系统，保证适量供油
3	填料箱漏气	1. 密封圈内径磨损严重 2. 活塞杆磨损 3. 油管堵塞或供油不足 4. 密封元件间垫有脏物	1. 检修或更换密封圈 2. 进行修磨或更换 3. 清洗疏通油管，增加供油量 4. 检查清洗
4	排气量不够	1. 转速不够 2. 滤风器堵塞 3. 气阀不严密 4. 活塞环或活塞杆磨损、气体内泄 5. 填料箱、安全阀不严密，气体外泄 6. 余隙容积过大 7. 气缸盖与气缸体结合不严	1. 查找原因，提高转速 2. 清洗滤风器 3. 检查修理气阀 4. 检查修理或更换 5. 检查修理 6. 调整余隙 7. 刮研气缸盖与气缸体结合面或换气缸垫
5	齿轮油泵压力不够或不上油	1. 油池内油量不够 2. 滤油器、滤油盒堵塞 3. 油管不严密或堵塞 4. 油泵盖板不严 5. 齿轮啮合间隙磨损过大 6. 齿轮与泵体磨损间障过大 7. 油压调节阀调得不合适，或调节弹簧太软 8. 润滑油质量不符合规定；黏度过小 9. 油压表失灵	1. 添加润滑油 2. 进行清洗 3. 检查紧固，清洗疏通 4. 检查紧固 5. 更换齿轮 6. 更换齿轮油泵 7. 重新调整，更换弹簧 8. 更换润滑油 9. 更换
6	各级压力分配失调	1. 当二级达到额定压力时，一级排气压力低于0.2 MPa，一级吸、排气阀损坏漏气 2. 一级排气压力高于0.23 MPa，二级吸、排气阀损坏漏气	1. 研磨一级吸、排气阀座、阀盖、阀片或更换阀片与弹簧 2. 研磨二级吸、排气阀阀座、阀盖、阀片或更换阀片与弹簧

1）首次启动前检查

（1）检查油气分离器中润滑油的容量，正常运行后，确定油位计中油面在上限和下限中间之上为最佳。

（2）电气接线、接地线已完成，且符合安全标准。

（3）供气管路疏通，所有螺栓、接头是否拧紧。

（4）检查电动机电源、电压和仪表盘指示是否正确，确保空气压缩机空载启动。

（5）若交货很久才试车，应从进气口内加入0.5 L左右的润滑油，并用手转动数转或者电动几下，以防止启动时空压机内失油烧毁。请特别注意不要让异物掉入机体内，以免损坏空气压缩机。

（6）按照工艺管线要求操作阀门，空压机排气阀门处于开启位置。

（7）准备启动时，检查操作人员是否处于安全位置。

（8）关闭手动排污阀。

2）首次启动

（1）先接通电源，观察面板上是否有异常显示以及观察相序是否正确，若有异常显示应先排除异常情况再通电。由于本机有逆相保护，主机反转不能启动。为安全起见再检查旋转方向是否正确，如正确则能明显感觉到在空气滤清器进口处有股吸力，否则相序错误，应切断电源，将3条电线中任意两条调换即可。电机严禁反转。

（2）按启动键，启动运转，空压机就可以按设定模式运行。此时应观察显示面板是否正常、压力温度是否正常、是否有异常声音、是否有漏油情况。如有，应立即停机检查。

（3）按停机键，经卸载延时后，机组才会停车。不立即停车是正常现象。

（4）只有出现特殊异常情况时，才可以人工按下紧急停车按钮，如需重新启动要在2 min之后。

3）正常操作

（1）开机前的准备工作：检查油气分离器中油位，略微打开油气分离器下方的泄油阀，以排除其内可能存在的冷凝水，确定无冷凝水后拧紧此阀。打开空气压缩机供气口的阀门。

（2）开机：合上电源开关，按一下面板上“ON（1）”键，空气压缩机开始运转。

（3）停机：按一下仪表盘上“OFF（0）”键，空气压缩机开始卸载一段时间即自动停止。确定不用空气压缩机时，应切断电源，关闭空压机供气口的阀门。

在空气压缩机因空载运行超过设定时间时，会自动停机，此时，绝对不允许进行检查或维修工作，因为空气压缩机随时会恢复运行。带单独风机的机组，其通风机的运行停止是自动控制的，切不可接触风扇，以免造成人身伤害。机械检查前必须先切断电源。断电后，空气压缩机的运转会突然停止，这时要记住切断供电电源，以免突然供电烧毁电控部分。

2. 日常维护与保养

螺杆空压机的保养周期与内容见表7-6。

表7-6 螺杆空压机的保养周期与内容

保养周期	运行时间/h	保 养 内 容
每日	8	检查启动前及运转期间油位，显示面板上的显示状态、压力设定、储油桶排水、温度、噪声等
每周	80	检查泄漏情况和清洁机组。新机运行一周应该检查输送带的松紧程度

表 7-6（续）

保养周期	运行时间/h	保养内容
每三个月	500	检查空气滤清器的真空指数器并清洁，新机更换油过滤器，换油
每年	1000	手动检查安全阀，清洗冷却器及检查温控器，电气系统除尘
	2000	更换空气滤芯，更换油过滤器，换油；检查输带的松紧情况，并做相应调整；如超出调整范围，应及时更换；检查运动部件紧固螺栓的松紧情况；清洗冷却器
	3000	检查温控阀工作是否正常，当油气分离器压差指示灯亮时，或油压力比气压高时需检查，油气分离器必须更换，如环境较差时其时间会缩短；清洗冷却器；给电机轴承添加润滑脂
	5000	更换空气滤芯，更换油过滤器，换油；当油气分离器压差指示灯亮时，或油压力比气压高时需检查，油气分离器必须更换；清洗冷却器
	10000	更换尼龙管、输送带、油位计、电磁阀、O形环
	20000	更换轴承、轴封、隔音海绵、橡胶管（根据具体情况酌情处理）

注：以上保养周期以先达到的时间为准。

1）润滑油的规范及使用

润滑油对螺杆式空气压缩机的性能具有决定性的影响，如使用不当或错误，都将导致空气压缩机的严重损坏，所以应遵照以下要求：

（1）油品应符合要求，使用螺杆空气压缩机专用油。切勿把不同厂家、不同型号的润滑油混合使用，切忌使用假油、再生油。每台机组的出厂资料中已注明所加润滑油的牌号。

（2）油液的抗氧化、抗泡沫、抗腐蚀及抗磨性要好，分水性强，黏度适当，闪点高、倾点低。

（3）不要让润滑油超过油品的使用寿命，否则油品质下降，其闪点也将随着降低，易形成油品自燃，烧毁机组。

（4）遵守换油周期。为了根据实际情况确定换油周期，建议在前两年的时间内按 3～6 个月的时间间隔，定期抽取油的样品对有关润滑油的主要指标（黏度、酸值、水分、灰分、闪点、机械杂质等）进行分析，以确定润滑油实际所需换油周期，不致浪费。

（5）空压机在使用 2 a 之后，最好用润滑油做一次油系统清洗，方法是连续两次换油，第一次运行 6 h 后再进行第二次。

换油时必须一起更换油过滤器。

2）换油步骤

（1）先使空气压缩机运行，待油温上升后，再按“OFF（○）”键停机。

（2）待排气压力降为零后，关闭空压机供气口处的截止阀，缓慢打开储油桶下方的卸油阀，放掉废油，并将主机顺旋转方向盘动，从加油口加入少许新油，以彻底清洗干净。

（3）卸掉油冷却器、油管路系统中所有的润滑油。

（4）拧紧油气分离器下方的泄油阀，从加油口注入新油。由于油冷却器和油管路系统中均已无油，新油应多加点。

（5）开机，检查油位。如油位不够，应停机后再适当加入润滑油。

3. 螺杆式空气压缩机的维护

（1）空气压缩机存放场所应干燥，通风良好，温度适宜。

（2）存放超过 3 个月时应改变转子的位置，使轴承改变接触点，否则因油脂流失会导致轴承生锈。

（3）管路和线路整齐、正规、清洁舒畅、绝缘良好。

（4）安全装置（如安全阀、保险装置、自动或保护装置）可靠保管，防爆、防雷和接地装置应符合安全要求。

（5）设备与工作场地整齐、整洁、无油渍，标牌齐全；管路、线路连接可靠。

4. 螺杆式空气压缩机常见故障分析与处理方法

螺杆式空压机常见故障分析与处理方法见表 7－7。

表 7－7　螺杆式空气压缩机常见故障分析与处理方法

序号	故障特征	主要原因	处理方法
1	空气压缩机不能启动	1. 保险丝烧毁 2. 欠相或启动按钮接触不良 3. 排气压力设定错误 4. 电动机过载保护跳闸或损坏 5. 交流接触器故障 6. 故障停机后未复位，等待 2 min 7. 主机故障	1. 检查，更换 2. 检查，更换 3. 重新设定 4. 电气检修或等待电机冷却 5. 检查，处理，更换 6. 按下紧急停机按钮，复位 7. 检查主机，应能盘动主机
2	空气压缩机不能建立压力	1. 最小压力阀漏气 2. 进气阀卡在关闭位置，小孔堵塞 3. 电磁阀失灵 4. 空气滤清器滤芯严重堵塞	1. 检查，调整 2. 检查，更换 3. 检查电磁阀或电路 4. 清洁或更换空气滤清器滤芯
3	无法空载或空载时仍保持压力或安全阀动作	1. 进气阀动作不良 2. 电磁阀失效 3. 油气分离器滤芯堵塞 4. 安全阀调整值变化或有故障	1. 检修进气控制阀 2. 检修或更换 3. 更换 4. 重新调整或更换
4	排气量和排气压力低于正常值	1. 空气滤清器滤芯堵塞 2. 系统中存在漏油、漏气 3. 用气量超过空气压缩机排气量 4. 进气阀动作不良 5. 电磁阀失灵或泄漏	1. 清洁或更换空气滤清器滤芯 2. 检查，排除 3. 检查设备连接情况 4. 检修进气控制阀 5. 检修或更换
5	排气压力超压停机	压力变送器失灵或有异常干扰信号	排除或更换
6	排气温度过高或超温保护	1. 油位太低 2. 环境温度太高 3. 油冷却器表面太脏 4. 风扇或风扇电机故障 5. 油过滤器阻塞 6. 温控阀故障 7. 温度显示控制故障	1. 加油 2. 增强环境通风，降低环境温度 3. 清洁油冷却器 4. 检修，更换风扇 5. 更换油过滤器 6. 检修，更换温控阀 7. 显示面板全新复位

表 7-7（续）

序号	故障特征		主 要 原 因	处 理 方 法
7	停机时主机进气口冒油		1. 因紧急停机，无卸载过程 2. 进气控制阀失灵 3. 电磁阀失效 4. 最小压力阀故障，不止回	1. 避免紧急停机 2. 检修进气控制阀 3. 检修或更换 4. 检修或更换
8	排气中含油量大，空气压缩机耗油大		1. 油位过高 2. 回油管或回油喷嘴堵塞 3. 油气分离滤芯损坏 4. 最小压力阀弹簧松弛 5. 机组油管路或油封漏油	1. 放出部分油，降低油位 2. 拆卸、清洗 3. 更换滤芯 4. 调整或更换新弹簧 5. 检查泄漏部位，排除泄漏
9	满载或空载运行转换频繁		1. PLC 故障 2. 空气配管泄漏 3. 工作压力与卸载压力的压差太小 4. 最小压力阀密封不良 5. 耗气量不稳定	1. 检查 PLC 输入输出指示灯是否正常（根据电气原理图） 2. 检查修理 3. 重新调整压差 4. 检查或重新处理密封面 5. 增加储气罐的容量
10	过载保护		1. 低电压 2. 排气压力偏高 3. 主机故障 4. 主电动机轴承磨损 5. 主电动机热保护器故障	1. 改造电路 2. 重新调整压力控制 3. 检修主机 4. 检修，更换 5. 检查电动机热敏电阻
11	机组有异响		1. 主电机轴承磨损 2. 风扇电机轴承磨损 3. 主机轴承磨损 4. 风扇与挡风罩碰撞 5. 输送带松动	1. 检修，更换 2. 检修，更换 3. 检修，更换 4. 调整间隙 5. 调整
12	漏油	主机部分	1. 机械密封圈老化 2. 出油气座处 O 形密封圈老化 3. 排气端压盖 O 形密封圈老化 4. 主机喷油口法兰接头密封不良	1. 更换 2. 更换 3. 更换 4. 更换密封件
		油气管路部分	1. 排气管及接头 O 形密封圈老化 2. 接头松动	1. 更换 2. 拧紧
		油气分离器部分	1. 法兰盖与桶身平面密封不严 2. 油位器 O 形密封圈老化	1. 更换石棉垫片 2. 更换
		其他部分	1. 吸气控制阀密封面漏油 2. 油过滤器密封面漏油	1. 清理后涂胶重新安装 2. 更换或清理后重新安装

【技能训练】

（1）在实训室启动操作矿井空气压缩设备，掌握空气压缩设备的操作步骤，熟悉空气压缩机操作和维护要求。

（2）在实习基地或实训室观察设备运行，掌握空气压缩机常见的故障及处理方法。

【项目考核】

考核评价表见表7-8。

表7-8 考核评价表

项目名称	空气压缩设备				
学生姓名		班级		考核时间	
评价方式	学生分组及组别 □ □	自我 □	教师 □		
评价地点	实训现场 □	教学做一体化教室 □	普通教室 □		
需要的设备、工具	空气压缩设备一套或模拟系统				
考核项目	内容和要求	标准分	评分标准	得分	
基本知识	1. 说明空气压缩机的分类 2. 矿井空气压缩设备的作用和组成 3. 活塞式空气压缩机的工作原理 4. 说明空气压缩机的性能参数 (可以采取手指口述的方式考核)	24	每缺一项或回答不正确扣6分		
基本技能	1. 能读懂空气压缩机的结构图 2. 指出L型空气压缩机主要部件 3. 说明螺杆式空气压缩机组成和系统工作流程 4. 说明L型空气压缩机的操作方法 5. 能说出L型空气压缩机的常见故障及处理方法	40	每缺一项或回答不正确，操作不规范扣8分		
职业素质	1. 热爱劳动，积极参加 2. 同学之间协作学习 3. 口述表达准确流畅 4. 能正确使用常用工具 5. 能收集教材以外的资料 6. 注重工作现场整洁	36	每缺一项或工作达不到要求扣6分		
总分					

考核评价人签字：

年　月　日

复习思考题

1. 空气压缩机分成哪几类？
2. 叙述活塞式空气压缩机的工作原理？
3. 叙述螺杆式空气压缩机的工作原理。
4. 叙述活塞式空气压缩机启动、停止的顺序。
5. 简述空气压缩机的常见的故障及处理方法。

参 考 文 献

[1] 杨桢. 矿山机械［M］. 北京：北京理工大学出版社，2012.

[2] 李晓豁，沙永东. 采掘机械［M］. 北京：冶金工业出版社，2011.

[3] 万英盛. 煤矿固定机械［M］. 北京：煤炭工业出版社，2011.

[4] 国家煤矿安全监察局人事培训司. 绞车操作工［M］. 徐州：中国矿业大学出版社，2003.

[5] 李耀中，洪霄. 高等职业院校项目化课程设计选编［M］. 北京：化学工业出版社，2010.

[6] 赵志群. 职业教育工学结合一体化课程开发指南［M］. 北京：清华大学出版社，2007.

[7] 劳动部，煤炭工业部. 综掘司机（机电）［M］. 北京：煤炭工业出版社，1997.

[8] 马新民. 矿山机械［M］. 徐州：中国矿业大学出版社，1999.

[9] 梁兴义，徐蒙良. 液压传动与采掘机械［M］. 北京：煤炭工业出版社，1997.

[10] 毋虎成. 采掘运机械［M］. 北京：煤炭工业出版社，2011.

[11] 韩志华，黄文建. 矿山生产机械操作与维护［M］. 重庆：重庆大学出版社，2009.

[12] 韩志华，李凡. 矿山运输与提升设备操作及维护［M］. 重庆：重庆大学出版社，2009.

[13] 国家安全生产监督管理总局信息研究院. 煤矿安全生产标准化与煤矿安全质量标准化［S］. 北京：煤炭工业出版社，2017.

[14] 国家安全生产监督管理总局. 煤矿安全规程［S］. 北京：煤炭工业出版社，2016.

[15] 查丁杰，王永祥. 采掘机械使用与维护［M］. 徐州：中国矿业大学出版社，2009.

[16] 卢雪红. 液压与气压传动［M］. 徐州：中国矿业大学出版社，2018.

[17] 谢锡纯，李晓豁. 矿山机械与设备［M］. 徐州：中国矿业大学出版社，2004.

图书在版编目（CIP）数据

矿山机械／吴义珍主编．--3版．--北京：应急管理出版社，2019(2024.4重印)

中等职业教育国家规划教材

ISBN 978-7-5020-7652-8

Ⅰ．①矿…　Ⅱ．①吴…　Ⅲ．①矿山机械—中等专业学校—教材　Ⅳ．①TD4

中国版本图书馆CIP数据核字（2019）第163400号

矿山机械　第3版（中等职业教育国家规划教材）

主　　编　吴义珍
责任编辑　罗秀全
编　　辑　王志鹏
责任校对　赵　盼
封面设计　王　滨

出版发行　应急管理出版社（北京市朝阳区芍药居35号　100029）
电　　话　010-84657898（总编室）　010-84657880（读者服务部）
网　　址　www.cciph.com.cn
印　　刷　北京虎彩文化传播有限公司
经　　销　全国新华书店

开　　本　787mm×1092mm 1/16　**印张**　22　**字数**　522千字
版　　次　2019年10月第3版　2024年4月第3次印刷
社内编号　20192000　　**定价**　58.00元